全国本科院校机械类创新型应用人才培养规划教材

数控铣床编程与操作

主　编　王志斌
副主编　王宏睿
参　编　薛姣益
主　审　陈光明

内 容 简 介

本书根据应用型本科院校的定位和教学特点编写而成，内容详略得当、图文并茂、实用性强，突出数控铣床编程在生产实践中的实际应用，同时引入 MasterCAM 自动编程的新思想、新成果，反映学科发展的新趋势。全书共 7 章，包括：数控编程的基础、数控铣床的编程、宏指令应用、数控铣床加工工艺基础、数控铣床编程训练、自动编程和习题集。其中第 1～3 章属于编程知识部分，第 4 章为加工工艺基本知识，第 5 章为模块加工实训，第 6 章为自动编程的特点、性能及应用介绍，第 7 章为本书习题集。

本书不仅可作为高等院校机械类、机电类及模具专业的专业基础课教学用书，也可供自学者、工程技术人员参考使用。

图书在版编目(CIP)数据

数控铣床编程与操作/王志斌主编．—北京：北京大学出版社，2012.10

(全国本科院校机械类创新型应用人才培养规划教材)

ISBN 978-7-301-21347-6

Ⅰ．①数… Ⅱ．①王… Ⅲ．①数控机床—铣床—程序设计—高等学校—教材②数控机床—铣床—操作—高等学校—教材 Ⅳ．①TG547

中国版本图书馆 CIP 数据核字(2012)第 236469 号

书　　　名：数控铣床编程与操作
著作责任者：王志斌　主编
策 划 编 辑：童君鑫　宋亚玲
责 任 编 辑：宋亚玲
标 准 书 号：ISBN 978-7-301-21347-6/TH・0318
出　版　者：北京大学出版社
地　　　址：北京市海淀区成府路 205 号　100871
网　　　址：http://www.pup.cn　http://www.pup6.cn
电　　　话：邮购部 62752015　发行部 62750672　编辑部 62750667　出版部 62754962
电 子 邮 箱：pup_6@163.com
印　刷　者：北京鑫海金澳胶印有限公司
发　行　者：北京大学出版社
经　销　者：新华书店
787 毫米×1092 毫米　16 开本　17.75 印张　414 千字
2012 年 10 月第 1 版　2012 年 10 月第 1 次印刷
定　　　价：35.00 元

未经许可，不得以任何方式复制或抄袭本书之部分或全部内容。

版权所有，侵权必究　　　举报电话：010-62752024

电子邮箱：fd@pup.pku.edu.cn

前　　言

数控机床是集机、电、液、气高度一体化及自动化程度很高的加工设备，是综合应用计算机、自动控制自动检测及精密机械等高新技术的产物。数控机床的数控加工技术的应用给现代制造业带来了巨大效益。随着数控机床的普及与发展，现代企业对掌握数控加工工艺、能进行数控加工编程的技术人才的需求量不断增加，然而，数控机床门类很多，各种数控设备加工编程方法又有很大不同，本书正是基于此，专门编写数控铣床编程与操作一书。本书内容主要讲解数控加工程序编制的基本方法，数控铣床编程具有的功能介绍，用户宏程序在数控铣床编程中的应用，数控铣床编程的技能训练模块，最后附一些经典数控加工用图样，以备学生学后练习所用。由于数控系统门类很多，同一系统分类也很多，所以本书在操作训练方面只讲解工艺处理、器具和材料准备、程序编制等。

本书由三江学院机械工程学院的王志斌任主编，南京工程学院机械工程学院王宏睿任副主编，薛姣益参编，由南京农业大学的陈光明教授主审。其中，第 1 章由王宏睿编写，第 3 章由薛姣益编写，其余由王志斌编写，全书由王志斌统稿。

由于编者水平有限，书中不当之处在所难免，恳请读者批评指正。

编　者

2012 年 5 月于南京

目　录

第1章 数控编程的基础

了解数控铣床的基本功能；
了解数控编程的基本格式与组成；
熟悉数控编程中的误差处理方法；
掌握数控铣床坐标系、铣床编程规则与刀具补偿方法。

知识要点	能力要求	相关知识
数控铣床坐标系的确定	熟练运用笛卡儿坐标系判断各个坐标轴、旋转轴的方向	机床坐标系、工件坐标系在数控编程中的应用地位
数控铣床编程规则	熟练掌握绝对坐标编程与增量坐标编程规则	准备功能、辅助功能、刀具功能及主轴功能编程方法与应用知识
刀具补偿方法	掌握刀具长度补偿与刀具半径补偿的建立	刀具磨损机理与加工精度保证的措施实施方法

在数控机床上，传统加工过程中的人工操作多数已被数控系统所取代。其工作过程如下：首先要将被加工零件图上的几何信息和工艺信息数字化，即编成零件程序，再将加工程序单中的内容记录在磁盘等控制介质上，然后将该程序送入数控系统。数控系统则按照程序的要求，进行相应的运算、处理，然后发出控制命令，使各坐标轴、主轴以及辅助机构相互协调运动，实现刀具与工件的相对运动，自动完成零件的加工。

数控机床是严格按照从外部输入的程序来自动地对被加工零件进行加工的。为了与数控系统的内部程序(系统软件)及自动编程用的零件源程序相区别，我们把从外部输入的直接用于加工的程序称为数控加工程序，简称为数控程序，它是数控机床的应用软件。它使用的自动控制语言与通用计算机使用的高级语言属于不同的范畴。尽管这种自动控制语言有严格的规则和格式，但它没有类似高级语言那样的语法。

数控系统的种类繁多，它们使用的数控程序的语言规则和格式也不尽相同，应该严格按照机床编程手册中的规定进行程序编制。

1.1　数控编程概述

1.1.1　数控编程的概念

在普通机床上加工零件时，零件的加工过程由人来完成，例如开车改变进给速度和方向、切削液开和关等都是由工人手工操纵的。

在由凸轮控制的自动机床或仿形机床加工零件时，虽然不需要人对它进行操作，但必须根据零件的特点及工艺要求，设计出凸轮的运动曲线或靠模，由凸轮、靠模控制机床运动，最后加工出零件。在这个加工过程中，虽然避免了操作者直接操纵机床，但每一个凸轮机构或靠模，只能加工一种零件。当改变被加工零件时，就要更换凸轮、靠模。因此，它只能用于大批量、专业化生产中。

数控机床和以上两种机床不同，它是按照事先编制好的加工程序，自动地对工件进行加工。把工件的加工工艺路线、工艺参数，刀具的运动轨迹、位移量、切削参数(主轴转数、进给量、背吃刀量等)以及辅助功能(换刀，主轴正转、反转，切削液开和关等)，按照数控机床规定的指令代码及程序格式编写成加工程序单，再把这一程序单中的内容记录在控制介质上(如磁带、磁盘等)，然后输入到数控机床的数控装置中，从而控制机床加工。这种从零件图样的分析到制成控制介质的全部过程叫数控程序的编制。

由此可以看出，数控机床与普通机床加工的区别在于：数控机床是按照程序自动进行加工，而普通机床要由人来操作。对数控机床，只要改变控制机床动作的程序，就可以达到加工不同零件的目的。因此，数控机床特别适用于加工小批量且形状复杂、要求精度高的零件。编程人员编制好程序以后，要输入到数控装置中，它是通过控制介质来实现的。具体的方法有多种，如穿孔纸带、数据磁带、软磁盘及手动数据输入和直接通信等。

1.1.2 数控编程的方法

数控编程方法可分为手工编程和自动编程两种。

1. 手工编程

(1) 手工编程的定义。手工编程是指主要由人工来完成数控机床程序编制各个阶段的工作。当被加工零件形状不十分复杂和程序较短时，都可以采用手工编程的方法。手工编程过程如图1.1所示。

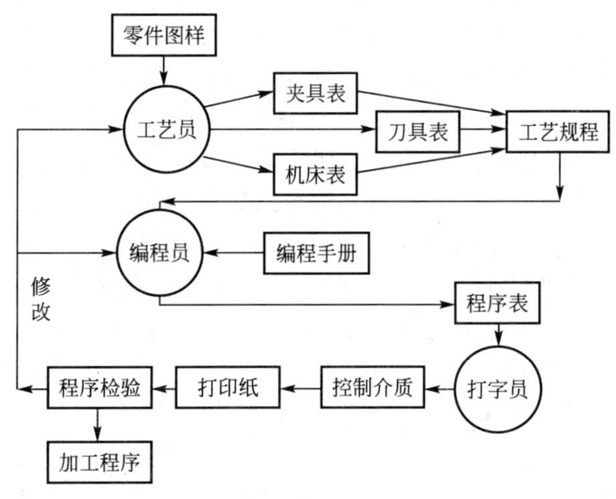

图1.1 手工编程过程

(2) 手工编程的意义。手工编程的意义在于加工形状简单的零件(如直线与直线或直线与圆弧组成的轮廓)时，快捷、简便；不需要具备特别的条件(价格较高的自动编程机及相应的硬件和软件等)；对机床操作或程序员不受特殊条件的制约；还具有较大的灵活性和编程费用少等优点。

手工编程在目前仍是广泛采用的编程方式，即使在自动编程高速发展的将来，手工编程的重要地位也不可取代，仍是自动编程的基础。在先进的自动编程方法中，许多重要的经验都来源于手工编程，并不断丰富和推动自动编程的发展。

(3) 手工编程的不足。手工编程既烦琐、费时，又复杂，而且容易产生错误。其原因有以下几个。

① 零件图上给出的零件形状数据往往比较少，而数控系统的插补功能要求输入的数据与零件形状给出的数据不一致时，就需要进行复杂的数学计算，而在计算过程中可能会产生人为的错误。

② 加工复杂形面的零件轮廓时，图样上给出的是零件轮廓的有关尺寸，而机床实际控制的是刀具中心轨迹。因此，有时要计算出刀具中心运动轨迹的坐标值，这种计算过程也较复杂。对有刀具半径补偿功能的数控系统，要用到一些刀具补偿的指令，并要计算出相应的数据，这些指令的使用和计算过程也比较烦琐复杂，容易产生错误。

③ 当零件形状以抽象数据表示时，就失去了明确的几何形象，在处理这些数据时容

易出错。无论是计算过程中的错误，还是处理过程中的错误，都不便于查找。

④ 手工编程时，编程人员必须对所用机床和数控系统以及对编程中所用到的各种指令、代码都非常熟悉。这在编制单台数控机床的程序时，矛盾还不突出，可以说不大会出现代码弄错问题。但在一个编程人员负责几台数控机床的程序编制工作时，由于数控机床所用的指令、代码、程序段格式及其他一些编程规定不一样，所以就给编程工作带来了易于混淆而出错的可能性。

2. 自动编程

对于几何形状不太复杂的零件，所需要的加工程序不长，计算也比较简单，出错机会较少，这时用手工编程既经济又及时，因而手工编程被广泛地应用于形状简单的点位加工及平面轮廓加工中。但对于一些复杂零件，特别是具有非圆曲线的表面，或者零件的几何元素并不复杂，但程序量很大的零件(如一个零件上有许多个孔或平面轮廓由许多段圆弧组成)，或当铣削轮廓时，数控系统不具备刀具半径自动补偿功能，而只能以刀具中心的运动轨迹进行编程等特殊情况，由于计算相当繁琐且程序量大，手工编程就难以胜任，即使能够编出程序来，往往耗费很长时间，而且容易出现错误。据国外统计，当采用手工编程时，一个零件的编程时间与在机床上实际加工时间之比平均约为 30∶1，而数控机床不在运行的原因有 20%～30%是由于加工程序编制困难，编程所用时间较长造成的机床停机。因此，为了缩短生产周期，提高数控机床的利用率，有效地解决各种模具及复杂零件的加工问题，采用手工编制程序已不能满足要求，而必须采用“自动编制程序”的办法。

自动编程是指借助数控语言编程系统或图形编程系统，由计算机来自动生成零件加工程序的过程。编程人员只需根据加工对象及工艺要求，借助数控语言编程系统规定的数控编程语言或图形编程系统提供的图形菜单功能，对加工过程与要求进行较简便的描述，而由编程系统自动计算出加工运动轨迹，并输出零件数控加工程序。由于在计算机上可自动地绘出所编程序的图形及进给轨迹，所以能及时地检查程序是否有错，并进行修改，得到正确的程序。

按输入方式的不同，自动编制程序可分为语言数控自动编程、图形交互自动编程和语音提示自动编程等。现在我国应用较广泛的主要是图形交互式编程。

3. 编程方法的选择

选择哪一种编程方法，通常应根据被加工零件的复杂程度、数值计算的难度与工作量大小、现有装备(计算机、数控编程软件等)以及时间和费用等进行全面考虑，权衡利弊，予以确定。一般而言，加工形状简单的零件，例如点位加工或直线切削零件，用手工编程所需的时间和费用与用自动编程所需的时间和费用相差不大，因此采用手工编程比较合适。而当被加工零件形状比较复杂，如复杂的模具，若不采用自动编程，不仅在时间和费用上不合理，有时甚至用手工编程方法无法完成。

1.1.3 手工编程的步骤

数控编程过程主要包括分析零件图样，确定加工工艺过程，数值计算，编写零件加工程序单，制备控制介质，程序校验与首件试切，如图 1.2 所示。现介绍具体步骤与要求。

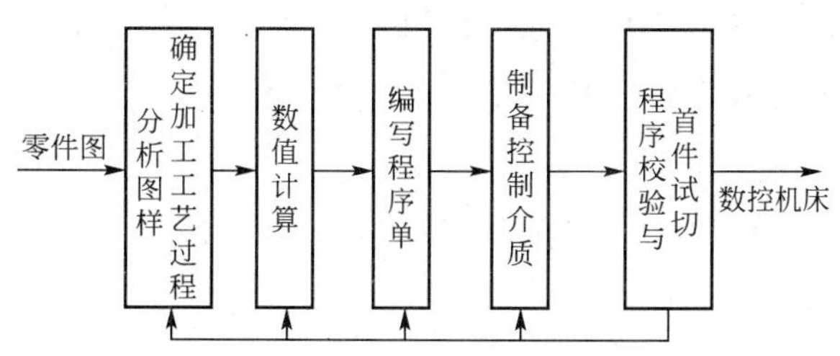

图 1.2　数控编程的步骤

1. 分析零件图样和工艺处理

这一步骤的内容包括对零件图样进行分析以明确加工的内容及要求，确定加工方案，选择合适的数控机床，设计夹具，选择刀具。确定合理的进给路线及选择合理的切削用量等。工艺处理涉及的问题很多，编程人员需要注意以下几点。

(1) 确定加工方案。此时应考虑数控机床的合理性及经济性，并充分发挥数控机床的功能。

(2) 工件夹具的设计和选择。应特别注意要迅速地将工件定位并夹紧，以减少辅助时间。使用组合夹具，生产准备周期短，夹具零件可以反复使用，经济效果好。此外，所用夹具应便于安装，便于协调工件和机床坐标系的尺寸关系。

(3) 正确地选择编程原点及编程坐标系。对于数控机床，程序编制时，正确地选择编程原点及编程坐标系是很重要的。编程坐标系是指在数控编程时，在工件上确定的基准坐标系，其原点也是数控加工的对刀点。编程原点及编程坐标系的选择原则如下。

① 所选的编程原点及编程坐标系应使程序编制简单。

② 编程原点应选在容易找正，并在加工过程中便于检查的位置。

③ 引起的加工误差小。

(4) 选择合理的进给路线。合理地选择进给路线对于数控加工是很重要的，应从以下几个方面考虑。

① 尽量缩短进给路线，减少空进给行程，提高生产效率。

② 合理选取起刀点、切入点和切入方式，保证切入过程平稳。

③ 保证加工零件的精度和表面粗糙度的要求。

④ 保证加工过程的安全性，避免刀具与非加工面的干涉。

⑤ 有利于简化数值计算，减少程序段数目和编制程序工作量。

(5) 选择合理的刀具。根据工件材料的性能、机床的加工能力以及其他的与加工有关的因素来选择刀具。

(6) 确定合理的切削用量。在工艺处理中必须正确确定切削用量。

2. 数值处理

在完成了上述工艺分析的工作之后，下一步需根据零件的几何尺寸，计算刀具运动轨迹，以获得刀位数据。

3. 编写零件加工程序单

在完成上述工艺处理和数值计算之后，编程员使用数控系统的程序指令，按照要求的程序格式，逐段编写零件加工程序单。编程员应对数控机床的性能、程序指令及代码非常熟悉，才能编写出正确的零件加工程序。

4. 制备控制介质

制备控制介质，即把编制好的程序单上的内容记录在控制介质上，作为数控装置的输入信息。

5. 程序校验与首件试切

程序单和制备好的控制介质必须经过校验和试切才能正式使用。校验的方法是直接将控制介质上的内容输入到数控装置中，让机床空运转，即以笔代刀，以坐标纸代替工件，画出加工路线，以检查机床的运动轨迹是否正确。在有 CRT 的数控机床上，用模拟刀具与工件切削过程的方法进行校验更为方便，但这些方法只能检验出运动是否正确，不能查出被加工零件的加工精度。因此有必要进行零件的首件试切。当发现有加工误差时，应分析误差产生的原因，找出问题所在，加以修正。

从以上内容来看作为一名编程人员，不但要熟悉数控机床的结构、数控系统的功能及相关标准，而且还要熟悉零件的加工工艺、装夹方法、刀具、切削用量的选择等方面的知识。为了便于编程时描述机床的运动，简化程序的编制方法及保证记录数据的互换性，数控机床的坐标和运动的方向均已标准化。这里仅作介绍和解释。

1.2 数控铣床的坐标系及相关点

1.2.1 坐标系的确定原则

我国原机械工业部 1982 年颁布了 JB 3052—1982 标准，1999 年对该标准进行了修订，也就是现在执行的 JD/T 30E2—1999 标准。其中规定的命名原则如下。

1. 刀具相对于静止工件而运动的原则

这一原则使编程人员能在不知道是刀具移近工件还是工件移近刀具的情况下，就可根据零件图样，确定机床的加工过程。

2. 标准坐标(机床坐标)系的规定

在数控机床上，机床的动作是由数控装置来控制的。为了确定机床上的成形运动和辅助运动，必须先确定机床上运动的方向和运动的距离，这就需要一个坐标系才能实现，这个坐标系就称为机床坐标系。

标准的机床坐标系是一个右手笛卡儿直角坐标系，如图 1.3 所示。图中规定了 X、Y、Z 3 个直角坐标轴的方向，这个坐标系的各个坐标轴与机床的主要导轨相平行，它与安装在机床上，并且按机床的主要直线导轨找正的工件相关。根据右手螺旋方法，可以很方便地确定出 A、B、C 3 个旋转坐标的方向。

1.2.2 运动方向的确定

机床的某一运动部件的运动正方向，规定为刀具远离工件的方向。

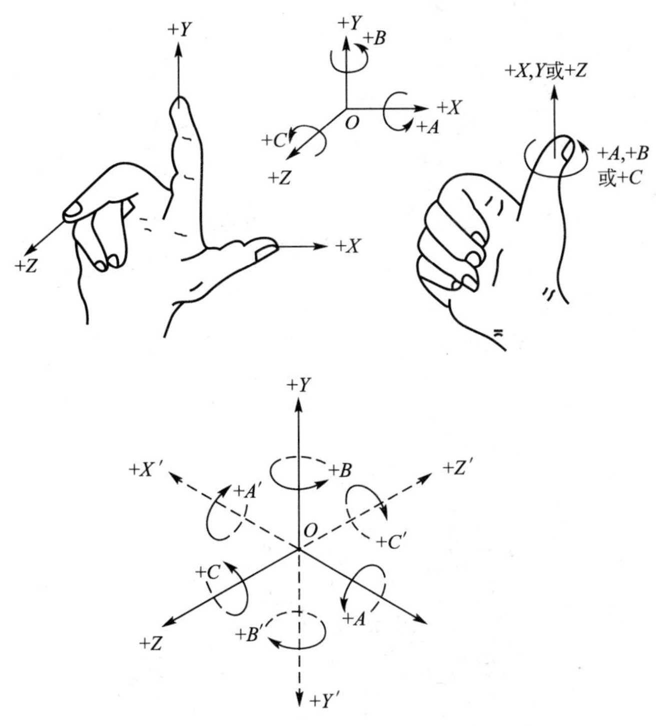

图 1.3　右手笛卡儿直角坐标系

1. Z 坐标的运动

主旋转轴的轴线就是 Z 坐标轴。Z 坐标的运动由传递切削力的主轴所决定，与主轴轴线平行的标准坐标轴即为 Z 坐标。如图 1.4、图 1.5 所示的车床，图 1.6 所示立式转塔车床或立式镗铣床等。若机床没有主轴(如刨床等)，则 Z 坐标垂直于工件装夹面，如图 1.7 所示的牛头刨床。若机床有几个主轴，可选择一个垂直于工件装夹面的主要轴作为主轴，并以它确定 Z 坐标。

Z 坐标的正方向是刀具远离工件的方向。如在钻镗加工中，钻入或镗入工件的方向是 Z 的负方向。

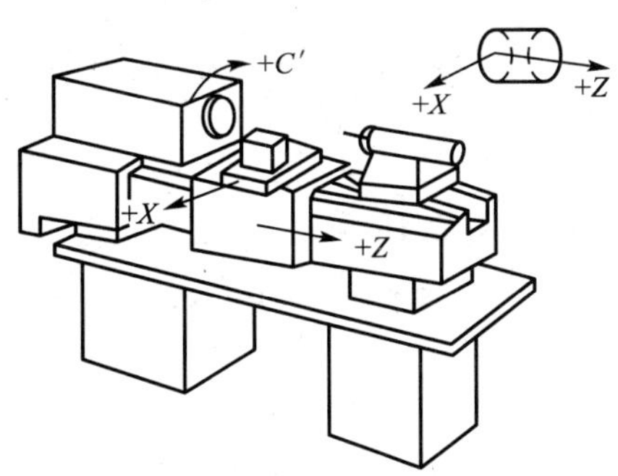

图 1.4　卧式车床

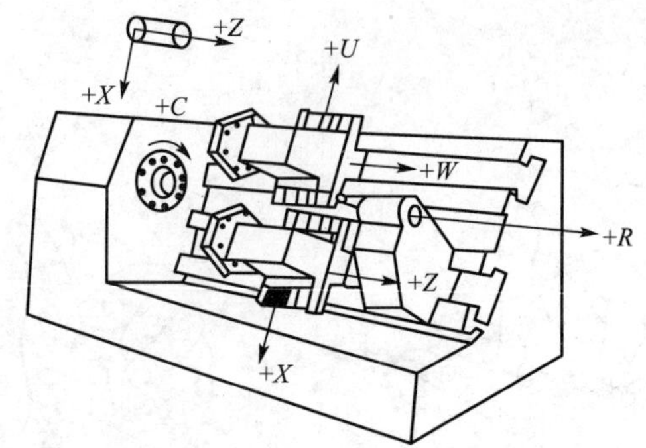

图 1.5　具有可编程尾座的双刀架车床

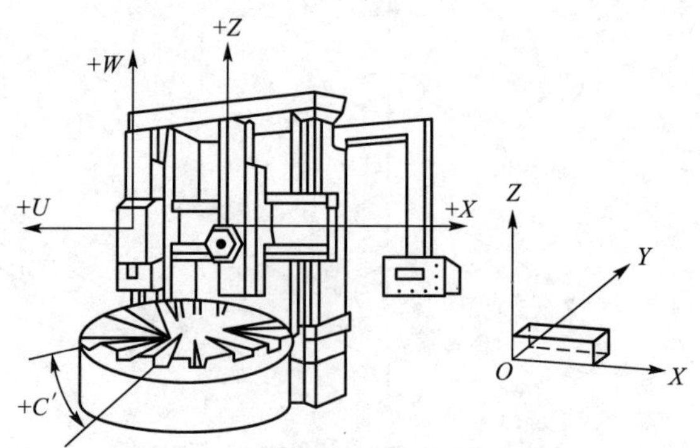

图 1.6　立式转塔车床或立式镗铣床

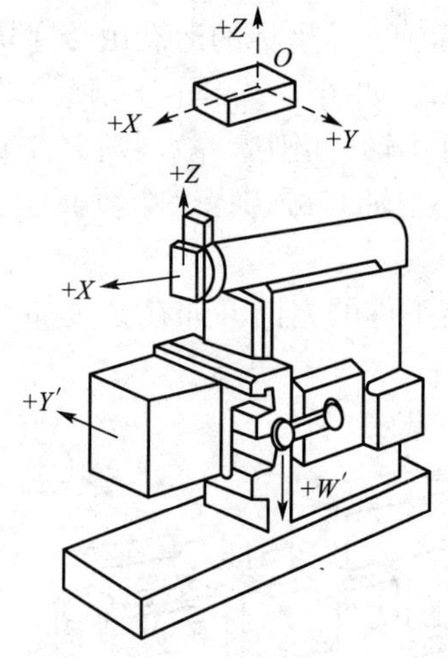

图 1.7　牛头刨床

2. X 坐标的判定

X 坐标运动轴是水平的，它平行于工件装夹面，是刀具或工件定位平面内运动的主要坐标，如图 1.8 所示。在没有回转刀具和没有回转工件的机床(如牛头刨床)上 X 坐标平行于主要切削方向，以该方向为正方向，如图 1.7 所示。

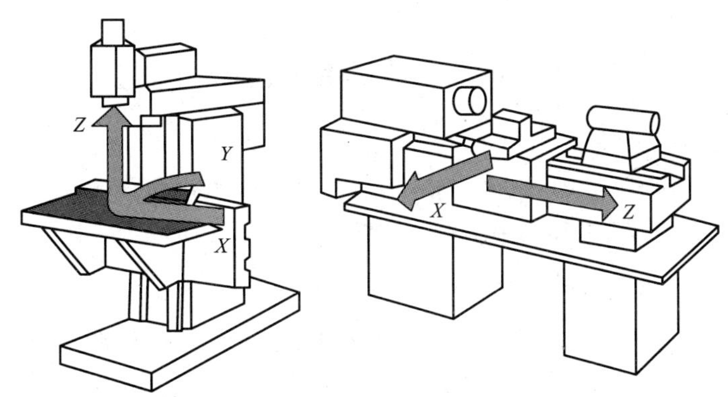

图 1.8 铣床与车床的 X 坐标

在有回转工件的机床上，如车床、磨床等，X 运动方向是直径方向，而且平行于横向滑座，X 的正方向是安装在横向滑座的主要刀架上的刀具远离工件回转中心的方向。

在有刀具回转的机床上(铣床)，若 Z 坐标是水平的(主轴是卧式的)，当逆着主要刀具的主轴方向向工件看时，X 运动的正方向指向右方，如图 1.9 所示；若 Z 轴是垂直的(主轴是立式的)当由主要刀具主轴向立柱看时，X 运动正方向指向右方，如图 1.8 所示的立式铣床；对于桥式龙门机床，当由主要刀具的主轴向左侧立柱看时，X 运动正方向指向右方，如图 1.10 所示。

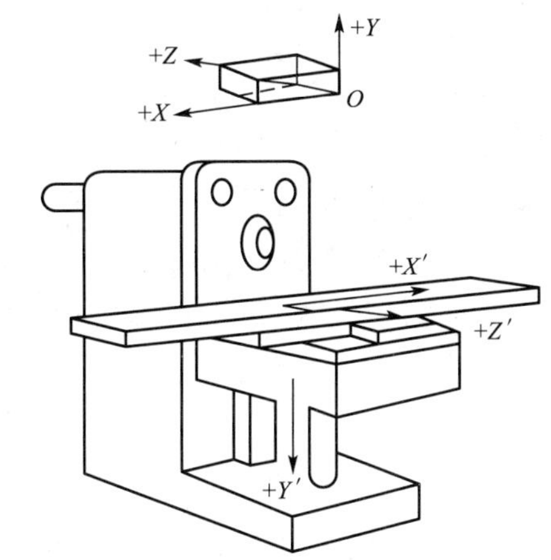

图 1.9 卧式升降台铣床

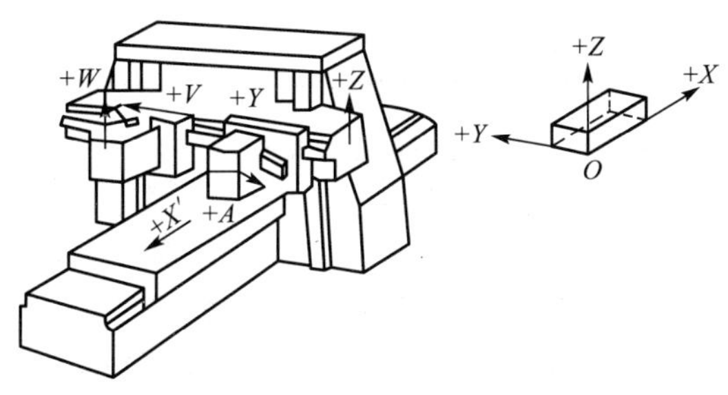

图 1.10 桥式龙门机床

3. Y 坐标的运动

正向 Y 坐标的运动，根据 Z 和 X 的运动，按照右手笛卡儿坐标系来确定。

4. 旋转运动

旋转运动在图 1.3 中，A、B、C 相应地表示其轴线平行于 X、Y、Z 轴，A、B、C 正向为逆着 X、Y 和 Z 正方向看，逆时针方向便是 A、B、C 的正方向。

5. 机床坐标系的原点及附加坐标

标准坐标系的原点位置是任意选择的。在数控铣床上，机床原点一般取在 X、Y、Z 3 个直线坐标轴正方向的极限位置上，如图 1.11 所示，图中 O_1 即为立式数控铣床的机床原点。A、B、C 的运动原点(O 点)也是任意的，A、B、C 原点的位置最好选择为与相应的 X、Y、Z 坐标平行。

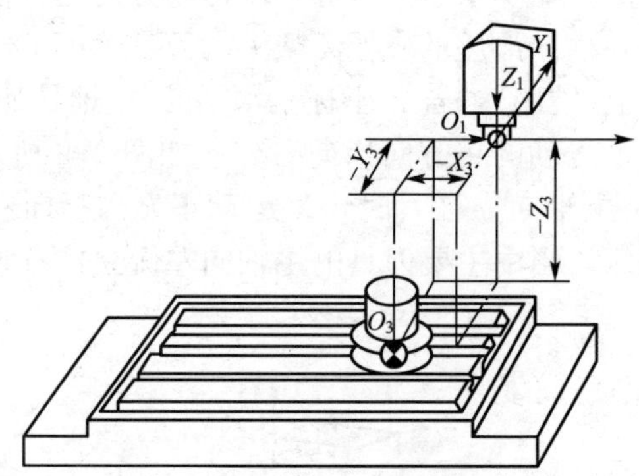

图 1.11　立式数控铣床的机床原点

如果在 X、Y、Z 主要直线运动之外另有第二组平行于它们的坐标系，就称为附加坐标系。它们应分别被指定为 U、V 和 W，如还有第三组运动，则分别指定为 P、Q 和 R，如有不平行或可以不平行于 X、Y、Z 的直线运动，则可相应地规定为 U、V、W、P、Q 或 R。

如果在第一组回转运动 A、B、C 之外，还有平行或不平行于 A、B、C 的第二组回转运动，可指定为 D、E 或 F。

6. 工件的运动

对于移动部分是工件而不是刀具的机床，按照前面所介绍的移动部分是刀具的各项规定，在理论上做相反的安排，此时，用带“′”的字母表示工件正向运动，如 $+X'$、$+Y'$、$+Z'$ 表示工件相对于刀具正向运动的指令，$+X$、$+Y$、$+Z$ 表示刀具相对于工件正向运动的指令，两者所表示的运动方向恰好相反。

在数控机床中，刀具的运动是在坐标系中进行的。在一台机床上，有各种坐标系与零点。理解它们对使用、操作机床以及编程都是很重要的。

1.2.3　机床原点

机床原点是指在机床上设置的一个固定的点，即机床坐标系的原点。它在机床装配、调试时就已确定下来了，是数控机床进行加工运动的基准参考点。在数控铣床上，机床原点一般取在 X、Y、Z 三个直线坐标轴正方向的极限位置上，如图 1.11 所示，图中 O_1

即为立式数控铣床的机床原点。

1.2.4 机床参考点

许多数控机床(全功能型及高档型)都设有机床参考点，该点至机床原点在其进给坐标轴方向上的距离在机床出厂时已经准确给定，使用时可通过“寻找操作”方式进行确认。它与机床原点相对应，有的机床参考点与原点重合。它是机床制造商在机床上借助行程开关设置的一个物理位置，与机床原点的相对位置是固定的，机床出厂之前由机床制造商精密测量确定。一般来说，加工中心的参考点为机床的自动换刀位置，如图 1.12 所示。当然，有的加工中心的换刀点为第二参考点(图 1.13)，与数控车床一样。

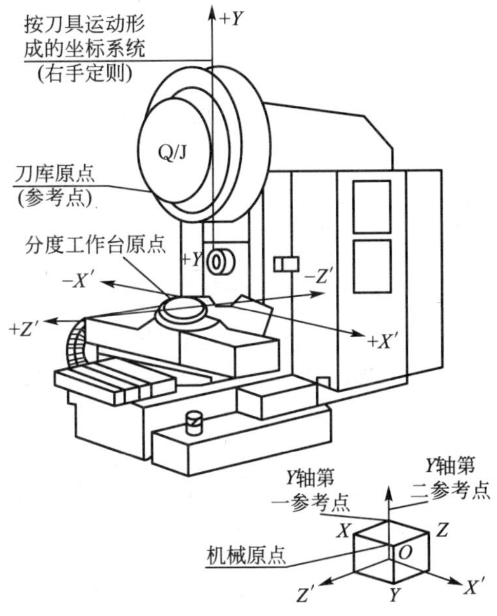

图 1.12 加工中心的参考点

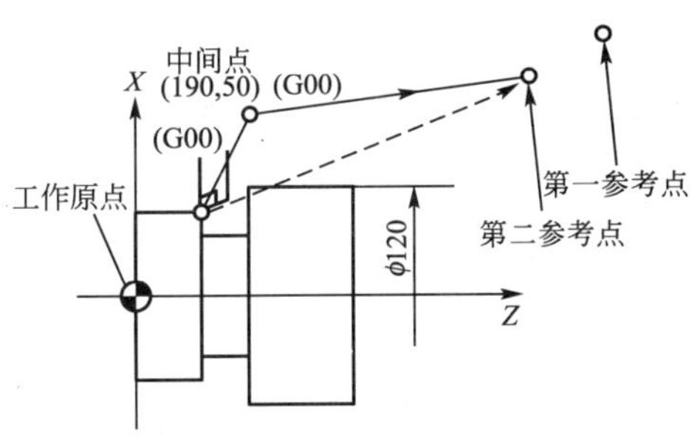

图 1.13 中间点设置

机床原点实际上是通过返回(或称寻找)机床参考点来完成确定的。机床参考点的位置在每个轴上都是通过减速行程开关粗定位，然后由编码器零位电脉冲(或称栅格零点)来精定位的。数控机床通电后，必须首先使各轴均返回各自参考点，从而确定了机床坐标系后，才能进行其他操作。机床参考点相对机床原点的值是一个可设定的参数值。它由机床厂家测量并输入至数控系统中，用户不得改变。当返回参考点的工作完成后，显示器即显示出机床参考点在机床坐标系中的坐标值，表明机床坐标系已经建立。

值得注意的是不同数控系统返回参考点的动作、细节不同，因此当使用时，应仔细阅读其有关说明。

1. 返回参考点

参考点是CNC机床上的固定点，可以利用返回参考点指令将刀架移动到该点，可以设置多个参考点，其中第一参考点与机床参考点一致，第二、第三和第四参考点与第一参考点的距离利用参数事先设置。接通电源后必须先进行第一参考点返回，否则不能进行其他操作。

参考点返回有两种方法。

(1) 手动参考点返回。

(2) 自动参考点返回。接通电源已进行手动参考点返回后，在程序中需要返回参考点进行换刀时使用自动参考点返回功能。

自动参考点返回时需要用到如下指令。

```
G28 X__;X向回参考点。
G28 Z__;Z向回参考点。
G28 X__ Z__;刀具回参考点。
```

其中 *X*、*Z* 坐标设定值为指定的某一中间点，但此中间点不能超过参考点，如图 1.13 所示，该点可以以绝对值(G90)的方式写入，也可以以增量(G91)方式写入。

系统在执行 G28 X__；时，*X* 向以快速向中间点移动，到达中间点后，再以快速向参考点定位，到达参考点，*X* 向参考点指示灯亮，说明参考点已到达。

G28 Z__；的执行过程与 *X* 向回参考点完全相同，只是 *Z* 向到达参考点时，*Z* 向参考点的指示灯亮。

G28 X__ Z__；是上面两个过程的合成，即 *X*、*Z* 同时各自回其参考点，最后以 *X* 向参考点与 *Z* 向参考点的指示灯都亮而结束。

返回机床的这一固定点的功能，用来在加工过程中检查坐标系的正确与否和建立机床坐标系，以确保精确地控制加工尺寸。

```
G30  P2  X__ Z__;第二参考点返回可省略。
G30  P3  X__ Z__;第三参考点返回。
G30  P4  X__ Z__;第四参考点返回。
```

第二、第三和第四参考点返回中的 *X*、*Z* 的含义与 G28 中的相同。

2. 参考点返回校验 G27

G27 用于加工过程中，检查是否准确地返回参考点。指令格式如下。

```
G27 X__;X向参考点校验。
G27 Z__;Z向参考点校验。
G27 X__ Z__;参考点校验。
```

执行 G27 指令的前提是机床在通电后必须返回过一次参考点(手动返回或用 G28 返回)。

执行完 G27 指令以后，如果机床准确地返回参考点，则面板上的参考点返回指示灯亮，否则，机床将出现报警。

3. 从参考点返回 G29

G29 指令使刀具以快速移动速度，从机床参考点经过 G28 指令设定的中间点，快速移动到 G29 指令设定的返回点，其程序段格式为

```
G29 X__  Z__;
```

其中，X、Z 值可以以绝对值(G90)的方式写入，也可以以增量方式(G91)写入。当然，在从参考点返回时，可以不用 G29 而用 G00 或 G01，但此时，不经过 G28 设置的中间点，而直接运动到返回点，如图 1.14 所示。

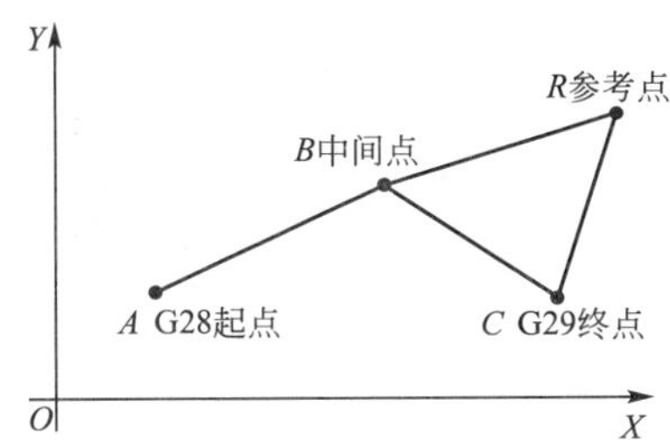

图 1.14 G28 和 G29 的关系

G28 的路线：$A \to B \to R$；G29 的路线：$R \to B \to C$；G00 的路线：$R \to C$

在铣削类数控机床上，G28、G29 后面可以跟 X、Y、Z 中的任一轴或任两轴，也可以三轴都跟，其意义与以上介绍的相同。

1.2.5 刀具相关点

从机械上说，所谓寻找机床参考点，就是使刀具相关点与机床参考点重合，从而使数控系统得知刀具相关点在机床坐标系中的坐标位置。所有刀具的长度补偿量均是刀尖相对该点长度尺寸，即为刀长。例如对车床类有 X_{K1}、Z_{K1}，对铣床类有 Z_{K1}。可采用机上或机外刀具测量的方法测得每把刀具的补偿量。X_{K1}、Z_{K1} 表示在 X、Z 轴方向的刀长。

有些数控机床使用某把刀具作为基准刀具，其他刀具的长度补偿均以该刀具作为基准，对刀则直接用基准刀具完成。这实际上是把基准刀尖作为刀具相关点，其含义与上相同。但采用这种方式，当基准刀具出现误差或损坏时，整个刀库的刀具要重新设置。

1.2.6 装夹原点

除了上述 3 个基本原点以外，有的机床还有一个重要的原点，即装夹原点(fixture origin)，用 C 表示。装夹原点常见于带回转(或摆动) 工作台的数控机床或加工中心，一般是机床工作台上的一个固定点，它与机床参考点的偏移量可以通过测量，存入系统的原点偏置寄存器(origin offset register)中，供 CNC 系统原点偏移计算用。

1.2.7 工件坐标系原点

在工件坐标系上，确定工件轮廓的编程和计算原点称为工件坐标系原点，简称为工件原点，也称编程零点。在加工中，因其工件的装夹位置是相对于机床而固定的，所以工件坐标系在机床坐标系中位置也就确定了。

在镗铣类数控机床上G92指令与G54～G59指令都是用于设定工件加工坐标系的，但它们在使用中是有区别的。G92指令通过程序来设定工件加工坐标系，G54～G59指令通过CRT/MDI在设置参数方式下设定工件加工坐标系，一经设定，加工坐标原点在机床坐标系中的位置是不变的，它与刀具的当前位置无关，除非再通过CRT/MDI方式更改。G92指令程序段只是设定加工坐标系，而不产生任何动作；G54～G59指令程序段则可以与G00、G01指令组合在选定的加工坐标系中进行位移。

1. 用G92确定工件坐标系

在编程中，一般是选择工件或夹具上的某一点作为编程零点，并以这一点作为零点，建立一个坐标系，这个坐标系是通常所讲的工件坐标系。这个坐标系的原点与机床坐标系的原点(机床零点)之间的距离用G92(EIA代码中用G50)指令进行设定。即确定工件坐标系原点距刀具现在位置多远的地方。也就是以程序的原点为准，确定刀具起始点的坐标值，并把这个设定值存于程序存储器中，作为零件所有加工尺寸的基准点。因此，在每个程序的开头部分要设定工件坐标系，其标准编程格式如下。

```
G92 X__  Y__  Z__;
```

图1.15所示为立式加工中心工件坐标系设定的例子。图中机床坐标系原点(机械原点)是指刀具退到机床坐标系最远的距离点，在机床出厂之前已经调好，并记录在机床说明书或编程手册之中，供用户编程时使用。

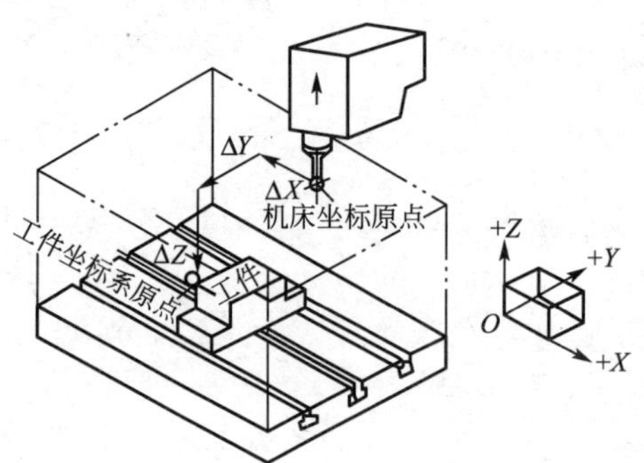

图1.15　立式加工中心工件坐标系的设定

图1.16给出了用G92确定工件坐标系的例子。

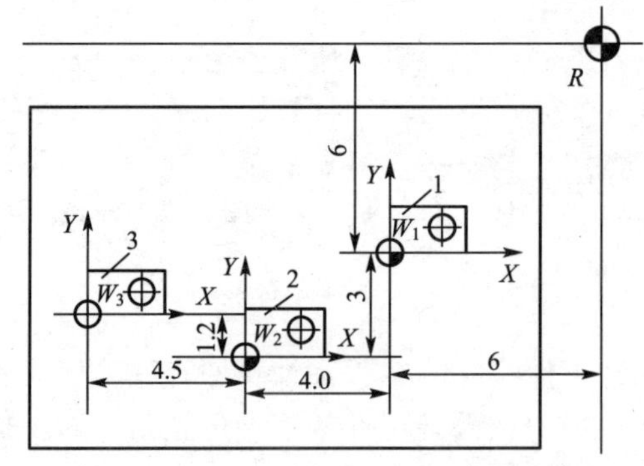

图1.16　工件坐标系原点的确定

```
N10  G90'
N20  G92 X6.0 Y6.0 Z 0;
 ……
N80  G00 X0 Y0;
N90  G92 X4.0 Y3.0;
 ……
N130  G00 X0 Y0;
N140  G92 X4.5 Y-1.2;
```

2. 用 G54～G59 确定工件坐标系

图 1.17 所示给出了用 G54～G59 确定坐标系的方法。

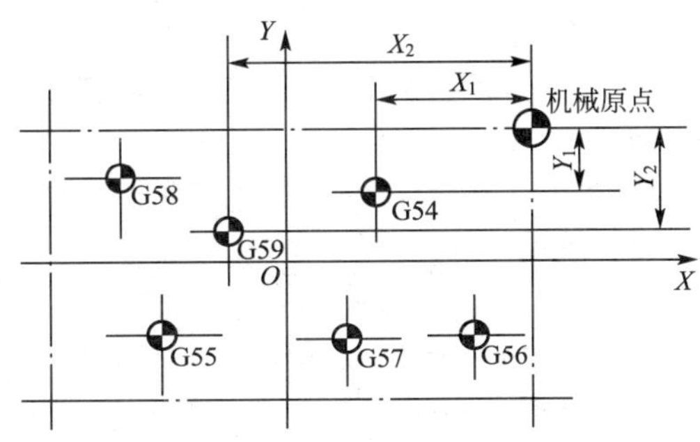

图 1.17　工件坐标系及设定

工件坐标系的设定可采用输入每个坐标系距机械原点的 X、Y、Z 轴的距离(X，Y，Z)来实现。在图 1.17 中分别设定 G54 和 G59 时可用下列方法。

G54 时　　　　G59 时

X——X_1　　　X——X_2

Y——Y_1　　　Y——Y_2

Z——Z_1　　　Z——Z_2

当工件坐标系设定后，如果在程序中写成 G90 G54 X30.0　Y40.0 时，机床就会向预先设定的 G54 坐标系中的 A 点(30.0，40.0)处移动。同样，当写成 G90 G59 X30.0 Y30.0 时，机床就会向预先设定的 G59 中的 B 点(30.0，30.0)处移动 (图 1.18)。

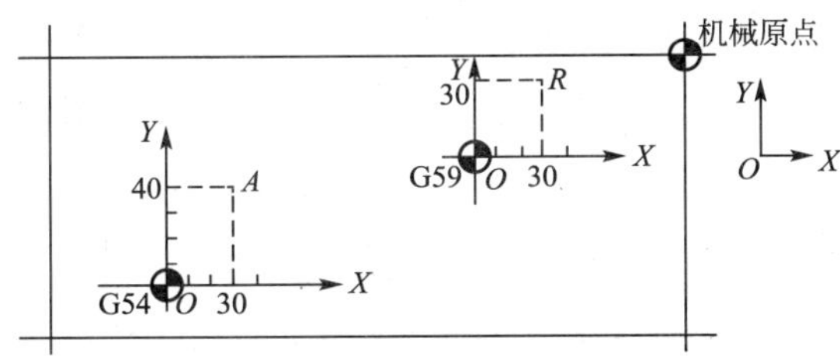

图 1.18　工件坐标系的使用

另外，在用 G54～G59 方式时，通过 G92 指令编程后，也可建立一个新的工件加工坐标系。如图 1.19 所示，在用 G54 方式时，当刀具定位于 XOY 坐标平面中的(200，160)点时，执行程序段 G92 X100.0　Y100.0，就由向量 A 偏移产生了一个新的工件坐标系 $X'O'Y'$ 坐标平面。

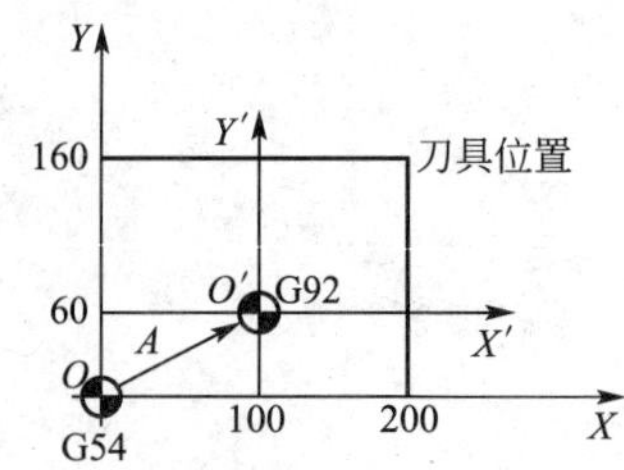

图 1.19　重新设定 $X'O'Y'$ 坐标平面

编程零点的选择有以下原则。

(1) 应使编程零点与工件的尺寸基准重合。

(2) 应使编制数控程序时的运算最为简单，避免出现尺寸链计算误差。

(3) 引起的加工误差最小。

(4) 编程零点应选在容易找正，在加工过程中便于测量的位置。

1.2.8　起刀点

起刀点又叫程序起点，是指刀具按加工程序执行时的起点。对于数控车床，起刀点选择一方面影响加工效率，另一方面，对加工循环的方向起着重要作用；对于数控铣床，起刀点的选择一方面要尽量接近工件，节省空刀时间，同时起刀点又要使加工前，避免发生撞刀。这一点在第 5 章将作详细介绍。

1.3　数控铣床的主要功能

1.3.1　数控系统的主要功能

1. 可控制轴数与联动轴数

可控制轴数是指数控系统最多可以控制的坐标轴数目，包括移动轴和回转轴。联动轴数是指数控系统按加工要求控制同时运动的坐标轴数。目前有两轴联动、三轴联动、四轴联动、五轴联动等。三轴联动的数控机床可以加工空间复杂曲面，四轴、五轴联动的数控机床可以加工飞行器叶轮、螺旋桨等零件。如果可控制轴数为 3 轴，联动轴数为 2 轴，则称为两轴半控制。

2. 插补功能

所谓插补，就是在工件轮廓的某起始点坐标之间进行“数据密化”，求取中间点的过程。插补功能是指数控机床能实现的线型加工能力。

由于直线和圆弧是构成零件的基本几何元素，所以大多数数控系统都具有直线和圆弧的插补功能。而椭圆、抛物线，螺旋线等复杂曲线的插补，只有高档次的数控系统或特殊需要的数控系统才具备此功能。

3. 进给功能

数控系统的进给功能包括快速进给、切削进给、手动连续进给、点动进给、进给倍率修调、自动加减速等功能。

4. 主轴功能

数控系统的主轴功能包括恒转速控制、恒线速控制、主轴定向停止、主轴转速修调等。恒线速控制即主轴自动变速，使刀具相对切削点的线速度保持不变。主轴定向停止也称为主轴准停，即在换刀、钻镗孔后退刀等动作开始之前，主轴在其周向准确定位。

5. 刀具补偿

刀具补偿功能包括刀具位置补偿、刀具半径补偿和刀具长度补偿。位置补偿是对车刀刀尖位置变化的补偿；半径补偿是对车刀刀尖圆弧半径、铣刀半径的补偿；长度补偿是指沿加工深度方向对刀具长度变化的补偿。

6. 操作功能

数控机床通常有单程序段执行、跳段执行、试运行、图形模拟、机械锁住、暂停和急停等功能。有的还有软键操作功能。

7. 程序管理功能

数控系统的程序管理功能是指对加工程序的检索、编制、修改、插入、删除、更名和程序的存储、通信等功能。

8. 图形显示功能

一般的数控系统都具有比较齐全的CRT显示，可显示字符和图形，人机对话，自诊断等，具有刀具轨迹的动态显示。高档的数控系统还具有三维图形显示功能。

9. 辅助编程功能

除基本的编程功能外，数控系统通常还具有固定循环、镜像、图形缩放、子程序、宏程序、坐标系旋转、极坐标等编程功能，可减少手工编程的工作量和减小难度。

10. 自诊断报警功能

现代数控系统具有人工智能功能的故障诊断系统，可用来实现对整个加工过程的监视，诊断数控系统及机床的故障，并及时报警。这种系统是以专家们所掌握的对于各种故障原因及其处理方法为依据开发的应用软件。操作者只要回答显示器中提出的简单问题，就能和专家一样诊断出机床的故障原因并指出排除故障的方法。

11. 通信功能

数控系统一般都配有RS232C或RS422远距离串行接口，可以按照用户的格式要求，与同一级计算机进行多种数据交换。现代数控系统大都具有制造自动化协议(MAP)接口，并采用光缆通信，提高数据传送速度和可靠性。

1.3.2 准备功能字

准备功能字的地址符是G，所以又称为G功能、G指令或G代码。它的作用是建立数控机床工作方式，为数控系统插补运算、刀补运算、固定循环等做好准备。

G 指令中的数字一般是两位正整数(包括 00)。随着数控系统功能的增加，G00～G99 已不够使用，所以有些数控系统的 G 功能字中的后续数字已采用 3 位数。G 功能有模态 G 功能和非模态 G 功能之分。非模态 G 功能是只在所规定的程序段中有效，程序段结束时被注销；模态 G 功能是指一组可相互注销的 G 功能。其中某一 G 功能一旦被执行，则一直有效，直到被同一组的另一 G 功能注销为止。有的数控操作人员称模态代码为续效代码，非模态代码为非续效代码。根据 ISO 1056—1975 国际标准，我国制定了 JB 3208—1983 部颁标准。

现在应用的是 JB/T 3208—1999 标准，见表 1-1 和表 1-2。

表 1-1　准备功能 G 代码及含义

G 代码	功能保持到取消或被同样字母表示的程序指令所代替	功能仅在所出现的程序段有用	功能
G00	a		快速点定位
G01			直线插补
G02			顺时针圆弧插补
G03			逆时针圆弧插补
G04		*	暂停
G05	#	#	不指定
G06	a		抛物线插补
G07	#	#	不指定
G08		*	加速
G09			减速
G10～G16	#	#	不指定
G17	C		*XY* 平面
G18			*ZX* 平面
G19			*YZ* 平面
G20～G32	#	#	不指定
G33			螺纹切削　等螺距
G34			螺纹切削　增螺距
G35			螺纹切削　减螺距
G36～G39	#	#	永不指定
G40	d		注销刀具补偿/刀具偏置
G41			刀具左补偿
G42			刀具右补偿

（续）

G代码	功能保持到取消或被同样字母表示的程序指令所代替	功能仅在所出现的程序段有用	功能
G43			刀具偏置—正
G44			刀具偏置—负
G45			刀具偏置＋/＋
G46			刀具偏置＋/－
G47			刀具偏置－/－
G48	＃(d)	＃	刀具偏置－/＋
G49			刀具偏置 0/＋
G50			刀具偏置 0/－
G51			刀具偏置＋/0
G52			刀具偏置－/0
G53			注销　直线偏移
G54			直线偏移 *X*
G55			直线偏移 *Y*
G56	f		直线偏移 *Z*
G57			直线偏移 *XY*
G58			直线偏移 *XZ*
G59			直线偏移 *YZ*
G60			准确定位 1(精)
G61	h		准确定位 2(中)
G62			快速定位 1(粗)
G63		*	攻丝
G64～G67	＃		不指定
G68	＃(d)	＃	刀具偏置　内角
G69			刀具偏置　外角
G70～G79	＃		不指定
G80	e		固定循环注销
G81～G89			固定循环指令表 2-4
G90			绝对值尺寸
G91			增量值尺寸
G92		*	预置寄存器

（续）

<table>
<tr><th>G代码</th><th>功能保持到取消或被同样字母表示的程序指令所代替</th><th>功能仅在所出现的程序段有用</th><th>功能</th></tr>
<tr><td>G93</td><td rowspan="3">k</td><td></td><td>时间倒数 进给率</td></tr>
<tr><td>G94</td><td></td><td>每分钟进给</td></tr>
<tr><td>G95</td><td></td><td>主轴每转进给</td></tr>
<tr><td>G96</td><td rowspan="2">I</td><td></td><td>恒线速度</td></tr>
<tr><td>G97</td><td></td><td>每分钟进给</td></tr>
<tr><td>G98～G99</td><td>#</td><td>#</td><td>不指定</td></tr>
</table>

注：(1) #号：如选作特殊用途，必须在程序格式说明中说明。

(2) 如在直线切削控制中没有刀具补偿，则G43～G52可用作其他用途。

(3) 在表中左栏括号中的字母(d)表示，可以被同栏中没有括号的字母d所注销或代替，也可以用被有括弧的(d)所注销或代替。

(4) G45～G52的功能可用于机床上任意两个预定的坐标。

(5) 控制机上没有G53～G59、G63功能时，可指定作其他用途。

(6) 不同的数控系统，甚至相同的系统内，G功能代码的含义并未真正统一，这里以FANUC数控为例，具体到工作当中，要参考编程手册来了解各G代码的含义。

表1-2 准备功能G(固定循环)代码含义

<table>
<tr><th rowspan="2">固定循环代码</th><th rowspan="2">进入</th><th colspan="2">在底部</th><th rowspan="2">退出到进给开始处</th><th rowspan="2">用途</th></tr>
<tr><th>暂停</th><th>主轴</th></tr>
<tr><td>G81</td><td rowspan="2">进给</td><td></td><td></td><td rowspan="3">快速</td><td>钻孔、划中心</td></tr>
<tr><td>G82</td><td>有</td><td></td><td>钻孔、扩孔</td></tr>
<tr><td>G83</td><td>间断</td><td rowspan="2"></td><td></td><td>深孔</td></tr>
<tr><td>G84</td><td>前进、主轴进给</td><td>反转</td><td rowspan="2">进给</td><td>攻丝</td></tr>
<tr><td>G85</td><td>进给</td><td></td><td></td><td rowspan="5">镗孔</td></tr>
<tr><td>G86</td><td rowspan="3">启动主轴进给</td><td></td><td rowspan="2">停止</td><td>快速</td></tr>
<tr><td>G87</td><td></td><td rowspan="2">手动</td></tr>
<tr><td>G88</td><td rowspan="2">有</td><td></td></tr>
<tr><td>G89</td><td>进给</td><td></td><td>进给</td></tr>
</table>

1.3.3 辅助功能

1. 辅助功能

辅助功能字也称M功能、M指令或M代码。M指令是控制机床在加工时做一些辅助动作的指令，如主轴的正反转、切削液的开关等。辅助功能M代码及含义(符合JB/T 3208—1999)见表1-3。

表1-3　辅助功能M代码及含义

<table>
<tr><th rowspan="2">代码</th><th colspan="2">功能开始时间</th><th rowspan="2">功能保持到注销或者被适当程序指令代替</th><th rowspan="2">功能仅在所出现的程序段内有用</th><th rowspan="2">功能</th></tr>
<tr><th>与程序段指令运动同时开始</th><th>在程序段指令运动完成后开始</th></tr>
<tr><td>M00</td><td rowspan="3"></td><td rowspan="3">*</td><td rowspan="3"></td><td rowspan="3">*</td><td>程序停止</td></tr>
<tr><td>M01</td><td>计划停止</td></tr>
<tr><td>M02</td><td>程序结束</td></tr>
<tr><td>M03</td><td rowspan="2">*</td><td rowspan="2"></td><td rowspan="3">*</td><td rowspan="3"></td><td>主轴正转</td></tr>
<tr><td>M04</td><td>主轴反转</td></tr>
<tr><td>M05</td><td></td><td>*</td><td>主轴停止</td></tr>
<tr><td>M06</td><td>#</td><td>#</td><td></td><td>*</td><td>换刀</td></tr>
<tr><td>M07</td><td rowspan="2">*</td><td rowspan="2"></td><td rowspan="5">*</td><td rowspan="5"></td><td>2号冷却液开</td></tr>
<tr><td>M08</td><td>1号冷却液开</td></tr>
<tr><td>M09</td><td></td><td>*</td><td>冷却液关</td></tr>
<tr><td>M10</td><td rowspan="3">#</td><td rowspan="3">#</td><td>夹紧</td></tr>
<tr><td>M11</td><td>松开</td></tr>
<tr><td>M12</td><td>#</td><td>#</td><td>不指定</td></tr>
<tr><td>M13</td><td rowspan="4">*</td><td rowspan="4"></td><td rowspan="2">*</td><td rowspan="2"></td><td>主轴正转冷却液开</td></tr>
<tr><td>M14</td><td>主轴反转冷却液开</td></tr>
<tr><td>M15</td><td rowspan="2"></td><td rowspan="2">*</td><td>正运动</td></tr>
<tr><td>M16</td><td>负运动</td></tr>
<tr><td>M17～M18</td><td>#</td><td>#</td><td>#</td><td>#</td><td>不指定</td></tr>
<tr><td>M19</td><td></td><td>*</td><td>*</td><td></td><td>主轴定向停止</td></tr>
<tr><td>M20～M29</td><td>#</td><td>#</td><td>#</td><td>#</td><td>永不指定</td></tr>
<tr><td>M30</td><td></td><td>*</td><td rowspan="2"></td><td rowspan="2">*</td><td>纸带结束</td></tr>
<tr><td>M31</td><td rowspan="2">#</td><td rowspan="2">#</td><td>互锁旁路</td></tr>
<tr><td>M32～M35</td><td>#</td><td>#</td><td>永不指定</td></tr>
</table>

（续）

代码	功能开始时间		功能保持到注销或者被适当程序指令代替	功能仅在所出现的程序段内有用	功能
	与程序段指令运动同时开始	在程序段指令运动完成后开始			
M36	*		*		进给范围 1
M37	*		*		进给范围 2
M38	*		*		进给速度范围 1
M39	*		*		进给速度范围 2
M40～M45	#	#	#	#	如有需要作为齿轮换挡，此外不指定
M46～M47	#	#	#	#	不指定

注：(1) #号表示：如选作特殊用途，必须在程序说明中说明。

(2) M90～M99 可用作特殊用途。

(3) 配有同一系列的机床，由于生产厂家不同，某些代码的含义可能不同，要参考编程手册。

2. 第二辅助功能

第二辅助功能也称 B 功能，它是用来指令工作台进行分度的功能。B 功能用地址 B 及其后面的数字来表示(参见第 2 章)。

1.3.4 进给速度

1. 进给速度

进给速度是指刀具向工件进给的相对速度，单位一般为 mm/min，当进给速度与主轴转速有关时(如车床车削螺纹)，单位为 mm/r，称为进给量。进给速度用地址字母 F 和字母 F 后面的五位、四位、三位、二位或一位数字来表示。

(1) 三位数代码法。三位数代码法是在字母 F 后面有三位数字，其中第一位数字是进给速度的整数位数加上“3”，后两位数字是进给速度前两位的有效数字，其他位数查机床说明书。如 F717 表示进给速度为 1728mm/min，F046 表示 0.000462mm/min。

(2) 二位数代码法。二位数代码法是用 F00～F99 表示 100 种进给速度。在 F0～F98 之间的各级进给速度可按等比级数排列，公比为 $\sqrt[20]{10}=1.12$，如 F40 表示进给速度为 100mm/min，F41 表示进给速度为 112mm/min，而 F00 表示停止进给，F99 表示快速进给。

(3) 一位数代码法。一位数代码法是用 F0～F9 表示 10 种进给速度值，这种表示法比较简单，但分级比较粗糙。

(4) FRN 方式。这种进给速度的指定方法是供数字积分(DDA)插补方法使用的。此种编程方法也称为进给速率数(FRN)编程。FRN 定义为指令进给速度 N 与程序段长度 L

(或圆弧半径 R)之比，即 v_o/L 或 v_o/R。

(5) 直接数字法。直接数字法是在字母 F 后面直接写上进给速度值。如 F100 表示进给速度为 100mm/min。

对于点位、二坐标和三坐标联动数控加工，数控程序所给的进给速度，是以每分钟进给距离(mm)的形式指定刀具切削进给速度(对于数控车床，默认的进给速度形式为 mm/r)，是各坐标的合成运动速度，用 F 字母和它后续的数值指定。各运动坐标方向的分速度是根据进给速度与各运动坐标分量来计算的。设进给速度为 F，相邻两刀位点之间的距离为 L，L 的各运动坐标分量分别为 L_X、L_Y 和 L_Z，$L=\sqrt{L_X^2+L_Y^2+L_Z^2}$，则各运动坐标方向的分速度为

$$\begin{cases} F_X=\dfrac{L_X}{L}F \\ F_Y=\dfrac{L_Y}{L}F \\ F_Z=\dfrac{L_Z}{L}F \end{cases}$$

假定编程所给的进给速度 F 恒定，即刀具相对于工件的切削进给速度恒定，从上式可以看出，各运动坐标方向的分速度一般来说是不一样的。

对于多坐标数控加工，一般来说，数控程序所给的是进给率(在 G93 方式下)F，此时 F 是时间的倒数，即 $\Delta t=1/F$，式中的 Δt 表示的是走完一个程序所需要的时间。各运动坐标方向的分速度是根据进给率与各运动坐标分量来计算的。设进给率为 F，相邻两刀位点之间的坐标分量分别为 L_X、L_Y、L_Z、L_AL_B 和 L_C，则各运动坐标方向的速度为

$$\begin{cases} F_X=FL_X \\ F_Y=FL_Y \\ F_Z=FL_Z \\ F_A=FL_A \\ F_B=FL_B \\ F_C=FL_C \end{cases}$$

2. F 功能的分类

根据准备功能(G 功能)可以把 F 功能分为以下两种。

(1) 每分进给。用 F 指令表示刀具每分钟的进给量，如图 1.20 所示。在车床上常用 G98 指令表示，在加工中心与铣床上常用 G94 表示。

(2) 每转进给。用 F 指令表示主轴每转的进给量，在车床上通常以 G99 表示每转进给量(图 1.20)。在加工中心上一般用 G95 表示每转进给量。例如，车床以主轴每转进给 0.2mm 时，也作 F0.2 或者 F20(最小指令单位为 0.01mm/r 时)，即主轴每转一周刀具沿其切线方向上移动 0.2mm。

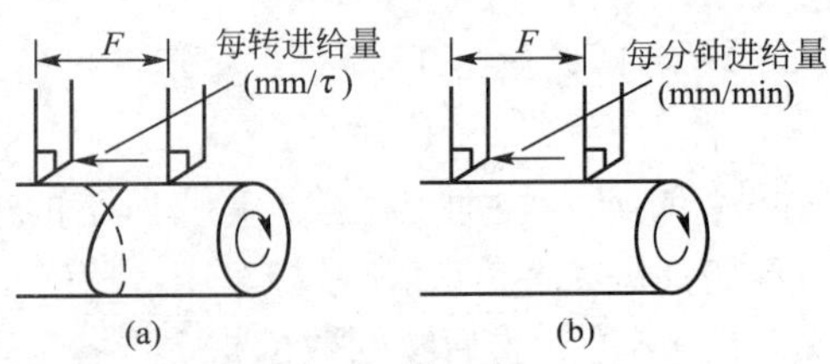

图 1.20　车削进给模式设置

每转进给量与每分钟进给量的关系为

$$f_m = f_r S$$

式中　f_m——每分钟进给量，mm/min；

f_r——每转进给量，mm/r；

S——主轴转速，r/min。

当然，在数控铣床上还有每齿进给，由于用得不多，在一般数控系统中没有特殊的指令时，只能转化为其他进给方式编程。

F 功能一经设定，后面只要不变更，前面的指令仍然有效。所以，只有在变更进给时才需要指定 F 功能。

3. 关于进给速度倍率

在操作面板上有一刻度盘，在相对于控制介质、手动数据输入运转等所指令进给量的10%～150%范围内，可以每一级 10%调整进给速度。如果把刻度调整在 100%时，便按程序所设定的速度进给。注意：这个刻度盘在试切削时使用，目的是选取最佳的进给速度。

1.3.5　主轴转速功能

主轴转速功能用来指定主轴的转速，单位为 r/min，地址符使用 S，所以又称为 S 功能或 S 指令。中档以上的数控机床，其主轴驱动已采用主轴控制单元，它们的转速可以直接指令，即用 S 后加数字直接表示每分钟主轴转速。例如，要求 1300r/min，就指令S1300。不过，现在用得多的主轴单元的允许调幅还不够宽，为增加无级变速的调速范围，需加入几挡齿轮变速，由前面介绍的辅助功能指令来变换齿轮挡，这时，S 指令要与相应的辅助功能指令配合使用。像国内某些机床厂生产的经济型数控铣床，采用的是主轴转速间接指定码，由于主轴电动机还是普通电动机，其主轴箱内的主轴变速机械与传统的铣床差别不大，也是用电磁离合器通过齿轮做有级变速。程序中的 S 指令用 1～2 位数字代表，每一数字代表的具体转速可以从主轴箱上的转速表中查得。在铣床上还有主轴转速波动检测功能。

G26 接通该功能时，数控系统对主轴转速进行监视。如发现转速超过设定的允许波动范围时，则认为主轴电动机发生故障，于是停止进给功能，并显示“主轴过热”报警。

G25 则在于把上述功能切断，命令格式：

```
G25;
G26  Pp  Qa  Rr;
```

p：当用S指令给出或改变转速值后，系统经过 p ms后，便开始对主轴转速的波动进行检测。

a：当用S指令给出或改变转速值后，系统等到主轴转速达到指令值的$(1-a\%)$或$(1+a\%)$时，便开始对主轴转速的波动进行检测。

r：当系统检测到主轴转速小于指令值的$(1-r\%)$或大于指令值的$(1+r\%)$时，系统便显示“主轴过热”报警。

给出或改变转速指令后，主轴转速有个变化的过程，在此过程中对速度的波动进行检测是没有意义的。所以G26指令中，p值的作用就是让系统经过一段时间，等到主轴转速稳定后再进行检测；a值的作用是让系统等到主速转速达到一定范围后再开始检测。上述两个条件对系统来说是“或”的关系，即只要满足其中任何一个条件，就开始检测。

通常，机床面板上设有转速倍率并关，用于不停机手动调节主轴转速。

1.3.6 刀具功能

1. 刀具功能字

这是用于指令加工中所用刀具号及自动补偿编组号的地址字。地址符规定为T。其自动补偿内容主要指刀具的刀位偏差或刀具长度补偿及刀具半径补偿。

车床数控系统其地址符T的后续数字有以下几种规定。

(1) 一位数的规定。在少数车床(如CK0630)的数控系统(如HN-100T)中，因除了刀具的编码(刀号)之外，其他如刀具偏置、刀具长度与半径的自动补偿值，都不需要填入加工程序段时，只需用一位数表示刀具编码号即可。

(2) 两位数的规定。在经济型车床数控系统中，普遍采用两位数的规定，首位数字一般表示刀具(或刀位)的编码号，常用0～8共9个数字，其中，“0”表示不换刀；末位数字表示刀具补偿(不包括刀尖圆弧半径补偿)的编组号，常用0～8共9个数字，其中，数字“0”表示补偿量为零，即撤销其补偿。

(3) 四位数的规定。对车削中心等刀具数较多的数控机床，其数控系统一般规定其后续数字中的前两位数为刀具编码号，后两位为刀具位置补偿的编组号，或同时为刀尖圆弧半径补偿的编组号。

(4) 六位数的规定。采用这种规定的数控系统较少。如日本大隈铁工所的两坐标系统，规定前两位数字为刀具编码号，中间两位数字为刀尖圆弧半径补偿的编组号，最后两位为刀具位置(或刀位偏差)补偿的编组号。

2. 加工中心的换刀功能

自动刀具交换的指令为M06，在M06后用T功能来选择所需的刀具。M06中有M05功能，因此用了M06后必须设置主轴转速与转向。刀具号由T后的两位数字(BCD代码)来指定。

在刀库刀具排满时，主轴上无刀，此时主轴上刀号是T00。换刀后，刀库内无刀的刀套上刀号为 T00。例如，T02 号刀换到主轴上，此时刀库中 2 号的刀变成了 T00，而且刀库中 T02 号刀套上为空刀。

在刀库刀具排满时，如果也在主轴上装一把刀，则刀具总数可以增加一把，也可以把 T00 作为主轴上这把刀具的刀号，刀具交换后，刀库内将没有空刀套，T00 号刀具实际上存在，例如，T05 号刀与主轴上 T00 号刀交换后，T05 号刀换到主轴上成了 T00 号刀，T05 号刀套内放的是原来主轴上的 T00 号刀，即原来的 T00 号刀变成了现在的 T05 号刀。

编程时可以使用两种方法。

(1)
```
NXXXX  G28  Z__  T__;
……
NXXXX  M06;
……
```

执行该程序段后，TXX 号刀由刀库中转至换刀刀位，做换刀准备，此时执行 T 指令的辅助时间与机动时间重合。本次所交换的为前段换刀指令执行后转至换刀刀位的刀具，而本段指定的 T××号刀在下一次刀具交换时使用。例如：

```
N0110  G01  X__  Y__  Z__  T01;
N0120  ……
N0130  ……
N0140  G28  Z__  M06  T02;
N0150  ……
N0160  ……
N0170  G28  Z__  M06;
……
```

在 N0140 段换的是在 N0110 段选出的 T01 号刀，即在 N0150 ～ N0170(不包括 N0170)段中加工所用的是 T01 号刀。在 N0170 段换上的是 N0140 段选出的 T02 号刀，即从 N0170 下段开始用 T02 号刀加工。在执行 N0110 与 N0140 段的 T 机能时，不占用加工时间。

(2)
```
NXXXX  G28  Z__  TXX  M06;
……
```

返回参考点时，刀库先将 T××号刀具转出，然后进行刀具交换，换到主轴上去的刀具为 TXX。若回参考点的时间小于 T 机能执行时间，则要等到刀库中相应的刀具转到换刀刀位以后才能执行 M06，因此，这种方法占用机动时间较长。例如：

```
N0110  G01  X__Y__Z__M03 S__;
N0120  ……
N0130  G28  Z__T02  M06;
……
```

在执行 N0130 时，在主轴回参考点的同时，刀库转动，若主轴已回到参考点而刀库还没有转出 T02 号刀，此时不执行 M06，直到刀库转出 T02 号刀后，才执行 M06，将 T02 号刀换到主轴上去。

3. 刀具管理功能

有的数控系统有刀具使用寿命管理功能，即可预先置入刀具的使用寿命，该刀具的实际切削时间可由计算机累加计算，达到使用寿命时提示更换锋利的刀具或自动更换刀库上的备用刀。

1.4 数控加工程序的格式与组成

1.4.1 程序组成

一个数控加工程序由程序开始部分、程序内容、程序结束指令 3 部分组成。

(1) 程序开始 `O0001;`

(2) 程序内容

```
N10 G92 X0 Y0Z0;
N20 G90 G00 X20 Y30 T01 M03 S1000;
N30 G01 X50 Y10 F0.2;
N40 X0 Y0;
```

(3) 程序结束指令 `N50 M02;`

1. 程序开始部分

常用程序号表示程序开始，地址符字母 O(或 P)加表示程序号的数值(最多 4 位，数值没有具体含义)组成，其后可加括号注出程序名或作注释，但不得超过 16 个字符。程序号必须放在程序之首。但是，不同的数控系统程序号地址符不同，例如 SMK8M 系统，程序号地址符用“%”；FANUC 6M 系统，程序号地址符用“O”。

2. 程序内容部分

程序内容部分是整个程序的核心部分，由若干程序段组成，表示数控机床要完成的全部动作。常用顺序号表示顺序，程序中可以在程序段前任意设置顺序号，可以不写，也可以不按顺序编导，或只在重要程序段前按顺序编号，以便检索，如在不同刀具加工时给出不同的顺序号。顺序号也叫程序段号或程序段序号，顺序号位于程序段之首，它的地址符是 N，后续数字一般 2～4 位。顺序号可以用在主程序、子程序和宏程序中。

(1) 顺序号的作用。首先，顺序号可用于对程序的校对和检索修改。其次，在加工轨迹图的几何节点处标上相应程序段的顺序号，就可直观地检查程序。顺序号还可作为条件转移的目标。更重要的是，标注了程序段号的程序可以进行程序段的复归操作，这是指操作可以回到程序的(运行)中断处重新开始，或加工从程序的中途开始的操作。

(2) 顺序号的使用规则。数字部分应为正整数，一般最小顺序号是 N1。顺序号的数字可以不连续，也不一定从小到大顺序排列，如第一段用 N1、第二段用 N20、第三段用 N10。对于整个程序，可以每个程序段都设顺序号，也可以只在部分程序段中设顺序号，还可在整个程序中全不设顺序号。一般都将第一程序段冠以 N10，以后以间隔 10 递增的方法设置顺序号，这样，在调试程序时如需要在 N10 与 N20 之间加入两个程序段，就可以用 N11、N12。

3. 程序结束部分

以程序结束指令构成一个最后的程序段。程序结束指令常用 M02 或 M30。

程序段号加上若干个程序字就可组成一个程序段。在程序段中表示地址的英文字母可分为尺寸字地址和非尺寸字地址两种。表示尺寸字地址的有 X、Y、Z、U、V、W、P、Q、I、J、K、A、B、C、D、E、R、H 共 18 个英文字母。表示非尺寸字地址的有 N、G、F、S、T、M、L、O 等 8 个英文字母。其字母的含义见表 1－4。

表 1－4　地址字母表

地址	功能	意义	地址	功能	意义
A	坐标字	绕 *X* 轴旋转	N	顺序号	程序段顺序号
B	坐标字	绕 *Y* 轴旋转	O	程序号	程序号、子程序号的指定
C	坐标字	绕 *Z* 轴旋转	P		暂停
D	补偿号	刀具半径补偿指令	Q		用于固定循环中的定距
E		第二进给功能	R	坐标字	圆弧半径、固定循环中定距离
F	进给速度	进给速度的指令	S	主轴功能	主轴转速指令
G	准备功能	指令动作方式	T	刀具功能	刀具编号指令
H	补偿号	补偿号的指定	U	坐标字	与 *X* 轴平行的附加轴的增量坐标
I	坐标字	圆弧中心 *X* 轴向坐标	V	坐标字	与 *Y* 轴平行的附加轴的增量坐标
J	坐标字	圆弧中心 *Y* 轴向坐标	W	坐标字	与 *Z* 轴平行的附加轴的增量坐标
K	坐标字	圆弧中心 *Z* 轴向坐标	X	坐标字	*X* 轴的坐标值或暂停时间
L	重复次数	固定循环及子程序的重复次数	Y	坐标字	*Y* 轴的坐标值
M	辅助功能	机床开关指令	Z	坐标字	*Z* 轴的坐标值

尺寸字也叫尺寸指令。尺寸字在程序段中主要用来指令机床上刀具运动到达的坐标位置，表示暂停时间等的指令也列入其中。地址符用得较多的有 3 组：第一组是 X、Y、Z、U、V、W、P、Q、R，主要用于指令到达点的直线坐标尺寸，有些地址(例如 X)还可用于在 G04 之后指定暂停时间；第二组是 A、B、C、D、E 主要用来指令到达点的角度坐标，第三组是 I、J、K 主要用来指令零件圆弧轮廓圆心点的坐标尺寸。尺寸字中，地址符的使用虽然有一定规律，但是各系统往往还有一些差别。例如，FANUC 有些系统还可以用 P 指令暂停时间、用 R 指令圆弧的半径等。

程序中有时还会用到一些符号，它们的含义见表 1－5。

表1-5 程序中所用符号及含义

符号	意义	符号	意义
HT或TAB	分隔符	—	负号
LF或NL	程序段结束	/	跳过任意程序段
%	程序开始	:	对准功能
(	控制暂停	BS	返回
)	控制恢复	EM	控制介质终了
+	正号	DEL	注销

1.4.2 程序段格式

程序段格式是指在同一个程序段中关于字母、数字和符号等各个信息代码的排列顺序和含义规定的表示方法。数控机床有以下3种程序段格式。

1. 固定程序段格式

早期由于数控装置简单，规定了一种称之为固定顺序的程序段格式。例如：

```
007  001  +02500  -13400  15  30  02  LF
 N    G      X       Y     F   S   M
```

以这种格式编制的程序。各字均无地址码，字的顺序即为地址的顺序，各字的顺序及字符行数是固定的(不管某一字的需要与否)，即使与上一段相比某些字没有改变，也要重写而不能略去。一个字的有效位数较少时，要在前面用“0”补足规定的值数。所以各程序段所占穿孔带的长度是一定的。这种格式的控制系统简单，但编程不直观，穿孔带较长，应用较少。

2. 具有分隔符号TAB的固定顺序的程序段格式

这种格式的基本形式与上述格式相同，只是各字间用分隔符隔开，以表示地址的顺序。如上例可写成：

```
007  TAB  01  TAB  +02500  TAB  -13400  TAB  15  TAB  30  TAB  02  LF
 N         G          X               Y           F         S         M
```

由于有分隔符号，不需要的字与上程序段相同的字可以省略，但必须保留相应的分隔符(即各程序段的分隔符数目相等)。此种格式比前一种格式好，常用于功能不多的数控装置，如线切割机床和某些数控铣床等。

3. 字地址程序段格式

目前使用最多的就是这种字地址程序段格式(也称为使用地址符的可变程序段格式)。

以这种格式表示的程序段，每一个字之前都标有地址码用以识别地址，因此对不需要的字或与上一程序段相同的字都可省略。一个程序段内的各字也可以不按顺序(但为了编程方便，常按一定的顺序)排列。采用这种格式虽然增加了地址读入电路，但是使编程直观灵活，便于检查，广泛用于车、铣等数控机床。对于字地址格式的程序段常常可以用一般形式来表示。如 N134 G01 X－32000 Y＋47000 F1020 S1250 T16 M06。

在上述 3 种程序段格式中，目前国内外用得最广的是字地址程序段格式。

1.5 数控铣床编程的规则

数控铣床编程时，必须先了解程序的结构、句法和编程规则等有关规定，以便正确编程。

1.5.1 CNC 程序结构

CNC 程序必须包括加工工件时所必需的各种要求和指令。其结构包括程序号、程序段、程序开始及程序结束等有关信息和指令。

在编制程序前，先介绍几个基本概念和编程规则。

1. 一个“字”

某个程序中安排字符的集合，标为“字”。程序段是由各种“字”组成的。

一个“字”包含一个地址(用字母表示)和代码数或数值集合而成。如 G02 总称为“字”，G 为地址，02 为代码数。F80 总称为“字”，F 为地址，80 为数值，如图 1.21 所示。

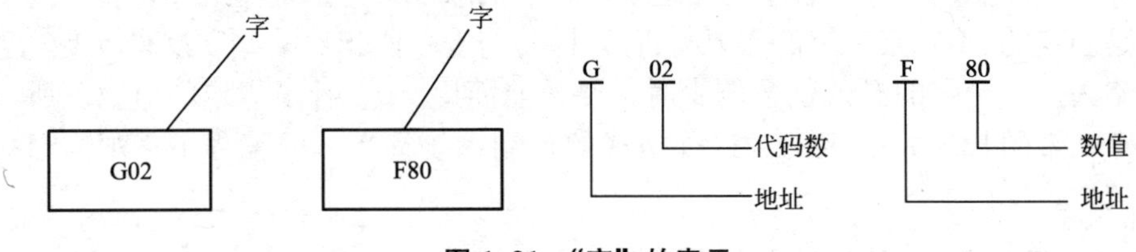

图 1.21 “字”的表示

一个“字”在程序段中就是一个指令，可用一个“字”来控制铣床的动作。

2. 程序号

每一种工件在编程时，必须先指定一个程序号，并编在整个程序的开始。程序号的地址用英文字母“O”(有的机床程序号地址为%)和几位数字组成。该机床程序号的可编范围为 O0000～O9999。

3. 程序段

程序段即为 NC(数字控制)程序段，地址为 N。程序段可编范围为 N0000～N9999。程序段以每次递增 10 的方式编号或者每次递增 1 的方式编号(机床会自功编号)。如用 N0000，N0010，N0020，…其目的是留有插入新程序段的余地。如在 N0080 与 N0090 之间遗漏某一程序段，可用 N0081～N0089 插入。

程序段由程序段号及各种“字”组成。如：

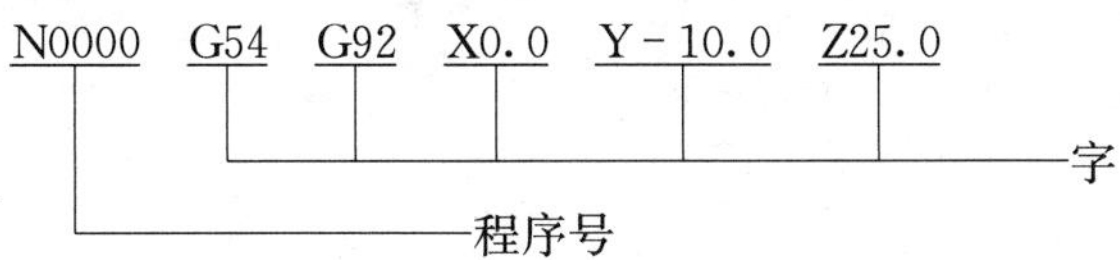

4. 程序段的分类缩写形式介绍

一个程序段是由各种指令(代码)所组成。程序段是以分类缩写的形式表达，见表1-6，介绍如下。

表1-6 程序段的分类缩写形式介绍

N4	GXX	X/U ±43	Y/V ±43	Z/W ±43	$P_1$43	P_3/P_4 ±43	$D_3$5	$D_4$1	F4

表1-6中：

N4——4位数字的程序段号(N0000～N9999)；

GXX——某准备功能代码；

X、Y、Z——绝对值或增量值编程目标点坐标，mm(U、V、W为数控车增量编程终点坐标)；

±43——带+或-号，小数点左边4位，右边3位(mm)，最大值是9999.999mm；

F——4位数的进给功能代码，mm/r、mm/min；

P、D——有关参量。

1.5.2 编程规则

1. 小数点编程

X、Y、Z、U、V、W、I、J、K、P_0、P_1、P_3、P_4等数值，必须用小数点编程，这些数值用米制(G71)时要计算到μm，英制(G70)要计算到1/10000inch。

数值范围为小数点左边为4位，小数点右边为3位(又称4，3位)，见下列表达式：

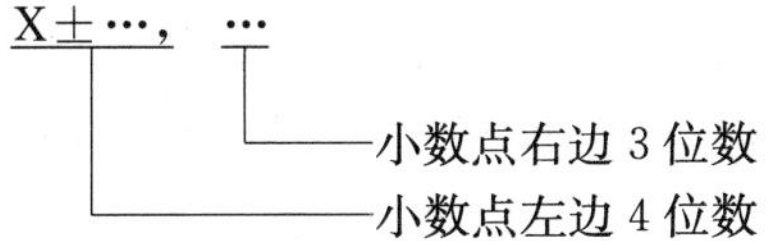

下面在编程时遇到X±43 Y±43 J±43，即表明X、Y、J数值范围是小数点左边为4位数，小数点右边为3位数，单位为mm，如X1037.684。

在输入机床计算机时必须注意小数点输入。如52.300，如输入时忘记输入小数点，则计算机显示X0000.523。现在多数数控机床都可以人性化输入数字。当数字输入计算机时，前置零和后置零不一定要输入，如X0003.400，只要输入X3.4即可。

2. 模态指令(又称续效代码)

具有自保持功能的指令称模态指令。为了使编程和输入尽可能简单，大多数G指令和

M 指令都具有自保持功能，直到它们被取消或者由带相同地址(字母)但数值变化的代码来取代它为止，如图 1.22 所示。图中 F100 指令一直有效，直至下面程序中出现 F60 指令才能取代 F100。

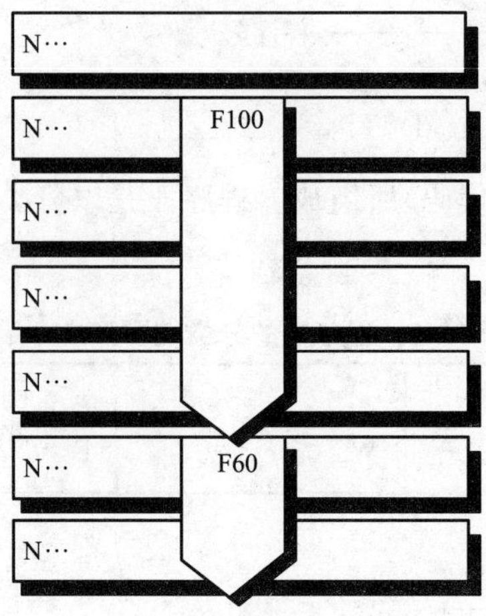

图 1.22　模态指令

模态指令的内容不变，下一程序段会自动接收该内容，因此称为自保持功能。下一程序段中可不编写和不输入计算机。如加工图 1.23 所示的轨迹，编程方法见表 1-7。

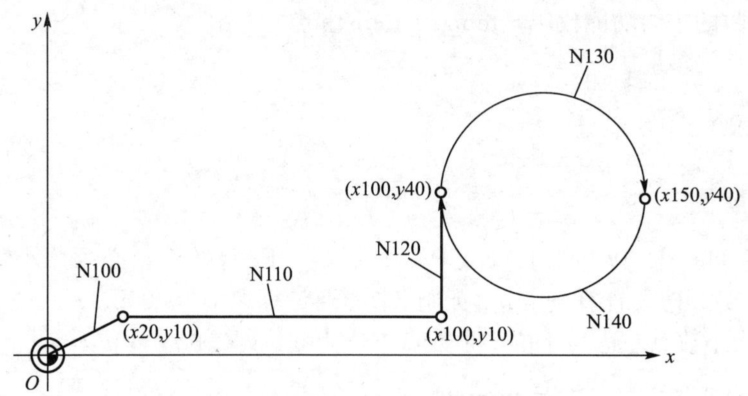

图 1.23　加工轨迹法

表 1-7　编程方法

N100	G00	X20.0	Y10.0	Z-5.0			F80	S1800	T0101;
N110	G01	X100.0	Y10.0	Z-5.0★			F80	S1800★	T0101★;
N120	G01	X100.0	Y40.0	Z-5.0★			F80★	S1800★	T0101★;
N130	G02	X150.0	Y40.0	Z-5.0★	I25.0	J0.0	F80★	S1800★	T0101★;
N140	G02	X100.0	Y40.0	Z-5.0★	I-25.0	J0.0	F80★	S1800★	T0101★;

程序中有“★”者其指令内容与上条程序相同，因其指令具有自保持功能，即计算机可自动接收。因此，有“★”者指令可不编写和不输入计算机。这样，以上程序可简写为表1-8形式。

比较表1-7与表1-8，表1-8的编写方法在输入计算机时方便多了。

表1-8 具有自保持功能代码的编程方法

N100	G00	X20.0	Y10.0	Z-5.0				S2000	T0101
N110	G01	X100.0					F80		
N120			Y40.0						
N130	G02	X150.0			I25.0	J0.0			
N140		X100.0			I-25.0	J0.0			

3. 非模态指令

非模态指令是其指令仅在该程序段内有效。如图1.24中G04指令为暂停时间，仅在该程序段中起作用。下面程序段不接收其指令。

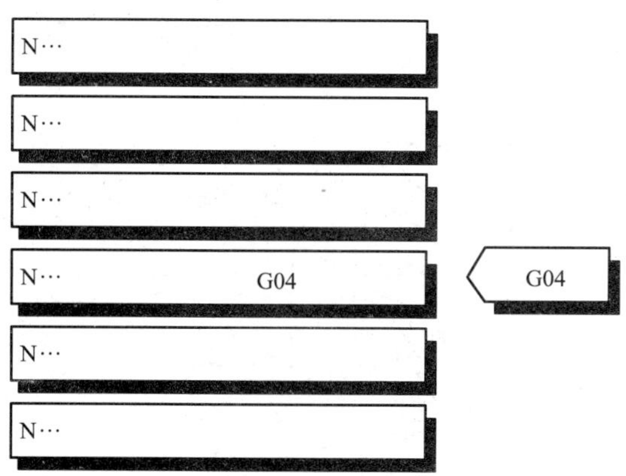

图1.24 非模态指令

4. 指令的取消和替代

G代码和M代码可以分为不同的组，同组的指令，后编入的指令代码取消前面的指令。

如：
```
N 0040  G00  X100.0  Y76.0  Z5.0;
N 0050  G01                 Z-5.0;
N 0060       X150.0  Y85.0;
```

N 0050程序中G01可取消N 0040程序中G00并根据G01指令执行。

如：
```
N 0050  T0202  S1500  M03;
⋮
⋮
N0120  T0404  S2500  M03;
```

程序执行至 N0120 时 4 号刀代替 2 号刀(需换刀)，主轴转速以 2500r/min 代替 N0050 中 1500r/min，转向不变。

本机床有一些特殊 G 指令和 M 指令，可直接取消其他规定的几个指令。

如：G53　取消 G54、G55;

　　G56　取消 G57、G58、G59;

　　G40　取消 G41、G42;

M30　程序结束，同时执行 M05(主轴停)M09(切削液停)指令。

1.5.3　绝对值编程和增量值编程

绝对值编程与增量值编程对于数控加工来说，因加工零件图样不同，其繁简程度也不尽相同，现作简单介绍。增量编程与绝对值编程对于刀补的建立也有所不同，在第 5 章将作介绍。

1. 绝对值编程

绝对值编程是根据预先设定的工件编程零点(坐标原点)，计算出绝对值坐标尺寸进行编程的方法。绝对值编程用地址 X、Y、Z 进行编程。编程指令为 G90，为模态代码。

【例 1－1】 图 1.25 所示要求刀具移动轨迹(图中空心箭头)，试用绝对值编程方法编程。

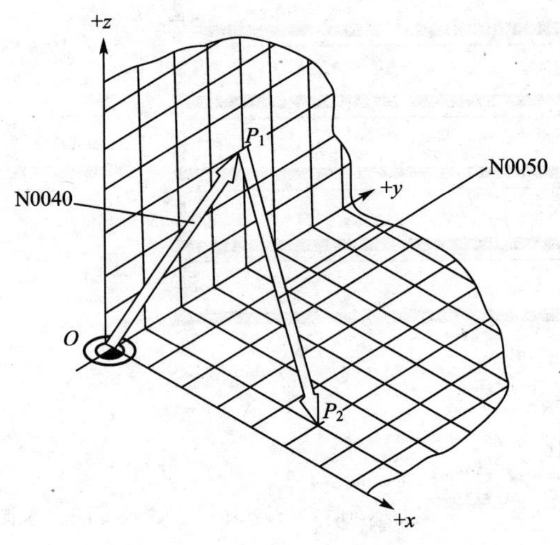

图 1.25　绝对值刀具运行轨迹实例

解：刀具从编程零点先到达 P_1 点：

```
N0040  G90  G00  X0  Y40  Z30;  (→P1)
N0050  G00  X50  Y10  Z0;       (P1→P2)
```

2. 增值量编程

增量值编程是根据前一个位置算起的坐标增量来表示目标点位置的一种方法。增量值编程用地址 X、Y、Z 编程。编程指令为 G91，为模态代码。

【例 1-2】 图 1.26 所示要求刀具移动轨迹，试按增量值编程方法编程。

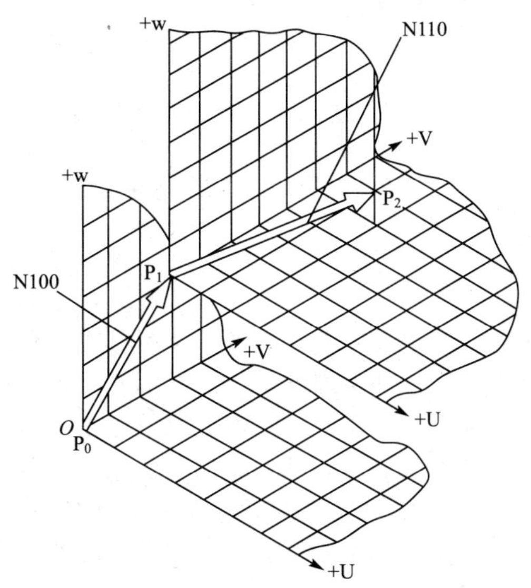

图 1.26 增量值刀具运行轨迹实例

解：增量值编程的坐标系用 X、Y、Z 地址表示：

```
N0040  G91  G00  X0  Y40  Z30;
N0050  G00  X50  Y10  Z0;
```

3. 混合编程

绝对值编程与增量值编程混合起来进行编程的方法称混合编程。混合编程亦必须先设定编程零点。但是它主要用于数控车床编程，它的编程指令也不同，这里不再赘述。

1.5.4 机床的初始状态

为了安全操作和尽量简化编程，机床制造厂已将某些技术指令存储于机床计算机中。例如，当接通电源时，主轴不会自动旋转，冷却泵停，也就是执行存储于机床计算机中的 M05、M09 指令。同时，也执行存储于机床计算机中的其他指令。

初始状态如下：

G 代码：

G40——取消刀具补偿 G41、G42；

G71——长度计量单位为 mm；

G53——取消零点偏置 G54、G55 指令；

G56——取消零点偏置 G57、G58、G59 指令；

G94——进给量以 mm/min 或以 0.01in/min 与 G70 配合；

G98——刀具退回到起始平面。

M 代码：

M05——主轴停转；

M09——冷却泵停；

M39——工作台移动无精确转位。

以上指令已存储于机床计算机中。因此，当机床接通电源时，机床已经处于上述各种状态。

1.6 刀具补偿功能

数控机床在切削过程中不可避免地存在刀具磨损问题，譬如钻头长度变短，铣刀半径变小等，这时加工出的工件尺寸也随之变化。如果系统功能中有刀具尺寸补偿功能，可在操作面板上输入相应的修正值，使加工出的工件尺寸仍然符合图样要求，否则就得重新编写数控加工程序。有了刀具尺寸补偿功能后，使数控编程大为简便，在编程时可以完全不考虑刀具中心轨迹计算，直接按零件轮廓编程。启动机床加工前，只需输入使用刀具的参数，数控系统会自动计算出刀具中心的运动轨迹坐标，为编程人员减轻了劳动强度。另外，试切和加工中工件尺寸与图样要求不符时，可借助相应的补偿加工出合格的零件。刀具尺寸补偿通常有 3 种：刀具位置补偿、刀具长度尺寸补偿、刀具半径尺寸补偿。在数控铣床上用到的刀具补偿为后两种。现介绍之。

1.6.1 刀具长度补偿

为了简化零件的数控加工编程，使数控程序与刀具形状和刀具尺寸尽量无关。现代 CNC 系统除了具有刀具半径补偿功能外，还具有刀具长度补偿(tool length compensation)功能。刀具长度补偿使刀具垂直于进给平面(比如 XY 平面，由 G17 指定)偏移一个刀具长度修正值，因此在数控编程过程中，一般无需考虑刀具长度。

刀具长度补偿原理：数控铣床或加工中心运行时要经常交换刀具，而每把刀具长度的不同给工作坐标系的设定带来了困难。可以想象第一把刀具正常切削工件，而更换一把稍长的刀具后如果工作坐标系不变，零件将被过切，刀具长度补偿原理如图 1.27 所示。

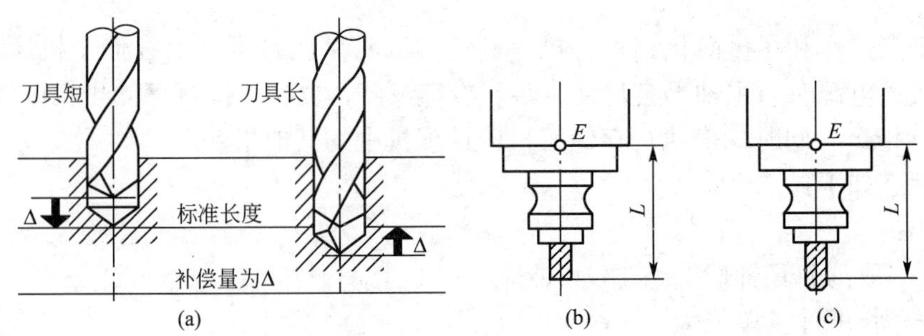

图 1.27 刀具长度补偿

设定工作坐标系时，让主轴锥孔的基准面与工件上表面理论上重合。在使用每一把刀具时可以让机床按刀具长度升高一段距离，使刀尖正好在工件上表面上，这段高度就是刀具长度补偿值，其值可在刀具预调仪或自动测长装置上测出。

刀具长度补偿要视情况而定。一般而言，刀具长度补偿对于两坐标和三坐标联动数控加工是有效的；对于刀具摆动的四、五坐标联动数控加工，刀具长度补偿则无效，在进行刀位计算时可以不考虑刀具长度，但后置处理计算过程中必须考虑刀具长度。

刀具长度补偿在发生作用前，必须先进行刀具参数的设置。设置的方法有机内试切法、机内对刀法、机外对刀法和编程法。

有的数控系统补偿的是刀具的实际长度与标准刀具的差，如图 1.27(a)所示。

有的数控系统补偿的是刀具相对于相关点的长度，如图 1.27(b)、(c)所示，其中 1.27(c)是球形刀的情况。现在详细介绍如下。

1. *刀具长度补偿 A*

(1) 刀具长度补偿的建立。

```
G43}
G44}Z__ H__或 G43}
              G44}H__;
```

根据上述指令，把 Z 轴移动指令的终点位置加上(G43)或减去(G44)补偿存储器设定的补偿值。由于把编程时设定的刀具长度的值和实际加工所使用的刀具长度值的差设定在补偿存储器中，无须变更程序便可以对刀具长度值的差进行补偿，这里的补偿又称为偏移，即进行补偿。以下皆同。

由 G43、G44 指令补偿方向，由 H 代码指定设定在补偿存储器中的补偿量。

(2) 补偿方向。

G43：+侧补偿。

G44：-侧补偿。

无论是绝对值指令还是增量值指令，在 G43 时程序中 Z 轴移动指令终点的坐标(设定在偏置存储器中)加上用 H 代码指定的补偿量，其最终计算结果的坐标值为终点。Z 轴的移动被省略时，可认为是下述的指令，补偿值的符号为“+”时，G43 是在“+”方向移动一个补偿量，G44 是在“-”方向移动一个补偿量。

```
G43}
G44}G91 Z0 H__;
```

偏置值的符号为负时，分别变为反方向。G43 、G44 为模态代码，直到同一组的其他代码出现之前一直有效。

(3) 指定补偿量(或偏置量)。

由 H 代码指定补偿号，程序中 Z 轴的指令值减去或加上与指定补偿号相对应(设定在补偿量存储器中)的补偿量。补偿号的指令为 H00～H200，包括用于刀具半径补偿的 D 代码共 200 个。

补偿量与补偿号相对应，由 CRT/MDI 操作面板预先输入在存储器中。

与偏置号 00 即 H00 相对应的补偿量，始终意味着零。不能设定与 H00 相对应的补偿量。

(4) 取消刀具长度补偿。

指令 G49 或者 H00 取消补偿。一旦设定了 G49 或者 H00，立刻取消补偿。

变更补偿号及补偿量时，仅变更为新的补偿量，并不把新的补偿量加到旧的补偿量上。

```
H01……;偏置量为 20;
H02……;偏置量为 30;
G90  G43  Z100  H01;刀具移到Z 坐标 120;
G90  G43  Z100  H02; 刀具移到Z 坐标 130。
```

2. 刀具长度补偿 B

根据$\left.\begin{matrix}G17\\G18\\G19\end{matrix}\right\}\left.\begin{matrix}G43\\G44\end{matrix}\right\}\left.\begin{matrix}X\\Y\\Z\end{matrix}\right\}H__$；或$\left.\begin{matrix}G17\\G18\\G19\end{matrix}\right\}\left.\begin{matrix}G43\\G44\end{matrix}\right\}H__$；指令，$Z$ 轴、Y 轴或 X 轴的移动指令指定终点位置，需要向正或负方向再移动一个在补偿存储器中设定的值。由 G17、G18、G19 指定补偿平面，由 G43、G44 指定补偿方向，由 H 代码指定设定在补偿存储器中的补偿量。

把与平面指定(G17，G18，G19)垂直的轴作为补偿轴，见表 1－9。

表 1－9　平面指定与补偿轴

平面指定	补偿轴
G17	Z 轴
G18	Y 轴
G19	X 轴

两轴以上的刀具位置补偿，由指定补偿平面切换补偿轴，也可以用 2～3 个程序段指定。例如补偿 X，Y 轴：

```
G19  G43  H__,补偿X 轴;
G18  G43  H__,补偿Y 轴与上述的程序段一起补偿X 、Y 轴。
```

其他的与刀具长度补偿 A 相像。由参数选择刀具长度补偿 A 或 B。3 轴共同补偿，若用 G49 指令全部取消，显示 P/S015 报警，应用 H00 合并进行取消。

3. 刀具长度补偿 C

G43、G44 是把补偿装置变为刀具长度补偿方式的指令，由与 G43、G44 在同一程序段指令的轴地址 α 指定给哪个轴加上刀具长度补偿，而不用平面选择。

根据$\left.\begin{matrix}G43\\G44\end{matrix}\right\}\alpha__\ H__$；(α 为任意的一个轴)指令，可以把 α 轴移动指令的终点移动到补偿存储器中设定值的正侧或负侧。利用该功能，根据把编程时设定的刀具长度的值和实际加工时使用的刀具的长度值的差设定在存储器中，无需变更程序便可以进行补偿。

是否用刀具长度补偿 C 由参数选择，还应根据设定参数(No. 036CDOk＝1)，用 H 代码指令刀具长度补偿，用 D 代码指令刀具半径补偿。

刀具长度补偿的 3 种方式读者可以根据自己的爱好和机床的具体情况来选择。

1.6.2　刀具半径补偿

1. 二维的刀具半径补偿

二维刀具半径补偿仅在指定的二维进给平面内进行，进给平面由 G17(XY 平面)、

G18(*ZX* 平面)和 G19(*YZ* 平面)指定，刀具半径或刀尖半径值则通过调用相应的刀具半径补偿寄存器号码(用 H 或 D 指定)来取得。

现代 CNC 系统的二维刀具半径补偿不仅可以自动完成刀具中心轨迹的补偿，而且还能自动完成直线与直线转接、圆弧与圆弧转接和直线与圆弧转接等尖角过渡功能，其补偿计算方法在各种数控机床和数控系统专业书籍中均有介绍，且与数控加工编程关系不大，在此不多述。

应该指出的是，二维刀具半径补偿计算是 CNC 系统自动完成的，而且不同的 CNC 系统所采用的计算方法一般也不尽相同。编程员在进行零件加工编程时，不必考虑刀具半径补偿的计算方法。

1) 刀具半径补偿的目的

在数控铣床上进行轮廓的铣削加工时，由于刀具半径的存在，刀具中心(刀心)轨迹与工件轮廓不重合。如果数控系统不具备刀具半径自动补偿功能，则只能按刀心轨迹进行编程，即在编程时给出刀具中心运动轨迹，如图 1.28 所示的点画线轨迹，其计算相当复杂，尤其当刀具磨损、重磨或换新刀而使刀具直径变化时，必须重新计算刀心轨迹，修改程序，这样既烦琐，又不易保证加工精度。当数控系统具备刀具半径补偿功能时，只需按工件轮廓进行，如图 1.29 中的粗实线轨迹，数控系统会自动计算刀心轨迹，使刀具偏离工件轮廓一个半径值，即进行刀具半径补偿。

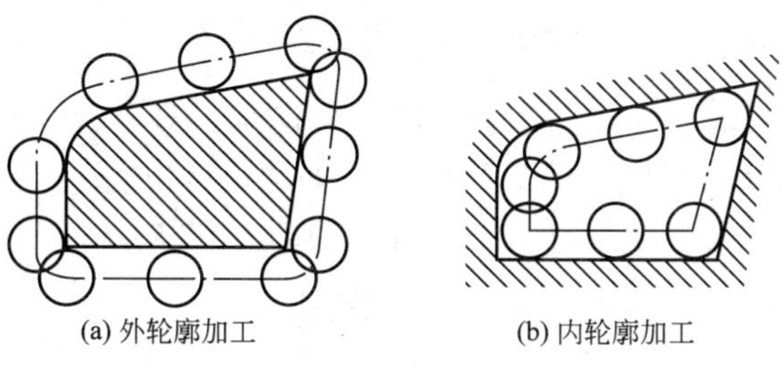

(a) 外轮廓加工　　(b) 内轮廓加工

图 1.28　刀具半径补偿

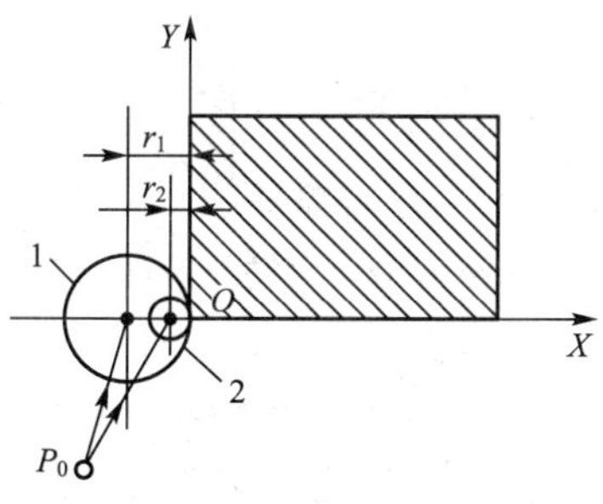

图 1.29　刀具半径补偿加工程序不变示意图

1—未磨损刀具；2—磨损后刀具

2) 刀具半径补偿指令及判断方法

(1) 左偏刀具半径补偿指令(G41)。判断方法：面向与编程路径一致的方向，刀具在工件的左侧，则使用该指令补偿，如图 1.30 所示。

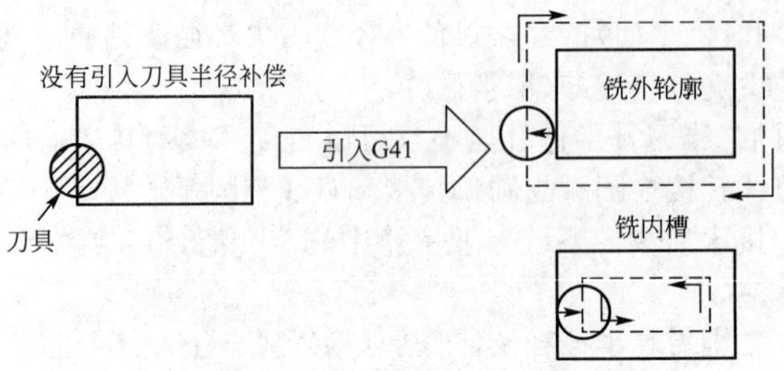

图 1.30　G41 的判定与选择

(2) 右偏刀具半径补偿指令(G42)。判断方法：面向与编程路径一致的方向，刀具在工件的右侧，则使用该指令补偿，如图 1.31 所示。

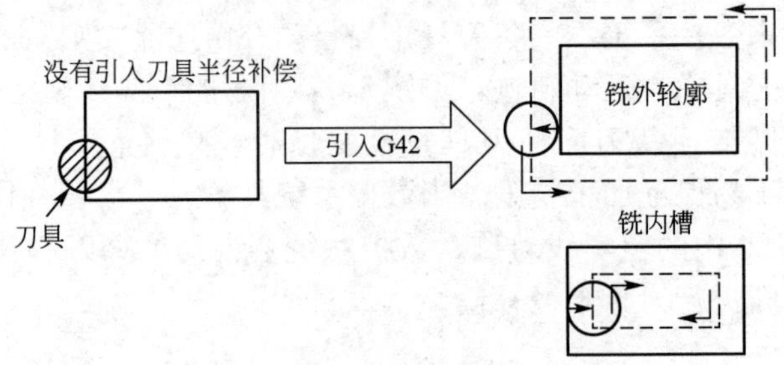

图 1.31　G42 的判定与选择

对于主轴顺时针旋转时，G41 为顺铣，G42 为逆铣。对于顺铣来讲，刀具磨损小、耐用度大，但是铣削时有窜动现象，被广泛应用，如图 1.32 所示；反之，逆铣对刀具非常不利，刀具磨损大、耐用度小，平常不为首选，如图 1.33 所示。

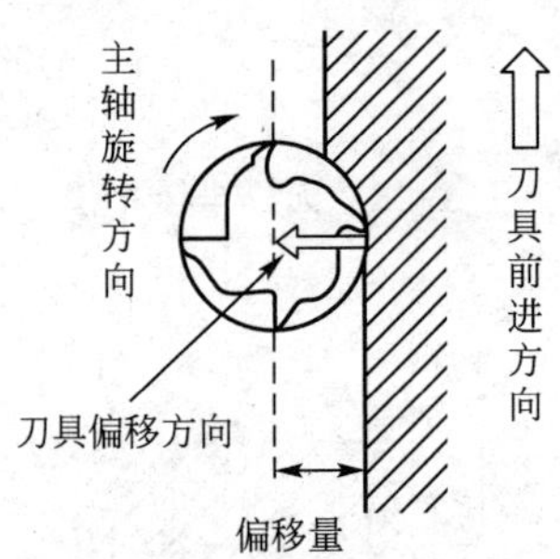

图 1.32　顺铣与刀具

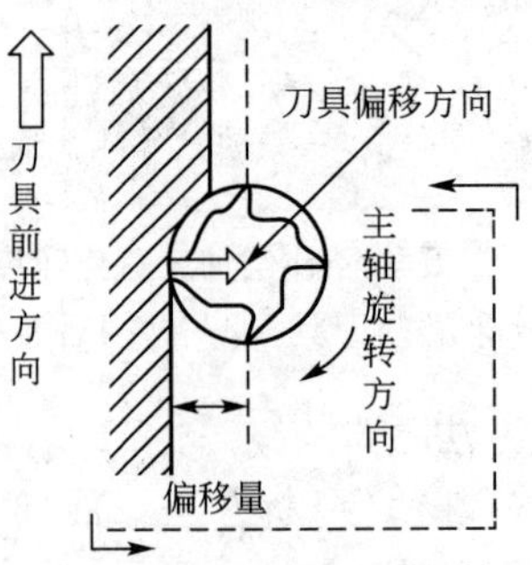

图 1.33　逆铣与刀具

3）刀具半径补偿功能的应用

（1）刀具因磨损、重磨、换刀而引起刀具直径的改变后，不必修改程序，只需在刀具参数设置中输入变化后的刀具直径或半径值。如图 1.29 所示，1 为未磨损刀具，2 为磨损后的刀具，二者直径不同，只需在刀具参数表中修改刀具半径即可，将 r_1 改为 r_2 就可以适用于同一程序了。

（2）同一程序、同一刀具，利用刀具半径补偿，可以粗加工和精加工。如图 1.34 所示，刀具半径为 r，精加工余量 Δ，粗加工时输入刀具半径 $r+\Delta$，则加工出虚线轮廓，精加工时，直接输入刀具半径 r 即可加工出实线轮廓。

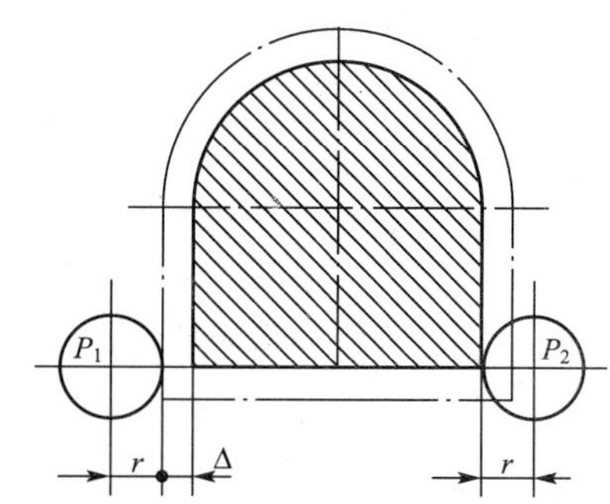

图 1.34　利用刀具半径补偿进行粗精加工

P_1—粗加工刀心位置；P_2—粗精加工刀心位置

（3）零件试加工时，如果零件尺寸径向方向大 Δ，只需在刀具参数里将刀具半径修改为 $r-\Delta$ 即可加工出理想轮廓。

在现代 CNC 系统中，有的已具备三维刀具半径补偿功能。对于四、五坐标联动数控加工，还不具备刀具半径补偿功能，必须在刀位计算时考虑刀具半径。如图 1.34 所示。

粗加工：C 刀具补偿量＝A 刀具半径＋B 精加工余量。

精加工：C 刀具补偿量＝A 刀具半径。

注意：程序中的偏置路径并不等于加工时的刀具偏置路径，实际的刀具偏置量与偏置存储器中的 D××对应。

4）刀具半径补偿的实施过程

（1）开始偏置。刀具的半径补偿通常通过指明 G41 或 G42 来实现。为了能够顺利实现补偿功能，要注意以下问题：

① G41、G42 通常和指令连用（激活），但一般情况 G41、G42 和 G01、G00 连用，不与 G02、G03 连用，否则会报警。使用 G00 时要注意撞刀。

② 必须在指定偏置平面（默认为 XOY 平面）建立刀补。

③ 在偏置平面内要指定轴的移动。

④ 必须指定偏置号（D××）。

```
N001  G90  G54  G17  G00  X0  Y0  M03  S1000;
N002  G41  X20  Y10  D01;
N003  G01  Y50  F100;
```

当读到 G41 时，要往下预读两个程序段，以便确定偏移量及偏置矢量。

注：以下程序段将不能够实现刀具偏置。

```
G41  D01;(没有移动)
G02  G41  X10  Y10  R10  D01;(引起报警)
```

(2) 偏置过程。在指明刀具偏置完成以后，要想进入刀具偏置(刀具半径补偿)状态，还需要被激活。激活刀具偏置不但可以用直线插补指令 G01，还可以通过快速点定位指令 G00。

【例 1-3】 在 *XOY* 平面内，铣削如图 1.35 所示形状工件。

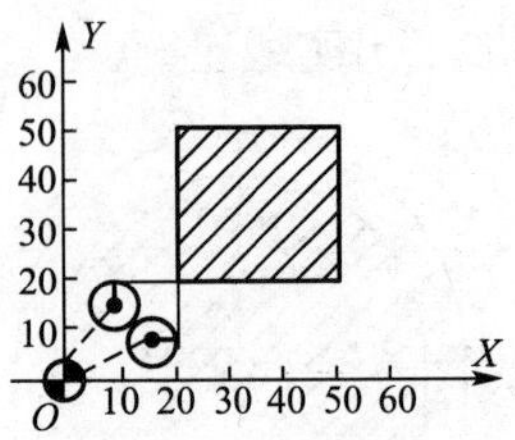

图 1.35 偏置矢量

程序如下。

```
O0002;
N0001  G90  G54  G17  G00  X0  Y0  S1000  M03;
N0002  X20  Y10  D01;
N0003  G01  Y50  F100;
N0004  X50;
N0005  Y20;
N0006  X10;
N0007  G40  G00  X0  Y0  M05;
N0008  M30;
```

当进入刀具偏置状态后，通常要往下预读两个程序段，以便确定偏置量及偏置矢量。当执行到 N0003 程序段时，确定了左偏移矢量；然后，通过 N0003、N0004、N0005 和 N0006 程序段确定刀具偏移路径和刀具的进给方向。

在刀具偏置状态中，对刀尖移动的轨迹确定是通过预读的两个程序段的数据计算得出的。即这个程序段的终点在下一程序段始点位置，同时与程序中刀具路径垂直的方向线过刀尖圆心，如图 1.36 所示。

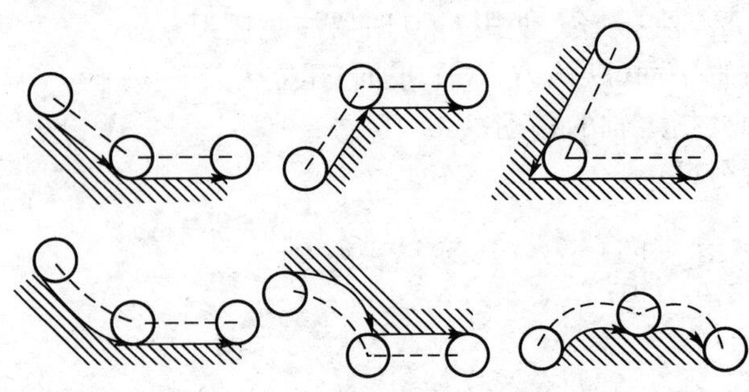

图 1.36 对刀尖移动轨迹的确定

偏置取消的方法：如图 1.37 所示，用 G40 可以取消偏置(和轴的移动一起被指定)，通过指定 D00 刀补的刀具也可以取消偏置。

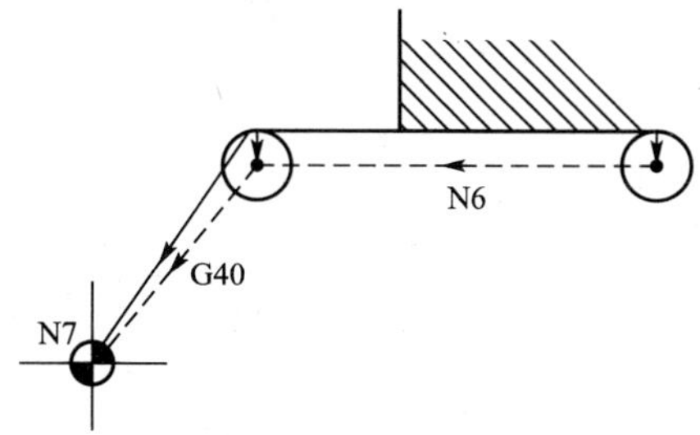

图 1.37 取消刀具偏置路径

例如：

```
N0006  X10;
N0007  G40  G00  X0  Y0  M05;
N0008  M30;
```

在 *XOY* 平面偏置的指定过程中(包括 Z 轴的移动)，可能出现过切。

【例 1-4】 过切举例。

程序如下。

```
O0003;
N0001  G90  G54  G17  G00  X0  Y0  S1000  M03;
N0002  Z100;
N0003  G41  X20  Y10  D01;
N0004  Z2;
N0005  G01  Z-10;
N0006  Y50  F100;
N0007  X50;
N0008  Y20;
N0009  X10;
N0010  G00  Z100;
N0011  G40  X0  Y0  M05;
N0012  M30;
O0003;(解决方法一)
N0001  G90  G54  G17  G00  X0  Y0  S1000  M03;
N0002  Z100;
N0003  G41  X20  Y10  D01;
N0004  G01  Z-10  F100;
N0005  Y50  F100;
N0006  X50;
N0007  Y20;
N0008  X10;
N0009  G00  Z100;
N0010  G40  X0  Y0  M05;
```

```
N0011  M02;
```

O0003;(解决方法二)

```
N0001  G90  G54  G17  G00  X0  Y0  S1000  M03;
N0002  Z100;
N0003  X20;
N0004  Z5;
N0005  G01  Z-10  F200;
N0006  G41  Y10  D01;
N0007  Y50  F100;
N0008  X50;
N0009  Y20;
N0010  X10;
N0011  G00  Z100;
N0012  G40  X0  Y0  M05;
N0013  M30;
```

O0003;(解决方法三)

```
N0001  G90  G54  G17  G00  X0  Y0  S1000  M03;
N0002  Z100;
N0003  Z4;
N0004  G41  X20  Y10  D01;
N0005  G01  Z-10  F200;
N0006  Y50  F100;
N0007  X50;
N0008  Y20;
N0009  X10;
N0010  G00  Z100;
N0011  G40  X0  Y0  M05;
N0012  M30;
```

O0003;(解决方法四——通过 3 个坐标同时指定刀具半径偏置)

```
N0001  G90  G54  G17  G00  X0  Y0  S1000  M03;
N0002  Z100;
N0003  G41  X20  Y10  Z-10  D01;
N0004  G01  Y50  F00;
N0005  X50;
N0006  Y20;
N0007  X10;
N0008  G00  Z100;
N0009  G40  X0  Y0;
N0010  M05;
N0011  M30;
```

O0003;(解决方法五——必须被用在同一个方向)

```
N0001  G90  G54  G17  G00  X0  Y0  S1000  M03;
N0002  Z100;
N0003  G41  X20  Y9  D01;
```

```
N0004  Y10;
N0005  Z2;
N0006  G01  Z-10  100;
N0007  Y50  F200;
N0008  X50;
N0009  Y20;
N0010  X10;
N0011  G00  Z100;
N0012  G40  X0  Y0  M05;
N0013  M30;
```

【例1-5】 在 *XOY* 平面铣削的例子，铣削如图 1.38 所示工件。

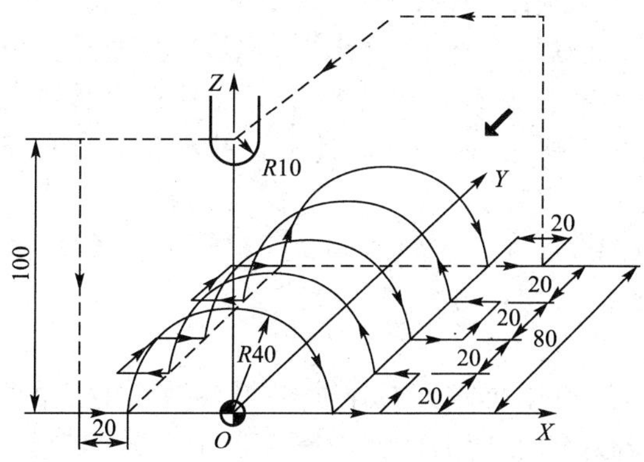

图 1.38 *XOY* 平面的铣削

程序如下：

```
O0004;(ZX)
N0010  G91  G18  G00  M03  S1000;
N0020  X-60;
N0030  Z-100;
N0040  G01  G42  X20  D01  F100;
N0050  G03  X80  140;
N0060  G40  G01  X20;
N0070  Y20;
N0080  G41  X-20;
N0090  G02  X-80  I-40;
N0100  G40  G01  X-20;
N0110  Y20;
N0120  G42  X20;
N0130  G03  X80  140;
N0140  G40  G01  X20;
N0150  Y20;
N0160  G40  X-20;
N0170  G02  X-80  I-40;
```

```
N0180  G40  G01  X-20;
N0190  Y20;
N0200  G42  X20;
N0210  G03  X80  140;
N0220  G40  G01  X20;
N0230  G00  Z100  M05;
N0240  X-60;
N0250  Y-80;
```

(3) 刀具半径补偿的方法 A。数控系统的刀具半径补偿(Cutter Radius Compensation)就是将计算刀具中心轨迹的过程交由 CNC 系统执行。编程员假设刀具的半径为零，直接根据零件的轮廓形状进行编程，因此这种编程方法也称为对零件的编程(Programming the Part)。实际的刀具半径则存放在一个刀具半径补偿寄存器中，在加工过程中，CNC 系统根据零件程序和刀具半径自动计算刀具中心轨迹，完成对零件的加工。当刀具半径发生变化时，不需要修改零件程序，只需修改存放在刀具半径补偿寄存器中的刀具半径值，或者选用存放在另一个刀具半径补偿寄存器中的刀具半径所对应的刀具即可。

现代 CNC 系统一般都设置有若干(16，32，64 或更多)个刀具半径补偿寄存器，并对其进行编号，专供刀具补偿之用，可将刀具补偿参数(刀具长度、刀具半径等)存入这些寄存器中。

进行数控编程时，只需调用所需刀具半径补偿参数所对应的寄存器编号即可，加工时，CNC 系统将该编号对应的刀具半径补偿寄存器中存放的刀具半径取出，对刀具中心轨迹进行补偿计算，生成实际的刀具中心运动轨迹。

铣削加工刀具半径补偿分为刀具半径左补偿(Cutter Radius Compensation Left)，用 G41 定义，刀具半径右补偿(Cutter Radius Compensation Right)，用 G42 定义，使用非零的 D# #代码选择正确的刀具半径补偿寄存器号。根据 ISO 标准，当刀具中心轨迹沿前进方向位于零件轮廓右边时称为刀具半径右补偿，反之称为刀具半径左补偿，如图 1.39 所示；当不需要进行刀具半径补偿时，则用 G40 取消刀具半径补偿。

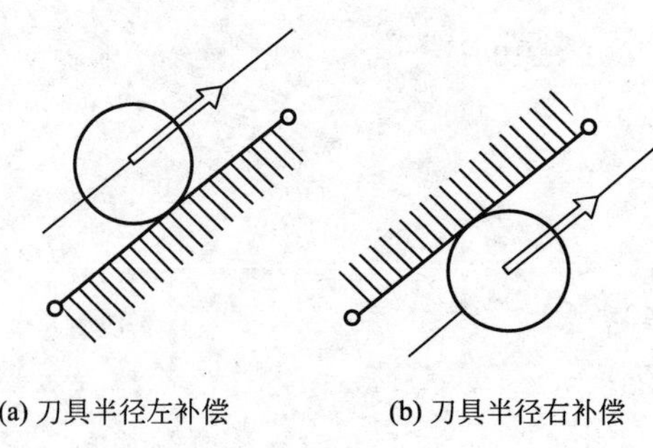

(a) 刀具半径左补偿　　(b) 刀具半径右补偿

图 1.39　刀具半径补偿指令

① 刀具半径补偿建立。刀具由起刀点以进给速度接近工件，刀具半径补偿方向由 G41(左补偿)或 G42(右补偿)确定，如图 1.40 所示。

在图 1.40 中，建立刀具半径左补偿的有关指令如下。

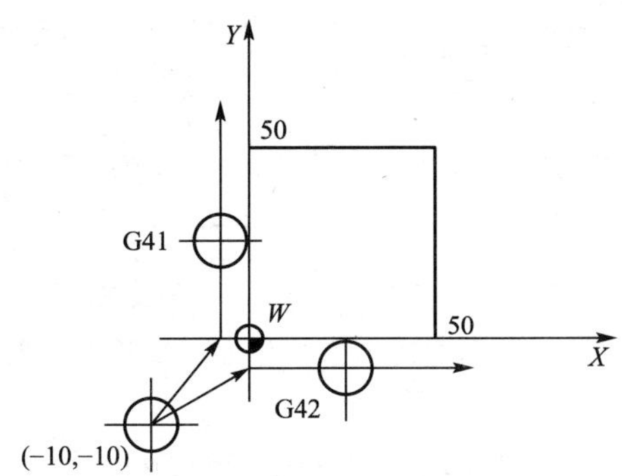

图 1.40 建立刀具半径补偿

```
N10  G90 G92  X-10  Y-10  Z0;          定义程序原点,起刀点坐标为(-10,-10)
N20  S900  M03;                        启动主轴
N30  G17  G01  G41  X0  Y0  D01;       建立刀具半径左补偿,刀具半径补偿寄存器号为 D01
N40  Y50;                              定义首段零件轮廓
```

其中 D01 为调用 D01 号刀具半径补偿寄存器中存放的刀具半径值。

建立刀具右补偿有关指令如下：

```
N30  G17  G01  G42  X0  Y0  D01;
N40  X50;
```

② 刀具半径补偿取消。刀具撤离工件，回到退刀点，取消刀具半径补偿。与建立刀具半径补偿过程类似，退刀点也应位于零件轮廓之外，退出点距离加工零件轮廓较近，可与起刀点相同，也可以不相同。如图 1.40 所示，假如退刀点与起刀点相同的话，其刀具半径补偿取消过程的命令如下：

```
N100  G01  X0  Y0;                 加工到工件原点
N110  G01  G40  X-10  Y-10;        取消刀具半径补偿
```

也可以这样写：N110 G01　G41　X－10　Y－10　D00；或者 N110 G01　G42　X－10　Y－10　D00；因为 D00 中的补偿量永远为 0。

(4) 刀具半径补偿的方法 B(G39～G42)。此功能应用方式如下。

① 刀具半径补偿功能。给出刀具半径值，使其对刀具进行半径值的补偿，即可以通过补偿轨迹。该补偿指令用自动输入或手动数据输入的 G 功能进行。但是，补偿量刀具半径值，预先由手动输入到与 H 或 D 代码相对应的数据存储器中。

由 D 代码指定与补偿量相对应的补偿存储器号码。D 代码为模态。与该补偿有关的 G 功能见表 1－10。

表 1－10 与刀具半径补偿有关的 G 功能

D 代码	组别	功能
G39	00	拐角偏置圆弧插补
G40	07	取消刀具半径补偿

（续）

D代码	组别	功能
G41	07	刀具半径左补偿
G42	07	刀具半径右补偿

一旦指令G41、G42，则变为补偿方式。若指令G40，则变为取消方式。在刚接通电源时，变为取消方式。由于不是模态G代码(G39)，因此刀具半径补偿方式无变化。

② 补偿量(D代码)。补偿量由CRT/MDI操作面板设定，与程序中指定的D代码后面的数字(补偿号)相对应。与补偿号00，即D00相对应的补偿量，始终意味着等于0。可以设定与其他补偿号相对应的补偿量。

③ 补偿矢量。在图1.41中，用半径为R的刀具切削A形状的工件时，应通过的刀具中心轨迹必须是从A仅离开R距离的图形B，这样只补偿离开刀具的距离，即B是从A仅离开R的轨迹。

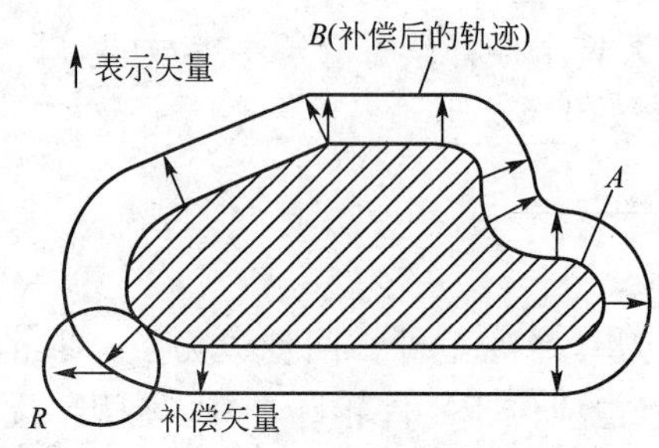

图1.41　补偿矢量

补偿矢量的大小是与指定的补偿量相等的二轴矢量。可存入控制装置中，随着刀具的移动，其方向也在不断地变化。该补偿矢量(以下简称为矢量)在刀具的哪个方向及补偿多少为好，可在控制装置内被算出，也可以用于从零件的图形到算出仅补偿刀具半径轨迹的计算中。如图1.42所示，通常矢量是垂直于刀具移动方向的，并且是从工件对着刀具中心方向的。

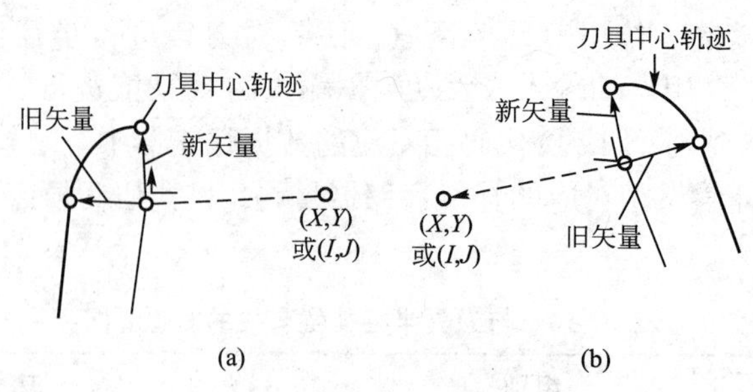

图1.42　拐角补偿圆弧插补

④ 平面选择与矢量。补偿矢量的计算是在平面选择的G代码G17、G18、G19指定的

平面内进行的。没有平面指定的则认为是 G17。例如 XY 平面被选则时，采用程序中的(X，Y)进行计算，可做成矢量。指定平面外轴的坐标值不受补偿的影响，可以直接采用程序中的指令值。

⑤ 拐角补偿圆弧插补(G39)。用 G01、G02 或者 G03 的状态指定，根据以下指令，可以把拐角中的刀具半径作为半径补偿进行圆弧插补：

```
G39 X__Y__;或 G39 I__J__;
```

如图 1.42 所示，从终点看(X，Y)的方向与(X，Y)成直角，在左侧(G41)或右侧(G42)作成新的矢量。刀具从旧矢量的始点沿圆弧移向新的矢量的始点。(X，Y)为适应 G90 或 G91，用绝对值或增量值表示。(I，J)始终用增量值表示。

G39 的指令在补偿方式中，仅在 G41 或 G42 已指令时才给出，圆弧顺时针或逆时针由 G41 或 G42 指令。该指令不是模态的，01 组的 G 功能不能由于该指令而遭到破坏则继续存储。

⑥ 补偿的一般注意事项如下。

a. 补偿量号码的指定。用 H 或 D 代码指定补偿量的号码，如果是从开始取消补偿方式移到刀具半径补偿方式以前，H 或 D 代码在任何地方指令都可以。

若进行一次指令后，只要在中途不变更补偿量，则不需要重新指定。

b. 从取消补偿方式移向刀具半径补偿方式。从取消补偿方式移向刀具半径补偿方式时的移动指令，必须是点位 G00 或者是直线插补。不能用圆弧 G02、G03 插补。

c. 从刀具半径补偿方式移向取消补偿方式。从刀具半径补偿方式移向取消补偿方式时的移动指令，必须是点位 G00 或者是直线插补。不能用圆弧 G02、G03 插补。

d. 从刀具半径左补偿与刀具半径右补偿的切换。从左向右或者从右向左切换补偿时，通常要经过取消补偿方式。

e. 补偿量的变更。补偿量的变更通常是在取消补偿方式换刀时进行的。

f. 若在刀具半径补偿中进行刀具长度补偿，刀具半径的补偿量也被变更了。

g. 刀具补偿的建立和取消一定要在切削平面内建立，否则刀具半径补偿会出错而无报警。

(5) 刀具半径补偿的方法 C(G40～G42)。根据参数的设定，可用 D 代码指令刀具半径补偿 C。

G40、G41、G42 后边一般只能跟 G00、G01，而不能跟 G02、G03 等。

补偿方向由刀具半径补偿的 G 代码 G41、G42 和补偿量的符号决定，见表 1-11。

表 1-11 补偿量符号

G代码 \ 补偿量符号	+	−
G41	补偿左侧	补偿右侧
G42	补偿右侧	补偿左侧

以下的程序称为无移动程序段，在其程序段中虽然进行补偿但不能移动。

① M05;　　　　　　M代码输出
② S21;　　　　　　S代码输出
③ G04　X1000;　　　暂停
④ G10　P01　R100;　　设定补偿量
⑤ G17　Z2000;　　　补偿平面外的移动
⑥ G90;　　　　　　仅G代码
⑦ G91　X0;　　　　移动量为零

(6) 刀具半径补偿中产生过切的情况。

① 加工小于刀具半径的圆弧内侧(图 1.43)。指令的圆弧半径小于刀具半径时，若进行内侧补偿则会产生过切，因此，在其前面的程序段开始之后报警停止。但是最前面的程序段单程序段停止时，因为移动到了其程序段的终点，可能会产生过切。

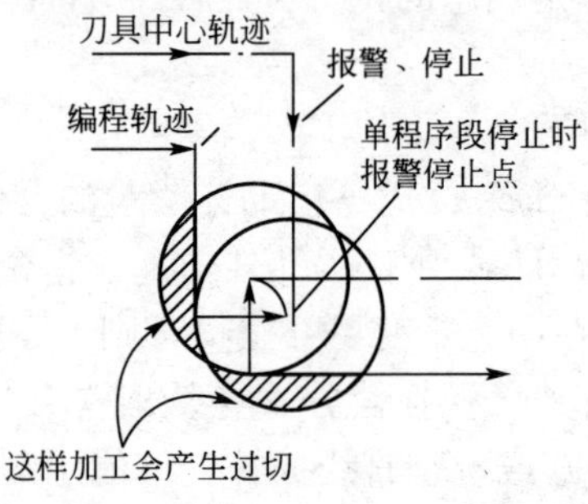

图 1.43　加工小于刀具半径的圆弧内侧

② 加工小于刀具半径的沟槽(图 1.44)。由刀具半径补偿制作的刀具中心轨迹与编入程序轨迹的方向相反时，会产生过切，因此，在其前一程序开始之后报警并停止。

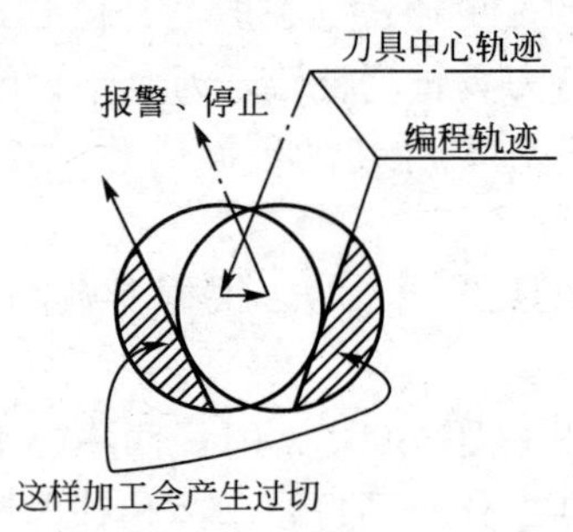

图 1.44　加工小于刀具半径的沟槽

2. 三维刀具半径补偿

以上所说的刀具半径补偿均是针对二维轮廓加工而言的。对于多坐标数控加工，一般的 CNC 系统目前还没有刀具半径补偿功能，编程员在进行零件加工编程时必须考虑刀具半径的影响。对于同一零件，采用相同类型的刀具加工，当刀具半径不同时，必须编制不同的加工程序。但在现代先进的 CNC 系统中，有的已具备三维刀具半径补偿功能。

1）若干基本概念

（1）加工表面上切触点坐标及单位法矢量对于三维刀具半径补偿，要求已知加工表面上刀具与加工表面的切触点坐标及单位法矢量，如图1.45所示。

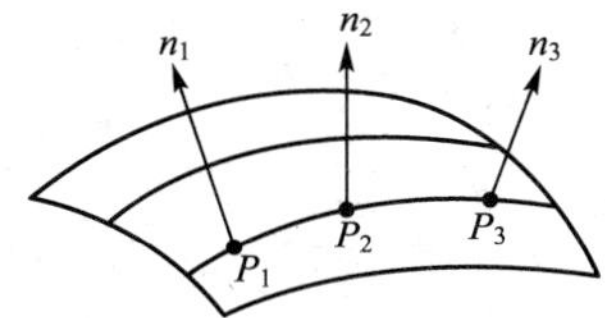

图1.45　加工表面上切触点坐标及单位法矢量

（2）刀具类型及刀具参数。本章所说的三维刀具半径补偿方法适用于图1.46所示3种刀具类型。

（3）如图1.46所示，定义球形刀（$R=R_1$）球心O、环形刀（$R<R_1$）的刀刃圆环中心O、端铣刀（$R_1=0$）的底面中心O为刀具中心。

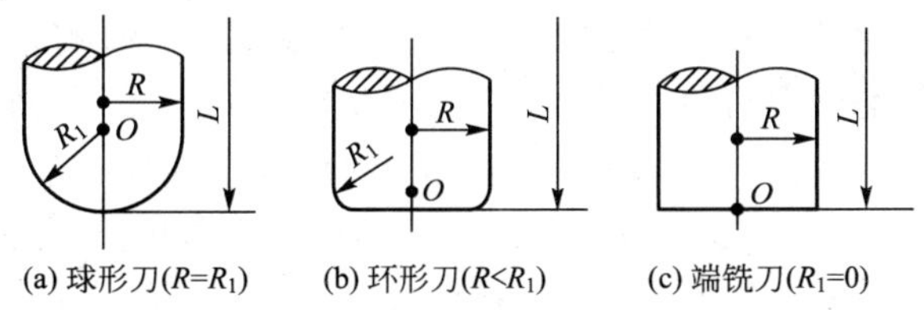

图1.46　刀具类型及刀具参数

2）功能代码设置

三维刀具半径补偿建立用G141实现。撤销三维刀具半径补偿用G40或按RESET或按MANUAL CLEAR CONTROL。G141与G41、G42、G43、G44为同一G功能代码组，当一个有效时，其余4个无效。当G141有效时，下列功能可编程：G00、G01、G04、G40、G90、G91、F、S。

3）编程格式

程序段基本格式为：

```
G01  X__Y__Z__I__J__;
```

刀具参数用G141设置，格式如下：

```
G141  R…R1= …
```

如果不定义R和R_1，则自动将它们设置为0。

1.7　数控铣床编程过程中的误差处理

1.7.1　数控误差补偿

数控机床在加工时，指令的输入、译码、计算以及控制电机的运动都是由数控系统统一控制完成的，从而避免了人为误差。但是，由于整个加工过程都是自动进行的，人工几乎不能干预，操作者无法对误差加以补偿，这就需要数控系统提供各种补偿功能，以便在加工过程中自动地补偿一些有规律的误差，提高零件的精度。根据数控机床上加工误差的主要来源，其主要的解决方法如下。

1. 反转间隙补偿

在进给传动链中，齿轮传动、滚珠丝杠螺母副等均存在反转误差，这种反转间隙会造成在工作台反向运动时，电动机空转而工作台不运动，从而造成半闭环系统的误差和全闭环系统的位置环震荡不稳定。其解决方法，可采取调整和预紧的方法解决。在半闭环系统中可采取将其间隙值测出，然后作为参数输入数控系统的方法，以便每当数控机床反向运动时，数控系统会控制电动机多走一段数值以等于间隙值的距离，从而补偿了间隙误差。但是，应注意对全闭环数控系统不能采用此方法(通常数控系统要求间隙值设为零)，因此，必须从机械上减小或消除间隙。

2. 螺距误差补偿

在半闭环系统中，定位精度很大程度上受滚珠丝杠精度的影响，尽管采用了高精度的滚珠丝杠，但制造误差总是存在的。要得到超过滚珠丝杠精度的运功误差，则必须采用螺距误差补偿功能，利用数控系统对误差进行补偿和修正。采用该功能还可以解决当数控机床长期使用后由于磨损造成的精度下降现象，来提高机床的使用寿命。其方法步骤为：①安装高精度位移测量装置；②编制简单程序，在整个行程上，顺序定位在一些位置点，因所选点的数目及距离受数控系统的限制；③记录运动到这些点的实际精确位置；④将各点处的误差标出，形成在不同的指令位置处误差表；⑤测量多次，取平均值；⑥将数据输入数控系统，按数据进行补偿。

1.7.2 数控加工特殊情况下的数学处理

针对数控铣削加工，有时还需进行必要伪特殊数学处理，才能保证所编程序能满足零件的加工要求。

1. 两平行铣削面的阶差小于底部转接圆弧半径时的数学处理

在图 1.47 中，M 和 N 是两平行铣削面，但其阶差 Δh 小于底部转接圆弧半径 r。此时若用立铣刀的侧刃或底刃加工平面，按图中尺寸 l 编程，实际加工均只能切削至 B 点面保证不了尺寸 l；因此，必须对图形进行偏移处理（或改变刀具运动轨迹)，其方法如下。

对于上述平行铣削面，因阶差 Δh 为定值，所以通过简单推导可得到偏移量计算公式。

(1) 当用立铣刀的底刃加工时，其偏移量为

$$\delta_{底}=r-\sqrt{r^2-(r-\Delta h)^2}$$

这时 l 的编程计算尺寸为

$$l_{编}=l-\delta_{底}$$

(2) 当用立铣刀的侧刃加工时，其偏移量为

$$\delta_{侧}=\frac{D}{2}-\sqrt{\left(\frac{D}{2}\right)^2-\left(\frac{D}{2}-\Delta h\right)^2}$$

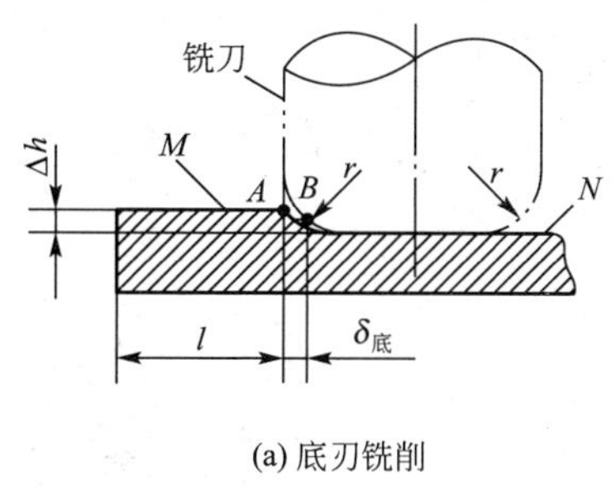

(a) 底刃铣削

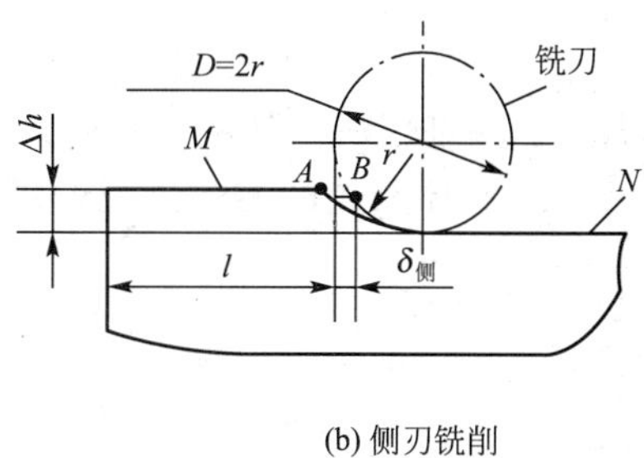

(b) 侧刃铣削

图 1.47 两平行平面阶差小于转接圆弧半径

这时 l 的编程计算尺寸为

$$l_{编}=l-\delta_{侧}$$

对于两相交铣削平面或曲线的阶差小于底部转接圆弧半径时的数学处理，因分析、处理过程复杂，一般不采用理论推导方式解决，而着重于从设计上考虑减少其转接圆弧的半径 r 或对加工后形成的轮廓线不做硬性规定和要求，即允许由铣刀加工后自然形成。除此之外，当零件的技术要求允许时，也可采用底刃圆角半径较小的立铣刀进行加工。

2. 尖角过渡的数学处理

在进行轮廓加工时，“尖角过渡”是经常遇到的问题，有时是图样中要求轮廓本身有尖角；有时是因直线或圆弧逼近曲线轮廓后，在节点处出现尖角。如果不做处理，尖角的出现会造成刀具中心轨迹不连续或发生干涉现象(图 1.48)。如在加工凸形轮廓表面时将产生两段刀具中心轨迹不连续现象，在加工凹形轮廓时，将产生干涉现象。因此，在编程时要进行必要的处理，才能保证加工零件的轮廓要求。具体可根据凸、凹零件轮廓的不同，采取以下几种处理方法。

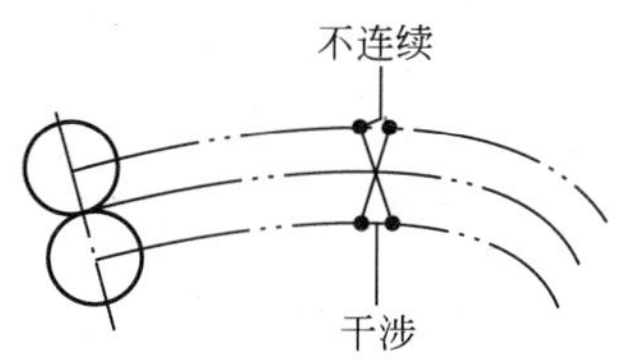

图 1.48 轨迹不连续或干涉

(1) 附加圆弧段法。对图 1.49(a)所示的凸形轮廓零件，在尖角 A 点处，其附加辅助圆弧为 aa_1，Aa_1 为圆弧半径，a_1 为圆弧的终点，利用插补器增加一个尖角过渡的辅助圆弧程序段，使刀具多运行一段圆弧 aa_1，这样就能保证刀具的中心轨迹连续。

(2) 直线尖角过渡法。在图 1.49(b)中，凸点为尖角 A 的转折点，在编程时，应考虑使刀具沿 CA 方向多运行一段距离 a_0a，沿 AB 方向多运行一段距离 aa_1，使得刀具的中心轨迹连续，并且能将尖角 A 加工出来。其 a_0a 的计算式为

$$a_0a = aa_1 = \frac{\cos\theta}{1+\sin\theta} \cdot r$$

(3) 机内自动补偿法。如图 1.49(c)所示，有的数控系统具有机内自动补偿尖角过渡的功能，可根据具体系统的要求进行处理。

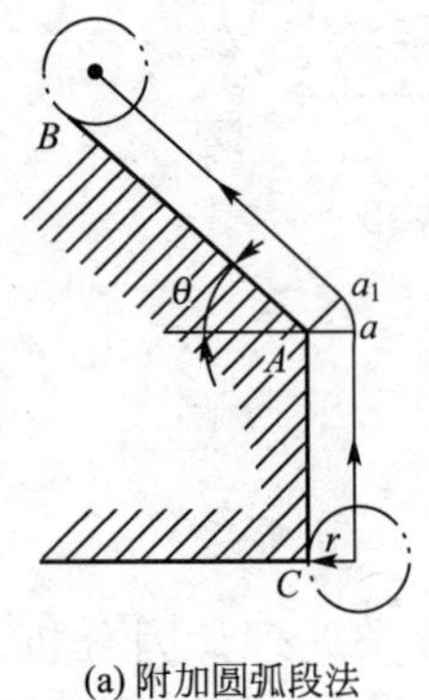

(a) 附加圆弧段法

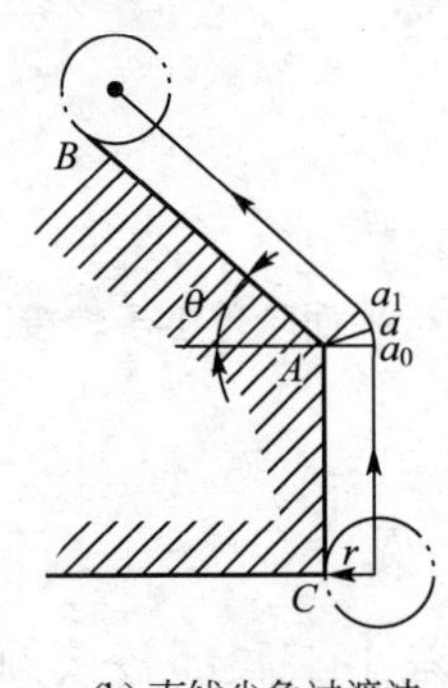

(b) 直线尖角过渡法

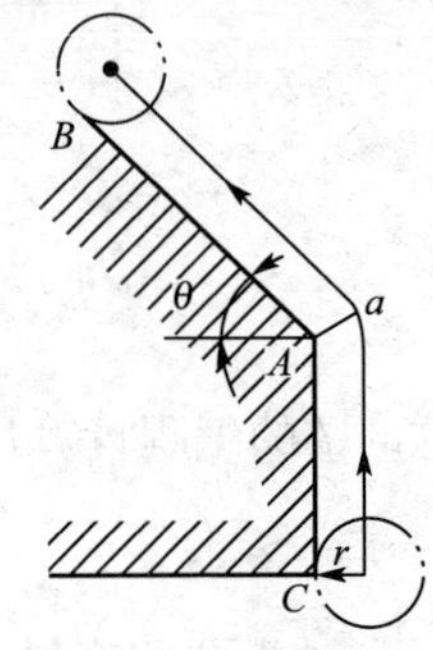

(c) 机内自动补偿法

图 1.49　直线尖角过渡处理

(4) 对不便使用刀补功能，而刀具直接沿其中心轨迹运动的零件如图 1.50(a)所示，因在尖角处的轨迹只有一点，即两条等距线的交点，这样，在尖角处的零件轮廓上会留下一个半径等于 $r_{刀}$ 的圆弧。编程时，可希望设计部门说明能允许的最大铣刀半径为宜。

(5) 修改原始图形。若技术许可，在有尖角处均用一半径为 R 的过渡圆弧代替，使这圆弧与相邻直线或圆弧相切如图 1.50(b)所示，使整个凹形轮廓变成光滑连续的图形。最重要的是 R 值的选取，它既与技术要求有关，又与程序中所选用的刀具半径 $r_{刀}$ 有关。选择时应满足 $R>r_{刀}$ 的条件，否则将会构不成连续切削的圆形，甚至产生干涉现象。

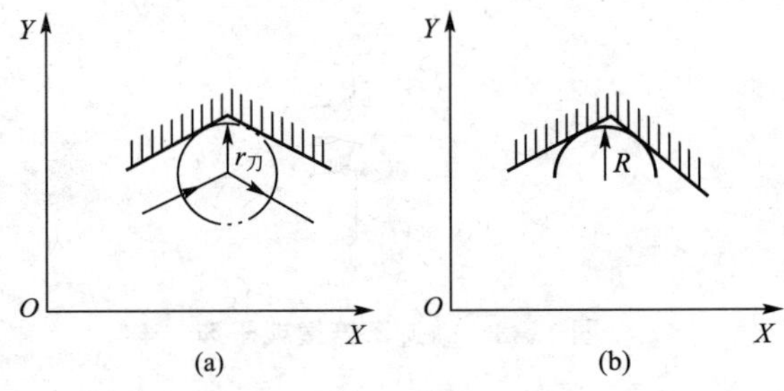

图 1.50　凹形轮廓的尖角处理

3. 圆弧参数计算误差对编程的影响

在按零件图样给定尺寸计算圆弧参数(圆弧切点、终点坐标、所在圆心坐标)时，其计算误差有时是难免的。特别是在两个或两个以上的圆连续相切或相交时，会产生较大的计算累积误差，其结果可能会使圆弧起点相对于圆心的增量坐标值 I、J 的误差增大，即 $\sqrt{I^2+J^2}\neq R$。当 I、J 值的误差超过一定限度时，机床数控系统会拒绝执行该圆弧插补功

能并显示出错信息，或因找不到圆弧终点而不停地执行其插补功能(若未经试切，很容易造成零件报废)。特别是当误差处于机床数控系统所允许的最大圆弧插补误差附近(即临界状态)时，还可能发生数控系统有时勉强能接受，有时又不予接受的情况，这种控制不稳定的状态，也极易造成零件报废，且原因很难查找。因此，在计算之后一定要注意检查 I、J 的计算误差，一般应保证：$|\sqrt{I^2+J^2}-R|\leqslant\frac{2}{3}\delta_{允}$，其中 $\delta_{允}$ 为数控系统允许的最大圆弧插补误差。

思考题

1. 数控铣床、数控镗床与加工中心的区别是什么？数控铣床与加工中心在编程上的实质区别是什么？

2. G54～G59 建立坐标系和 G92 建立坐标系的实质区别是什么？哪一种坐标系建立方法适宜于零件返工或者修改加工错误时使用？

3. 什么情况下使用刀具长度补偿？什么情况下使用刀具半径补偿？它们使用的方案有几种？在机械加工过程中，发现零件外轮廓尺寸偏大，如何使用补偿指令进行修整？

4. 三维实体加工刀具补偿的建立和使用过程如何？

第 2 章
数控铣床的编程

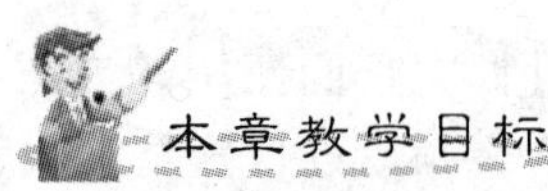

了解数控铣床的一般工件的编程；
熟练掌握运用刀具偏置功能；
熟悉数控编程中子程序的应用；
熟悉螺旋线加工及螺纹加工在数控铣床上的编程方法。

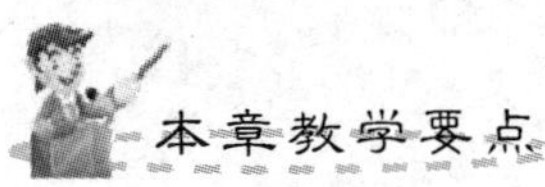

知识要点	能力要求	相关知识
固定循环基本知识	熟练运用固定循环加工平面及孔类零件	孔加工排屑机理
子程序的结构与应用	对于有相同轮廓的工件，能熟练运用子程序编程	子程序结构及宏程序结构
螺旋线及螺纹的加工	能在数控铣床或加工中心攻螺纹和加工螺旋线	攻丝与套螺纹加工技术

2.1 加工一般工件的编程

数控铣床和加工中心都具有刀具长度补偿和半径补偿功能，并且长度补偿大都是相对于刀具的相关点，有的数控铣床和加工中心具备了三维的刀具半径补偿功能。

2.1.1 主要辅助功能简介

1. M00 程序暂停

执行 M00 功能后，机床的所有动作均被切断，机床处于暂停状态。重新启动程序启动按钮后，系统将继续执行后面的程序段。

例如：

执行到 N20 程序段时，进入暂停状态，重新启动后将从 N30 程序段开始继续进行。

如进行尺寸检验，排屑或插入必要的手工动作时，用此功能很方便。

需要说明：

(1) M00 需单独设一程序段。

(2) 如在 M00 状态下，按复位键，则程序将回到开始位置。

2. M01 选择停止

在机床的操作面板上有一“任选停止”开关，当该开关打到“ON”位置时，程序中如遇到 M01 代码时，其执行过程同 M00 相同，当上述开关打到“OFF”位置时，数控系统对 M01 不予理睬。

例如：

```
N10 G00 X100.0 Z20.0;
N20 M01;
N30 X50.0 Z110.0;
```

如“任选停止”开关打到断开位置，则当系统执行到 N20 程序段时，不影响原有的任何动作，而是接着往下执行 N30 程序段。

此功能通常用来进行尺寸检验，而且 M01 应作为一个程序段单独设定。

3. M02 程序结束

主程序结束，切断机床所有动作，并使程序复位。

需要说明：必须单独作为一个程序段设定。

4. M03 主轴正转

此代码启动主轴正转(逆时针)如图 2.1(a)所示。

5. M04 主轴反转

此代码启动主轴反转(顺时针)如图 2.1(b)所示。

6. M05 主轴停止

此代码使主轴停止转动。

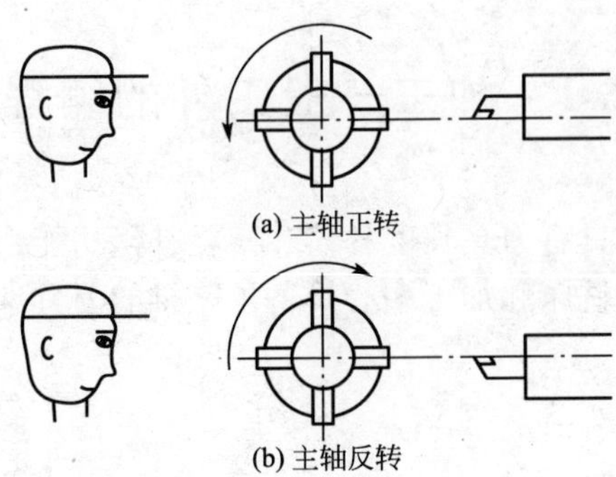
(a) 主轴正转

(b) 主轴反转

图 2.1　主轴正、反转

7. M06 换刀

有的数控系统中此代码表示对刀仪摆出。

8. M07

1 号切削液开。

9. M08

2 号切削液开。

10. M09

切削液关。

需要注意：M00、M01 和 M02 也可以将切削液关掉。

11. M17

主轴速度到达信号取消。指定某一主轴速度后，主轴电动机控制单元、有反馈信号 SAR，即主轴速到达指令速度后，这一信号即刻发出，然后才能进行其他动作，主轴速度的上升需一定的时间，但有时为了提高效率，或在特定场合，需忽略此信号，这时用此指令。

12. M25 误差检测

通常在工件的拐角处，即 X 指令和 Z 指令变换处，刀具并不是当 Z 指令走完后(进给量=0)，再走 X 指令，如图 2.2 所示，这样造成了拐角处为圆角，如图 2.3 所示。M25 指令，可以控制上一个程序完全走完之后，再走下一段，这样就避免了圆角的产生。有的系统用 G 代码来实现这一过程。

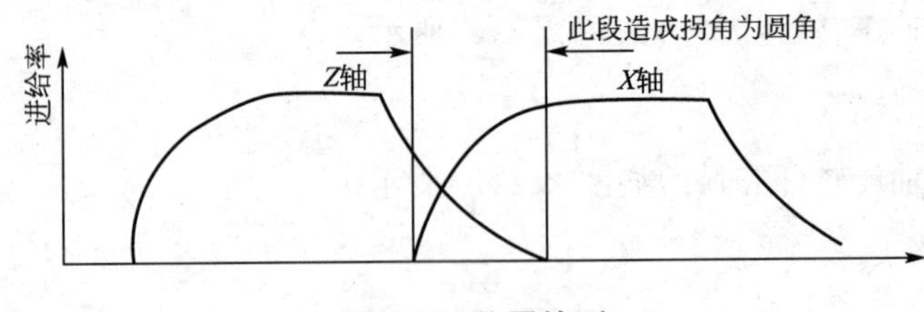

图 2.2　位置检测

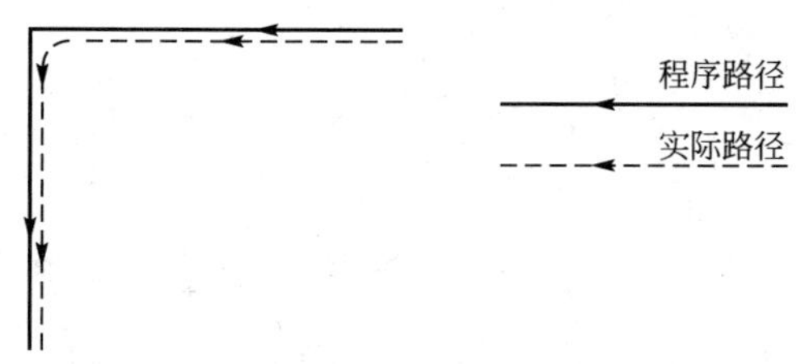

图 2.3 拐角为圆角

13. M26 误差检测取消

如工件拐角处无精度要求，可取消 M25 功能，此时用 M26 取消，若不写 M25 即为 M26。

14. M30 复位并返回程序开始

需要说明的是：

(1) 在记忆(MEMORY)方式下操作时，此指令表示程序结束，机床停止运行，并且程序自动返回开始位置。

(2) 在记忆重新启动(MEMORY ESETART)方式下操作时，机床先是停止自动运行，之后又从程序的开头再次运行。

2.1.2 主要准备功能简介

1. 快速点定位(G00)

书写格式：

```
G00 X__ Z__ S__ B__ M__;
```

其中：X、Z 为快速点定位的目标点；S 是主轴转速；B 是附加的辅助功能；M 是辅助功能。

经常使用的格式：

```
G00 X__ Z__;
```

G00 的实际速度受机床面板上的倍率开关控制。

G00 的运动轨迹一般为折线，如 G00 X50.0 Y100.0；的运动轨迹如图 2.4 所示。

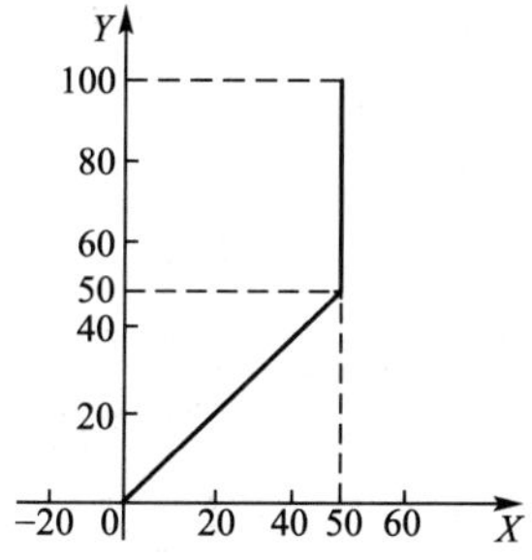

图 2.4 G00 的轨迹

2. 直线插补(G01)

书写格式：

G01 X__ Z__ A__ C/R__ F__ E__ S__ B__ M__;

其中：X、Z为直线插补线段的终点坐标；A是角度值地址，即当终点坐标缺少一个数据时可用A补足之；C/R中C为两直线段间倒棱的数据地址，R为两直线段间倒圆角的数据地址；F是进给量；E是倒棱或倒圆角处的进给量，若不写则用F值；S、B、M与G00定义同。

经常使用的格式：G01 X/U__ Z/W__ F__;

有的数控系统G00和G01后可以跟X、Y、Z、A、B、C等的任意组合，其中旋转轴的进给速度用(°)/min表示(图2.5)。

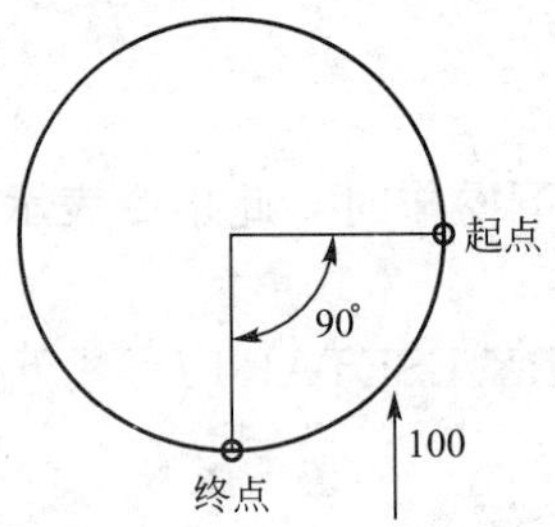

图2.5 旋转轴的进给速度

3. 单方向定位

书写格式：G60 P__;

需要说明：

(1) 本指令可使机床单向定位，达到消除间隙，实现准确定位的目的。本指令为非模态指令，如图2.6所示。

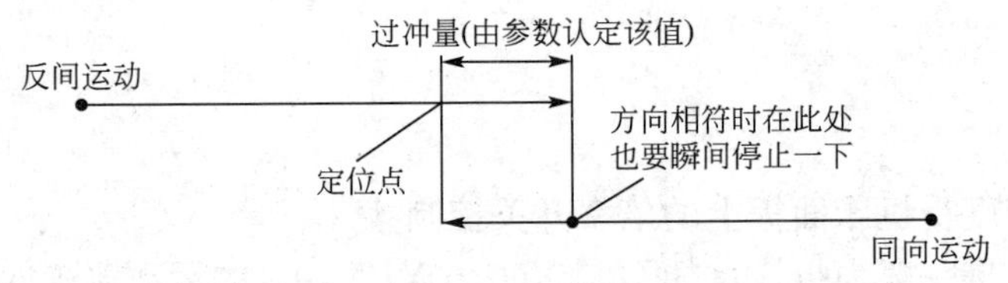

图2.6 单方向定位

(2) 过冲量及定位方向由参数(PRM No.204～207，POSTN1～4，PRM No.29 G60 X，Y，Z)设定。

(3) G60可以取代G00。

(4) 钻孔固定循环中，*Z*轴不能进行单方向定位。

(5) 没有设定过冲量的轴，不能进行单方向的定位。

(6) 移动量为零的轴，不执行单方向的定位。

(7) G76、G87固定循环时，带有偏移量的轴，不进行单方向的定位，也没有必要。

4. 准确停止校验方式/切削方式(G61/G64)

书写格式：

```
G61;
⋮
G64;
```

说明：

(1) 这是一组模态指令，G61一经指定后一直有效，只有用G64时才能改变，反之亦然。但在清除状态后，自然进入G64。

(2) G61方式时，从G61指令起到G64指令止，每个程序段均做定位校验。例如：铣削出如图2.7所示零件形状 *ABCD*，要求 *A*、*B*、*C*、*D* 都是尖角，如起刀点为 *E* 点，可以这样编程：

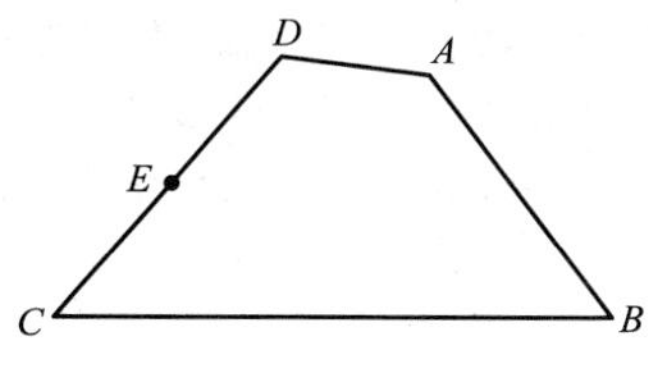

图 2.7 尖角的铣削

```
G61;
G01  E→C ;
G01  C→B ;
G01  B→A ;
G01  A→D ;
G01  D→E ;
G64;
```

也就是说，G61～G64之间的程序段，相当于每一句中都有G09指令。

(3) 在G64方式下，只有G00、G60、G09包含的程序段做定位校验，若坐标轴运动的下一程序段不包含坐标轴运动，则坐标轴运动到终点时减速停止，但不做定位校验。

5. 英制/公制转换(G20/G21)

书写格式：G20或G21

需要说明：

(1) 这是个信息指令，以单独程序段设定。

(2) G20为英制，G21为公制。

(3) 程序格式：G20/G21;

G20/G21 G92 X__ Y__ Z__;

(4) G20/G21是在程序里进行公制与英制的转换，通常情况下，系统面板默认公制，也可通过机床面板进行公英制转换。在系统默认的情况下可以不在程序里编制。

6. 存储行程极限

机床有两种行程极限：第一种行程极限是由机床行程范围决定的最大行程范围，用户不得改变，该范围由参数设定，也是机床的软件超程保护范围。第二种行程极限的限制区用 G22 来设定，限制区要事先用参数(RWL)指定其禁止作用是在设定的范围外面还是在设定的范围里面。

(1) 限制区用参数设定。

书写格式：

```
G22;
 ⋮
G23;
```

需要说明：

① G22 指定后，限制区起作用。

② G23 指定后，限制区不起作用，但不清除原设定的限制区。

③ 机床在通电后，必须在返回参考点后限制区才起作用。

④ G22 与 G23 指令在编程时均应自成一个程序段。

⑤ 坐标轴移动进入限制区界线停止后，可以反向运动。

(2) 限制区不用参数设定。

书写格式：

```
G22 X__Y__Z__I__J__K__;
```

需要说明：

① 用 G22 可以设定也可以改变限制区范围。

② 所设定的限制区如图 2.8 所示。其中数值必须满足下述关系：

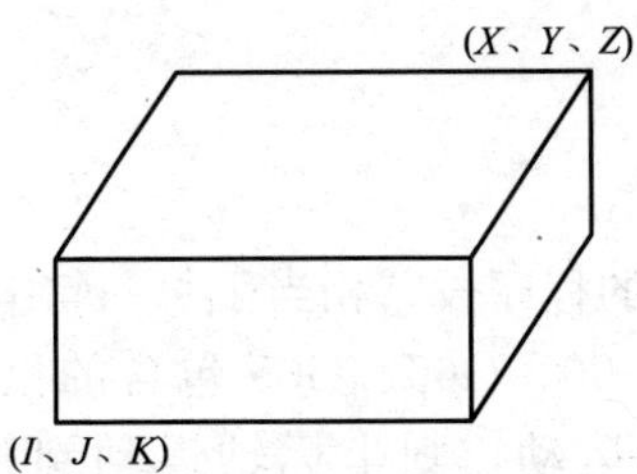

图 2.8　G22 所设定的区域

$X>I$，$Y>J$，$Z>K$；$(X-I)>2$mm，$(Y-J)>2$mm，$(Z-K)>2$mm。

数值均以参考点为坐标原点，以最小设定单位为计算单位。

【例 2-1】 孔系加工中，材料 40Cr；刀具：T01 号为 ϕ20mm 的钻头，长度补偿号为 H01；T02 号为 ϕ17.5mm 的钻头，长度补偿号为 H02；T03 号为 M20mm 的丝锥，长度补偿号为 H03，T04 号为 ϕ20mm 的键槽铣刀，长度补偿号为 H04。

说明：由于特殊工艺要求，要求 3 号孔先钻再铣(图 2.9)。

编程如下：

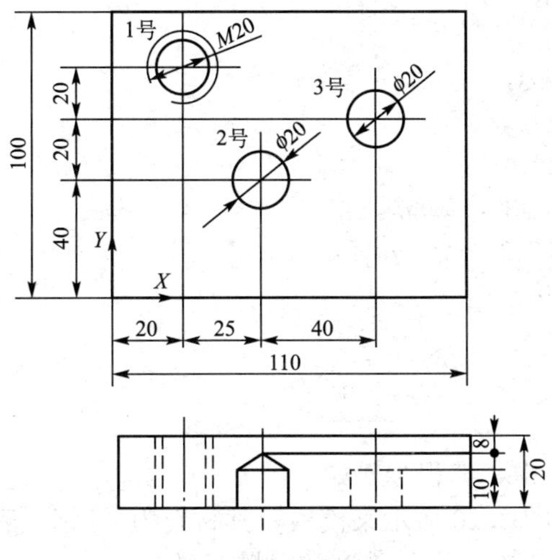

图 2.9 孔系的加工

```
%020
N010  G17 G21  G40  G49  G90  G54  T2;(T02号为φ 17.5mm的钻头)
N020  M06;
N030  M03  S800;
N040  G00  X20.0  Y80.0  T03;(T03号为M20mm的丝锥)
N050  G43  Z3.0  H02  M08;
N060  G01  Z-24.0  F300;
N070  G01  Z3.0;
N080  G00  X85.0  Y60.0;
N090  G01  Z-10.0  F280;
N100  G01  Z3.0  M09;
N110  G49  G00  Z300.0;
N120  G28  Z303.0  M06  T04;(T04号为φ 20mm的键槽铣刀)
N130  M03  S200;
N140  G29  X20.0  Y80.0;
N150  G43  G00  Z30.0  H03  M08;
N160  G01  Z-24.0  F500  T04;
N170  M05;
N180  G04  P3000;
N190  M04  S200;
N200  G01  Z3.0  F500  M09;
N210  G49  G00  Z300.0;
N220  G28  Z300.0  M06;
N230  M03  S800;
N240  G29  X85.0  Y60.0;
N250  G43  G00  Z3.0  H04  M08;
N260  G01  Z-10.0  F300  T01;(T01号为φ 20mm的钻头)
N270  G04  X3.5;
```

```
N280  G00  Z3.0  M09;
N290  G49  G00  Z300.0;
N300  G28  Z303.0  M06;
N310  M03  S800;
N320  G00  X45.0  Y40.0;
N330  G43  G00  Z3.0  H01  M08;
N340  G01  Z-12.0  F300;
N350  G01  Z3.0  M09;
N360  G49  G00  Z300.0;
N370  G28  Z300.0  M05;
N380  M30;
```

【例 2-2】 平面加工中，编程步骤如下。

(1) 零件图分析。如图 2.10 所示某模板，其材料为 45 钢，表面基本平整。需要做上表面的平面加工，加工表面有一定的精度和粗糙度要求。

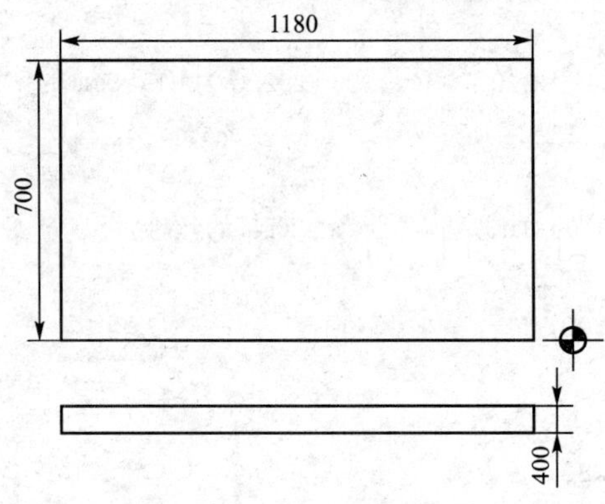

图 2.10　模板平面的数控加工

(2) 工艺分析。该模板的平面加工选用可转位硬质合金面铣刀，刀具直径为 120mm，刀具镶有 8 片八角形刀片，使用该刀具可以获得较高的切削效率和表面加工质量。

为方便加工，确定该工件的下刀点在工件右下角，用铣刀试切上表面，碰到后向 X 正方向移动移出工件区域，从该位置开始做程序加工。

(3) 编写加工程序。

```
O0005;
N010  S800  M03  T1;
N020  G43  G00  Z0  H01;
N030  G91  G01  Z-0.5  F500;
N040  X-1300;
N050  Y100.0;
N060  X1300.0;
N070  Y100.0;
N080  X-1300;
```

```
N090  Y100.0;
N100  X1300.0;
N110  Y100.0;
N120  X-1300.0;
N130  Y100.0;
N140  X1300.0;
N150  Y100.0;
N160  X-1300.0;
N170  Y100.0;
N180  X1300.0;
N190  M30;
```

【例 2-3】 阶梯面加工中，编程步骤如下。

(1) 零件图分析。如图 2.11 所示某零件，由几个台阶组成。本例将对此台阶平面及侧面进行加工。其材料为 45 钢。

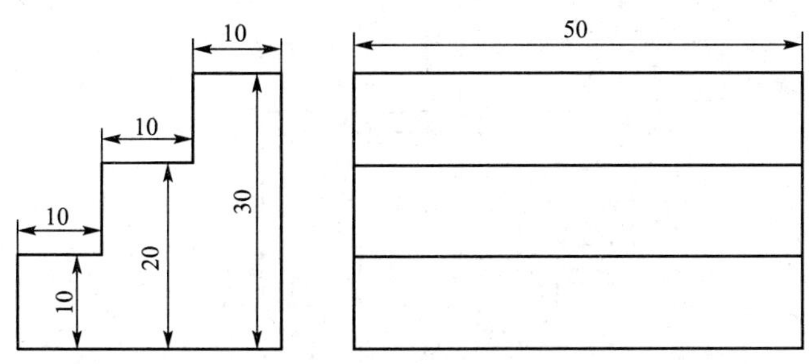

图 2.11 台阶行工件的数控加工

(2) 工艺分析。该零件的台阶面加工选用直径为 ϕ12mm 的立铣刀。

(3) 确定加工坐标原点。方法如下：

X：取该零件的长度方向的中心；

Y：取该零件的高的一方的侧边；

Z：以零件底面。

(4) 编写加工程序。

```
%0006
N010  S800  M03  T1;
N020  G43  G00  X-35.0  Y-5.0  Z35  H01;
N030  G90  G01  Z30.0  F500;
N040  X35;
N050  Y-16.0;
N060  X-35.0;
N070  Y-26.0;
N080  X35;
N090  Z25;
N100  X-35;
N110  Y-16;
```

```
N120  X35;
N130  Z20;
N140  X-35;
N150  Y-26.0;
N160  X35.0;
N170  Z15;
N180  X-35;
N190  Z10;
N200  X35;
N210  Z100;
N220  M30;
```

7. 圆弧插补(G02、G03)

对于数控铣床来说，编制圆弧加工程序，首先要选择平面，如图 2.12 所示。程序的编制程序段有两种书写方式：一种是圆心法，一种是半径法。

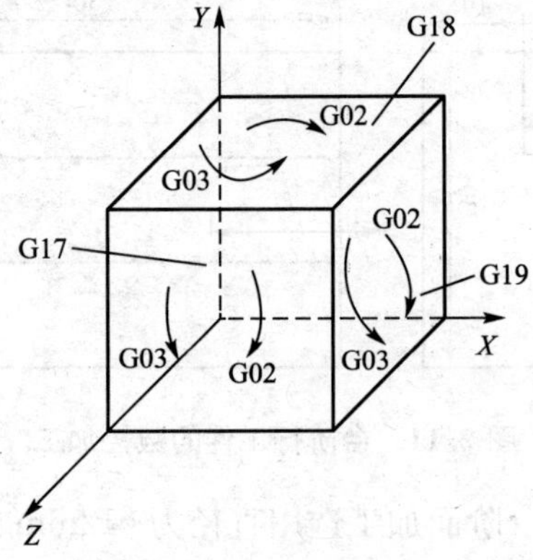

图 2.12 圆弧加工

(1) 书写格式：

3 个平面书写格式如下：

XY 平面圆弧

$$G17G02/G03X\_\ Y\_\begin{Bmatrix}R\_\\ I\_\ J\_\end{Bmatrix}F\_;$$

ZX 平面圆弧

$$G18G02/G03X\_\ Z\_\begin{Bmatrix}R\_\\ I\_\ K\_\end{Bmatrix}F\_;$$

YZ 平面圆弧

$$G19G02/G03Y\_\ Z\_\begin{Bmatrix}R\_\\ I\_\ K\_\end{Bmatrix}F\_;$$

(2) 圆心编程。与圆弧加工有关的指令说明见表 2-1。用圆心编程的情况如图 2.13 所示。

表 2-1 圆心编程方法

条件		指令	说明
平面选择 旋转方向		G17	圆弧在 *XY* 平面上
		G18	圆弧在 *ZX* 平面上
		G19 G02 G03	圆弧在 *YZ* 平面上 顺时针方向 逆时针方向
终点位置	G90	X、Y、Z	终点坐标是工件坐标系的值
	G91	X、Y、Z	终点相对于起点的增量值
圆心坐标		X、Y、Z	圆心相对于起点的增量值

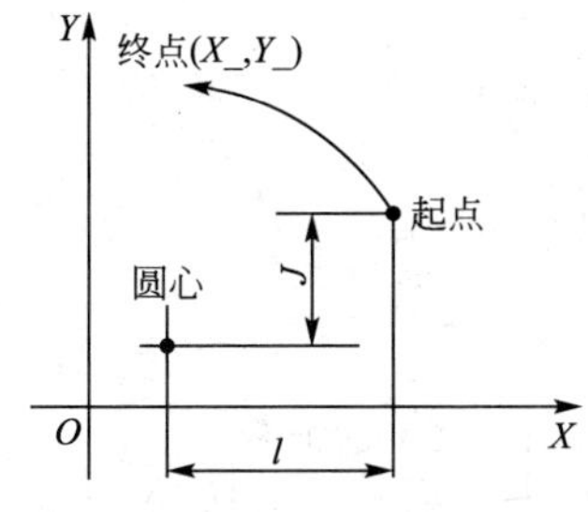

图 2.13 圆心编程

(3) 半径编程。用指定圆弧插补时，圆心可能有两个位置，这两个位置由 R 后面半径值的符号区分，圆弧所含圆心角≤180°时，半径 R 为正值；圆心角＞180°时，半径 R 为负值。圆弧所含圆心角为 360°时，也就是整圆时只能用圆心法进行编程。

如图 2.14 所示为用半径编程时的情况。

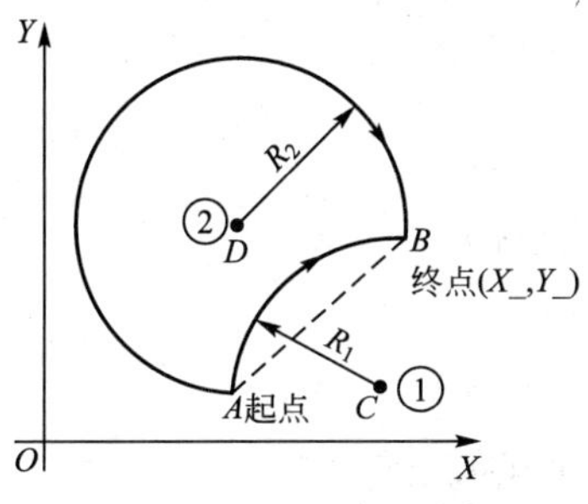

图 2.14 半径编程

若编程对象为以 C 为圆心的圆弧时(劣弧)，有：

```
G17 G02  X __ Y __ R+R1;
```

若编程对象为以 D 为圆心的圆弧时(优弧)，有：

```
G17 G02  X __ Y __ R+R2;
```

其中 R_1、R_2 为半径值。

如图 2.15 所示，圆弧程序的编写如下。

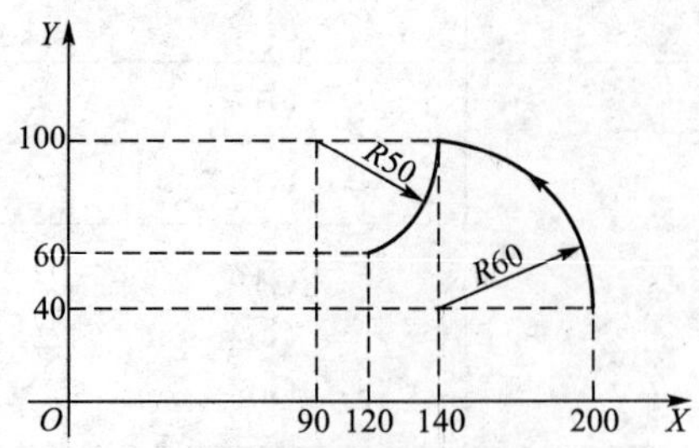

图 2.15　圆弧程序的编写

(1) 绝对值编程。

① 圆心法：

```
G92  X200.0  Y40.0  Z0.0;
G90  G03  X140.0  Y100.0  I-60.0  J0.0  F300.0;
G02  X120.0  Y60.0  I-50.0;
```

② 半径法：

```
G92  X200.0  Y40.0  Z0.0;
G90  G03  X140.0  Y100.0  R60.0  F300.0;
G02  X120.0  Y60.0  R50.0;
```

(2) 增量值编程。

① 圆心法：

```
G92  X200.0  Y40.0  Z0.0;
G91  G03  X-60.0  Y+60.0  I-60.0  J0.0  F300.0;
G02  X-40.0  Y-40.0  I-50.0   J0.0;
```

② 半径法：

```
G92  X200.0  Y40.0  Z0.0;
G91  G03  X-60.0  Y+60.0  R60.0  F300.0;
G02  X-40.0  Y-40.0  R50.0;
```

(3) 整圆编程方法。

如图 2.16 所示，整圆程序的编写如下。

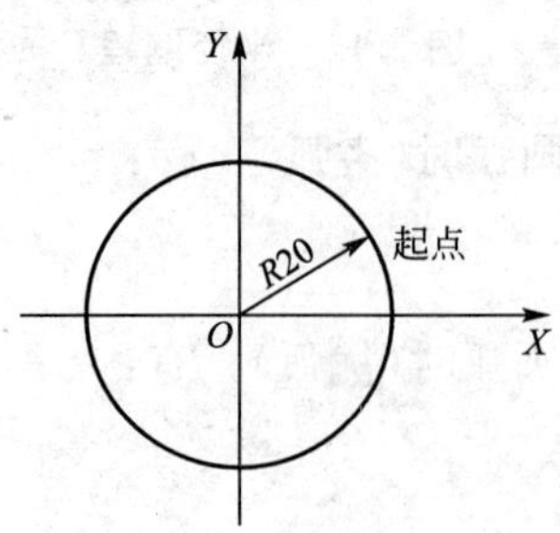

图 2.16　整圆程序的编写

绝对值编程：`G90  G02/G03  I-20  J0;`

增量值编程：`G91  G02/G03  I-20  J0;`

在圆弧插补时，I0　J0　K0　可以省略。

需要注意：

① 在编写整圆程序时，仅用I、J、K指定圆弧中心即可。

例如：G2 I__；(整圆)。若仅写入R时，则为0°圆弧。

例如：G02R __；(机床不运动)。

② 若写入的半径R为0时，机床报警。

③ 实际刀具移动速度与指令速度的相对误差在±2%以内。但是这个指令速度是使用刀具半径补偿后的沿工件圆弧的速度。

【例2-4】 外轮廓加工中，编程步骤如下。

(1) 零件图分析。如图2.17所示某凸轮零件，要求精铣该凸轮的外形。该凸轮由4段不同半径的圆弧所组成。凸轮厚度为5mm，材料为45钢，经过调质处理，硬度为30HRC。

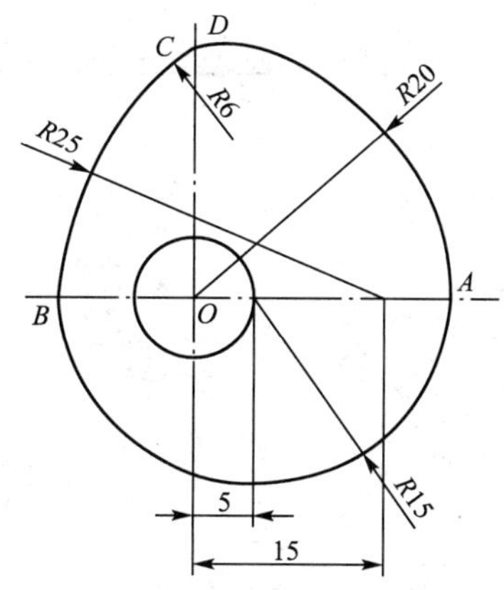

图2.17　平面凸轮零件图

(2) 工艺分析：用如ϕ10mm的立铣刀加工，采用刀具半径左补偿，顺铣加工。

数值计算。使用AutoCAD等软件将图形绘制出来，查出基点坐标如下：

A(20，0)，B(−10，0)，C(−2.10526，18.2321)，D(2.85714，19.79458)。

(3) 确定加工坐标原点。加工坐标原点为凸轮的轴心孔中心O，Z向零点为凸轮底平面，机床坐标系设在G54。

(4) 编写加工程序。

内容如下：

```
%0004
N010  G54  G90  G0  X0  Y0  Z100.0;
N020  S1200  M3  T1;
N030  G00  X30.0  Y-25.0  Z100.0;
N040  G43  Z1.0  H01;
N050  G41  D01  X20.0  Y-10.0;
```

```
N060  G01  Z0  F100;
N070  G01  X20.0  Y0;
N080  G02  X-10  R15.0;
N090  X-2.105  Y18.232  R25.0;
N100  X2.857  Y19.795  R6.0;
N110  X20.0  Y0.0  R20.0;
N120  G01  Y10.0;
N130  G00  Z100.0;
N140  G40  X0  Y0;
N150  G49  G00  Z150.0;
N160  M05;
N170  M30;
```

【例 2-5】 内外轮廓加工中，加工图如图 2.18 所示。刀具 T01 为铣刀，半径补偿号为 D01，长度补偿号为 H03。

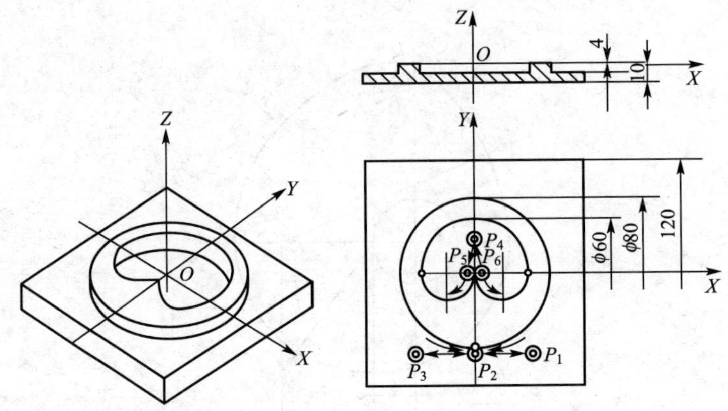

图 2.18　内轮廓的加工

外轮廓加工采用刀具半径左补偿，沿圆弧切线方向切入 $P_1 \rightarrow P_2$，切出时也沿切线方向 $P_2 \rightarrow P_3$。内轮廓加工采用刀具半径右补偿，$P_4 \rightarrow P_5$ 为切入段，$P_6 \rightarrow P_5$ 为切出段。外轮廓加工完毕取消刀具半径左补偿，待刀具至 P_4 点，再建立半径右补偿，内轮廓加工完毕取消右补偿。数控程序如下：

```
%0010
N010  G54  G17  G21  G90  T1;
N020  M3  S1200;
N030  G43  G00  Z50  H02;
N040  G00  X100.0  Y-100.0;
N050  G41  G01  X20.0  Y-40.0  F100.0  D01;
N060  G01  Z-4.0;
N070  X0.0  Y-40.0;
N080  G02  X0.0  Y-40.0  I0  J40;
N090  G01  X-20.0;
```

```
N100  G00  Z50.0;
N110  G40  G01  X0.0  Y15.0  F110.0;
N120  G42  G01  X0.0  Y0.0  D02;
N130  G01  Z-4.0;
N140  G02  X-30.0  Y0.0  I-15.0  J0;
N150  G02  X-30.0  Y0.0  130.0  J0;
N160  G02  X0.0  Y0.0  I-15  J0;
N170  G40  G00  X0.0  Y15.0;
N180  G28  Z100.0;
N190  M05;
N200  M02;
```

8. 任意角度倒棱角 *C*、倒圆角 *R*

可在任意的直线插补和直线插补、直线插补和圆弧插补、圆弧插补和直线插补、圆弧插补和圆弧插补间自动插入倒棱或倒圆。

直线插补(G01)及圆弧插补(G02、G03)程序段最后附加C则自动插入倒棱。附加R自动插入倒圆。上述指令只在平面选择(G17、G18、G19)指定的平面有效。

C后的数值为假设未倒角时，指令出假想交点到倒角开始点、终止点的距离，如图2.19所示。

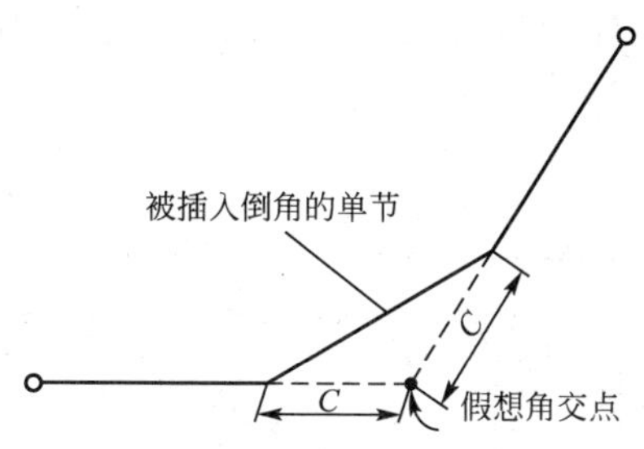

图2.19 自动倒棱角

```
N060  G91  G01  X100.0  C10;
N070  X100.0  Y100.0;
```

R后的数值指令倒圆 *R* 的半径值如图2.20所示。

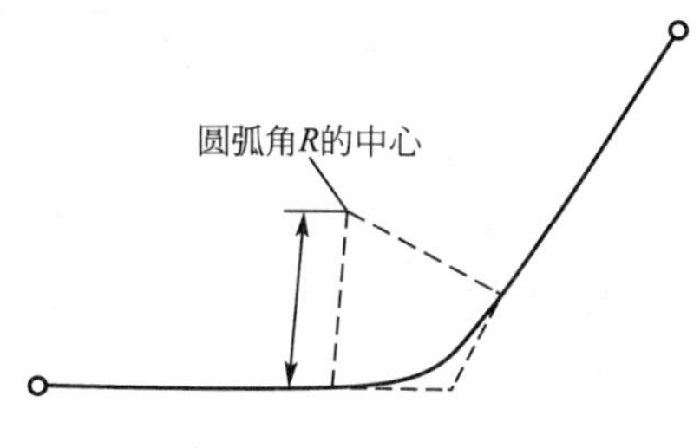

图2.20 自动倒圆弧角

```
N060  G91  G01  X100.0  R10;
```

```
N070 X100.0 Y100.0;
```

但上述倒棱 C 及倒圆 R 及程序段之后的程序段，必须是直线插补(G01)或圆弧插补(G02、G03)的移动指令，若为其他指令，则出现 P/S 报警。

倒棱 C 及倒圆 R 可在 2 个以上的程序段中连续使用。需要说明的是：

(1) 倒棱 C 及倒圆 R 只能在同一插补平面插入。

(2) 插入倒棱 C 及倒圆 R 若超过原来的直线插补范围，则出现 P/S 报警(图 2.21)。

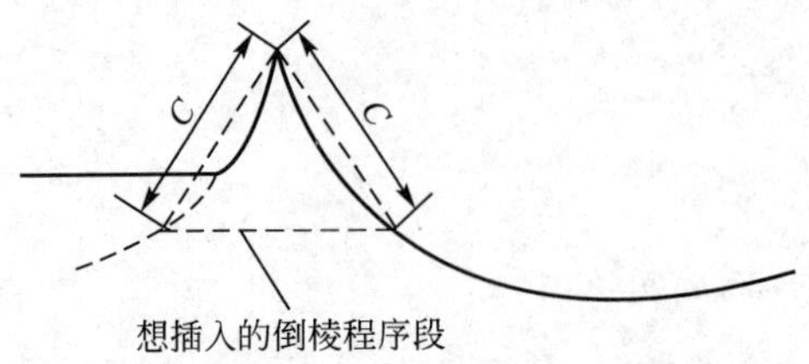

图 2.21　出现报警的情况

(3) 变更坐标系的指令(G92、G52～G59)及回参考点(G28～G30)后，不可写入倒棱 C 及倒圆 R 指令。

(4) 直线与直线、相交圆弧在交点处的切线间的夹角以及两相交圆弧的切线夹角在 1°以内时，例棱及倒圆的程序段都当作移动量为 0。

【例 2-6】 外轮廓加工，如图 2.22 所示。刀具 T01 为 ϕ16mm 的铣刀，刀具长度补偿号为 H01，刀具半径补偿为 D01。

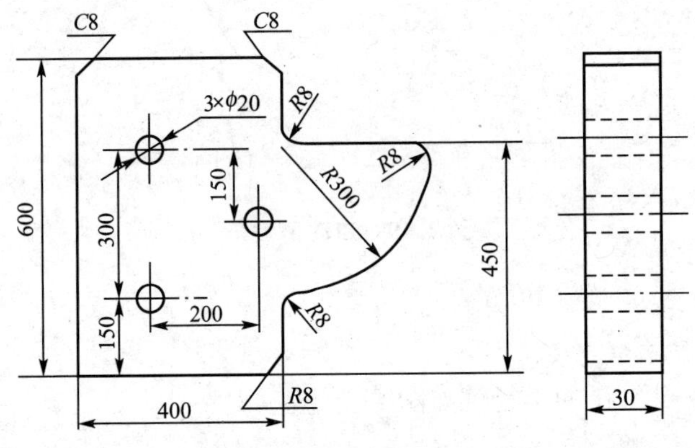

图 2.22　外轮廓的加工

程序如下：

```
O0011;
N010 G54 G90 G21 G17 G49 T1;
N020 M06;
N030 M03 S800;
N040 G43 G00 Z30 H01;
N050 X-30 Y-30;
```

```
N060  G42  G01  X-30  Y0  D01  F110  M08;
N070  Z-33;
N080  X400  C8;
N090  Y150  R8;
N100  G03  X700  Y450  R300  R8;
N110  G01  X400  R8;
N120  Y600  C8;
N130  X0  C8;
N140  Y-30  M09;
N150  G40  G01  X-30  Y-30;
N160  G49  Z300;
N170  G28  X-30  Y-50;
N180  M05;
N190  M02;
```

2.2 刀具偏置功能

刀具沿其运动方向上偏置一个位置叫刀具偏置。刀具偏置量可以通过D或H代码进行设定。

1. 刀具偏置的指令

G45～G48指令可以使程序中被指令轴的位移量沿其移动方向扩大或缩小一倍或两倍偏置量。

G45：扩大一个偏置量(沿指令轴移动方向)。
G46：缩小一个偏置量(沿指令轴移动方向)。
G47：扩大两倍偏置量(沿指令轴移动方向)。
G48：缩小两倍偏置量(沿指令袖移动方向)。

偏置量用H或D代码设定，使用H代码的机会较多。各指令偏置结果如图2-23、图2-24所示。

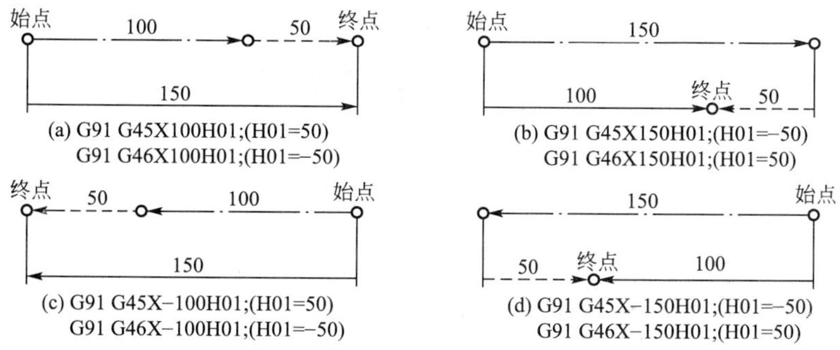

图2.23 G45、G46

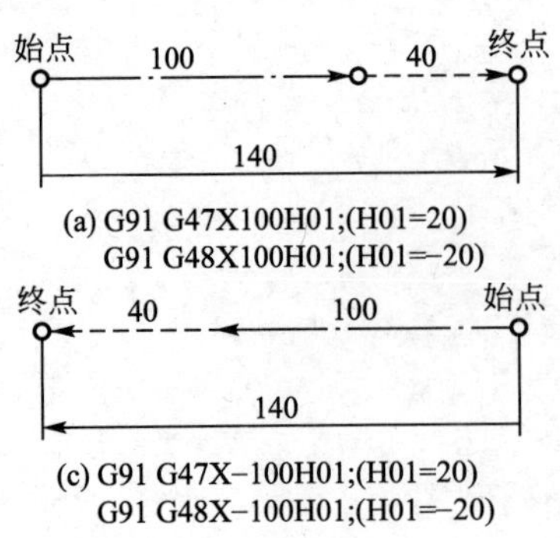

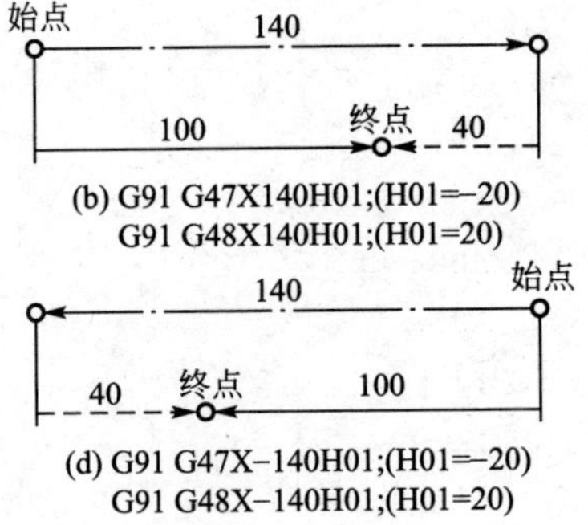

图 2.24　G47、G48

2. *刀具偏置注意事项*

(1) 当 G45～G48 在一个移动程序段同时指定 $n(n=1\sim6)$个坐标轴，偏置适用于所有 n 个坐标轴。G45 指定两轴时如图 2.25 所示。

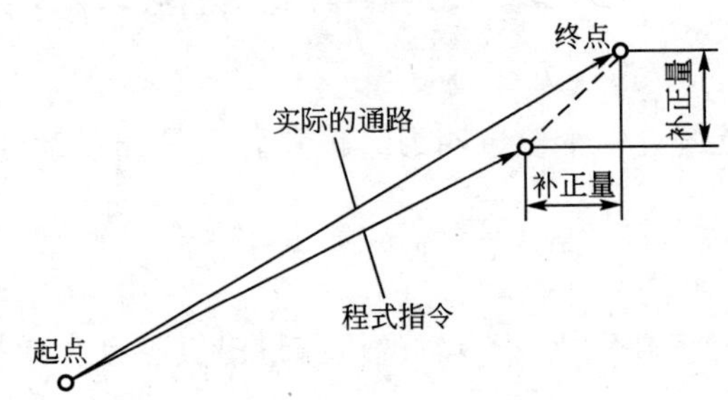

图 2.25　同时指定两轴

坐标转移动量：X1000、Y500。

偏置量：+200，偏置号码 H02。

程序指令：G45 G01 X1000　Y500　H02。

(2) 若刀具半径值设定在偏置寄存器中，工件形状可用零件轮廓编写程序(图 2.26)。

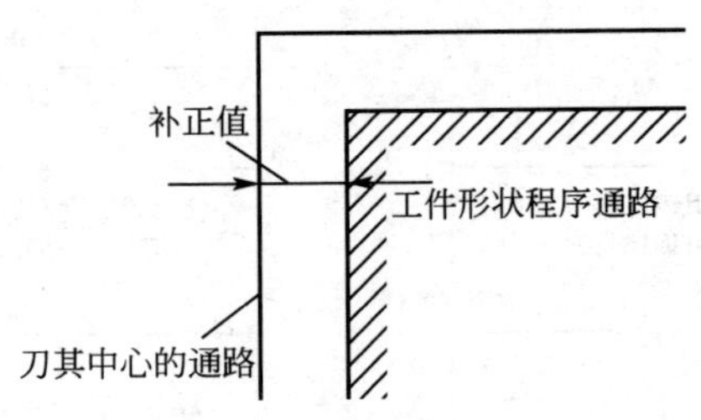

图 2.26　偏置量是刀具半径

(3) 在斜度切削时刀具偏置会产生过切或欠切现象(图 2.27、图 2.28)，因此应用刀具半径补偿。

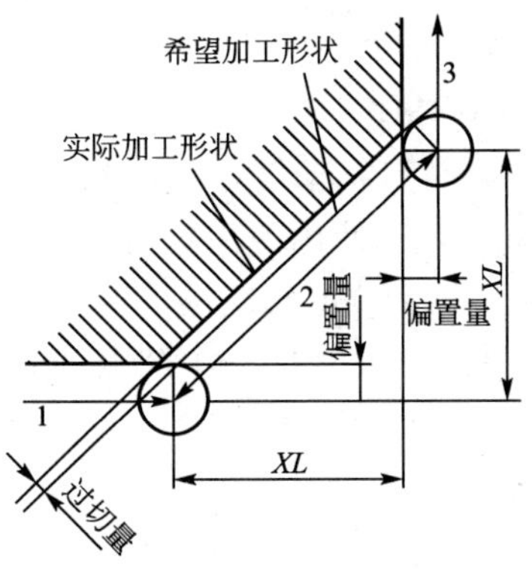

图 2.27　斜面加工过切现象

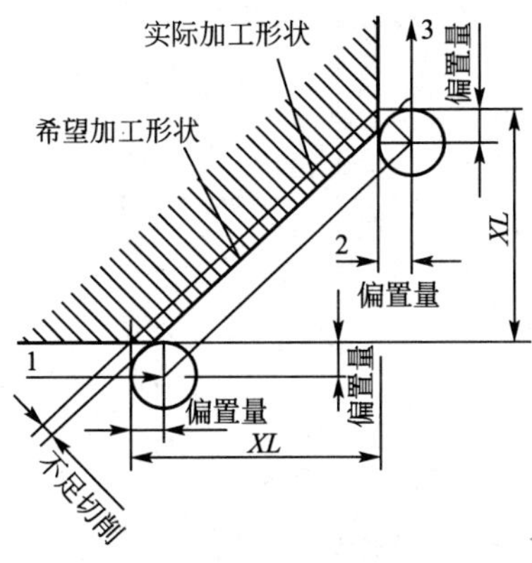

图 2.28　斜面加工欠切现象

图 2.27 所示的情况是由于编程中使用了刀具偏置指令而造成过切现象，其程序如下：

N010　G01　X __ F __;

N020　G45　$X_{|X|}$ $Y_{|Y|}$ H __;

N030　Y __;

⋮

图 2.28 为欠切情况，其程序如下：

N010　G01　G45　X __ F __ H __;

N020　$X_{|X|}$ $Y_{|Y|}$;

N030　Y __;

⋮

(4) 如图 2.29 所示，偏置量大于移动量时，刀具向负方向移动。例如：

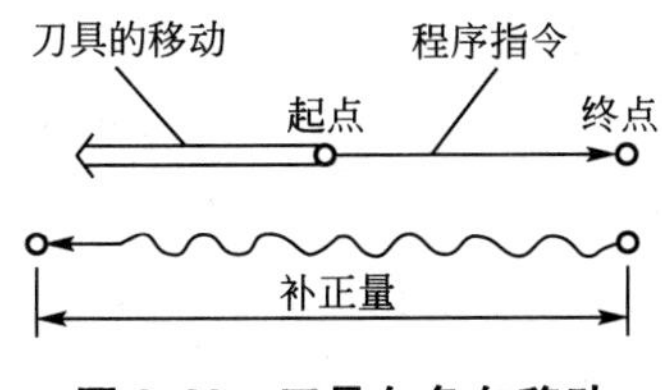

图 2.29　刀具向负向移动

```
G46  G01  X2.50;
```

刀具补偿设定＋3.70；相当于 G01　X－1.20。

(5) 圆弧插补(G02/G03)中使用刀具偏置，只能用在 90°或 270°的圆弧上。因为加工圆弧时，可以把编程原点定在圆心，当使用刀具偏置时，I、J、K 中的一个伸长或缩短一定的长度，而圆弧终点的两坐标(*X*，*Y*)也相应地同时伸长或缩短同样的长度，因此，只有在 90°或 270°的圆弧上，终点才与起点在同一个圆上，如图 2.30 所示。

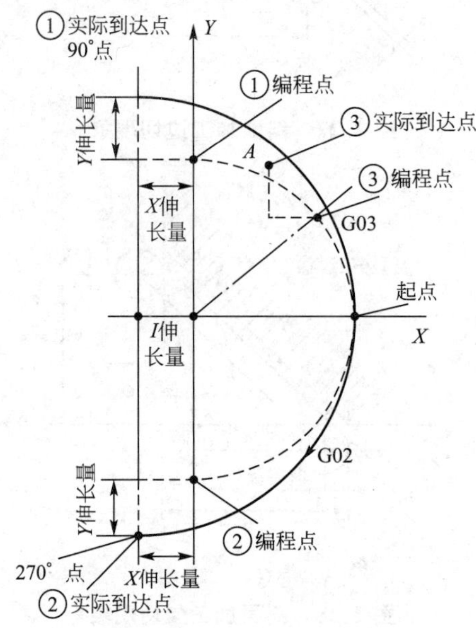

图 2.30　圆弧插补中的刀具偏置

3. *刀具偏置的应用*

刀具偏置的常用方法见表 2－2，这里的 H××＝±××××.×××，是指寄存器 H×× 的值为±××××.×××。

表 2－2　G45～G48 指令常用方法

起点　2　终点　1　12.34　5.68	(1) D01＝5.68　　X＝12.34 ⋮ N00　G01　G45　X12.34　F＿D01； ⋮
起点　1　终点　5.68　12.34	(2) D02＝－5.68　X＝12.34 ⋮ N00　G01　G45　X12.34　F＿D02； 这种情况与 D02＝12.67，指令 D46 相同

（续）

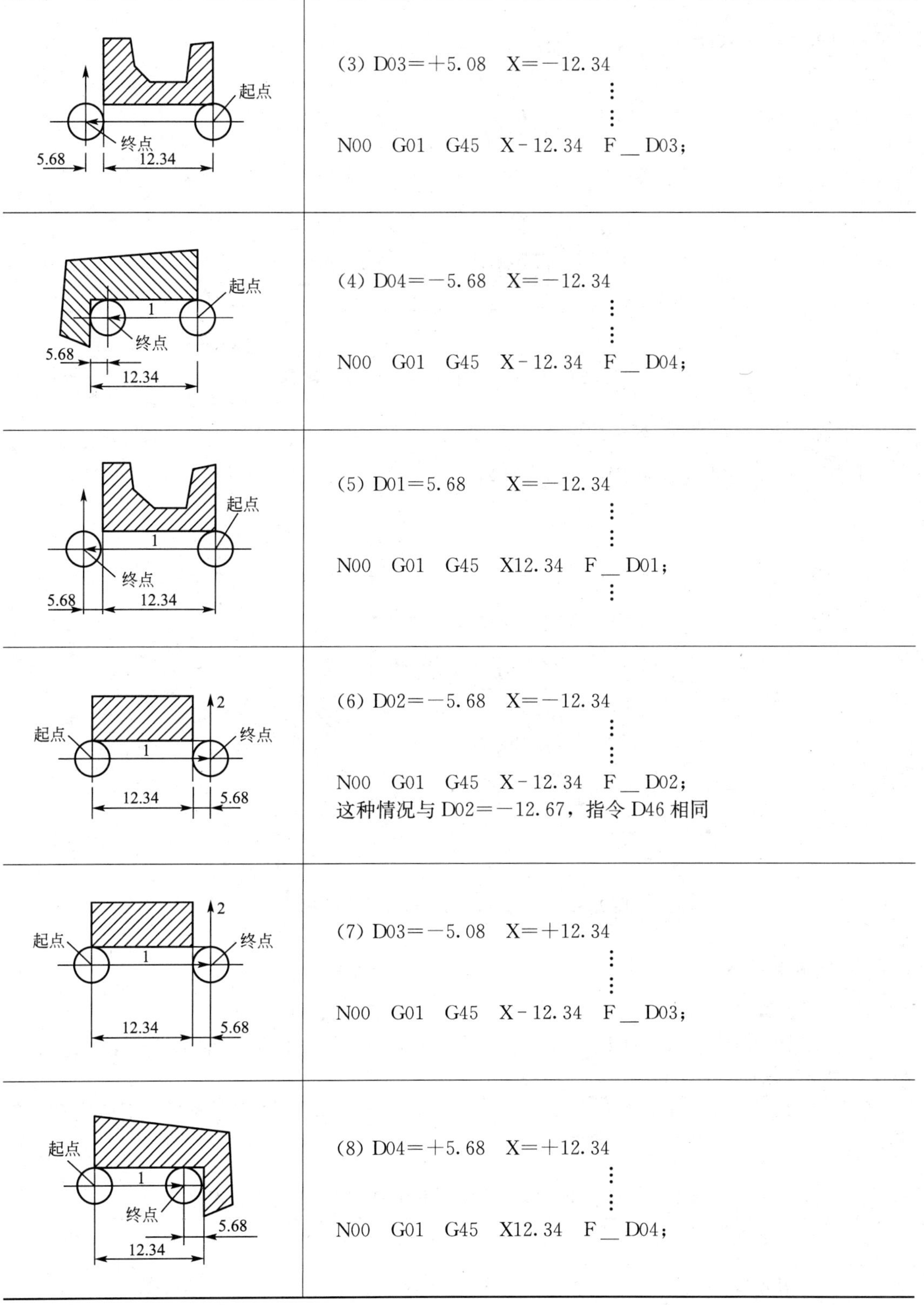

图示	说明
起点 终点 5.68 12.34	(3) D03＝＋5.08　X＝－12.34 ⋮ ⋮ N00　G01　G45　X－12.34　F__ D03；
起点 1 终点 5.68 12.34	(4) D04＝－5.68　X＝－12.34 ⋮ ⋮ N00　G01　G45　X－12.34　F__ D04；
起点 1 终点 5.68 12.34	(5) D01＝5.68　X＝－12.34 ⋮ ⋮ N00　G01　G45　X12.34　F__ D01； ⋮
2 起点 终点 1 12.34 5.68	(6) D02＝－5.68　X＝－12.34 ⋮ ⋮ N00　G01　G45　X－12.34　F__ D02； 这种情况与 D02＝－12.67，指令 D46 相同
2 起点 终点 1 12.34 5.68	(7) D03＝－5.08　X＝＋12.34 ⋮ ⋮ N00　G01　G45　X－12.34　F__ D03；
起点 1 终点 5.68 12.34	(8) D04＝＋5.68　X＝＋12.34 ⋮ ⋮ N00　G01　G45　X12.34　F__ D04；

注：表中偏置号用 D 表示。

G47 和 G48 的用法与 G45 和 G46 相同，只不过 G47 和 G48 的偏置量为 G45 和 G46 的 2 倍。

图 2.31 为凸台加工时，运用 G47 的情况。第三段程序如下：

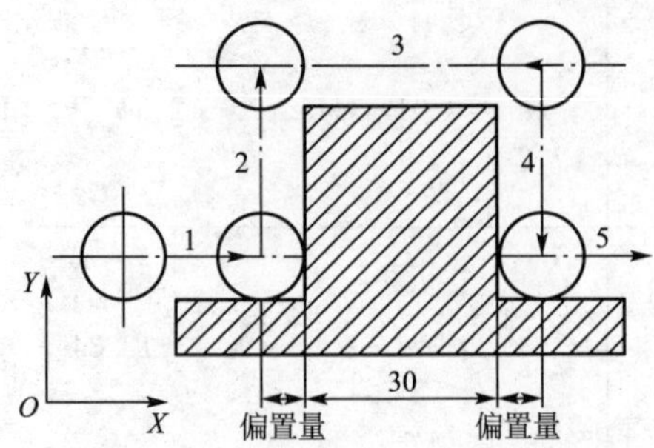

图 2.31　运用 G47 指令加工凸台示意图

```
N030  G01  G47  X30  F__ H01;
```

运用 G48 指令加工凹槽如图 2.32 所示。

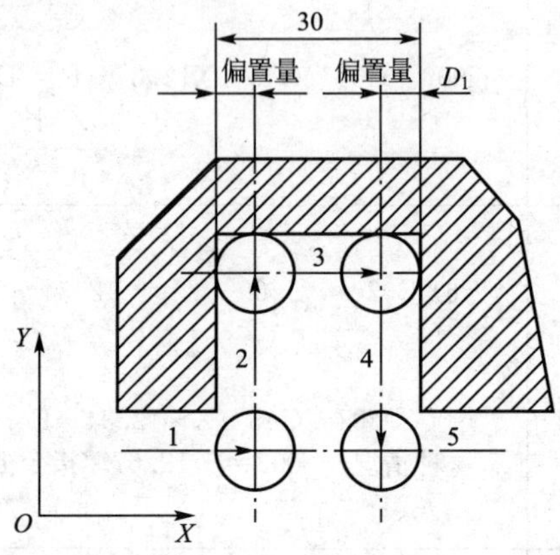

图 2.32　运用 G48 指令加工凹槽示意图

4. 偏置量的设定

(1) 偏置量由参数设定，偏置量的选择代码可以为 H 或 D。

(2) 在绝对值指令(G90)中，当指定移动量为 0 时，虽然该程序段同时指定了偏置量，机床仍然不移动。

(3) 在增量值指令(G91)中，当指定移动量为 0 时，若指定了偏置量，则机床移动情况见表 2-3。

表 2-3　偏置量=12.34、偏置号为 H01 的机床移动情况

NC 指令	G91　G45　X0　H01	G91　G46　X0　H01
移动量	X12.34	X-12.34

(续)

NC 指令	G91　G47　X0　H01	G91　G47　X0　H01
移动量	X24.68	X-24.68

【例 2-7】 外轮廓加工中，如图 2.33 所示，刀具 T01 为 ϕ20mm 的铣刀，偏置号为 D01，长度补偿号为 H01；机床为数控铣床(也可以用于加工中心)。

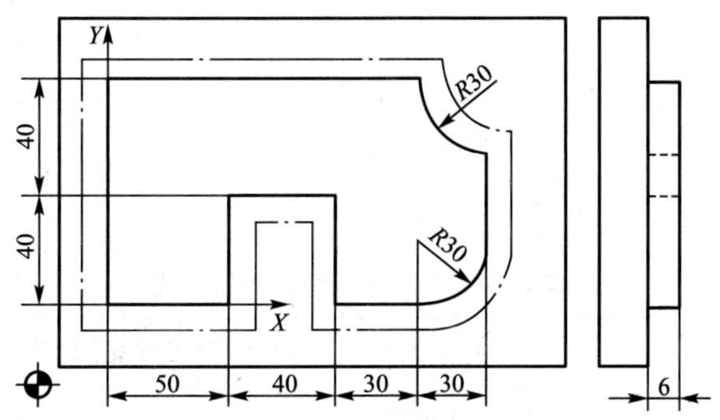

图 2.33　外轮廓的加工图

程序如下：

```
%0020
H01=+10;
N010  G17 G21  G40  G49  G54  G90  T01;
N020  M06;
N030  M03  S800;
N040  G43  G00  Z30  H01;
N050  G46  G00  X0  Y0  D01;
N060  Z3;
N070  G91  G01  Z-9  F300;
N080  G47  G01  X50;
N090  Y40;
N100  G48  X40;
N110  Y-40;
N120  G45  X30;
N130  G45  G03  X30  Y30  I0  J30;
N140  G45  G01  Y20;
N150  G46  X0;
N160  G46  G02  X-30  Y30  I0  J30;
N170  G45  G01  Y0;
N180  G47  G01  X-120;
N190  G47  G01  Y-80;
N200  G90  G00  Z5;
N210  G00  X-30  Y-30;
```

```
N220  G49  G00  Z300;
N230  G28  Z305;
N240  M05;
N250  M02;
```

2.3 固定循环功能

1. 孔的固定循环功能概述

1）孔加工指令

孔加工的固定循环指令见表 2-4。

表 2-4 孔加工的固定循环指令

<table>
<tr><th>G代码</th><th>孔加工行程(-Z)</th><th>孔底动作</th><th>返回行程(+Z)</th><th>用途</th></tr>
<tr><td>G73</td><td>继续进给</td><td>快速进给</td><td>—</td><td>高速深孔往复排屑钻</td></tr>
<tr><td>G74</td><td rowspan="2">切削进给</td><td>主轴正转</td><td>切削进给</td><td>攻左螺纹</td></tr>
<tr><td>G76</td><td>主轴正向刀具移位</td><td>快速进给</td><td>精镗</td></tr>
<tr><td>G80</td><td>—</td><td>—</td><td>—</td><td>取消指令</td></tr>
<tr><td>G81</td><td rowspan="2">切削进给</td><td></td><td rowspan="3">快速进给</td><td rowspan="2">钻孔</td></tr>
<tr><td>G82</td><td>暂停</td></tr>
<tr><td>G83</td><td>继续进给</td><td>—</td><td>深孔排屑钻</td></tr>
<tr><td>G84</td><td rowspan="6">切削进给</td><td>主轴反转</td><td rowspan="3">切削进给</td><td>攻右螺纹</td></tr>
<tr><td>G85</td><td>—</td><td rowspan="2">镗削</td></tr>
<tr><td>G86</td><td>主轴停转</td></tr>
<tr><td>G87</td><td>刀具移位主轴启动</td><td>快速进给</td><td>背镗</td></tr>
<tr><td>G88</td><td>暂停、主轴停转</td><td>手动操作后快速返回</td><td rowspan="2">镗削</td></tr>
<tr><td>G89</td><td>暂停</td><td>切削进给</td></tr>
</table>

2）固定循环的动作组成

固定循环的动作组成如图 2.34 所示。

(1) X、Y 坐标快速定位。

(2) 快进到 R 点。

(3) 孔加工。

(4) 孔底动作。

(5) 返回到 R 点。

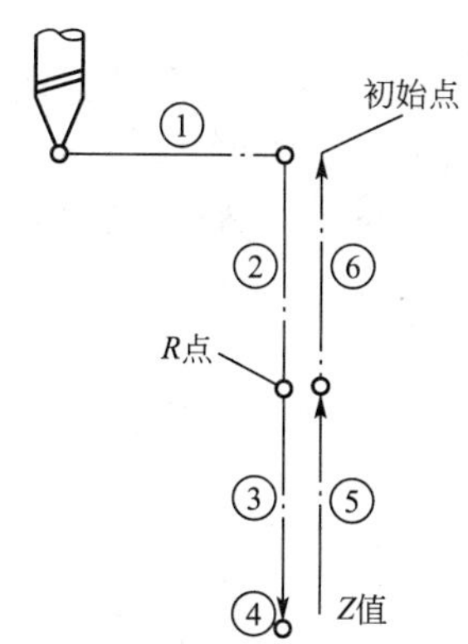

图2.34 固定循环动作的组成

(6) 返回到初始点。

在图2.34中③段的进给率由 F 决定，⑤段的进给率按固定循环规定决定。在固定循环中，刀具偏置G45～G48无效。刀具长度补偿G43、G44、G49有效，它们在动作②中执行。

3) 固定循环的代码组成

组成一个固定循环，要用到以下3组G代码。

(1) 数据格式代码：G90/G91。

(2) 返回点代码：G98(返回初始点)；

G99(返回R点)。

(3) 孔加工方式代码：G73～G89。

在使用固定循环编程时一定要在前面程序段中指定M03、M04使主轴用正确方向启动。

4) 固定循环指令组的书写格式

```
G××X__Y__Z__R__Q__P__F__K__;
```

需要说明的是：

(1) G××是指G73～G89。

(2) X、Y指定孔在 XY 平面的坐标位置(增量或绝对值)。

(3) Z指定孔底坐标值。在增量方式时，是 R 点到孔底的距离，而在绝对值方式中是孔底的 Z 坐标值。

(4) R在增量方式中是初始点到 R 点的距离；而在绝对值方式中是 R 点的 Z 坐标值。

(5) Q在G73、G83中用来指定每次进给的深度；在G76、G87中指定刀具的让刀量。

(6) P指定暂停的时间，最小单位为1μs。

(7) F是进给速度。

(8) K指定固定循环的重复次数，如果不指定K，则只进行1次循环加工。

(9) G73～G89是模态指令，因此，多孔加工时该指令只需指定一次，以后的程序段只给孔的位置即可。

(10) 固定循环中的参数(Z、R、Q、P、F)是模态的，所以当变更固定循环时，可用的参数可以继续使用，不需重设。但中间如果隔有 G80 或 G01 组内的 G 指令，则参数均被取消，但是，G01 组的 G 指令，不受固定循环的影响。

2. 几种常用的固定循环指令介绍

以上对固定循环总体作了介绍，现在分条介绍每条指令。

1) 高速深孔往复排屑钻

书写格式：

```
G73  X__Y__Z__R__Q__F__;
```

动作示意图如图 2.35 所示。虚线表示快速进给；实线表示切削进给。

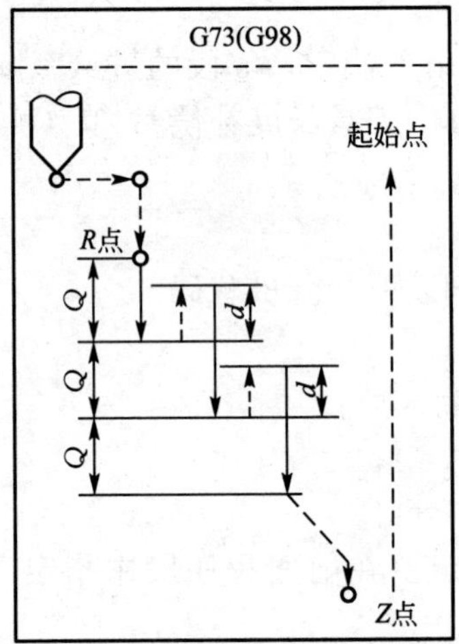

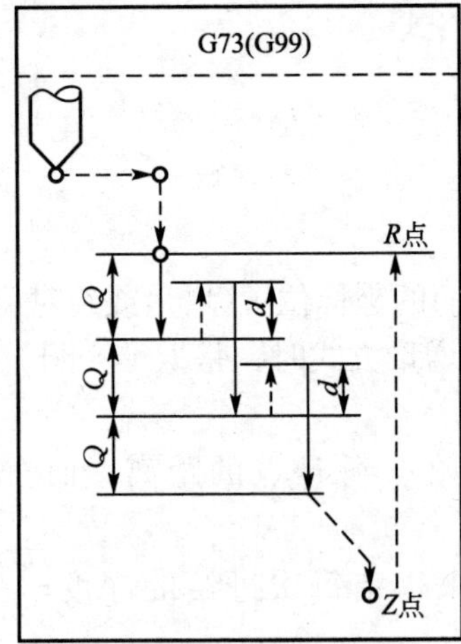

图 2.35　G73 固定循环

退刀量 d 是用参数(No. 5114)设定。设定一个小的退刀量，使在钻孔时，间歇进给便于排屑，退刀是以快速进给速度(G00)执行。

2）攻左旋螺纹

书写格式：

```
G74  X__Y__Z__R__F__P__;
```

动作示意图如图 2.36 所示。

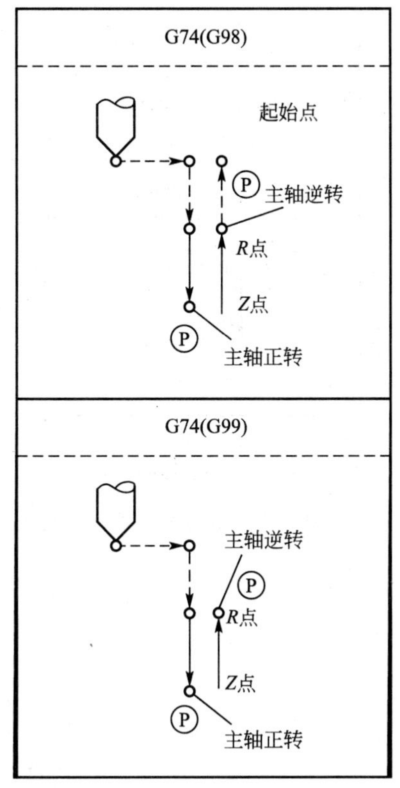

图 2.36　G74 固定循环

在孔底位置主轴正转执行攻左旋螺纹。在 G74 指定攻左旋螺纹时，进给率调整无效。即使用进给暂停，在返回动作结束之前循环也不会停止。

3）精镗

书写格式：

```
G76  X__Y__Z__R__Q__P__F__;
```

动作示意图如图 2.37 所法。

主轴在孔底位置准停，刀具让刀后快速退回。需要说明的是平移量用 *Q* 指定。*Q* 值是正值。如果指定负值则负号无效。平移方向可用参数 RDl(No.5101＃4)、RD2(No.5101＃5)设定如下方向之一。

G17(*XY* 平面)：＋*X*、－*X*、＋*Y*、－*Y*。

G18(*ZX* 平面)：＋*Z*、－*Z*、＋*X*、－*X*。

G19(*YZ* 平面)：＋*Y*、－*Y*、＋*Z*、*Z*。

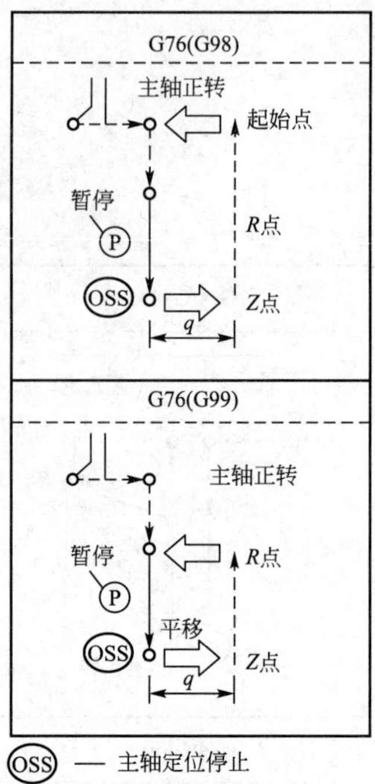

图 2.37　G76 固定循环

4) 钻孔(G81)

书写格式：

```
G81  X__Y__Z__R__F__;
```

动作示意图如图 2.38 所示。

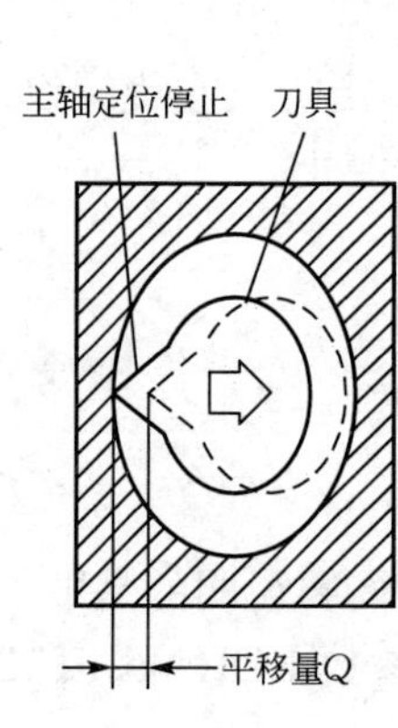

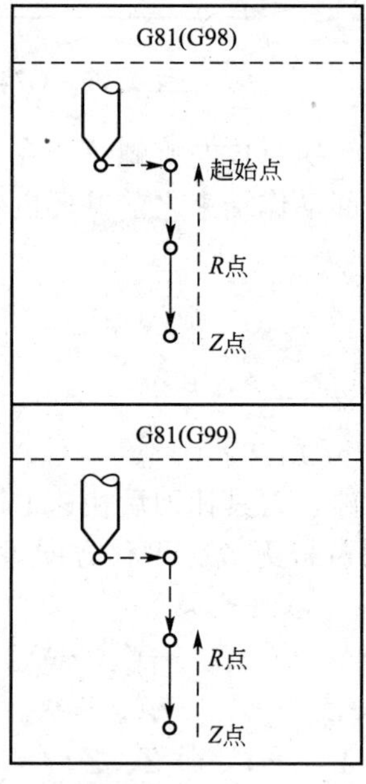

图 2.38　G81 固定循环

G81 指令 X、Y 轴定位，快速进给到 R 点。接着 R 点到 Z 点进行孔加工，孔加工完毕，则刀具退到 R 点，快速进给返回到起始点。

5) 钻孔(G82)

书写格式：

```
G82  X__Y__Z__R__R__P__F__;
```

动作示意图如图 2.39 所示。

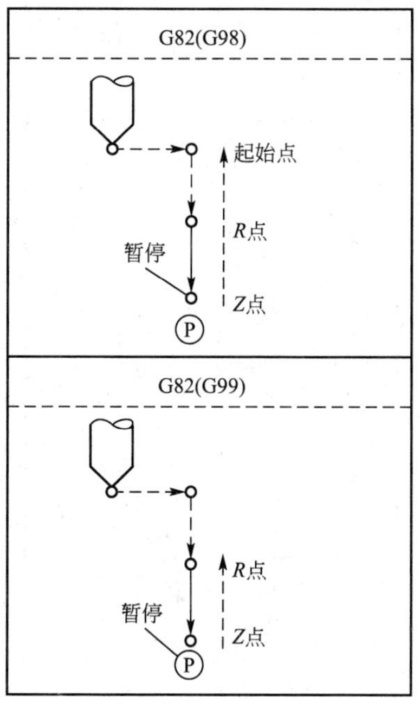

图 2.39 G82 固定循环

与 G81 基本相同，区别是刀具在孔底位置执行暂停及光切后退回，以改善孔底的表面粗糙度和精度。

6) 深扎排屑(G83)

书写格式：

```
G83  X__Y__Z__Q__R__F__;
```

G83 指令指定钻探孔循环。Q 是每次实际切削深度，用增量值指定，切削完成一次后返回到 R 位置排屑。在第二次及以后切入执行时，在切入到 d(mm 或 inch)的位置，快速进给转换成切削进给。指定的 Q 值是正值。如果指令负值，则负号无效。d 值用参数(No. 5115)设定。G83 动作示意图如图 2.40 所示。

7) 攻右旋螺纹

书写格式：

```
G84  X__Y__Z__R__F__;
```

动作示意图如图 2.41 所示。在孔底位置主轴反转退刀。

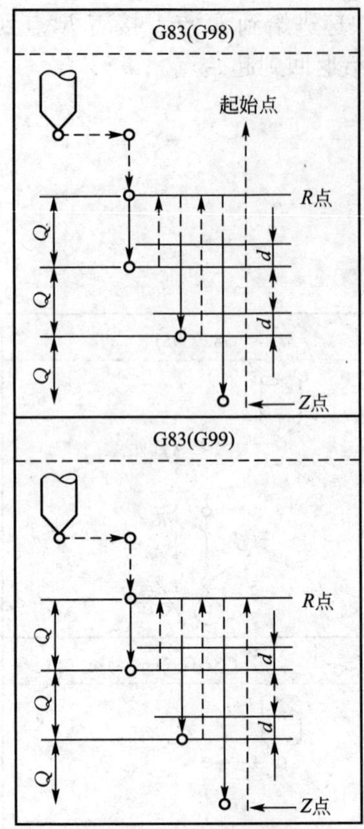

图 2.40　G83 固定循环

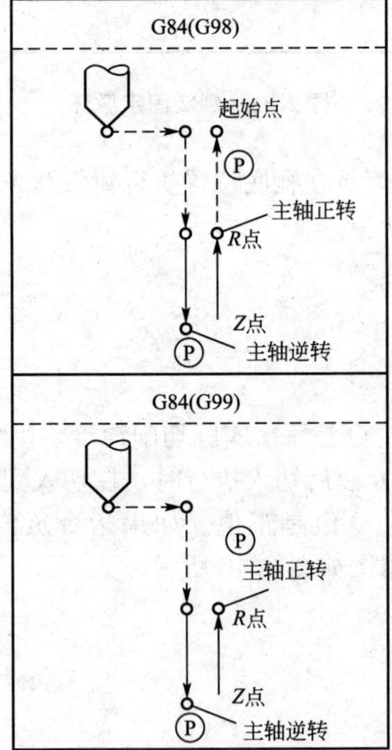

图 2.41　G84 固定循环

注：在G84指定的攻右旋螺纹循环中，进给率调整无效。即使使用进给暂停，在返回动作结束之前不会停止。

8）镗削(G85)

书写格式：

```
G85  X__Y__Z__R__F__;
```

与G81类似，但返回行程中，从Z→R段为切削进给，如图2.42所示。

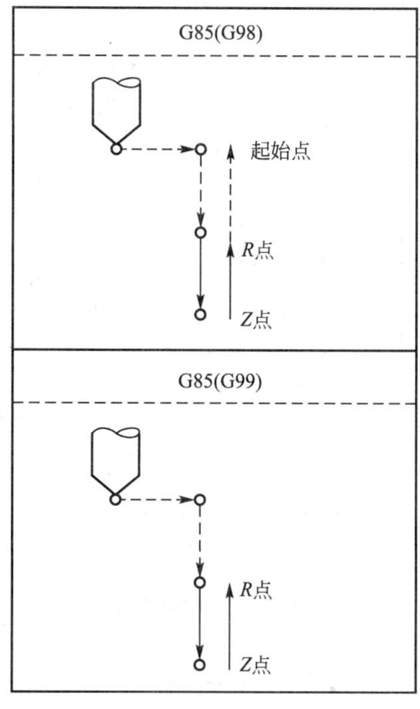

图2.42 G85固定循环

9）镗削(G88)

书写格式：

```
G88  X__Y__Z__R__P__F__;
```

动作示意图如图2.43所法。

G88指令X、Y轴定位后，以快速进给移动到R点。接着由R点进行钻孔加工。钻孔加工完成后，则暂停后停止主轴，以手动由Z点向R点退出刀具。

由R点向起始点，主轴正转快速进给返回。

10）镗削(G86)

书写格式：

```
G86  X__Y__Z__R__F__;
```

G86与G81相似，但进给到孔底后，主轴停转，返回到R点(G99方式)或者返回到初始点(G98方式)，然后主轴再重新启动。动作示意图如图2.44所示。

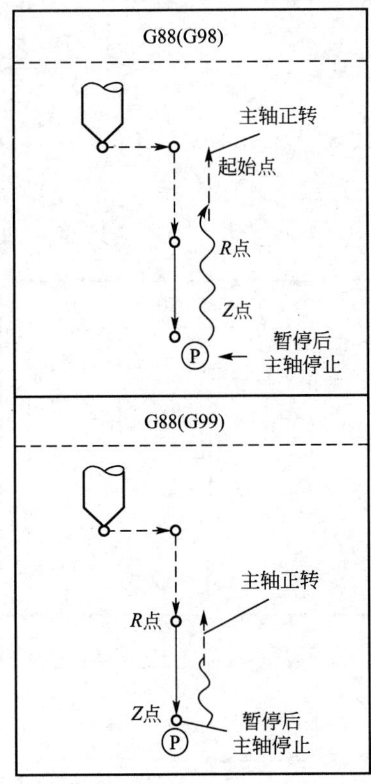

图 2.43 G88 固定循环

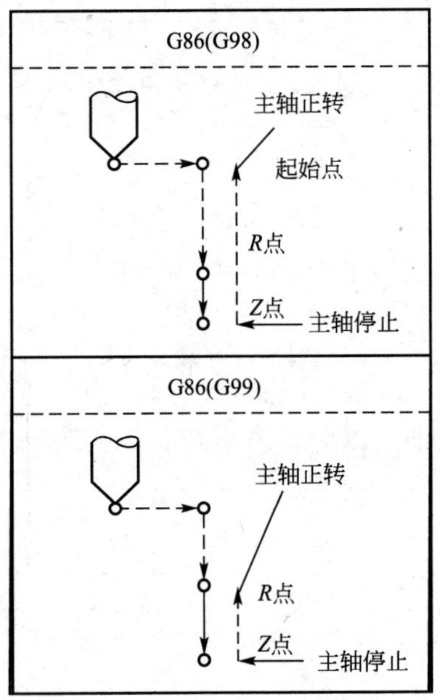

图 2.44 G86 固定循环

11）反镗(G87)

书写格式：

```
G87 X__Y__Z__R__Q__F__;
```

动作示意图如图 2.45 所示。

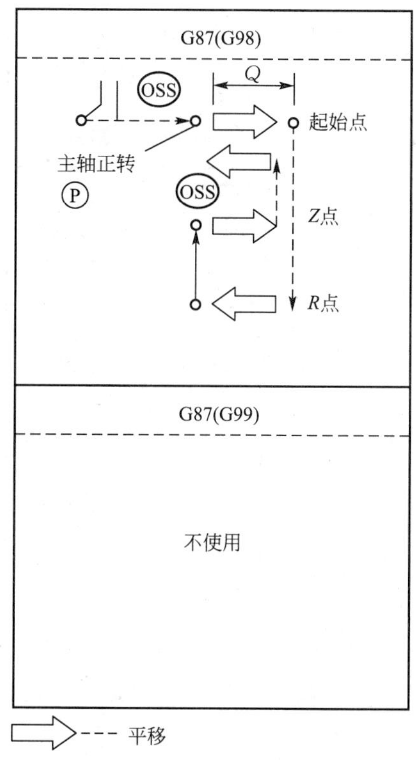

图 2.45 G87 固定循环

刀具沿 X 轴及 Y 轴定位后，主轴准停。主轴让刀以快速进给率在孔底位置定位(R 点)，主轴正转。沿 Z 铀的正方向到 Z 点进行加工。在目标位置后，主轴再度准停，刀具自动让刀而后退出。刀具返回到起始点后，只进刀。主轴正转，刀具执行下一个程序段。该让刀量及方向与 G76 相同(方向设定和 G76 及 G87 相同)有系统地根据准停方位来设定。

12）镗削(G89)

书写格式：

```
G89 X__Y__Z__R__P__F__;
```

G89 与 G85 类似，从 $Z \rightarrow R$ 为切削进给，但在孔底时有暂停动作。动作示意图如图 2.46 所示。

3. 孔的固定循环取消(G80)

取消固定循环(G73、G74、G76、G81～G89)，以后执行其他指令。R 点、Z 点也取消(即增量指令 $R=0$、$Z=0$)。其他孔加工信息也全部取消。

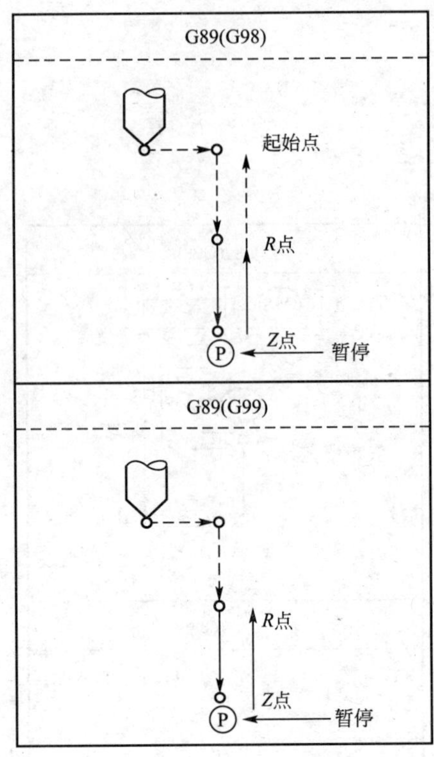

图 2.46　G89 固定循环

4. 使用孔的固定循环信息注意事项

(1) 在固定循环指定前，必须用辅助功能(M 功能代码)使主轴旋转。例如：

```
M03;          主轴正转
⋮
G××……        正确
⋮
M05;
⋮
G××……        不正确(必须在该程序段前将主轴转起来)
```

(2) 如果固定循环程序段包含 X、Y、Z、R 等信息，固定循环钻孔。如果程序段不包含 X、Y、Z、R 等信息，不执行钻孔。但是当指定 G04，不钻孔。例如：

```
G04 X__;
G88 X__Y__Z__R__P__F__;     (执行钻孔)
;                           (不执行钻孔)
F__;                        (不执行钻孔,F 值被更新)
M__;                        (不执行钻孔,M 值被更新)
G04 P__;                    (不执行钻孔,P 值不被 G04 更新)
```

(3) 在钻孔的程序段，指定钻孔信息 Q、P，即在 X、Y、Z、R 等信息的程序段中指定它。如果在不执行钻孔的程序段中指定这些信息，不视为模态信息。

(4) 当主轴旋转转速控制指令(S功能)使用在固定循环(G74、G84、G86)时，如果两孔位置(X，Y)间距很短时或孔的起始点位置到R点位置很短，在进行孔加工时，主轴可能没有达到正常转速，影响加工质量。

在这个时候，必须在每个钻孔动作间插入一个暂停指令G04，使时间延长。此时，不用X指定重复次数，如图2.47所示。

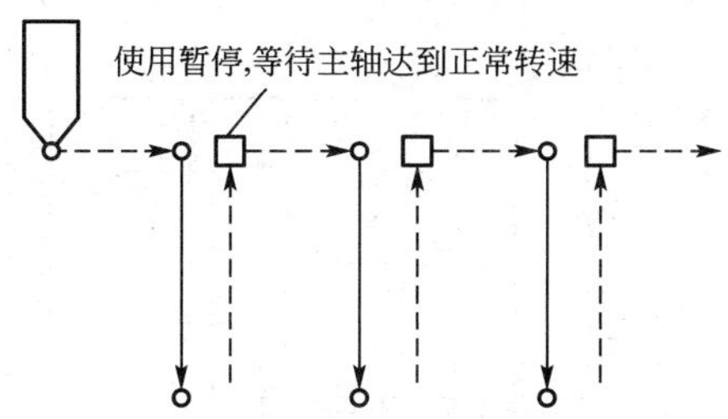

图2.47 G04在孔的固定循环中的应用

```
G04  X__;
G88  X__Y__Z__R__P__F__;
G04  X__;                          (执行暂停,不执行钻孔)
G04  P__;                          (执行暂停,不执行钻孔)
     X__Y__;
G04  P__;                          (执行暂停,不执行钻孔)
⋮
```

有些机床可能没有此功能，请参照机床制造厂的编程手册，对于无此功能的，可以通过改变起始点到R点的距离来确保转速的提升。

(5) 如前述，固定循环也可用指令G01至G03(01群G代码)取消。如果在同一程序段指定G为G00至G03时，执行取消。(#表示0～3，××表示固定循环码。)

```
G#   G×× X__Y__Z__R__P__Q__F__K__;
(执行钻孔固定循环。)
G×× G#   X__Y__Z__R__P__Q__F__K__;
(取消执行钻孔固定循环,X、Y、Z按G#指令移动,F被记忆。)
```

(6) 固定循环指令和辅助功能在同一程序段中，在定位前执行M辅助功能。进给次数指定(K)时，只在初次送出M码，以后不送出。

(7) 在固定循环模式中刀具半径补偿无效。

(8) 在固定循环模式指定刀具长度补偿(G43、G44、G49)时，当刀具从起始点位于R点时(动作2)生效(参见图2.34)。

(9) 操作注意事项。

① 单步进给。在单步进给模式执行固定循环时，在图2.34的动作①、②、⑥结束时停止。所以钻1个孔必须启动5次。在动作①及②结束时，进给暂停灯会亮。在动作⑥结束后有重复次数时，进给暂停，如果没有重复次数，则进给停止。

② 进给暂停。在固定循环G74、G84的动作③至⑤之间使用进给暂时，进给暂停灯立刻会亮，继续运行到动作⑥后停止。如果在动作⑥时再度使用进给暂停，会立刻停止。

③ 进给率调整。在固定循环 G74、G84 的动作中，进给率调整假设为 100%。

【例 2-8】 孔系零件加工中，编写在加工中心上加工图 2.48 的程序。其中 12、13 号孔已粗加工。

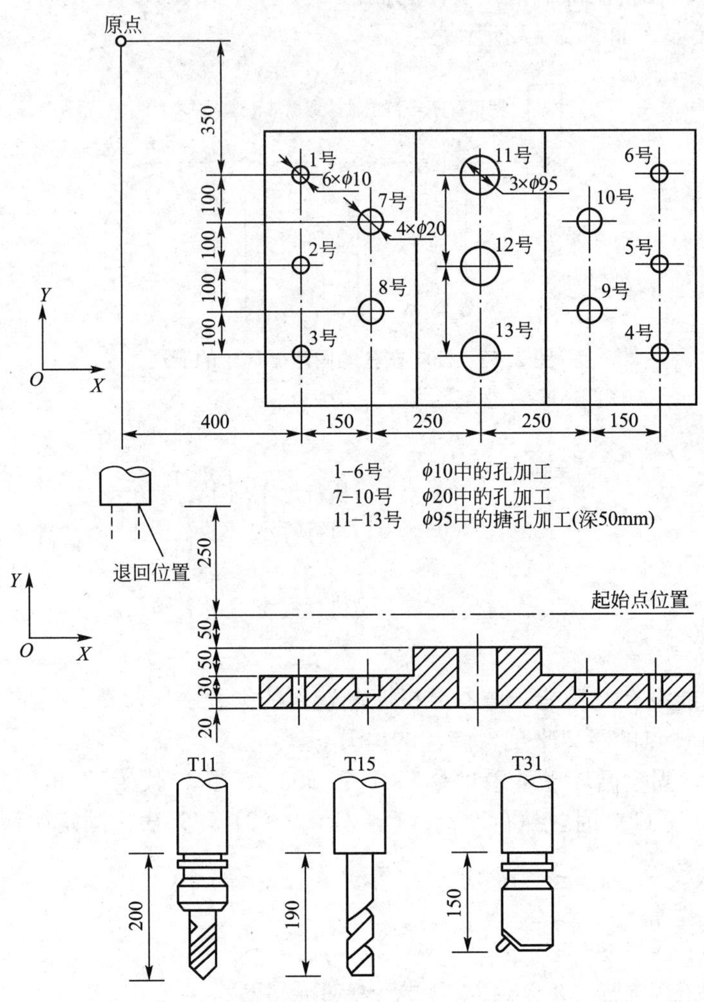

图 2.48 孔系零件的加工

在补偿号 No.11 设定补偿量+200.0，在补偿号 No.15 设定补偿量+190.0，在补偿号 No.31 中设定补偿量+150.0。程序如下：

```
%0011
N010  G92  X0  Y0  Z0;
N020  G90  G00  Z250  T11  M06;
N030  G43  Z0  H11;
N040  M03  S300;
N050  G99  G81  X400  Y-350  Z-153  R-97  F120;
N060  Y-550;
N070  G98  Y-750;
```

```
N080  G99  X1200;
N090  Y-550;
N100  G98  Y-350;
N110  G49  G00  Z250;
N120  G28  Z350  T15  M06;
N130  G43  Z0  H15;
N140  M03  S200;
N150  G99  G82  X550  Y-450  Z-130  R-97  F300;
N160  G98  Y-650;
N170  G99  X1050;
N180  G98  Y-450;
N190  G49  G00  Z250;
N200  G28  Z350  T31  M06;
N210  G43  Z0  H31;
N220  M03  S100;
N230  G85  G99  X800  Y-350  Z-158  R-47  F50;
N240  G91  Y-200  K2;
N250  G28  X0  Y0  M05;
N260  G49  G90  G00  Z350;
N270  G80;
N280  M02;
```

5. 重复次数在固定循环中的使用方法

在固定循环指令最后，用K地址指定重复次数。在增量方式(G91)时，如果有孔距相同的若干相同孔，采用重复次数来编程是很方便的。在编程时要采用G91、G99方式。例如：当指令为G91　G81　X50.0　Z20.0　R-10.0　K6　F200时，其运动轨迹如图2.49所示。

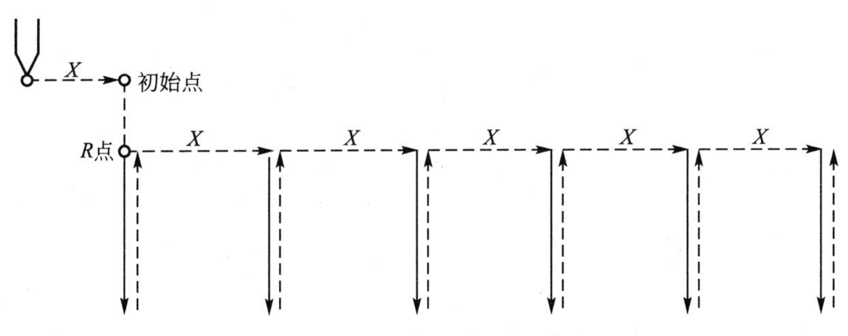

图2.49　重复次数的使用

注意：如果是在绝对值方式中，则不能钻出6个孔，仅仅在第一孔处往复钻6次，结果是一个孔。

【例2-9】 孔系零件加工中，试采用重复固定循环方式加工图2.50所示各孔。刀具T01为ϕ10mm的钻头，长度补偿号为H01。起刀点在(10，51.963)，坐标系圆点如图所示。

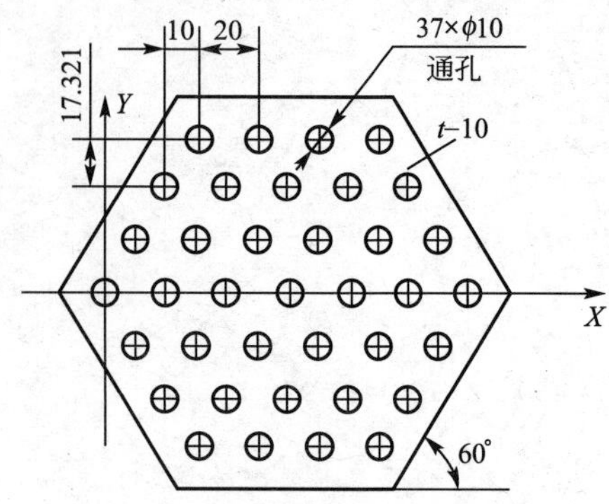

图 2.50 重复固定循环加工图例

程序如下：

```
%0012
N010  G54  G17  G80  G90  G21  G49  T1;
N020  M06;
N030  M03  S300;
N040  G43  G00  Z20  H01;
N050  G00  X10  Y51.963  M08;
N060  G91  G81  G99  X20  Z-18.0  R-17.0  K4;
N070  X10  Y-17.321;
N080  X-20  K4;
N090  X-10  Y-17.321;
N100  X20  K5;
N110  X10  Y-17.321;
N120  X-20  K6;
N130  X10  Y-17.321;
N140  X20  K5;
N150  X-10  Y-17.321;
N160  X-20  K4;
N170  X10  Y-17.321;
N180  X20  K5;
N190  G80  M09;
N200  G49  G90  G00  Z300;
N210  G28  X0  Y0  M05;
N220  M02;
```

【例 2-10】 平面凸轮槽加工中，编程步骤如下。

(1) 零件图样分析。如图 2.51 所示某平面凸轮槽，槽宽为 12mm，深度为 15mm。如果使用普通机床加工，不仅效率低，而且很难保证其加工精度。使用数控加工中心进行加工可以快速地完成此凸轮槽的加工。

(2) 工艺分析。该凸轮加工使用 ϕ12mm 的立铣刀进行加工，在铣削加工前先用 ϕ10.5mm 的钻头钻铣刀引入孔，引入孔位置在 *A* 点，再用 ϕ11.5mm 平顶钻锪孔，孔底留余量为 0.5mm。立铣刀为 1 号铣刀，设置主轴转速为 600r/min，进给速度为 120mm/min；

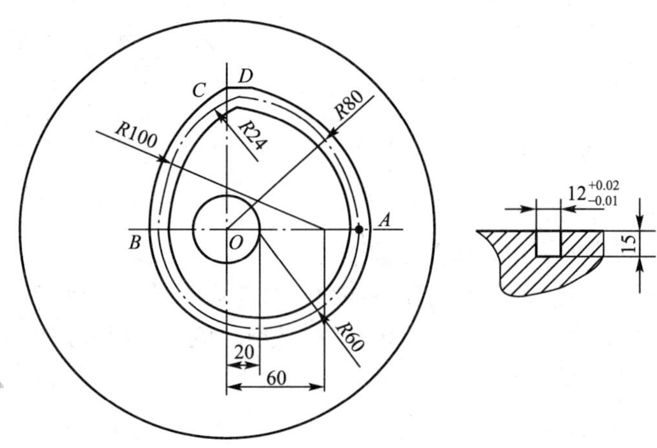

图 2.51 平面凸轮槽零件

钻头为 2 号刀，设置主轴转速为 500r/min，进给速度为 80mm/min；平顶钻为 3 号刀，设置主轴转速为 300r/min，进给速度为 50mm/min。

基点坐标值的查询：使用 AutoCAD 等软件将图形绘制出来，查出基点坐标为

A(80，0)，B(−40，0)，C(−8.42，72.929)，D(11.428，79.18)。

(3) 确定加工坐标原点。加工坐标原点为如图 2.51 所示凸轮的圆心 O 点，Z 向零点为凸轮的上平面。机床坐标系设在 G54。

(4) 编写加工程序。程序如下：

```
%0013
N010  G54  G90  G00  X0  Y0  T2;
N020  M06;
N030  M03  S500;
N040  G43  G00  Z50  H02;
N050  G81  G98  X80  Y0  Z-15.0  R5.0  F80;
N060  G00  G49  Z200  M05;
N070  G30  G91  Z0;
N080  M06  T03;
N090  M03  S300;
N100  G43  G90  Z50  H03;
N110  G82  G98  X80  Y0  Z-14.57  R5.0  F50  P2000;
N120  G00  G49  Z0  M05;
VN130  G30  G91  Z0;
N140  M06  T1;
N150  M03  S600;
N160  G90  G43  G00  Z50  H01;
N170  X80  Y0;
N180  Z2;
N190  G01  Z-15  F60;
N200  G02  X-40  R60  F120;
```

```
N210  X-8.42  Y72.929  R100;
N220  X11.428  Y79.18  R24;
N230  X80.0  Y0.0  R80;
N240  G00  Z100;
N250  G00  G49  Z150  M05;
N260  M02;
```

【例 2-11】 螺旋槽加工中，编程步骤如下。

(1) 零件图样分析。图 2.52 为梭轴零件图，材料为 45 钢，总长为 343.3mm，直径为 ϕ80mm，要求加工宽 $12^{+0.05}_{-0.05}$mm、深 15mm 的螺旋槽。该零件用数控加工中心中的 X 轴与回转轴(B 轴)联动加工，较易实现。

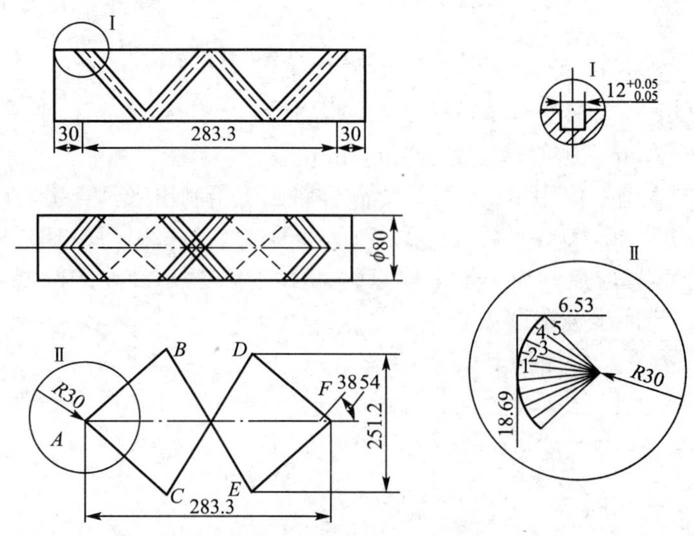

图 2.52　梭轴零件及螺旋槽展开

(2) 工艺分析。工件的装卡：此零件需用三爪卡盘和尾座顶尖装卡，这样既能卡紧还能同轴。

(3) 加工坐标系原点及路线的确定。根据零件图及为了方便编程，可设坐标系零点为左端圆的圆心 A，YZ 向平面为轴心平面，展开图中的两 R 都等分成 10 个点，B 轴旋转方向为正向。加工路线为 $A\to B\to E\to F\to D\to C\to A$，因为是展开图，$B$、$C$ 为同一点，D、E 为同一点。

(4) 数值计算。计算方法如下，

① 计算公式：1rad=180°/π，也就是 $\alpha=1\times180/(R\cdot\pi)$。转角计算以第一点为例说明：$\alpha=2.24\times180/(40\times3.14)=3.21$。

② 展开图 2.52 中 R 的 5 个等分点的坐标(Y 坐标实为弧长)：A_1(0.08，2.24)，A_2(0.75，6.67)，A_3(2.07，10.95)，A_4(4.01，14.98)，A_5(6.53，18.69)。

③ 弧长转换为角度后的坐标：A_1(0.08，3.21)，A_2(0.75，9.573)，A_3(2.07，15.707)，A_4(4.01，21.468)，A_5(6.53，26.785)；

（5）确定加工所用各种工艺参数。具体工艺参数可参照表2－5。

表2－5 数控加工工序卡

<table>
<tr><td>零件名称</td><td>设备名称</td><td colspan="2">材料</td><td colspan="2">转盘直径</td></tr>
<tr><td>梭轴</td><td>XK715B</td><td colspan="2">45钢</td><td colspan="2">500mm</td></tr>
<tr><td>刀具</td><td>程序名</td><td colspan="4">切削用量</td></tr>
<tr><td>ϕ10</td><td>O0012</td><td>转速</td><td>进给速度</td><td colspan="2">切削深度</td></tr>
<tr><td>宽 $12^{+0.05}_{-0.06}$mm</td><td>O0012</td><td>400r/min</td><td>30mm/min</td><td>14mm</td><td>15mm</td></tr>
</table>

（6）编写加工程序。

程序内容如下：

```
%0014
N010  G54  G90  G00  X0  Y0  Z80  T1;
N020  M03  S500;
N030  G01  Z25  F10;
N040  X0.08  B3.21  F30;
N050  X0.75  B9.73;
N060  X2.07  B15.707;
N070  X4.01  B21.468;
N080  X6.53  B26.785;
N090  X276.77  B693.215;
N100  X279.29  B698.532;
N110  X281.23  B704.293;
N120  X282.5  B710.427;
N130  X283.22  B716.29;
N140  X283.3  B720.0;
N150  X283.22  B723.21;
N160  X282.55  B729.573;
N170  X281.23  B735.707;
N180  X279.29  B741.768;
N190  X276.77  B746.785;
N200  X6.53  B1413.215;
N210  X4.01  B1418.532;
N220  X2.07  B1424.293;
N230  X0.75  B1430.247;
N240  X0.08  B1436.79;
N250  X0.0  B1440.0;
N260  G00  Z80;
N260  M02;
```

2.4 子程序的应用

1. 子程序概述

数控加工程序分为主程序和子程序。在正常情况下数控机床是按主程序的指令工作的。在程序中把某些固定顺序或重复出现的程序单独抽出来，编成一个程序供调用，这个程序就是常说的子程序。这样做可以简化主程序的编制。

当程序段中有调用子程序的指令时，数控机床就按子程序进行工作。当遇到子程序返回到主程序的指令时，机床才返回主程序，继续按主程序的指令进行工作。子程序的调用与返回如图 2.53 所示。子程序可以被主程序调用，同时子程序也可以调用另一个子程序，其编程方式如图 2.54 所示。

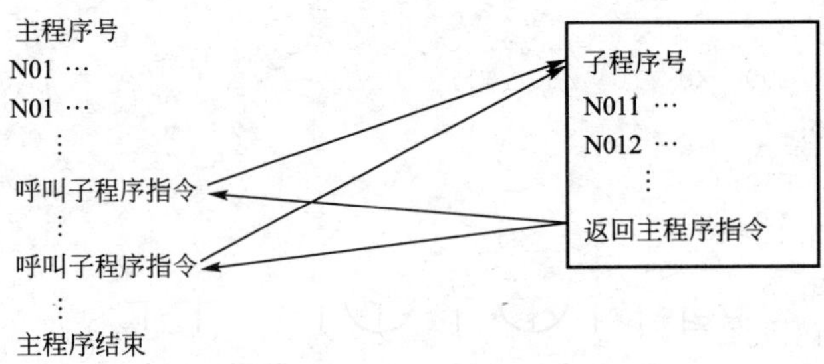

图 2.53 子程序调用与返回

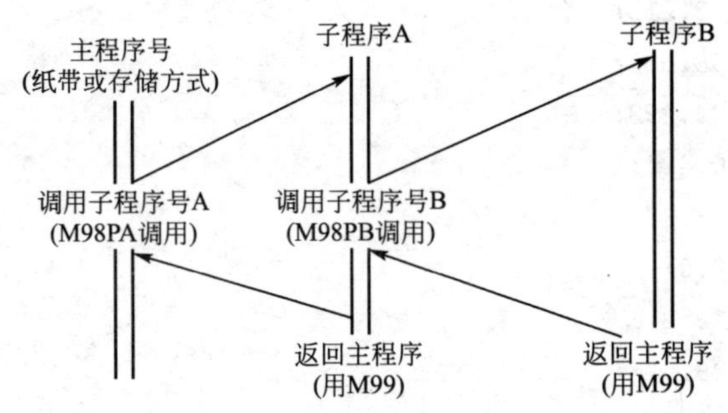

图 2.54 子程序调用方式

主程序调用子程序时，要用 M98 指令来调用子程序。调用某一子程序需要在 M98 后面写上子程序号，此时要改子程序号 O×××× 为 P××××。

书写格式：

```
M98 L__ P__;
```

需要说明的是：

P：要调用的子程序号。

L：为重复子程序的次数，若省略，则表示只调用一次子程序，如 M98 L05 P0020；表示连续调用子程序 O0020 号 5 次。

主程序可以多次调用和重复调用某一子程序，重复调用时要用 L 及后面的数字指示调用次数，重复调用方式如图 2.55 所示。子程序还可以调用另外的子程序，称为子程序嵌套，不同的数控系统所规定的嵌套次数是不同的。

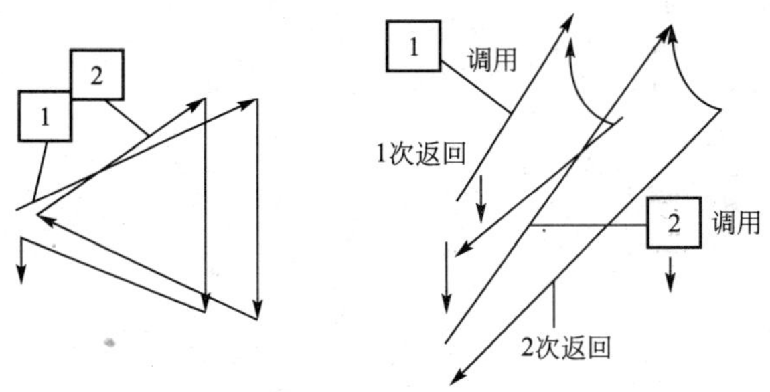

图 2.55 子程序重复调用方式

【例 2-12】 外轮廓加工实例如图 2.56 所示。刀具 T02 为 ϕ20mm 的立铣刀，长度补偿号为 H12，半径补偿号为 D22。说明：把两个 ϕ30mm 的孔用来装夹工件。

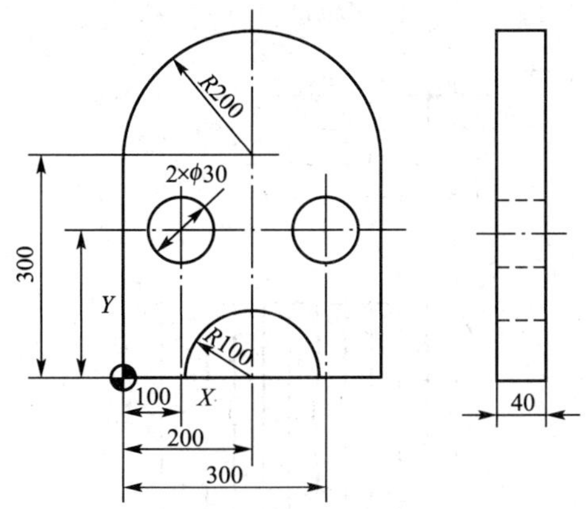

图 2.56 外轮廓加工实例

```
%0015
N010  G54  G90  G17  G21  G40  G49  T2;
N020  M06;
N030  M03  S800;
N040  G43  G00  Z5.0  H12;
N050  G00  X-50.0  Y-50.0;
N060  G01  Z-20  F300;
N070  M98  P0016;
N080  G01  Z-43  F300;
N090  M98  P0016;
N100  G49  G00  Z300;
N110  G28  Z300.0;
N120  M02;

%0016
```

```
N010  G42  G01  X-30  Y0  F300  D22  M08;
N020  X100;
N030  G02  X300  Y0  R100;
N040  G01  X400;
N050  Y300;
N060  G03  X0  Y300  R200;
N070  G01  Y-30;
N080  G40  G01  X-50  Y-50;
N090  M09;
N100  M99;
```

2. 子程序的嵌套

为了进一步简化程序，可以让子程序调用另一个子程序，称为子程序的嵌套。在编程中使用较多的是二重嵌套，也有用多重嵌套的。

【例 2-13】 方槽加工中，零件如图 2.57 所示，刀具 T1 为 ϕ8mm 的键槽铣刀，长度补偿为 H01，半径补偿号为 D01，每次 Z 轴吃刀为 2.5mm。

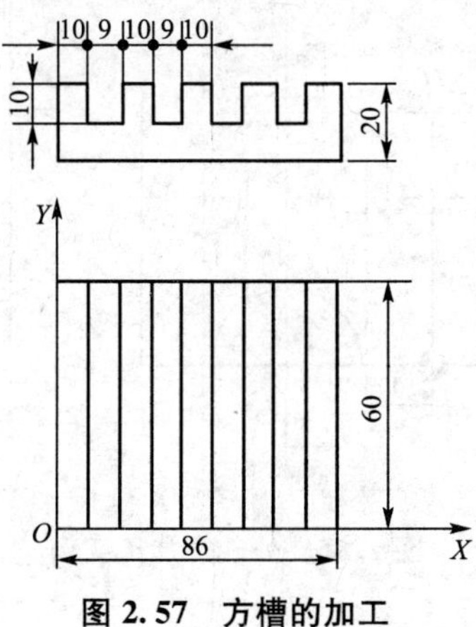

图 2.57 方槽的加工

程序编写如下。

```
%0017
N010  G54  G90  G17  G21  G40  G49  T1;
N020  M06;
N030  M03  S800;
N040  G90  G00  X-4.5  Y-10.0  M08;
N050  G43  G01  Z0.0  H01;
N060  M98  P0018  L4;
N070  G49  G90  G00  Z300  M05;
N080  X0  Y0  M09;
N090  M02;
%0018
N010  G91  G01  Z-2.5  F80;
N020  M98  P0019  L4;
```

```
N030  G00  X-76.0;
N040  M99;
%0019
N010  G91  G00  X19;
N020  G41  G01  X4.5  D01  F80;
N030  Y75;
N040  X-9;
N050  Y-75;
N060  G40  G01  X4.5;
N070  M99;
```

【例 2-14】 曲面加工中，编程步骤如下。

(1) 零件图分析。如图 2.58 所示零件，平面已加工完毕，在数控铣床上铣削凹形曲面，用刀具直径为 ϕ6mm 的球头铣刀，编制数控加工程序。

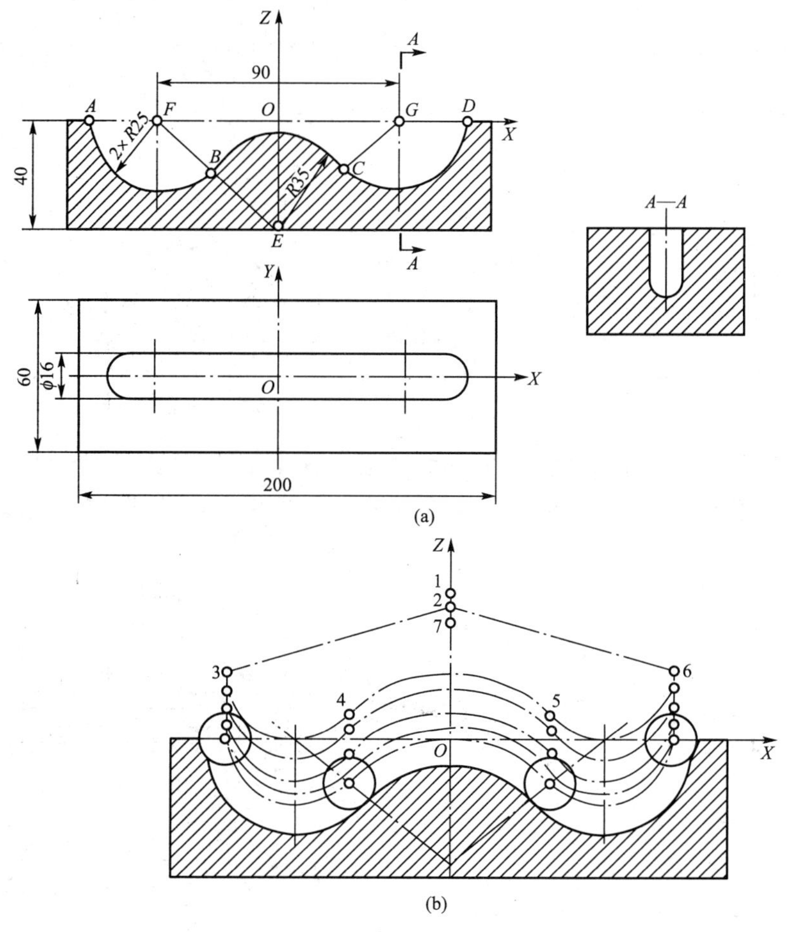

图 2.58 曲面加工实例

(2) 工艺分析。

分析如下。

① 采用平口虎钳装夹工件按图 2.58(a)所示设定编程坐标系，O 点为坐标原点。选用

刀具直径 ϕ16mm 的球头铣刀。在 ZX 面内插补切削，采用半径补偿功能。Z 向分层切削，刀具轨迹如图 2.58(b)所示，即“1→2→3→4→5→6→2”为一个循环单元，每循环一次切削一层，每层刀具 Z 向背吃刀量 $\alpha_p=5$mm，循环 5 次即完成加工。

② 由计算得到，如图 2.58(a)所示凹槽曲线轮廓的基点坐标如下：

$A(-70，0)$，$B(-26.25，-16.536)$，$C(26.25，-16.536)$，$D(70，0)$，$E(0，-39.686)$，$F(-45，0)$，$G(-45，0)$。

(3) 确定加工坐标原点：按图 2.58(a)所示设定编程坐标系，O 点为坐标原点。

(4) 编写加工程序。

```
%0020
N010  T1;
N020  G54  G90  G00  X0  Y0  Z45.0;
N030  M03  S1000;
N040  M98  P0021;
N050  G90  G17  G00  X0  Y0  Z100;
N060  M05;
N070  M02;
%0021
N010  G91  G01  Z-5.0  F80;
N020  G18  G42  X-70  Z-20.0  D01;
N030  G02  X43.75  Z-16.536  I25.0  K0;
N040  G03  X52.5  Z0  I26.25  K23.15;
N050  G02  X43.75  Z16.5  I18.75  K-16.536;
N060  G40  G01  X-70.0  Z20.0  F300;
N060  M99;
```

【例 2-15】 型腔加工中，编程步骤如下。

(1) 零件图样分析。图 2.59(a)为某内轮廓型腔零件图，要求对该型腔进行粗加工、精加工。

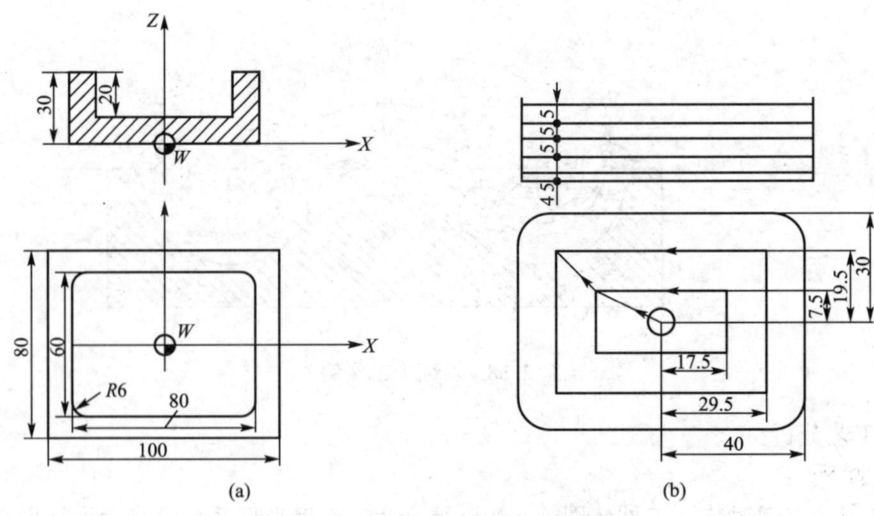

图 2.59　某内轮廓型腔零件图

(2) 工艺分析。

① 装夹定位的确定。装夹采用平口钳。

② 加工路线的确定。粗加工分4层切削加工，底面和侧面各留0.5mm的精加工余量，粗加工从中心工艺孔垂直进刀，向周边扩展，如图2.59(b)所示，所以，应在腔槽中心钻好ϕ20mm工艺孔。

③ 确定加工刀具时。粗加工采用ϕ20mm的立铣刀，精加工采用内ϕ10MM的键槽铣刀。

(3) 确定加工坐标原点。根据零件图，可设置程序原点为工件中心的下表面。

(4) 编写加工程序。内容如下：

```
%0022
N010  G54  G90  G43  G00  X0  Y0  Z40  T1;
N020  M03  S500;
N030  G01  Z25  F20  M08;
N040  M98  P0023;
N050  Z20  F20;
N060  M98  P0023;
N070  Z15  F20;
N080  M98  P0023;
N090  Z10.5  F20;
N100  M98  P0023;
N110  G00  Z40;
N120  M06  T02;
N130  G43  G90  G00  Z40  H02;
N140  M03  S500;
N150  G01  Z10  F20  M08;
N160  X-11.0  Y1.0  F100;
N170  Y-1.0;
N180  X11.0;
N190  Y1.0;
N200  X-11.0;
N210  X-19.0  Y9.0;
N220  Y-9.0;
N230  X19.0;
N240  Y9.0;
N250  X-19.0;
N260  X-27.0  Y17;
N260  Y-17;
N270  X27.0;
N280  Y17.0;
N290  X-27.0;
N300  X-34.0  Y25.0;
N310  G03  X-35.0  Y24.0  10.0  J-1.0;
N320  G01  Y-24.0;
```

```
N330  G03  X-34.0  Y-25.0  I1.0  J0.0;
N340  G01  X34.0;
N350  G03  X35.0  Y-24.0  I0.0  J1.0;
N360  G01  Y24.0;
N370  G03  X34.0  Y25.0  I-1.0  J0.0;
N380  G01  X-35.0;
N390  G00  X-30.0  Y10;
N400  Z240;
N410  M05;
N420  M30;
% 0023
N010  X-17.0  Y7.5  F60;
N020  Y-7.5;
N030  X17.5;
N040  Y7.5;
N050  X-17.5;
N060  X-29.5  Y19.5;
N070  Y-19.5;
N080  X29.5;
N090  X-29.5;
N100  X0  Y0;
N110  M99;
```

2.5 螺旋线切削与螺纹加工

1. 螺旋线插补

螺旋线插补指令与圆弧插补指令相同，即 G02 和 G03 分别表示顺时针、逆时针螺旋线插补，顺、逆时针的定义与圆弧插补相同。在进行圆弧插补时，垂直于插补平面的坐标轴同步运动，构成螺旋线插补运动，如图 2.60 所示。

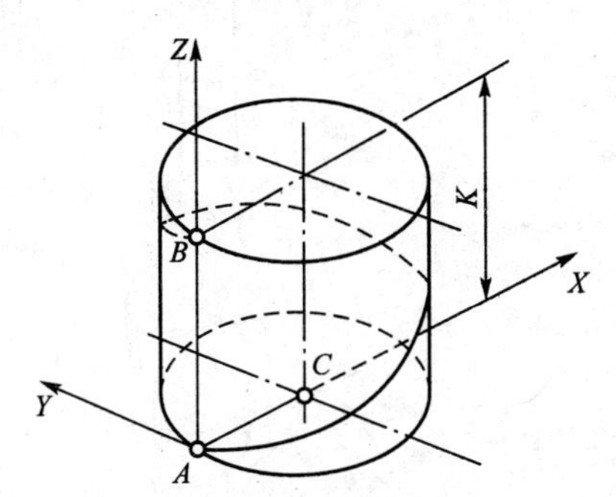

图 2.60 螺旋线插补

A—起点；*B*—终点；*C*—圆心；*K*—导程

$$G17\begin{Bmatrix}G02\\G03\end{Bmatrix}X\_\ Y\_\ Z\_\begin{Bmatrix}I\_\ J\_\\R\_\end{Bmatrix}K\_;$$

$$G18\begin{Bmatrix}G02\\G03\end{Bmatrix}X\_\ Y\_\ Z\_\begin{Bmatrix}I\_\ K\_\\R\_\end{Bmatrix}J\_;$$

$$G19\begin{Bmatrix}G02\\G03\end{Bmatrix}X\_\ Y\_\ Z\_\begin{Bmatrix}J\_\ K\_\\R\_\end{Bmatrix}I\_;$$

下面以格式 $G17\begin{Bmatrix}G02\\G03\end{Bmatrix}X\_\ Y\_\ Z\_\begin{Bmatrix}I\_\ J\_\\R\_\end{Bmatrix}K\_$ 为例，介绍各参数的意义，另外两种格式中的参数意义类同。

X、Y、Z——螺旋线的终点坐标；

I、J——螺旋线在 X、Y 轴上相对于螺旋线起点的坐标；

R——螺旋线在 XY 平面上的投影半径；

K——螺旋线的导程(单头即为螺距)，取正值。

两种格式的区别与平面上的圆弧插补类似，推荐用圆心编程格式。

【例 2-16】 图 2.61 所示螺旋槽由两个螺旋面组成，前半圆 AmB 为左旋螺旋面，后半圆 AnB 右旋螺旋面。螺旋槽最深处为 A 点，最浅处为 B 点，要求用 ϕ8mm 的立铣刀进行加工该螺旋槽，编制数控加工程序。刀具半径补偿为 D01，长度补偿为 H01。

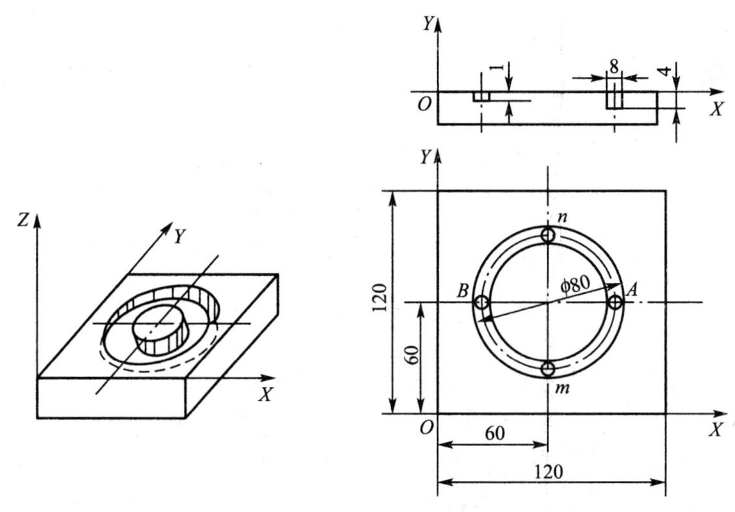

图 2.61 螺旋槽加工

由于该槽的直径是 8mm，直接用 ϕ8mm 的立铣刀进行加工，用中心轨迹进行编程。由于该槽是空间螺旋槽，直接将槽的终点坐标，用三维坐标进行编程即可。本例螺旋槽为半圆面，若编写其导程，则导程为 3mm。

```
%0024
N010  G54  G90  G21  G17  T1;
N020  M03  S1500;
```

```
N030  G00  G43  Z50  H01;
N040  G00  X24  Y60;
N050  Z2;
N060  G01  Z-1  F50  M08;
N070  G03  X96  Y60  Z-4  I36  J0  k3;
N080  G03  X24  Y60  Z-1  I-36  J0  k3;
N090  G01  Z1.5  M09;
N100  G49  G00  Z150;
N110  M05;
N120  X0  Y0;
N130  M30;
```

2. 等导程螺纹切削(G33)

G33 指令可以加工等导程螺纹。指令格式如下。

螺纹切削的导程：

```
G33  LP__F__Q__;
```

LP——螺纹切削定义终点坐标；

F——螺纹切削长轴方向的导程，其决定方法如图 2.62 所示；

Q——螺纹切削初始角度的变换角(0°～360°)。

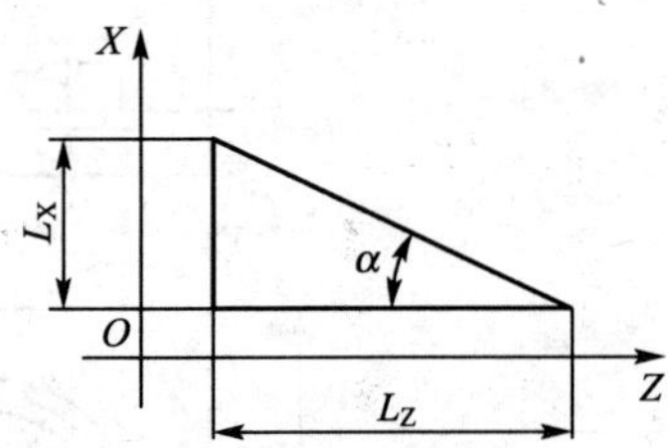

图 2.62　长度方向导程示意图

如果 $a\leqslant45°$，导程是 L_Z；如果 $a\geqslant45°$，导程是 L_X。

一般在切削螺纹时，从粗切到精切，是沿着同一轨迹多次重复切削，由于在主轴上安装有位置编码器，每次切削时起始点和运动轨迹都是相同的，同时，还要求主轴转速也必须恒定，如果主轴转速发生变化，势必会影响螺纹质量，但不影响导程。所以对主轴转速有如下限制：

$$I\leqslant S\leqslant(\text{最高进给速度})/\text{螺纹导程}$$

式中　I——位置编码器的容许转速，r/min；

S——主轴转速，r/min。

螺纹切削开始和结束部分，一般由于进给速度的加、减加速度等原因，会造成导程误差，因此，要适当考虑切入量、切出量。多头螺纹切削可以用改变螺纹切削初始角来实现。有关螺纹切削如图 2.63 所示螺纹切削实例。

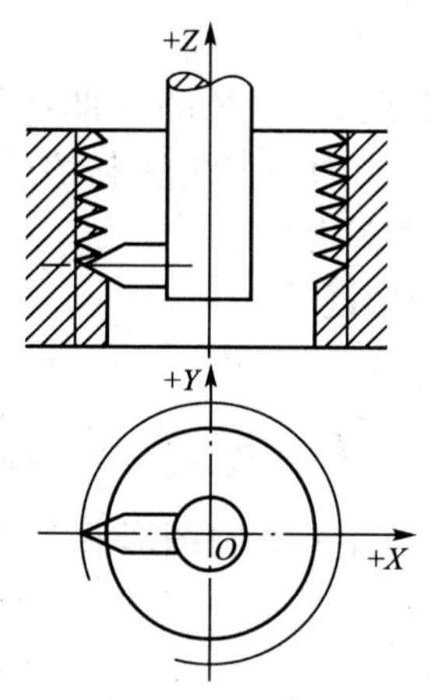

图 2.63 螺纹切削

```
⋮
N60  G90  G00  X100  Y    S45  M03;
N70  Z200;
N80  G33  Z120  F5;
N90  M19;
N100  G00  X105;
N110  Z200  M00;
N120  X100  M03  S45;
N130  G04  X2;
N140  G33  Z120  F5;
⋮
```

2.6 坐标系旋转等功能的应用

1. 镜像加工编程

镜像加工编程也称轴对称加工编程，是将数控加工刀具轨迹沿某坐标轴做镜像变换而形成加工轴对称零件的刀具轨迹。对称轴(或镜像轴)可以是 X 轴或 Y 轴或原点。

镜像功能可改变刀具轨迹沿任一坐标轴的运动方向，它能给出对应工件坐标零点的镜像运动。如果只有 X 或 Y 的镜像，将使刀具沿相反方向运动。此外，如果在圆弧加工中只有指定一轴镜像，则 G02 与 G03 的作用会反过来，左右刀具半径补偿 G41 与 G42 也会反过来。

以华中数控系统 HCNC 为例，镜像功能指令 G24，格式为：

```
G24  X__Y__Z__;
```

G24 建立镜像，由指定的坐标后的坐标值指定镜像位置，镜像一旦确定，只有使用 G25 指令来取消该轴镜像。

2. 缩放和旋转编程

一般来说，旋转与缩放变换是 CAD 系统的标准功能，目的是为了编程灵活。现代 CNC 系统也提供这一几何变换编程能力。但旋转和缩放变换不是数控系统的标准功能，不同的系统采用的指令代码及格式均不相同。

下面以华中数控系统 HCNC 为例说明。

(1) 缩放功能指令 G51，格式为：

```
G51 X__Y__Z__P__;
```

G51 以给定点(X，Y，Z)为缩放中心，将图形放大到原始图形的 P 倍；如果省略(X，Y，Z)，则以程序原点为缩放中心。

G50 指令关闭缩放功能 G51。

(2) 旋转功能指令 G68，格式为：

```
G68 X__Y__Z__R__;
```

G68 以给定点(X，Y，Z)为旋转中心，将图形旋转 R 角；如果省略(X，Y，Z)，则以程序原点为旋转中心。

G69 指令关闭旋转功能 G68。

2.7 零点偏置

加工零件编程是在工件坐标系内进行的。工件坐标系可用以下两种方法设定：一是用 G92 指令和其后的数据来设定工件坐标系，或者事先用操作面板设定坐标轴的位置；二是用 G54 ～ G59 指令来选择。

1. 用 G92 指令设定工件坐标系

格式为：

```
G92 X__Y__Z__;
```

X__Y__Z__是指主轴上的刀具的基准点在新的工件坐标系里的位置，它是绝对坐标。图 2.64 中定义该图坐标为：

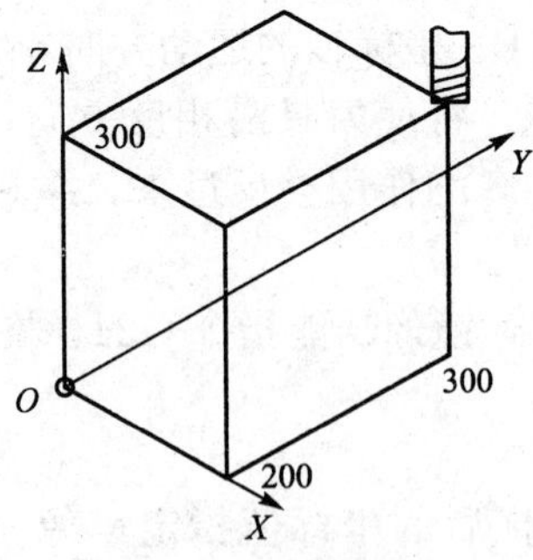

图 2.64　零点偏置

```
G92  X200 Y300 Z300;
```

注意：

如果在刀具偏置状态下使用G92设定工件坐标系，则应在没加刀具偏置前用G92指令设定工件坐标系，所以在使用时，要先清除刀具偏置。对于刀具半径补偿，偏置量暂时被G92指令取消。

G92是以刀具基准点为基准的，所以，在使用中要注意刀具位置，如果位置有误，则坐标系便被偏置。

2. 用G54～G59设置工件零点

1) 工件坐标系的设定

用G54～G59可以选择6个工件坐标系。通过面板设定机床零点到各坐标原点的距离，便可以设定6个工件坐标系，如图2.65所示。

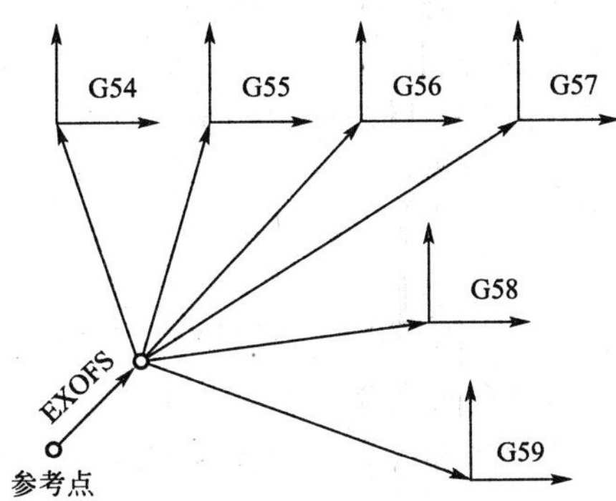

图2.65 加工坐标系偏置

G54 工件坐标系1。
G55 工件坐标系2。
G56 工件坐标系3。
G57 工件坐标系4。
G58 工件坐标系5。
G59 工件坐标系6。

G54～G59是模态指令，在执行过手动绘参考点之后，如果未选择工件坐标系自动设定功能，系统便按缺省值选择G54～G59中的一个。一般情况下，系统把G54作为默认值。

与G92不同，G54～G59与刀具的起始位置无关；不需要操作者修改程序，加工完毕后不需要回到起始位置。

2) 工件坐标系的扩充

对于某些机床，其坐标系不止6个，可以扩充到48个或150个，并将扩充的工件坐标系的原点偏置值设定到相应的偏置量存储区。

指令格式：

```
G54.1 Pn ;  n =1～48
```

3. 零点变更

1）G92 指令变更

格式为：

```
G92 X__Y__Z__;
```

指令含义与前面叙述的相同。从而在程序中间使用，使工件坐标系产生位移。G92 指令使 G54～G59 的 6 个坐标系产生位移，所产生的坐标系的移动量加在后面指令的所有工件原点偏置量上。所以所有的工件坐标原点都移动相同的量。

2）G10 指令编程

```
G10  L2  Pp X__Y__Z__;
```

P=0 时，外部工件零点偏置值为 0。

P=1～6 时，工件坐标系 1 到 6 的工件零点偏置。

X__Y__Z__：各个轴上点的位置。

3）外部工件坐标系偏置 G52 指令（即特定坐标系）

```
G52  X__Y__Z__;
```

X、Y、Z 为各轴的零点偏置值。

【例 2-17】 多轮廓的加工。图 2.66 所示图形为 4 个独立的二维凸台轮廓曲线，每个轮廓均有各自的尺寸基准，而整个图形的坐标原点为 O。为了避免尺寸换算，在编制 4 个局部轮廓的数控加工程序时，分别将工件原点偏置到 O_1、O_2、O_3、O_4 点。

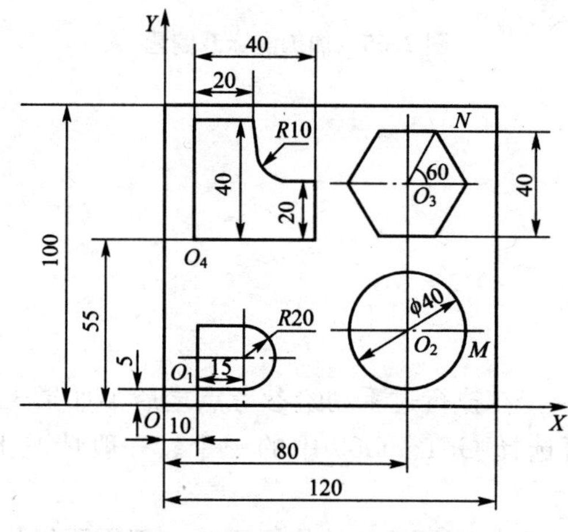

图 2.66　程序原点的偏置

分别用 G54、G55、G56 和 G57 四个原点偏置存储器存放 O_1、O_2、O_3、O_4 四个点相对于机床坐标系的坐标，具体操作过程：首先记录坐标原点 O 相对于机床坐标系的坐标（X_O，Y_O），将 O_1 点相对于 O 点的坐标（10，5）与（X_O，Y_O）相加，求得 O_1 点相对机床坐标系的坐标，并将该坐标存入 G54 存储器中。O_2、O_3、O_4 3 个点相对于机床坐标系的计算是类似的。

设刀心轨迹如图 2.66 所示，凸台高度为 2mm，其数控加工程序编制如下：

```
%0024
N010  G54  G90  G00  Z80;
N020  T1;
N030  X-10  Y-5;
N040  M03  S1000;
N050  G43  G00  Z2.0  M08  H01;
N060  G42  X0  Y0  D01;
N070  G01  Z-2  F50  M08;
N080  X15  F100;
N090  G03  X15  Y40  I0  J20;
N100  G01  X0;
N110  Y0;
N120  Z2;
N130  G40  G00  X-3  Y-3;
N140  G00  Z100;
N150  G55  X30  Y30;
N160  Z2;
N170  G42  G01  X20  Y0  D01;
N180  G01  Z-2  F50;
N190  G02  X20  Y0  I-20  J0  F100;
N200  Z2;
N210  G40  G01  X-3  Y-3;
N220  G00  Z100;
N230  G56  X20  Y20;
N240  Z2;
N250  G42  G01  X11.547  D01;
N260  G01  Z-2  F50;
N270  X23.094  Y0  F100;
N280  X11.547  Y-20;
N290  X-11.547;
N300  X23.094  Y0;
N310  X-11.547  Y20;
N320  X11.547;
N330  Z2;
N340  G01  Z100;
N350  G40  G01  X-3  Y-3;
N360  G57  X-10  Y-10;
N370  Z2;
N380  G01  Z-2  F50;
N390  G42  X0  Y0  D01;
N400  X40  F100;
N410  Y20;
N420  X30;
N430  G02  X20  Y30  I0  J10;
```

```
N440  G01  Y40;
N450  X0;
N460  Y0;
N470  Z2;
N480  M09;
N490  G49  G00  Z100;
N500  M05;
N510  G40  G01  X-10  Y-10;
N520  M02;
```

1. 宏程序编程的用途是什么？建立宏程序的实质是什么？

2. 子程序内能否嵌套子程序？能否嵌套主程序？

3. 塑料模具凹模相当于哪一种类型的零件加工？凸模又相当于哪一种类型的铣削加工？凸模与凹模配合时，在加工编程时需要做哪些变化？

第3章 宏指令应用

了解A类宏程序在数控编程中的应用；
熟练掌握B类宏程序的编程及应用。

知识要点	能力要求	相关知识
A类用户宏程序编程	了解A用户宏程序	
B类用户宏程序编程	熟练应用B类用户宏程序进行编程	平面类零件倒圆角、倒角的编程方法；各类异形曲面、曲体的宏程序的编程方法

在程序编制时，经常把能完成某一功能的一系列指令像子程序那样存入存储器，用一个总指令来代表它们，使用时只需给出这个总指令就能执行其功能。所存入的这一系列含变量的指令叫做用户宏程序(本体)。在程序中呼出(调用)用户宏程序的那条总指令叫做用户宏指令。系统可以使用用户宏程序的功能叫做用户宏功能。一般数控铣床、加工中心的数控系统都具有这种功能。

在编程时，不必记住用户宏程序所含的具体指令，只要记住用户宏指令即可。用户宏功能的最大特点是在用户宏程序中能够使用变量，变量之间还能够进行运算。用户宏指令可以把实际值设定为变量，使用户宏功能更具通用性。可见，用户宏功能是用户提高数控机床性能的一种特殊功能。宏程序既可由机床生产厂家提供，也可由用户自己编制。使用时，先将用户宏程序像子程序一样存放到内存里，然后用子程序调用指令调用。

用户宏功能有A、B两种，现以KND200M数控系统为例，介绍A、B类宏程序的基本使用方法。西门子、华中等用户宏程序调用格式不同，但调用原理大致相同，用户可参照其编程手册学习。

3.1 A类用户宏程序及应用

1. 用户宏指令

用户宏指令是调用用户宏程序本体的命令。

指令格式如下：

```
M98  P××××3
```

其中P后面的4位数表示被调用的宏程序本体的程序号的宏程序本体。

2. 用户宏程序本体

用户宏程序本体由宏程序号、宏程序主体和宏程序结束、宏程序所组成。

主程序部分	用户宏程序的本体
G65 P××××	O××××
	N1……
	……
	M99;

3. 变量

在常规的主程序和子程序内，总是将一个具体的数值赋给一个地址，几乎所有的字尤其是尺寸字都是由一个地址符加随后的具体坐标数值组成。这些具体的坐标数值在更改之前是相对不变的。为了使程序更具通用性、更加灵活，在宏程序中设置了变量。用一个可赋值的代号代替具体的坐标值，这个代号就称为变量。事实上，数控加工程序中的变量并不限于坐标值，它还可以用来代替其他的一些数据。

(1) 变量的表示。

① 用＃后续变量号来表示变量，格式如下：

＃i(i=1、2、3、4、…)

例如，＃5、＃109、＃1005 等。

② 也可以用＃［表达式］的形式来表示。如：

＃［＃100］

＃［＃1022－2］

＃［＃5/2］

(2) 变量的引用。

用变量可以置换地址后的数值。如果程序中有(地址)变量的值或者(地址)变量的负值，则把(地址)变量的值或者变量的负值作为地址值。

例如，F＃33，　　当＃33=1.5 时，与 F1.5 指令等效。

Z－＃110，当＃110=250 时，与 Z－250 指令等效。

G＃130，　当＃130=3 时，与 G03 指令等效。

如果用变量置换变量号时，不能用＃＃100 来描述，而要写为＃9100，也就是＃后面的“9”表示置换变量号。例如：

＃100=105，＃105=500 时，X＃9100 和 X500 是等效的。

但需要注意，作为地址符的 O 和 N 等，不能引用变量。例如，O＃100 或 N＃120 等代号编程都是错误的。

用变量可以指令用户宏程序本体的地址值。变量值可以由主程序赋值或者通过 CRT/MDI 设定，或者在执行用户宏程序本体时，赋予计算出的值。

4. 变量的种类

根据变量号的不同，变量分为公共变量和系统变量，其用途和性质都是不同的。

1) 公共变量＃100～＃131，＃500～＃515

公共变量是指在主程序以及由主程序调用的备用户宏程序内公用的变量。即某一用户宏程序中使用的变量＃i 与其他宏程序使用的＃i 是相同的。因此某一宏程序中运算结果的公共变量＃i 可以用于其他宏程序中，而且在加工程序执行过程中一直可以延用，除非中途又得到新的赋值。

公共变量和用途在系统中不做规定，用户可以自由使用。公共变量分为＃100～＃131 和＃500～＃515 两组，其中前一组是非保持型，即切断电源时清除，电源接通时全部为“0”。后一组是保持型，即使电源切断了也不能清除，其值保持不变。

2) 系统变量

系统变量是根据用途而被固定的变量，它的值决定系统的状态。它包括刀具补偿变量(＃1～＃32)、接口输入信号变量(＃1000～＃1015，＃1032)、接口输出信号变量(＃1100～＃111 5，＃1132)、位置信息变量(＃5001～＃5083)等。

5. 宏指令的形式

宏指令的一般形式为

G65　Hm　P＃i　Q＃j　R＃k

式中　m——取 01～99，表示运算命令或转移命令等宏指令功能；

＃i——变量名，表示运算结果；

＃j——变量名，表示第一个运算变量，也可以是常数(是常数不带＃符号)；

＃k——变量名，表示第二个运算变量，也可以是常数。

即：＃i＝＃j　Hm　＃k；　Hm 表示运算符号(例如：＋、－、×、÷等)。

用 G65 指定的 H 代码功能及定义见表 3－1。

例如，G65　H02　P＃102＋＃103；

即＃100＝＃102＋＃103；

G65　H05　P＃108　Q＃109　R18；

即＃108＝＃109÷18；

表 3－1　用 G65 指定的 H 代码功能及定义

G 代码	H 代码	功能	定义
G65	H01	赋值	＃i＝＃j
G65	H02	加算	＃i＝＃j＋＃k
G65	H03	减算	＃i＝＃j－＃k
G65	H04	乘算	＃i＝＃j×＃k
G65	H05	除算	＃i＝＃j÷＃k
G65	H11	逻辑加(或)	＃i＝＃jOR＃k
G65	H12	逻辑乘(与)	＃i＝＃jAND＃k
G65	H13	异或	＃i＝＃j×OR＃k
G65	H21	平方根	＃i＝$\sqrt{\#j}$
G65	H22	绝对值	＃i＝|＃j|
G65	H23	取余数	＃i＝＃j－trunc(＃j/＃k)·＃k　见注释
G65	H24	BCD 码→二进制码	＃i＝BIN(＃j)
G65	H25	二进制码→BCD 码	＃i＝BCD(＃j)
G65	H26	复合乘/除	＃i＝(＃i×＃j)÷＃k
G65	H27	复合平方根 1	＃i＝$\sqrt{\#j^2+\#k^2}$
G65	H28	复合平方根 2	＃i＝$\sqrt{\#j^2-\#k^2}$
G65	H31	正弦	＃i＝＃j·SIN(＃k)
G65	H32	余弦	＃i＝＃j·COS(＃k)
G65	H33	正切	＃i＝＃j·TAN(＃k)
G65	H34	反正切	＃i＝ATAN(＃j/＃k)
G65	H80	无条件转移	GOTO n
G65	H81	条件转移 1	If＃j＝＃k，GOTO n

（续）

G代码	H代码	功能	定义
G65	H82	条件转移2	If＃$j\neq$＃k，GOTO n
G65	H83	条件转移3	If＃$j>$＃k，GOTO n
G65	H84	条件转移4	If＃$j<$＃k，GOTO n
G65	H85	条件转移5	If＃$j\geqslant$＃k，GOTO n
G65	H86	条件转移6	If＃$j\leqslant$＃k，GOTO n
G65	H86	产生PS报警	PS报警号500＋n出现

注：trunc小数部分舍去；

＃103——第i个孔的X坐标(X_i)；

＃104——第i个孔的Y坐标(Y_i)。

6．宏指令的应用实例

加工如图3.1所示在圆周均布的螺栓孔。圆心在参考点(X_0，Y_0)上，半径为r，初始角为α，加工孔数为n，设定变量：

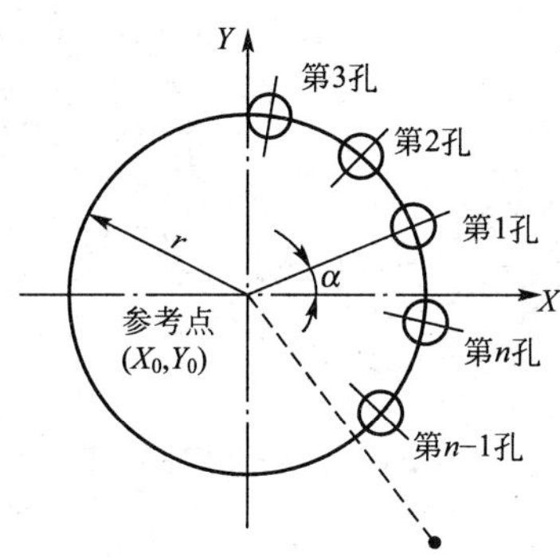

图3.1 孔分布图

＃500——参考点在X轴坐标值(X_0)；

＃501——参考点在Y轴坐标值(Y_0)；

＃502——半径r；

＃503——初始角(α)；

＃504——孔数(n)，当孔数$n>0$时，逆时针方向加工，$n<0$时，顺时针方向加工；

＃100——执行过程中，计算指示加工的第i个孔；

＃101——计算器的终值($|n|=i_{max}$)；

＃102——圆周上第i个孔的角度(θ_i)。

用户程序本体可以写成下列形式。

```
O9 010;
N100  G65  H01  P#100  Q0;          令i = 0
      G65  H22  P#101  Q#504;       i max= |n |
```

N200 G65 H04 P#102 Q#100 R360000; $\theta_i=i\times 360000$,角度单位为 0.001°

G65 H05 P#102 Q#100 R#504; $\theta_i=\dfrac{i\times 360000}{n}$

G65 H02 P#102 Q#503 R#102; $\theta_i=\alpha+\dfrac{i\times 360000}{n}$

G65 H32 P#103 Q#502 R#102; $X_i=r\cos\theta_i$

G65 H02 P#103 Q#500 R#103 $X_i=X_0+r\cos\theta_i$

G65 H31 P#104 Q#502 R#102; $Y_i=r\sin\theta_i$

G65 H02 P#104 Q#501 R#104; $Y_i=r_0+r\sin\theta_i$

N210 G90 G00 X#103 Y#104; 第i个孔定位

M×× F××; M 及 F 代码输出

G65 H02 P#100 Q#100 R1; $i=i+1$,进行下一个孔加工

G65 H84 P200 Q#100 R#101; 当$i<|n|$时,转到 N200 一直加工到第n个孔为止

M99; 宏程序调用结束

现要加工如图 3.2 所示零件的 6 个均布孔，而且孔口要刮平，调用上面用户宏程序本体，并用程序赋值(各变量内容同前)。

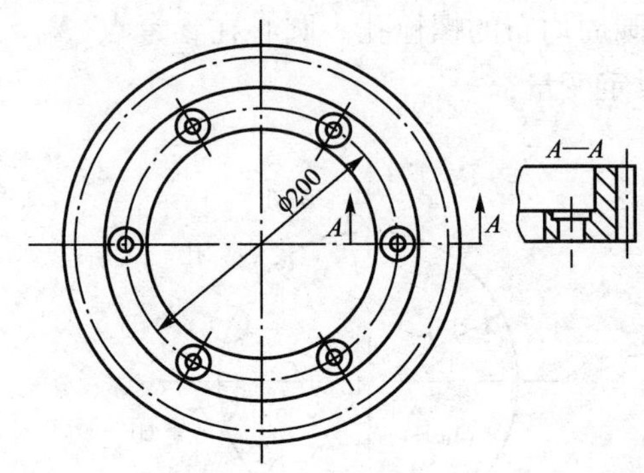

图 3.2 钻孔零件

程序如下：

O0015;

…… 前道工序加工(略)

N0110 G65 H01 P#500 Q0; 设定参考点 $X_0=0$

G65 H01 P#501 Q0; $Y_0=0$

G65 H01 P#502 Q100000; 半径 r=100000μm(单位 0.001mm)

G65 H01 P#503 Q0; 初始角 $\alpha=0$

G65 H01 P#504 Q6; 钻孔数 $n=6$

N0120 G92 G43 X0 Y0 Z0; 设定坐标系,即刀具起点

M03 H01; 在工件中心,主轴正转,刀具长度正偏置

N0130 M98 P9010; 调用宏程序钻孔

N0140 G00 G49 X0 Y0 Z0 M00; 刀具返回起刀点,取消刀具长度补偿,机床停止运动以便换刀变速

N0150 G43 M03 H02; 启动程序,刀具长度正偏置,主轴正转

N0160 M98 P9010; 调用宏程序锪孔口平面

```
N0170  G00  G49  X0  Y0  Z0  M02;        刀具返回起刀点,取消刀具长度补偿,程序停止
```

宏程序与前述相同，只是其中 N210 要参考实际情况编写。在本例中为：

```
N0210  G90  G81  G99  X#103  Y#104  Z-41  R-25  F50;
```

宏程序中其余程序段与前述相同。

【例 3-1】 钻削如图 3.3 所示零件的各个孔(其余表面已加工)。

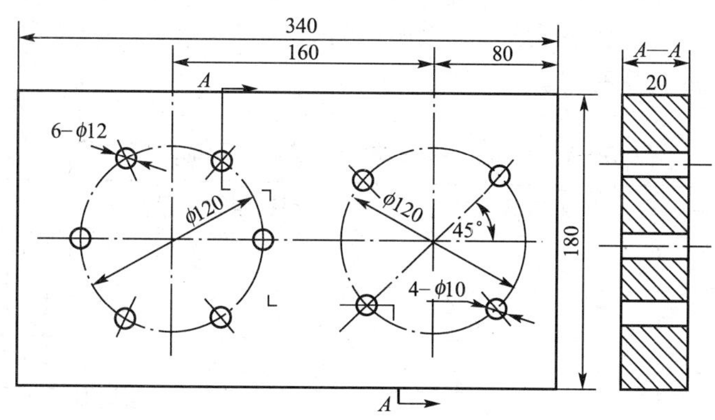

图 3.3 钻孔零件

请读者参照图 3.1、图 3.2 编写(程序略)。

3.2 B 类用户宏程序及应用

1. 调用指令

1) 单纯调用

通常宏主体是由下列形式进行一次性调用，也称为单纯调用。

```
G65  P(程序号)〈引数赋值〉;
```

G65 是宏程序调用代码，P 之后为宏程序主体的程序号码。〈引数赋值〉是由地址符及数值构成，由它们给宏程序中的变量赋予实际数值。例如：G65 P2000 A30 D50;。

关于引数赋值有 3 种形式，下面一一进行描述。

(1) 引数赋值一。除去 G、N、O、P 地址符以外都可以作为引数赋值的地址符，大多无顺序要求，但对 I、J、K 则必须按字母顺序排列，否则为错。例如：

B ____、A ____、D ____、R ____、…I ____、K ____、…；正确。

B ____、A ____、D ____、R ____、…J ____、I ____、…；不正确。

引数赋值一所指定的地址和用户宏主体内所使用变量号码的对应关系见表 3-2。

(2) 引数赋值二。除去表 3-2 所示的引数之外，I、J、K 作为一组引数，它最多可以指定 10 组。引数赋值二与变量号码的对应关系见表 3-3，表中的下角标注并不写在程序中。

(3) 引数赋值三。其实质就是引数赋值一、二的混合使用，在G65程序段的引数中，可以同时引用表3-2、表3-3中的引数进行赋值。但是对于同一个变量(例如表3-2中的#4与表3-3中的#4都用I来表示引用)，后一个引数有效。例如：

```
G65  A2  B50  I- 7  I6  D8  P1000;
```

其中分别表示为#1=2　#2=50　#4=-7　#7=6　#7=8；很显然，A2　B50　I-7为引数赋值一的表示，I6为引数赋值二的表示(I、J、K的重复出现一次后推)，但D8也表示#7，此时，对上述程序段它的赋值含义为#1=2　#2=50　#4=-7　#7=8，也就是说只有D8变量有效。

表3-2　引数赋值一的地址和变量号码的对应关系

引数赋值一的地址	宏主体的变量	引数赋值一的地址	宏主体的变量
A	#1	Q	#17
B	#2	R	#18
C	#3	S	#19
D	#7	T	#20
E	#8	U	#21
F	#9	V	#22
H	#11	W	#23
I	#4	X	#24
J	#5	Y	#25
K	#6	Z	#26
M	#13		

表3-3　引数赋值二的地址和变量号码的对应关系

引数赋值二的地址	宏主体的变量	引数赋值二的地址	宏主体的变量
A	#1	……	……
B	#2	……	……
C	#3	……	……
I_1	#4	……	……
J_1	#5	……	……
K_1	#6	……	……
I_2	#7	I_{10}	#31
J_2	#8	J_{10}	#32
K_2	#9	K_{10}	#33

2）模态调用

其调用形式为：

```
G66  P(程序号码)  L(循环次数)〈引数赋值〉;
```

在这一调用状态下，当程序段中有移动指令时，则先执行完这一移动指令后，再调用宏程序，所以，又称为移动调用指令。

取消用户宏程序用 G67。例如，多孔加工可以用这一调用形式，在移动到各个孔的位置后执行孔加工宏程序。

【例 3－2】 G66 调用程序。

程序如下。　　　　　　　　　　　　　　　　说　明

```
G66  P9802  R____Z____X____;      调用宏程序,并且对引数赋值
      X____;                      在移动的程序段中,执行孔加工宏程序
      M____;
      Y____;
       ⋮
G67;                              取消用户宏
```

孔加工宏程序(采用增量方式)：

```
O9802;
G00  Z#18;
G01  Z#26;
G04  X#24;
G00  Z-[ROUND[#18]+ROUND[#26]];
M99;
```

执行这一程序的流程图如图 3.4 所示。

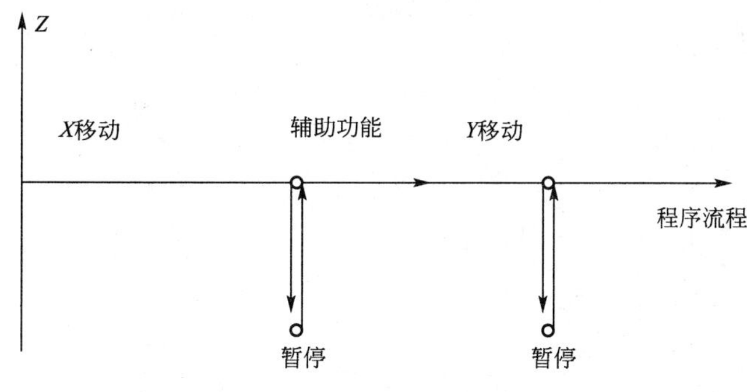

图 3.4　G66 调用程序

3）G 代码调用方法

宏程序主体除了使用上节中 G65 P(程序号)〈引数赋值〉和 G66 P(程序号)〈引数赋值〉方法调用外，还可以用下述方式调用：G××〈引数赋值〉。

为了实现这一方法，需要按下列顺序用表 3－4 中的参数进行设定。

(1) 将所使用宏主体程序号变为 O9010～O9019 中的一个。

(2) 将与程序号对应的参数设置为 G 代码的数值。

(3) 将调用指令的形式换为 G(参数设定值)〈引数赋值〉。

例：将宏主体 O9012 用 G112 调用。

(1) 将程序号码由 O9110 变为 O9112。

(2) 在与 O9012 对应的参数号码(第 7052)上的值设定为 112。

(3) 用下述指令方式调用宏主体：

```
G112  I____R____Z____F____;
```

除此之外，还可以设定用 M、T、V、B 等代码调用用户宏，作法与此类似。

表 3-4　宏主体号码与参数号

宏主体号码	参数	宏主体号码	参数
O9010	7050	O9015	7055
O9011	7051	O9016	7056
O9012	7052	O9017	7057
O9013	7053	O9018	7058
O9014	7054	O9019	7059

2. 控制指令

由以下控制指令可以控制用户宏主体的程序流程。

(1)IF [〈条件式〉] GOTO n；(n=程序段顺序号)

〈条件式〉成立时，从顺序号为 n 的程序段以下执行；〈条件式〉不成立时，执行下一个程序段。〈条件式〉的种类如下。

```
#j EQ#k          (#j是否=#k)
#j NE#k          (#j是否≠#k)
#j GT#k          (#j是否>#k)
#j LT#k          (#j是否<#k)
#j GE#k          (#j是否≥#k)
#j LE#k          (#j是否≤#k)
```

(2) WHILE [〈条件式〉] DO　m(m=1，2，3)

⋮

END m

〈条件式〉成立时，从“DO m”的程序段到“END m”的程序段重复执行；〈条件式〉不成立时，从“END m”的下一个程序段执行。

(3) 无条件转移(GOTO n)，例如，GOTO 20 表示转移到 N0010 程序段去。

3. 刀具补偿量的读取

可以用系统变量读取刀具补偿量，用＃2001～＃2099 读取刀补号码 01～99 中所设定的刀具补偿量。

例如：＃30＝[2000＋＃7]，表示将引数赋值 D(＃7)所指令的刀补号再加上 2000 后成为＃2001～＃2099之间某一变量＃20××，如果引数赋值D12时，则成为＃2012。

在这里注意，可以通过引数予以赋值，也可以直接用变量＃来赋值。

4. 运算指令

B类宏程序在变量之间，变量和常数之间，可以进行各种运算，而A类宏程序的运算符是H××。B类宏程序能使用的运算符有＋(和)、－(差)、*(积)、/(商)、SIN(正弦)、COS(余弦)、TAN(正切)、ATAN(凡正切)、SQRT(平方根)、ABS(绝对值)等。例如，＃20＝［SIN［＃2＋＃4］*3.14＋＃4］*ABS［＃10］。

5. 圆周点阵孔加工

圆周点阵孔如图3.5所示，在上节用A类宏程序编程，本节用B类宏程序编程，宏程序所需要的数据，均在主程序调用时赋值。调用指令为：

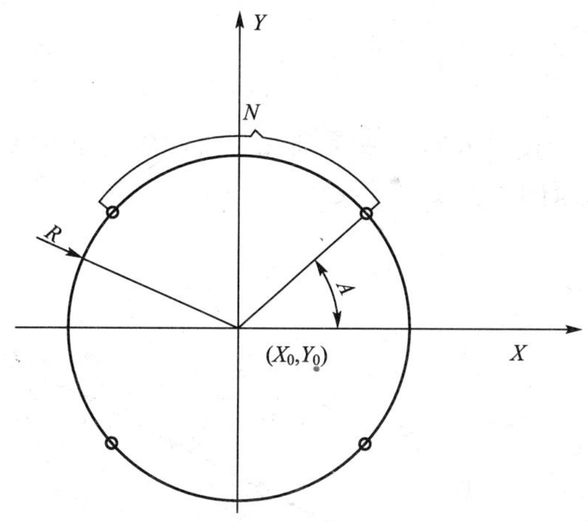

图3.5　圆周点阵孔群

```
G65  P9207  Rr  Aa  Nn ;
```

宏程序主体中将用到下列变量：

#100	已加工孔的数量
#101	加工孔的X坐标
#102	加工孔的Y坐标
#18	半径R
#1	第一个孔的起始角A
#11	孔数N
#30	基准点(圆环形中心)X坐标(X_0)
#31	基准点(圆环形中心)Y坐标(Y_0)
#32	正在加工第i孔的孔号
#33	第i孔的角度

用户宏程序主体如下(绝对方式下)：

```
O9207;
```

```
#30=#101;                              基准点存储
#31=#102;
#32=#100;
WHILE [#32LE ABS[#11]]  DO1;           孔数循环
#33=#1+360*[#32-1]/#11];
#101=#30+#18*COS[#33];                 计算孔坐标值
#101=#31+#18*SIN[#33];
X#101  Y#102;                          指令机床移动X 、Y 坐标
#32=#32+1;                             计算器计算
#100+#100+1;                           孔数加 1
END  1;
#101=#30;
#101=#31;
M99;
```

6. 直线点阵孔群的加工

如图 3.6 所示，要求沿直线方向钻一系列孔，直线的方向由 G65 命令行传送的 *X* 和 *Y* 变量来决定，钻孔的数量则由变量 *T* 传送。

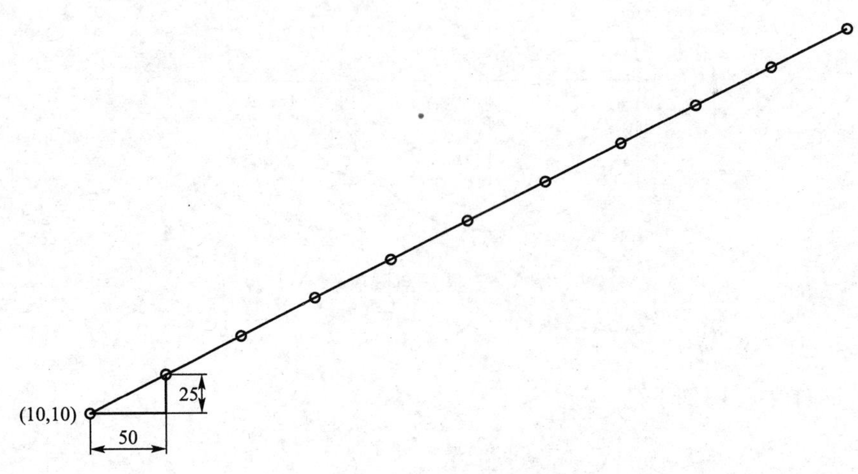

图 3.6　直线上的孔位

```
G90  G00  X10  Y10  Z10;                  刀具定位于起始孔位
G65  P9010  X50  Y25  Z10  F10  T10;      调用 9010 子程序,传送的参数有X 、Y 、Z 、F 、T
G28  M30;                                 返回参考点,程序结束并返回

O9010;                                    子程序
T#20;                                     钻孔数量传给 20 号变量
N1  G81  Z-#26  R5  F#9;                  定义钻孔循环,钻孔深度 Z(# 26)10mm, 进给速度传
                                          给#9
G91;                                      X 、Y 坐标改为增量坐标
WHILE[#20 GT 0]   DO 1;                   当#20>0, 循环执行以下语句 1 次
#20=#20-1;                                孔数递减 1
```

```
WHILE[#20 EQ 0]   GOTO 5;          如果孔数=0，转入N5段执行
G00  X#50  Y#25;                   移到下一个孔位，增量编程，间距X=50，Y=25
GOTO 1;
N5  END1;                          WHILE循环语句结束
M99;                               子程序结束
```

7. 网式点阵孔群加工

网式孔群如图3.7所示，图中，S为起始边与X轴夹角，H为终点边与起始边的夹角，T为起始边孔距，R为起始边孔数，D为终边孔间距，F为终边孔数。

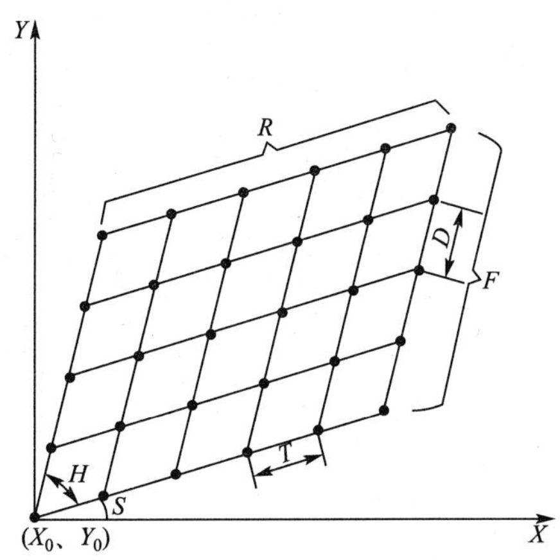

图3.7　网式点阵孔群图

宏程序本体如下：

```
O9200;                        存储子程序
#101=24;                      基准点存储
#102=25;
#100=0;
M99;
O9205;                        网式点阵孔群子程序
#2=#101;                      中间变量赋值
#3=#102;
#8=1;
#17=1;
#31=#18;
#32=#19;
#33=#20;
WHILE[#31 LE 40]  DO 1;       进入循环体1
IF[#33 LE 0]  GOTO  9001;     间距是否≤0
DO  2;                        进入循环体2
#101=#2+#33*COS[#32];         坐标值计算
#102=#3+#33*SIN[#32];
```

```
X#101、Y#102;                      指令机床移动X 、Y 坐标
#2=#101;                          X 、Y 坐标存储
#3=#102;
#31=#31-1;                        孔数以 1 递减
IF[#31 LE 0]  GOTO 9200;          间距是否≤0
END 2;                            返回循环体 2
N9002  #8=#8+1;                   取值次数以 1 递增
IF[#8/#17  EQ 2]  GOTO 9003;      取值次数与行程次数之比是否=2
IF[#30  EQ  #19]  GOTO 9005;      所用角度是否等于第一组值
IF[#8  EQ(2*#17 -1)]  GOTO  9004;  是否满足取行条件
N9005  #31=#18-1;                 孔数以 1 递减
#32=#19;                          取第一组数据
#33=#20;
#30=0;
IF[#32 EQ#19]  GOTO  9006;        转移
N9003  #31=1;                     取第二组数据
#32=#19+#11;
#30=7;
#17=#17+1;
IF[#31 EQ 1]  GOTO  9006;         转移
N9004  #31=#18-1;                 取第三组数据
#32=#19+180;
#33=#20;
#30=#32-180;
IF[#33 EQ#20]  GOTO  9006;        转移
N9006 IF[#8/2  EQ  #9]  GOTO  9001;取值次数/2 是否=列孔数
#100=#100+1;                      计算器计数
END  1;                           返回循环体 1
N9001  M99;                       程序结束
```

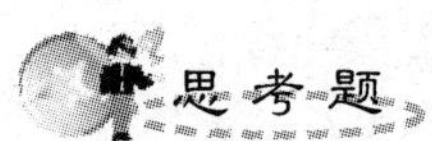

思考题

1. 子程序编程的调用指令是什么？子程序结束指令是什么？子程序里是否需要设置辅助功能？

2. 长方体零件轮廓倒角如何编制宏程序？圆孔或圆台类零件如何编制宏程序？

第4章 数控铣床加工工艺基础

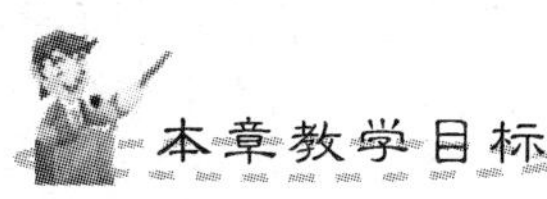

熟悉工艺装备的选择和工件的装夹与定位方法；
能根据表面粗糙度和尺寸精度制定加工工艺路线；
熟练掌握加工工艺参数的选择和加工刀具的选择。

知识要点	能力要求	相关知识
工艺装备的选择	能根据加工要求选择机床设备、刀具、夹具和测量仪器	机床夹具、数控机床、机床刀具及应用
加工工艺路线的拟定	能熟练地根据表面质量要求和尺寸精度要求拟定加工艺路线	机械制造工艺学及互换性技术相关知识
加工工艺参数的选择	熟练掌握粗加工、精加工切削三要素的选择；各种材料、各种型腔的加工刀具的选择	刀具材料及刀具应用，表面质量的获得方法

4.1 数控加工对象

4.1.1 数控铣削对象

数控铣削是机械加工中最常用和最主要的数控加工方法之一，它除了能铣削普通铣床所能铣削的各种零件表面外，还能铣削普通铣床不能铣削的需 2～5 坐标联动的各种平面轮廓和立体轮廓。根据数控铣床的特点，从铣削加工的角度来考虑，适合数控铣削的主要加工对象有 3 类。

1. 平面类零件

加工面平行或垂直于水平面，或加工面与水平面的夹角为定角的零件为平面类零件(图 4.1)。目前在数控铣床上加工的绝大多数零件属于平面类零件。平面类零件的特点是各个加工面是平面，或可以展开成平面。

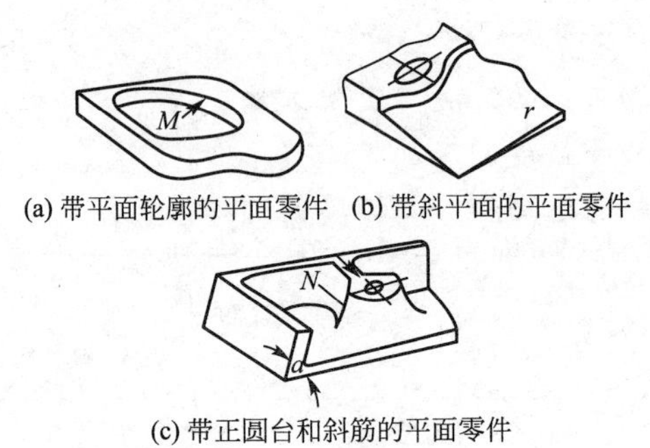

(a) 带平面轮廓的平面零件 (b) 带斜平面的平面零件

(c) 带正圆台和斜筋的平面零件

图 4.1 平面类零件

图 4.1 中的曲线轮廓面 M 和正圆台面 N，展开后均为平面。平面类零件是数控铣削加工对象中最简单的一类零件，一般只需用三坐标数控铣床的两坐标联动(即两轴半坐标联动)就可以加工出来。

2. 变斜角类零件

加工面与水平面的夹角呈连续变化的零件称为变斜角类零件。如飞机上的整体梁、框、线条与肋等；此外还有检验夹具与装配型架等也属于变斜角类零件。图 4.2 所示是飞机上的一种变斜角梁缘条，该零件的上表面在第 2 肋至第 5 肋的斜角 α 从 3°10′ 均匀变为 2°32′，从第 5 肋至第 9 肋再均匀变化为 1°20′，从第 9 肋至第 12 肋又均匀变化为 0°。

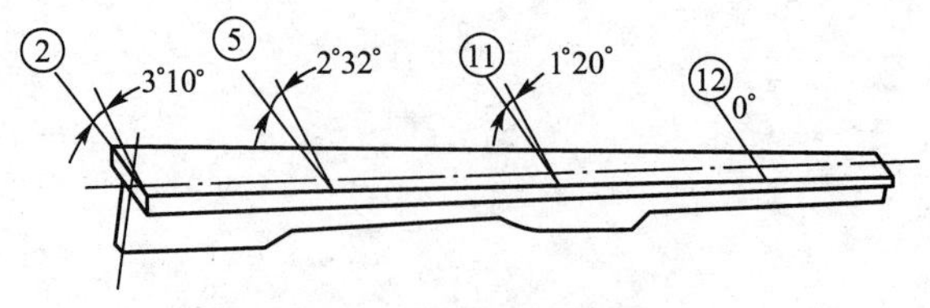

图 4.2 变斜角类零件

变斜角类零件的变斜角加工面不能展开为平面，但在加工中，加工面与铣刀圆周接触的瞬间为一条线。最好采用四坐标或五坐标数控铣床摆角加工，在没有上述机床时，可采用三坐标数控铣床，进行两轴半坐标近似加工。

3. 曲面零件

加工面为空间曲面的零件成为曲面类零件，如模具、叶片、螺旋桨等。曲面类零件的加工面不能展开为平面，加工时，加工面与铣刀始终为点接触。加工曲面类零件一般采用三坐标数控铣床。当曲面较复杂、通道较狭窄、会伤及毗邻表面及需刀具摆动时，要采用四坐标或五坐标铣床。

4.2 加工工艺性分析

4.2.1 工艺分析

制定零件的数控铣削加工工艺时，首先要对零件图进行工艺分析，其主要内容是数控铣削加工内容的选择。数控铣床的工艺范围比普通铣床宽，但其价格较普通铣床高得多，因此，选择数控铣削加工内容时，应从实际需要和经济性两个方面考虑。通常选择下列加工部位为其加工内容。

(1) 零件上的曲线轮廓，特别是由数学表达式描绘的非圆曲线和列表曲线等曲线轮廓。

(2) 已经给出数学模型的空间曲面。

(3) 形状复杂、尺寸繁多、画线与检测困难的部位。

(4) 用通用铣床加工难以观察、测量和控制进给的内外凹槽。

(5) 各参数严格以某代数关系变化的高精度孔或面。

(6) 能在一次安装中顺带铣出来的简单表面。

(7) 采用数控铣削或能成倍提高生产率，大大减轻体力劳动强度的一般加工内容。

4.2.2 零件结构工艺性

零件的结构工艺性是指根据加工工艺特点，对零件的设计所产生的要求，也就是说零件的结构设计会影响或决定工艺性的好坏。根据铣削加工特点，从以下几方面来考虑结构工艺性特点。

1. 零件图样尺寸的正确标注方法

由于加工程序是以准确的坐标点来编制的，因此，各图形几何要素间的相互关系(如相切、相交、垂直和平行等)应明确，各种几何要素的条件要充分，应无引起矛盾的多余尺寸或影响工序安排的封闭尺寸等。

2. 保证获得要求的加工精度

虽然数控机床精度很高，但对一些特殊情况，例如过薄的底板与肋板，因为加工时产生的切削拉力及薄板的弹性退让极易产生切削面的振动，使薄板厚度尺寸公差难以保证，其表面粗糙度也将增大。根据实践经验，对于面积较大的薄板，当其厚度小于 3mm 时，就应在工艺上充分重视这一问题。

3. 尽量统一零件轮廓内圆弧的有关尺寸

轮廓内圆弧半径 R 常常限制刀具的直径。如图 4.3 所示，工件的被加工轮廓高度低，转接圆弧半径也大，可以采用较大直径的铣刀来加工，且加工其底板面时，进给次数也相应减少，表面加工质量也会好一些，因此工艺性较好。反之，数控铣削工艺性较差。一般来说，当 $R<0.2H$(H 为被加工轮廓面的最大高度)时，可以判定零件上该部位的工艺性不好。

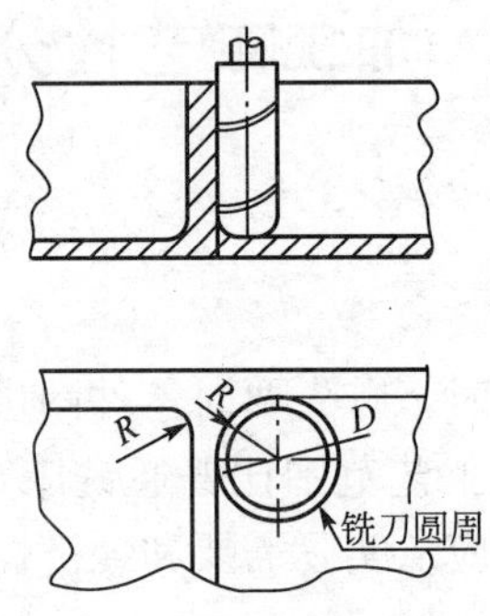

图 4.3　肋板高度与内转接圆弧对铣削工艺的影响

铣削面的槽底面圆角或底板与肋板相交处的圆角半径 r(图 4.4)越大，铣刀端刃铣削平面的能力越差，效率越低。当 r 大到一定程度时甚至必须用球头铣刀加工，这是应当避免的。因为铣刀与铣削平面接触的最大直径 $d=D-2r$(D 为铣刀直秤)，当 D 越大而 r 越小时，铣刀端刃铣削平面的面积越大，加工平面的能力越强，铣削工艺性当然也越好。有时，当铣削的底面面积较大，底部圆弧 r 也较大时，只能用两把 r 不同的铣刀(一把刀的 r 小些，另一把刀的 r 符合零件图样的要求)分成两次进行切削。

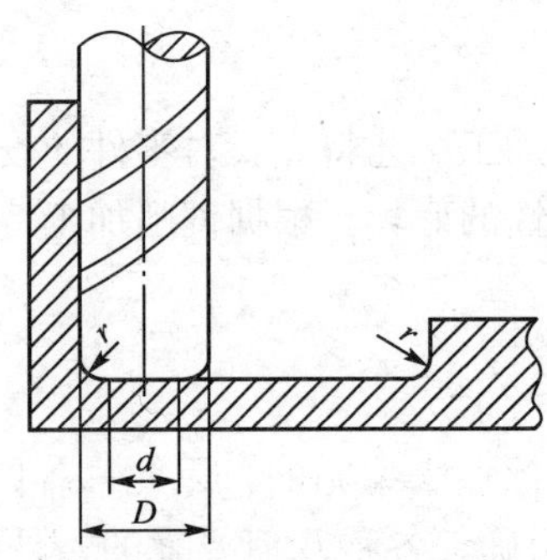

图 4.4　肋板与底板的转接圆弧对铣削工艺的影响

在一个零件上的这种凹圆弧半径在数值上的一致性对数控铣削的工艺性显得相当的重要。一般来说，即使不能寻求完全统一，也要力求将数值相近的圆弧半径分组靠拢，达到局部统一，以尽量减少铣刀规格与换刀次数，并避免因频繁换刀而增加的零件加工面上的接刀痕，降低表面质量。

4. 保证基准统一

有些零件需要在铣完一面后再重新安装铣削另一面，由于数控铣削时不能使用通用铣床加工时常用的试切法来接刀，往往会因为零件的重新安装而接不好刀，这时，最好采用统一基准定位，因此零件上应有合适的孔作为定位基准孔。如果零件上没有基准孔，也可以专门设置工艺孔作为定位基准，如可在毛坯上增加工艺凸台或在后继工序要铣去的余量上设基准孔。

5. 分析零件变形情况

零件在数控铣削加工时的变形，不仅影响加工质量，而且当变形较大时，将使加工不能继续进行下去。这时就应当考虑采取一些必要的工艺措施进行预防，如对钢件进行调质处理，对铸铝件进行退火处理，对不能用热处理方法解决的，也可考虑粗、精加工及对称去余量等常规方法。

有关铣削件的结构工艺性的图例见表4-1。

表4-1 零件的数控铣削结构工艺性图例

序号	A 工艺性差的结构	B 工艺性好的结构	说明
1	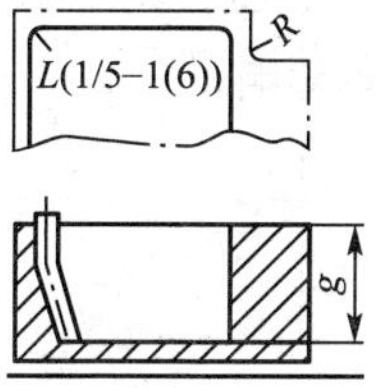 L(1/5-1(6)) R H	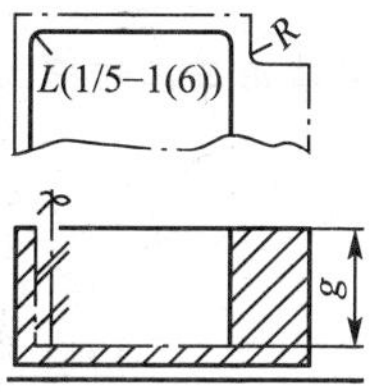 L(1/5-1(6)) R H	B 结构可选用较高刚性刀具
2	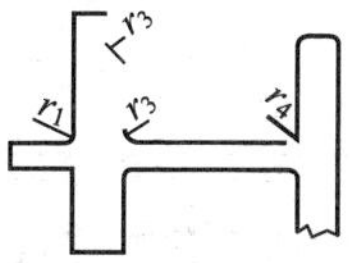 r_1 r_2 r_3 r_4	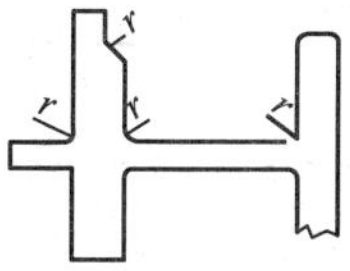 r r r r	B结构需用刀具比A结构少，减少了换刀时间
3	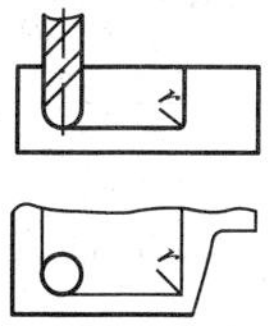 r r	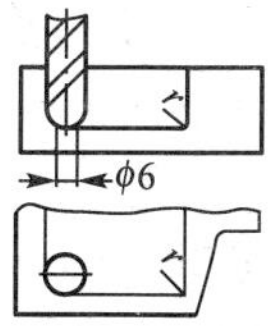 r r φ6	B结构 R 大，r 小，铣刀端刃铣削面积大，生产效率高
4	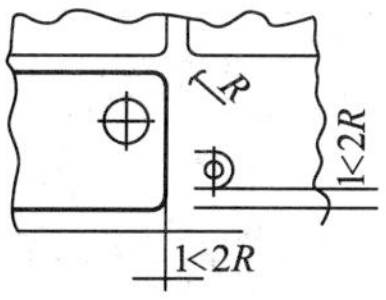 R 1<2R 1<2R	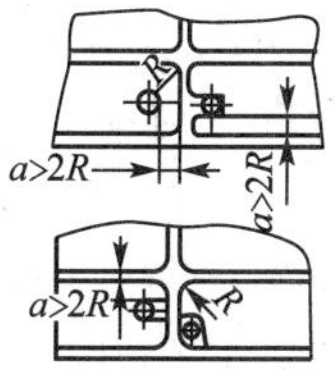 a>2R a>2R a>2R R	B结构 $a>2R$，便于半径为 R 的铣刀进入，所需刀具少，加工效率高

（续）

序号	A工艺性差的结构	B工艺性好的结构	说明
5	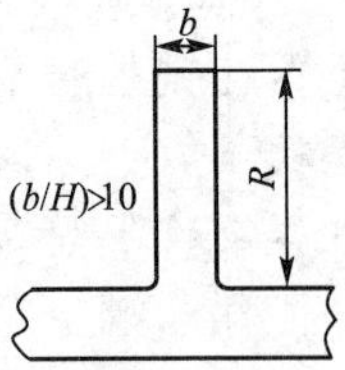 (b/H)>10	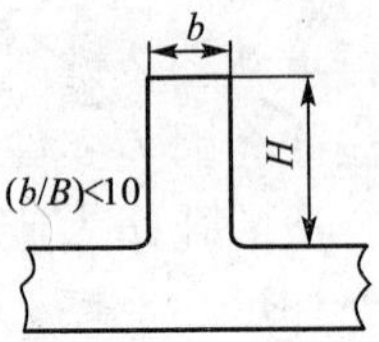 (b/B)<10	B结构刚性好，可用大直径铣刀加工，加工效率高
6	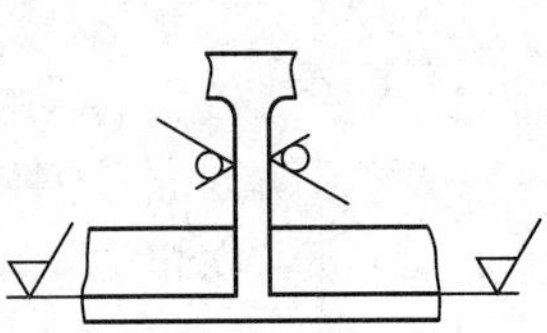	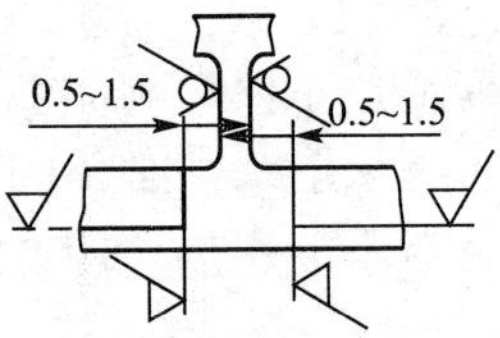 0.5~1.5　0.5~1.5	B结构在加工面和不加工面之间加入过渡表面，减少了切削量
7	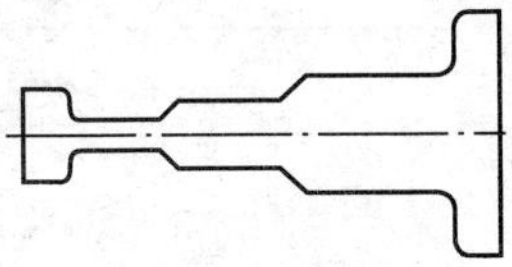	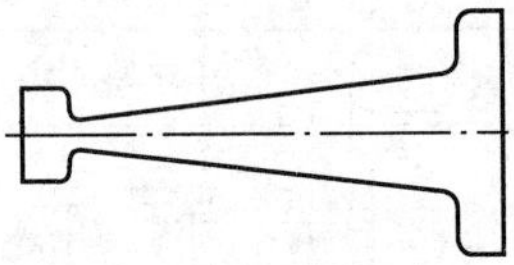	B结构用斜面筋代替阶梯筋，节约材料，简化编程
8	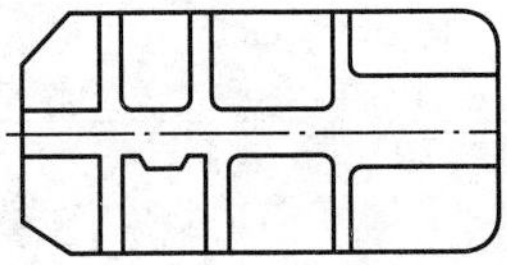	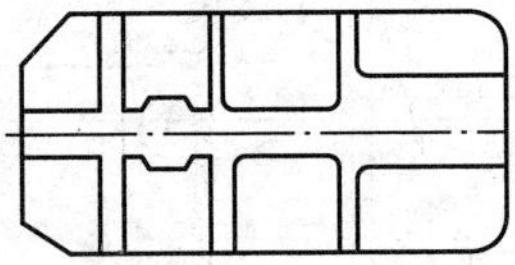	B结构采用对称结构，简化编程

除了上面讲到的有关零件的结构工艺性外，有时尚要考虑到毛坯的结构工艺性，因为在数控铣削加工零件时，加工过程是自动的，毛坯余量的大小、如何装夹等问题在选择毛坯时就要仔细考虑好，否则，一旦毛坯不适合数控铣削，加工将很难进行下去。根据经验，确定毛坯的余量和装夹应注意以下两点。

(1) 毛坯加工余量应充足和尽量均匀。

毛坯主要指锻件、铸件。因为锻模时的欠压量与允许的错模量会造成余量的不等；铸造时也会因砂型误差、收缩量及金属液体的流动性差不能充满型腔等造成余量的不等。此外，锻造、铸造后，毛坯的挠曲与扭曲变形量的不同也会造成加工余量不充分、不稳定。因此，除板料外，不论是锻件、铸件还是型材，只要准备采用数控加工，其加工面均应有较充分的余量。

对于热轧中等、较厚铝板，经淬火时效后很容易在加工中及加工后出现变形现象，所以需要考虑在加工时要不要分层切削，分几层切削，一般尽量做到各个加工表面的切削余量均匀，以减少内应力所致的变形。

(2) 分析毛坯的装夹适应性。

主要考虑毛坯在加工时定位和夹紧的可靠性与方便性，以便在一次安装中加工出尽量多的表面。对于不便装夹的毛坯，可考虑在毛坯上另外增加装夹余量或工艺凸台、工艺凸耳等辅助基准。如图 4.5 所示，由于该工件缺少合适的定位基准，可在毛坯上铸出 3 个工艺凸耳，在凸耳上制出定位基准孔。

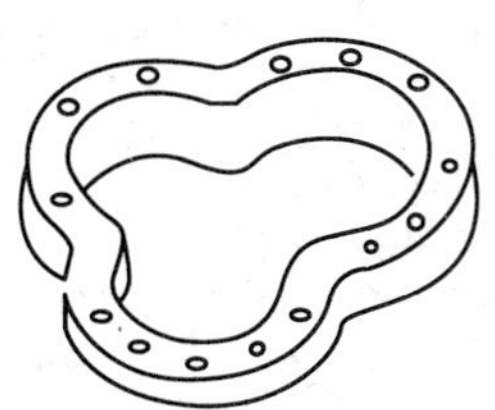
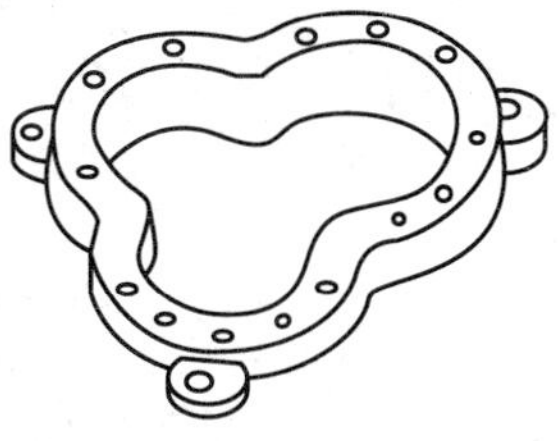

图 4.5 增加毛坯工艺凸耳实例

4.2.3 定位和装夹

1. 定位基准分析

定位基准有粗基准和精基准两种，用未加工过的毛坯表面作为定位基准称为粗基准，用已加工过的表面作为定位基准称为精基准。除第一道工序采用粗基准外，其余工序都应使用精基准。

选择定位基准要遵循基准重合原则，即力求设计基准、工艺基准和编程基准统一，这样做可以减少基准不重合产生的误差和数控编程中的计算量，并且能有效地减少装夹次数。零件的定位基准一方面要能保证零件经多次装夹后其加工表面之间相互位置的正确性，如多棱体、复杂箱体等在卧式加工中心上完成四周加工后，要重新装夹加工剩余的加工表面，用同一基准定位可以避免由基准转换引起的误差；另一方面要满足加工中心工序集中的特点，即一次安装尽可能完成零件上较多表面的加工。定位基准最好是零件上已有的面或孔，若没有合适的面或孔，也可以专门设置工艺孔或工艺凸台等作为定位基准。

图 4.6 所示为铣刀头体，其中 ϕ80H7、ϕ80K6、ϕ95H7、ϕ90K6、ϕ140H7 孔及 D-H 孔两端面要在加工中心上加工。在卧式加工中心上需经两次装夹才能完成上述孔和面的加工。第一次装夹加工完成 ϕ80K6、ϕ90K6、ϕ80H7 孔及 D-H 孔两端面；第二次装夹加工 ϕ95H7 及 ϕ140H7 孔。为保证孔与孔之间、孔与面之间的相互位置精度，应有同一定位基准。为此，应首先加工出 A 面，另外再专门设置两个定位用的工艺孔 2×ϕ16H6。这样两次装夹都以 A 面和 2×ϕ16H6 孔定位，可以减少因定位基准转换而引起的定位误差。

2. 装夹

在确定装夹方案时，只需根据已选定的加工表面和定位基准确定工件的定位夹紧方式，并选择合适的夹具。此时，主要考虑以下几点。

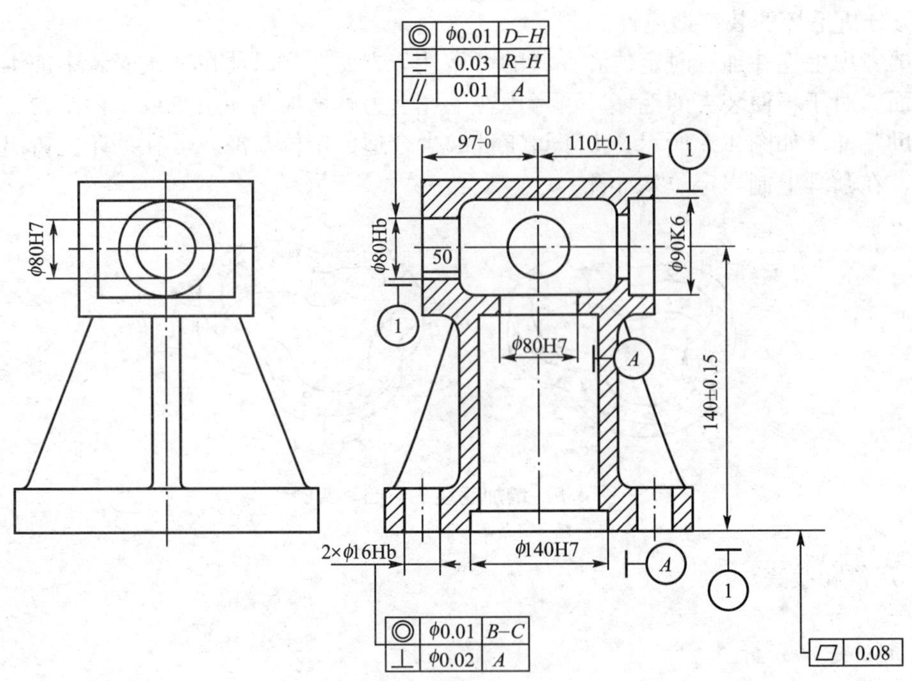

图 4.6　铣刀头体图

(1) 夹紧机构或其他元件不得影响进给，加工部位要敞开。要求夹持工件后夹具等一些组件不能与刀具运动轨迹发生干涉。如图 4.7 所示，用立铣刀铣削零件的六边形，若采用压板机构压住工件的 A 面，则压板易与铣刀发生干涉，若压 B 面，就不影响刀具进给。对有些箱体零件加工可以利用内部空间来安排夹紧机构，将其加工表面敞开，如图 4.8 所示。但在卧式加工中心上对零件四周进行加工时，若很难安排夹具的定位和夹紧装置，则可以减少加工表面来预留出定位夹紧元件的空间。

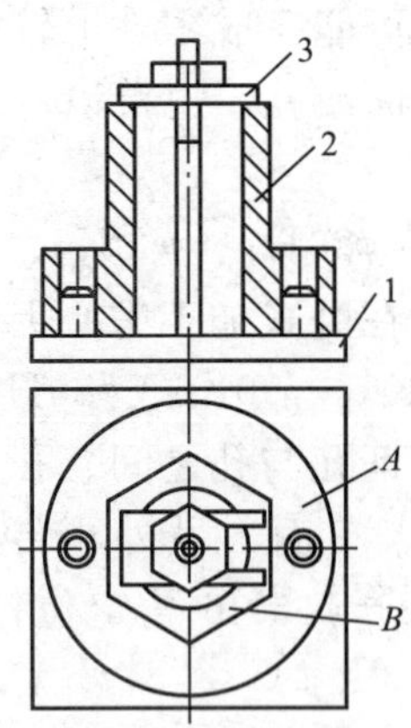

图 4.7　不影响进给的装夹实例

1—定位装置；2—工件；3—夹紧装置

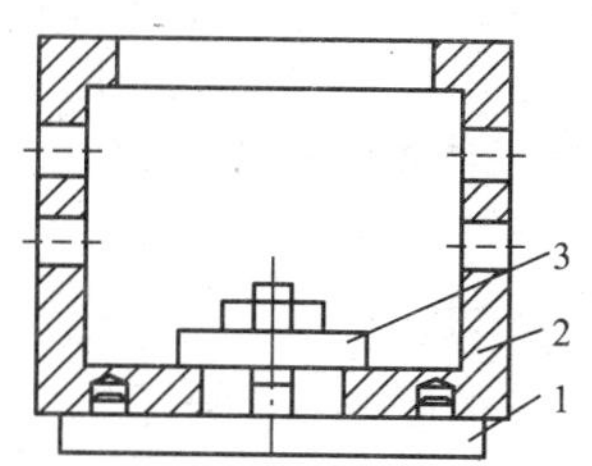

图 4.8　影响进给的装夹实例

1—定位装置；2—工件；3—夹紧装置

(2) 必须保证最小的夹紧变形。工件在加工时，切削力大，需要的夹紧力也大，但又不能把工件夹压变形。因此，必须慎重选择夹具的支撑点、定位点和夹紧点。如果采用了相应措施仍不能控制零件变形，只能将粗、精加工分开，或者粗、精加工采用不同的夹紧力。

(3) 装卸方便，辅助时间尽量短。由于加工中心加工效率高，装夹工件的辅助时间对加工效率影响较大，所以要求配套夹具在使用中也要装卸快而方便。

(4) 对小型零件或工序时间不长的零件，可以考虑在工作台上同时装夹几件进行加工，以提高加工效率。

(5) 夹具结构应该力求简单。出于零件在加工中心上加工大都采用工序集中的原则，加工的部位较多，同时批量较小，零件更换周期短，夹具的标准化、通用化和自动化对加工效率的提高及加工费用的降低有很大影响。因此，对批量小的零件应优先选用组合夹具。对形状简单的单件小批量生产的零件，可选用通用夹具，如三爪卡盘、台钳等。只有对批量较大，且周期性投产，加工精度要求较高的关键工序才设计专用夹具，以保证加工精度和提高装夹效率。

(6) 夹具应便于与机床工作台及工件定位表面间的定位元件连接。加工中心工作台面上一般都有基准T形槽，转台中心有定位圈，台面侧面有基准挡板等定位元件。固定方式一般用T形螺钉或工作台面上的紧固螺孔，用螺栓或压板压紧。夹具上用于紧固的孔和槽的位置必须与工作台的T形槽和孔的位置相对应。

4.3　加工工艺路线的确定

4.3.1　加工方法的选择

数控铣加工零件的表面不外乎平面、曲面、轮廓、孔和螺纹等，主要要考虑到所选加工方法要与零件的表面特征、所要求达到的精度及表面粗糙度相适应。

平面、平面轮廓及曲面在镗铣类加工设备上唯一的加工方法是铣削。经粗铣的平面，尺寸精度可达IT14～IT12级(指两平面之间的尺寸)，表面粗糙度 *Ra* 值可达25～12.5。经粗、精铣的平面，尺寸精度可达IT9～IT7级，表面粗糙度 *Ra* 值可达3.2～1.6。

孔加工的方法比较多，有钻削、扩削、铰削和镗削等。

(1) 对于直径大于 ϕ30mm 的已经铸出或锻出的毛坯孔的孔加工，一般采用粗镗—半精镗—孔口倒角—精镗的加工方案，孔径较大的可采用立铣刀粗铣—精铣加工方案。有空刀槽时可用锯片铣刀在半精镗之后、精镗之前铣削完成，也可用镗刀进行单刀镗削，但单刀镗削效率较低。

(2) 对于直径小于 ϕ30mm 的无毛坯孔的加工，通常采用锪平端面—打中心孔—钻—扩—孔口倒角—铰加工方案，对有同轴度要求的小孔，需采用锪平端面—打中心孔—钻—半精镗—孔口倒角—精镗(或铰)加工方案。为提高孔的位置精度，在钻孔工步前需安排锪平端面和打中心孔工步。孔口倒角安排在半精加工之后、精加工之前，以防孔内产生毛刺。

(3) 螺纹的加工根据孔径的大小，一般情况下，直径在 M6～M20mm 之间的螺纹，通常采用攻螺纹的方法加工；直径在 M6mm 以下的螺纹，在加工中心上完成基孔加工再通过其他手段攻螺纹。因为加工中心上攻螺纹不能随机控制加工状态，小直径丝锥容易折断；直径在 M20mm 以上的螺纹，可采用镗刀镗削加工。

1. 平面轮廓加工

平面轮廓多由直线和圆弧或各种曲线构成，通常采用三坐标数控铣床进行两轴半坐标加工。图 4.9 为由直线和圆弧构成的零件平面轮廓 $ABCDEA$，采用半径为 R 的立铣刀沿周向加工，虚线 $A'B'C'D'E'A'$ 为刀具中心的运动轨迹，为保证加工面光滑，刀具沿 PA' 切入，沿 $A'K$ 切出。

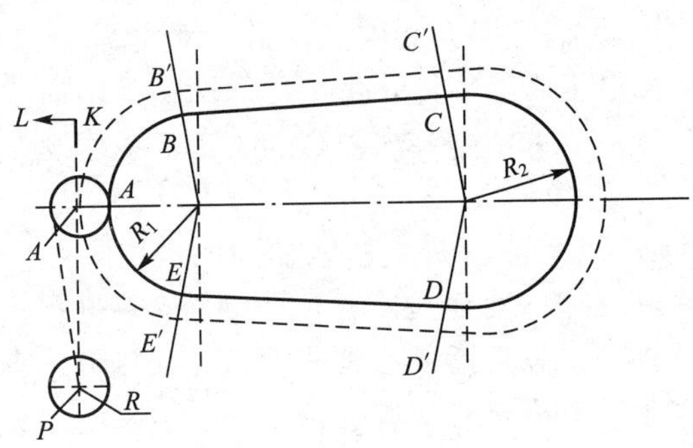

图 4.9　平面轮廓铣削

2. 固定斜角平面加工

固定斜角平面是与水平面成一固定夹角的斜面，常用如下的加工方法。

(1) 当零件尺寸不大时，可用斜垫板垫平后加工。如果机床主轴可以摆角，则可以摆成适当的定角，用不同的刀具来加工(图 4.10)。当零件尺寸很大时，斜面加工后会留下残留面积，需要用钳修方法加以清除，用三坐标数控立铣加工飞机整体壁板零件时常用此法。当然，加工斜面的最佳方法是采用五坐标数控铣床，主轴摆角后加工，可以不留残留面积。

(2) 对于图 4.1(c)所示的正圆台和斜筋表面，一般可用专用的角度成型铣刀加工。其效果比采用五坐标数控铣床摆角加工好。

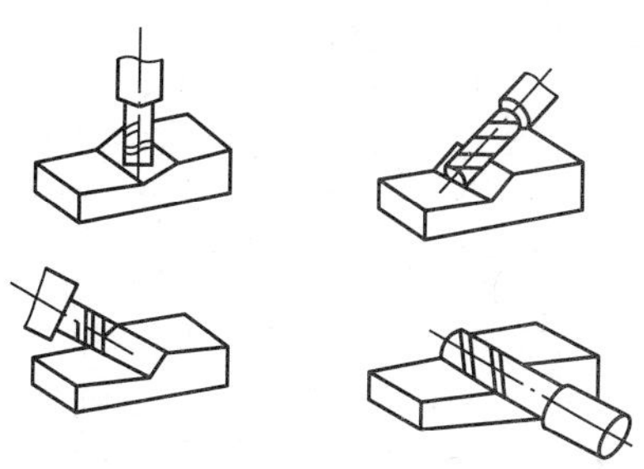

图 4.10　主轴摆角加工固定斜面角

3. 变斜角面加工

常用的加工方案有下列 3 种。

(1) 对曲率变化较小的变斜角面，选用 x、y、z 和 A 四坐标联动的数控铣床，采用立铣刀(但当零件斜角过大，超过机床主轴摆角范围时，可用角度成型铣刀加以弥补)以插补方式摆角加工，如图 4.11(a)所示。加工时，为保证刀具与零件型面在全长上始终贴和，刀具绕 A 轴摆动角度 α。

(2) 对曲率变化较大的变斜角面，用四坐标联动加工难以满足加工要求时，最好用 x、y、z、A 和 B(或 C 转轴)的五坐标联动数控铣床，以圆弧插补方式摆角加工，如图 4.11(b)所示。图中夹角 A 和 B 分别是零件斜向母线与 z 坐标轴夹角 α 在 ZOY 平面上和 XOZ 平面上的分夹角。

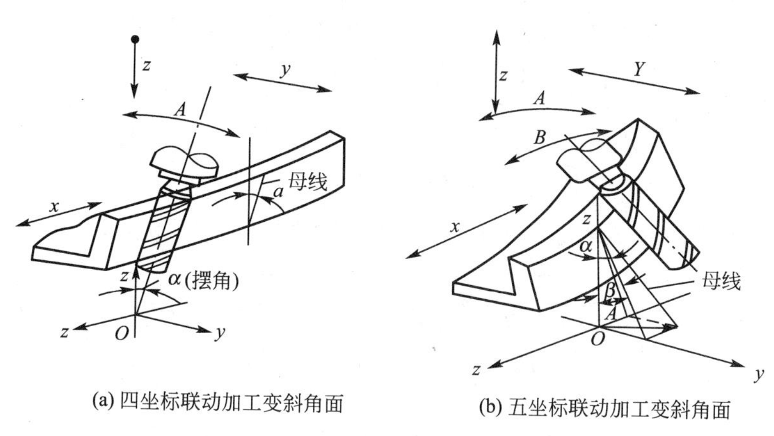

(a) 四坐标联动加工变斜角面　(b) 五坐标联动加工变斜角面

图 4.11　四、五坐标联动加工变斜角面

(3) 采用三坐标数控铣床两坐标联动，利用球头铣刀和鼓形铣刀，以直线或圆弧插补方式进行分层铣削加工，加工后的残留面积用钳修的方法消除。图 4.12 所示是用鼓形铣刀铣削变斜角面的情形。由于鼓形铣刀的鼓径可以做得比球头铣刀的球径大，所以加工后的残留面积高度小，加工效果比球头铣刀好。

4. 曲面轮廓加工

立体曲面的加工应根据曲面形状、刀具形状以及精度要求采用不同的铣削加工方法，如两轴半、三轴、四轴及五轴等联动加工。

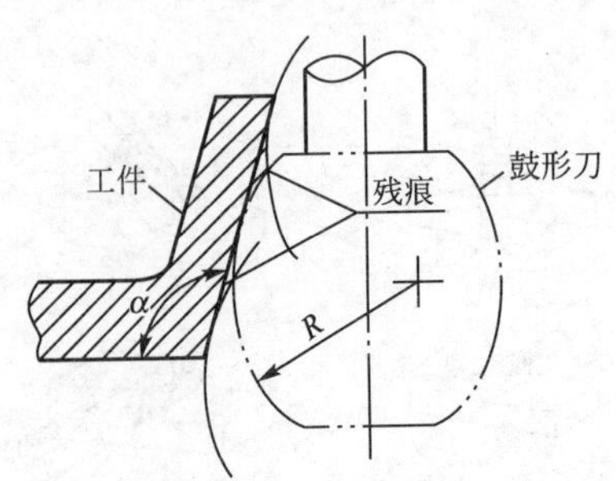

图 4.12　用鼓形铣刀分层铣削变斜角斜面

(1) 对曲率半径变化不大和精度要求不高的曲面的粗加工，常用两轴半坐标的"行切法"加工，所谓行切法是指刀具与零件轮廓的切点轨迹是一行一行的，而行间的距离是按零件加工精度的要求确定。这里就是 x、y、z 3 轴中任意两轴做联动插补，第三轴做单独的周期进给。如图 4.13 所示，将 x 向分成若干段，球头铣刀沿 yz 面所截的曲线进行铣削，每一段加工完后进给 Δx，再加工另一相邻曲线，如此依次切削即可加工出整个曲面。在行切法中，要根据轮廓表面粗糙度的要求及刀头不干涉相邻表面的原则选取 Δx。球头铣刀的刀头半径应选得大一些，有利于散热，但刀头半径应小于内凹曲面的最小曲率半径。

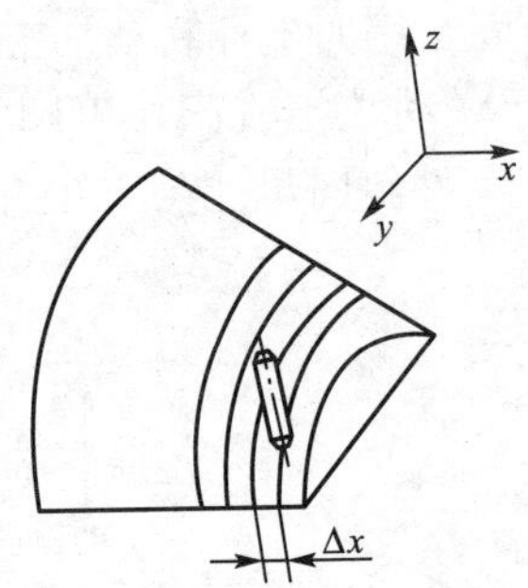

图 4.13　两轴半坐标行切法加工曲面

两轴半坐标加工曲面的刀心轨迹 O_1O_2 和切削点轨迹 ab 如图 4.14 所示。图中 $ABCD$ 为被加工曲面，P_{YZ} 平面为平行于 yz 坐标平面的一个行切面，刀心轨迹 O_1O_2 为曲面 $ABCD$ 的等距面 $LJKL$ 与行切面 P_{YZ} 的交线，显然 O_1O_2 是一条平面曲线。由于曲面的曲率变化，改变了球头刀与曲面切削点的位置，使切削点的连线成为一条空间曲线，从而在曲面

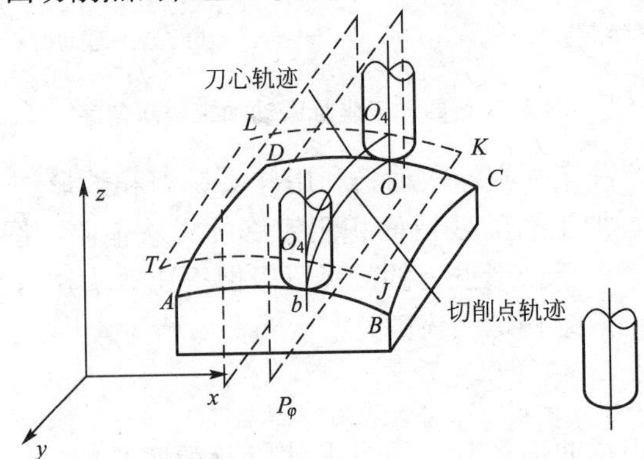

图 4.14　两轴半行切法加工曲面的切削点轨迹

上形成扭曲的残留沟纹。

(2) 对曲率变化较大和精度要求较高的曲面的精加工，常用 x、y、z 三坐标联动插补的行切法加工。如图 4.15 所示，P_{YZ} 平面为平行于 yz 坐标平面的一个行切面，它与曲面的交线为 ab。由于是三坐标联动，球头刀与曲面的切削点始终处在平面曲线 ab 上，可获得较规则的残留沟纹。但这时的刀心轨迹 O_1O_2 不在 P_{YZ} 平面上，而是一条空间曲线。

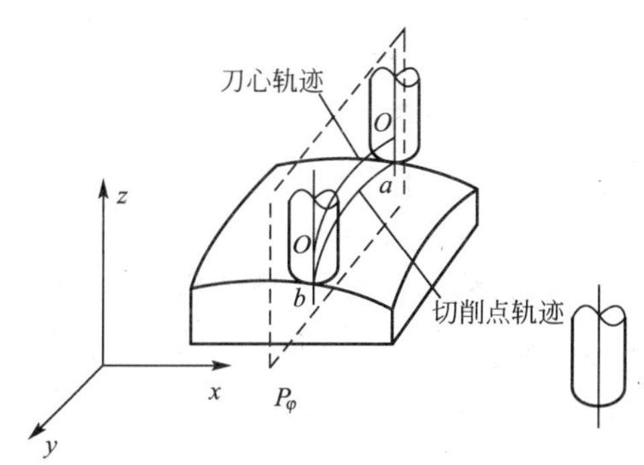

图 4.15　三坐标行切法加工曲面的切削点轨迹

4.3.2　加工顺序的安排

加工顺序(又称工序)通常包括切削加工工序、热处理工序和辅助工序等，工序安排得科学与否将直接影响到零件的加工质量、生产率和加工成本。切削加工工序通常按以下原则安排。

1. 先粗后精

当加工零件精度要求较高时都要经过粗加工、半精加工阶段，如果精度要求更高，还包括光整加工的几个阶段。

2. 基准面先行原则

用作精基准的表面应先加工。任何零件的加工过程总是先对定位基准进行粗加工和精加工，例如轴类零件总是先加工中心孔，再以中心孔为精基准加工外圆和端面；箱体类零件总是先加工定位用的平面及两个定位孔，再以平面和定位孔为精基准加工孔系和其他平面。

3. 先面后孔

对于箱体、支架等零件，平面尺寸轮廓较大，用平面定位比较稳定，而且孔的深度尺寸又是以平面为基准的，故应先加工平面，然后加工孔。

4. 先主后次

即先加工主要表面，然后加工次要表面。

在数控铣床上加工零件，一般都有多个工步，使用多把刀具，因此加工顺序安排得是否合理，直接影响到加工精度、加工效率、刀具数量和经济效益。在安排加工顺序时同样要遵循“基面先行”、“先粗后精”及“先面后孔”的一般工艺原则。此外还应考虑以下几方面。

(1) 减少换刀次数，节省辅助时间。一般情况下，每换一把新的刀具后，应通过移动坐标，回转工作台等方法将由该刀具切削的所有表面全部完成。

(2) 每道工序尽量减少刀具的空行程移动量，按最短路线安排加工表面的加工顺序。

(3) 安排加工顺序时可参照采用粗铣大平面—粗镗孔、半精镗孔—立铣刀加工—加工中心孔—钻孔—攻螺纹—平面和孔精加工(精铣、铰、镗等)的加工顺序。

4.3.3 加工路线的确定

在数控加工中，刀具(严格说是刀位点)相对于工件的运动轨迹和方向称为加工路线。即刀具从对刀点开始运动起，直至结束加工所经过的路径，包括切削加工的路径及刀具引入、返回等非切削空行程。加工路线的确定首先必须保证被加工零件的尺寸精度和表面质量，其次考虑数值计算简单，走刀路线尽量短，效率较高等。

下面举例分析数控机床加工零件时常用的加工路线。

1. 轮廓铣削加工路线的分析

对于连续铣削轮廓，特别是加工圆弧时，要注意安排好刀具的切入、切出，要尽量避免交接处重复加工，否则会出现明显的界限痕迹。如图 4.16 所示，用圆弧插补方式铣削外整圆时，要安排刀具从切向进入圆周铣削加工，当整圆加工完毕后，不要在切点处直接退刀，而让刀具多运动一段距离，最好沿切线方向退出，以免取消刀具补偿时，刀具与工件表面相碰撞，造成工件报废。铣削内圆弧时，也要遵守从切向切入的原则，安排切入、切出过渡圆弧，如图 4.17 所示，若刀具从工件坐标原点出发，其加工路线为 1→2→3→4→5，这样，可提高内孔表面的加工精度和质量。

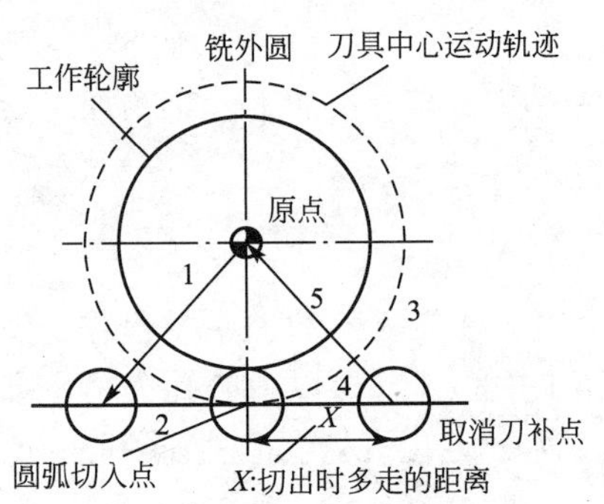

图 4.16　刀具的切入切出位置

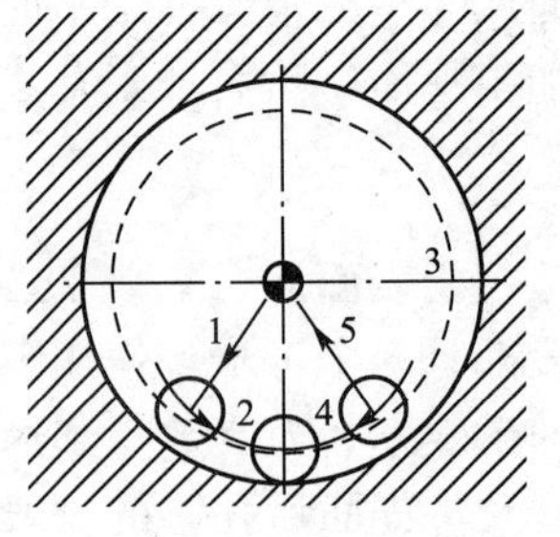

图 4.17　刀具的路径

2. 位置精度要求高的孔加工路线的分析

对于位置精度要求较高的孔系加工，特别要注意孔的加工顺序的安排，安排不当时，就有可能将沿坐标轴的反向间隙带入，直接影响位置精度。如图 4.18 所示，(a)为零件图，在该零件上加工 6 个尺寸相同的孔，有两种加工路线。当按(b)所示路线加工时，由于 5、6 孔与 1、2、3、4 孔定位方向相反，在 Y 方向反向间隙会使定位误差增加，而影响 5、6 孔与其他孔的位置精度。按(c)所示路线，加工完 4 孔后，往上移动一段距离到 P 点，然后再折回来加工 5、6 孔，这样方向一致，可避免反向间隙的引入，提高 5、6 孔与其他孔的位置精度。

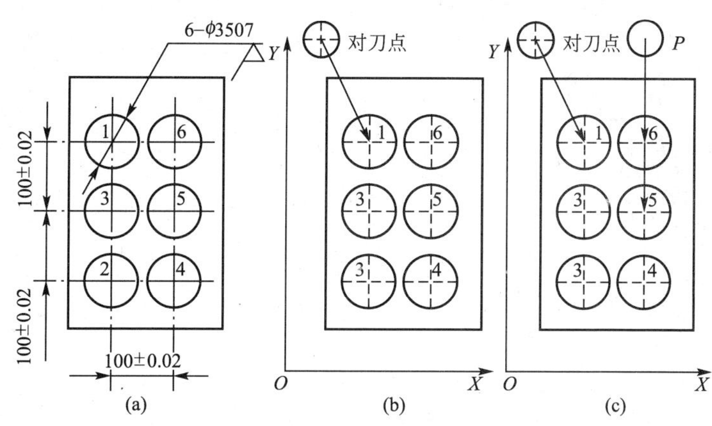

图 4.18　孔系的加工路线

3. 铣削曲面的加工路线的分析

铣削曲面时，常用球头刀采用行切法进行加工。对于边界敞开的曲面可采用两种加工路线。如图 4.19 所示为发动机叶片形状，当采用图 4.19(a)的加工方案时，每次沿直线加工，刀位点计算简单，程序少，加工过程符合直纹面的形成，可以准确保证母线的直线度。当采用图 4.19(b)的加工方案时，符合这类零件数据给出情况，便于加工后检验，叶形的准确度高，但程序较多。由于曲面零件的边界是敞开的，没有其他表面限制，所以曲面边界可以延伸，球头刀应由边界外开始加工。

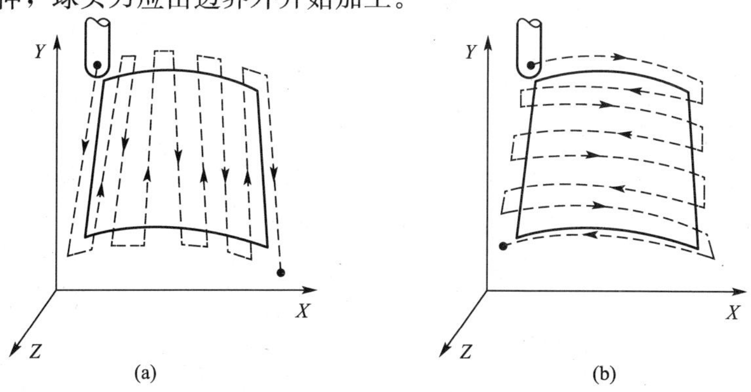

图 4.19　曲面表面的两种进给路线

以上通过几例分析了数控加工中常用的加工路线，实际生产中，加工路线的确定要根据零件的具体结构特点，综合考虑，灵活运用。而确定加工路线的总原则是在保证零件加工精度和表面质量的条件下，尽量缩短加工路线，以提高生产率。

4.4 加工工艺参数

数控编程时，编程人员必须确定每道工序的切削用量，并以指令的形式写入程序中。切削用量包括主轴转速、背吃刀量及进给速度等。对于不同的加工方法，需要选用不同的切削用量。切削用量的选择原则：保证零件加工精度和表面粗糙度，充分发挥刀具切削性能，保证合理的刀具耐用度并充分发挥机床的性能，最大限度地提高生产率，降低成本。

4.4.1 主轴转速的确定

主轴转速应根据允许的切削速度和工件(或刀具)的直径来选择。其计算公式为

$$n=1000v/(\pi D)$$

式中：v——切削速度，m/min，由刀具的耐用度决定；

n——主轴转速，r/min；

D——工件直径或刀具直径，mm。

在计算主轴转速时，首先通过刀具切削手册，根据刀具耐用度等相关条件，确定出比较合理的 v 值，见表 4-2。其次，数控机床多采用无级变速，计算出的主轴转速 n 要根据机床说明书中技术参数，选取机床最接近的转速。

表 4-2 高速钢切削速度推荐值

加工材料	切削速度 v/(m/min)
结构钢、合金钢 $\sigma_b\leqslant 700\text{N/mm}^2$ 铸铁 $\sigma_b\leqslant 250\text{N/mm}^2$	32～35
合金钢、工具钢、耐热钢 $\sigma_b\leqslant 1000\text{N/mm}^2$ 铸铁 $\sigma_b\leqslant 250\text{N/mm}^2$	25
铝合金、铝镁合金	180～300

4.4.2 进给速度的确定

进给速度(F)是数控机床切削用量中的重要参数，主要根据零件的加工精度和表面粗糙度要求以及刀具、工件的材料性质选取。最大进给速度受机床刚度和进给系统的性能限制。

在轮廓加工中，在接近拐角处应适当降低进给量，以克服由于惯性或工艺系统变形在轮廓拐角处造成的“超程”或“欠程”现象。

确定进给速度的原则有以下几个。

(1) 当工件的质量要求能够得到保证时，为提高生产效率，可选择较高的进给速度。一般在 100～200mm/min 范围内选取。对于高速铣削类数控机床，可成倍

提高。

(2) 在切断、加工深孔或用高速钢刀具加工时，宜选择较低的进给速度，一般在20～50mm/min范围内选取。

(3) 当加工精度、表面粗糙度要求高时，进给速度应选小些，一般在20～50mm/min范围内选取。

(4) 刀具空行程时，特别是远距离“回零”时，可以选择该机床数控系统给定的最高进给速度。

粗铣时，进给量的提高主要受刀齿强度和机床、夹具、工件等工艺系统刚性的限制，在铣削用量较大时，还受到机床功率限制。

精铣时，限制进给量的主要因素是加工精度和表面粗糙度。

铣削进给量可分为以下3种计量单位。

(1) F_Z——每齿进给量，mm/齿。

(2) F_r——每转进给量，mm/r。

(3) F_{min}——每分钟进给量，mm/min。

3种进给量的关系如下：

每转进给量：$F_r = F_Z \times Z$

每分钟进给量：$F_{min} = F_r \times S = F_Z \times Z \times S$

式中 Z——铣刀齿数；

S——铣刀每分钟转数，r/min。

铣削时，每转进给量和每分钟进给量最后还是反映在铣刀每齿能承受的进给量上。

表4-3中推荐各种常用铣刀对不同工件材料铣削时每齿进给量。粗铣时取表中较大值，精铣时，取表中较小值。

表4-3 每齿进给量推荐值 (mm/齿)

工件材料	工件材料硬度/HB	硬质合金		高速钢			
		端铣刀	三面刃铣刀	圆柱铣刀	立铣刀	端铣刀	三面刃铣刀
低碳钢	～150 150～200	0.2～0.4 0.20～0.35	0.15～0.30 0.12～0.25	0.12～0.2 0.12～0.2	0.04～0.20 0.03～0.18	0.15～0.30 0.15～0.30	0.12～0.20 0.10～0.15
中、高碳钢	120～180 18～220 220～300	0.15～0.5 0.15～0.4 0.12～0.25	0.15～0.3 0.12～0.25 0.07～0.20	0.12～0.2 0.12～0.2 0.07～0.15	0.05～0.20 0.04～0.20 0.03～0.15	0.15～0.30 0.15～0.25 0.1～0.2	0.12～0.2 0.07～0.15 0.05～0.12
灰铸铁	150～180 180～220 220～300	0.2～0.5 0.2～0.4 0.15～0.3	0.12～0.3 0.12～0.25 0.10～0.20	0.2～0.3 0.15～0.25 0.1～0.2	0.07～0.18 0.05～0.15 0.03～0.10	0.2～0.35 0.15～0.3 0.10～0.15	0.15～0.25 0.12～0.20 0.07～0.12
可锻铸铁	120～160 160～220 200～240 240～280	0.2～0.5 0.2～0.4 0.15～0.3 0.1～0.3	0.1～0.30 0.1～0.25 0.1～0.20 0.1～0.15	0.2～0.35 0.2～0.3 0.12～0.25 0.1～0.2	0.08～0.20 0.07～0.20 0.25～0.15 0.02～0.08	0.2～0.4 0.2～0.35 0.15～0.30 0.10～0.20	0.15～0.25 0.15～0.20 0.12～0.20 0.07～0.12

（续）

工件材料	工件材料硬度/HB	硬质合金		高速钢			
		端铣刀	三面刃铣刀	圆柱铣刀	立铣刀	端铣刀	三面刃铣刀
含C<0.3%合金钢	125～170 170～220 220～280 280～320	0.15～0.5 0.15～0.4 0.10～0.63 0.08～0.2	0.12～0.3 0.12～0.25 0.08～0.20 0.05～0.15	0.12～0.2 0.1～0.2 0.07～0.12 0.05～0.1	0.05～0.2 0.05～0.1 0.03～0.08 0.025～0.05	0.15～0.3 0.15～0.25 0.12～0.20 0.07～0.12	0.12～0.20 0.07～0.15 0.07～0.12 0.05～0.10
含C>0.3%合金钢	170～220 220～280 280～320 320～380	0.125～0.4 0.10～0.3 0.08～0.2 0.06～0.15	0.12～0.30 0.08～0.20 0.05～0.15 0.05～0.12	0.12～0.2 0.07～0.15 0.05～0.12 0.05～0.10	0.12～0.2 0.07～0.15 0.05～0.12 0.05～0.10	0.15～0.25 0.12～0.2 0.07～0.12 0.05～0.10	0.07～0.15 0.07～0.12 0.05～0.10 0.05～0.10
工具钢	退火状态 HRC36 HRC46 HRC56	0.15～0.5 0.12～0.25 0.10～0.20 0.07～0.10	0.12～0.3 0.08～0.15 0.06～0.12 0.05～0.10	0.07～0.15 0.05～0.10 — —	0.05～0.1 0.03～0.08 — —	0.12～0.2 0.07～0.12 — —	0.07～0.15 0.05～0.10 — —
镁合金铝	95～100	0.15～0.38	0.125～0.3	0.15～0.20	0.05～0.15	0.2～0.3	0.07～0.2

4.4.3 背吃刀量确定

背吃刀量(a_p)根据机床、工件和刀具的刚度来决定，在刚度允许的条件下，应尽可能使背吃刀量等于工件的加工余量，这样可以减少走刀次数，提高生产效率。为了保证加工表面质量，可留少量精加工余量，一般留0.2～0.5mm。

总之，切削用量的具体数值应根据机床性能、相关的手册并结合实际经验用类比方法确定。同时，使主轴转速、切削深度及进给速度三者能相互适应，以形成最佳切削用量。切削用量的选择可参考表4-4。

表4-4 切削用量的选择(高速钢立铣刀、粗铣)

工件材料		铸铁		铝		钢	
刀具直径/mm	刀槽数	转数/(r/mm)	进给速度/(mm/min)	转数/(r/mm)	进给速度/(mm/min)	转数/(r/mm)	进给速度/(mm/min)
		切削速度/(mm/min)	每齿进给量/(mm/齿)	切削速度/(mm/min)	每齿进给量/(mm/齿)	切削速度/(mm/min)	每齿进给量/(mm/齿)
8	2	1100	115	5000	500	1000	100
		28	0.05	126	0.05	25	0.05
10	2	900	110	4100	490	820	82
		28	0.06	129	0.06	26	0.05
12	2	770	105	3450	470	690	84
		29	0.07	130	0.07	26	0.06

（续）

工件材料		铸铁		铝		钢	
刀具直径/mm	刀槽数	转数/(r/mm)	进给速度/(mm/min)	转数/(r/mm)	进给速度/(mm/min)	转数/(r/mm)	进给速度/(mm/min)
		切削速度/(mm/min)	每齿进给量/(mm/齿)	切削速度/(mm/min)	每齿进给量/(mm/齿)	切削速度/(mm/min)	每齿进给量/(mm/齿)
14	2	660	100	3000	440	600	80
		29	0.07	132	0.07	26	0.07
16	2	600	94	2650	420	530	76
		30	0.08	133	0.08	27	0.07

【例4-1】 如图4.20所示的平面槽形凸轮，试分析其数控铣削加工工艺。

平面凸轮零件是数控铣削加工中常见的零件之一，其轮廓曲线组成不外乎直线—圆弧、弧—圆弧、圆弧—非圆曲线及非圆曲线之间等几种。所用数控机床多为两轴以上联动的数控铣床，加工工艺过程也大同小异。

1. 零件图纸工艺分析

图样分析主要分析凸轮轮廓形状、尺寸和技术要求、定位基准及毛坯等。

本例零件(图4.20)是一种平面槽形凸轮，其轮廓由圆弧 HA、BC、DE、FG 和直线 AB、HG 以及过渡圆弧 CD、EF 所组成，需用两轴联动的数控机床。材料为铸铁，切削加工性较好。

该零件在数控铣削加工前，工件是一个经过加工、含有两个基准孔、直径为 ϕ280mm、厚度为18mm的圆盘。圆盘底面 A 及 ϕ35G7 和 ϕ12H7 两孔可用作定位基准，无需另作工艺孔定位。

凸轮槽组成几何元素之间关系清楚，条件充分，编程时所需基点坐标很容易求得。

凸轮槽内外轮廓面对 A 面有垂直度要求，只要提高装夹精度，使 A 面与铣刀轴线垂直，即可保证；ϕ35G7 对 A 面的垂直度要求由前面的工序保证。

2. 确定装夹方案

一般大型凸轮可用等高垫块垫在工作台上，然后用压板螺栓在凸轮的孔上压紧。外轮廓平面盘形凸轮的垫块稍小于凸轮的轮廓尺寸，不与铣刀发生干涉。对小型凸轮，一般用心轴定位，压紧即可。

根据图4.20所示凸轮的结构特点，采用“一面两孔”定位，设计一“一面两销”专用夹具。用一块320mm×320mm×40mm的垫块，在垫块上分别精镗 ϕ35mm 及 ϕ12mm 两个定位销安装孔，孔距为(8±0.15)mm，垫块平面度为0.05mm。加工前先固定垫块，使两定位销孔的中心连线与机床的 x 轴平行，垫块的平面要保证与工作台面平行，并用百分表检查。图4.21为本例凸轮零件的装夹方案示意图。采用双螺母夹紧，提高装夹刚性，防止铣削时因螺母松动引起的振动。

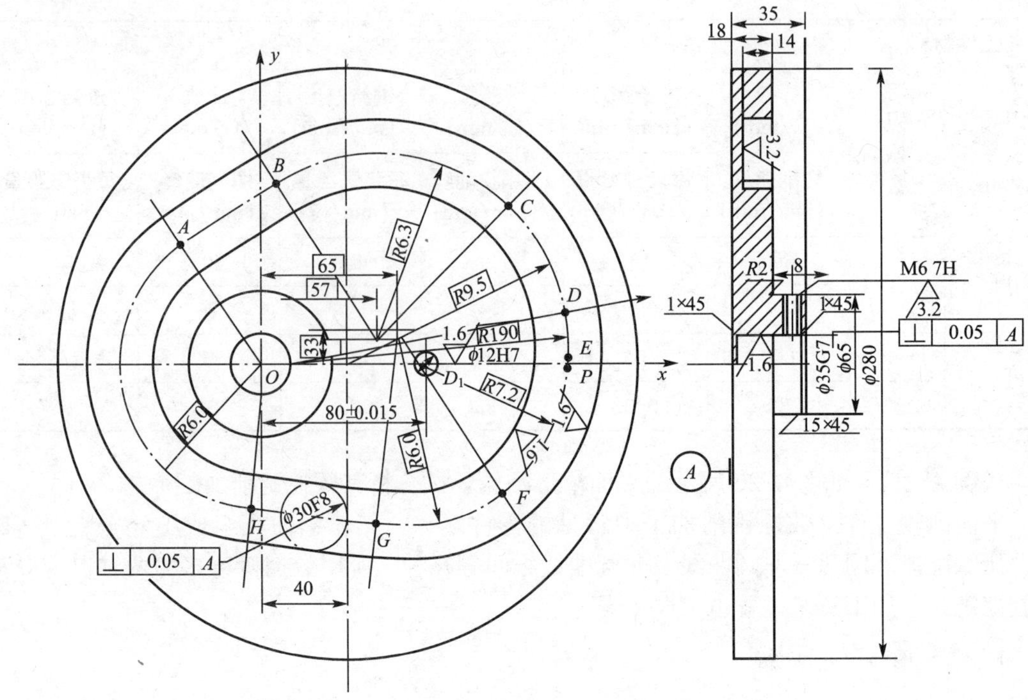

图 4.20　平面槽形凸轮简图

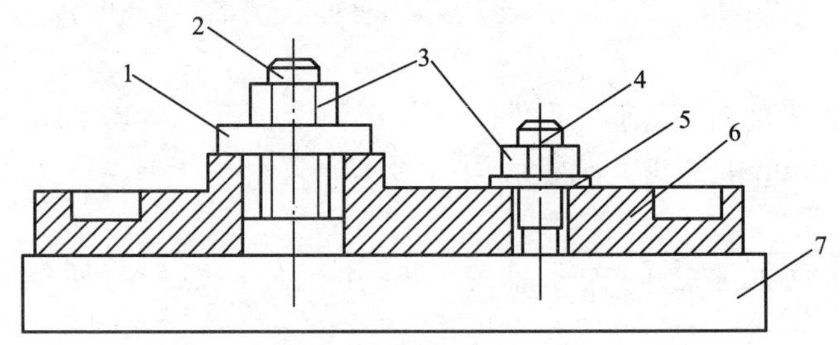

图 4.21　凸轮零件装夹方案示意图

1—开口垫圈；2—带螺纹圆柱销；3—压紧螺母；
4—带螺纹削边销；5—垫块；6—工件；7—垫块

3. 确定进给路线

进给路线包括平面内进给和深度进给两部分路线。对平面内进给，对外凸轮廓从切线方向切入，对内凹轮廓从过渡圆弧切入。在两轴联动的数控铣床上，对铣削平面槽形凸轮，深度进给有两种方法：一种方法是在 xz(或 yz)平面内来回铣削逐渐进刀到即定深度；另一种方法是先打一个工艺孔，然后从工艺孔进刀到即定深度。

本例进刀点选在 $P(150, 0)$，刀具在 $y-15$ 及 $y+15$ 之间来回运动，逐渐加深铣削深度，当达到即定深度后，刀具在 xy 平面内运动，铣削凸轮轮廓。为保证凸轮的工作表面有较好的表面质量，采用顺铣方式，即从 $P(150, 0)$开始，对外凸轮廓，按顺时针方向铣削，对内凹轮廓按逆时针方向铣削，图 4.22 所示即为铣刀在水平面内的切入进给路线。

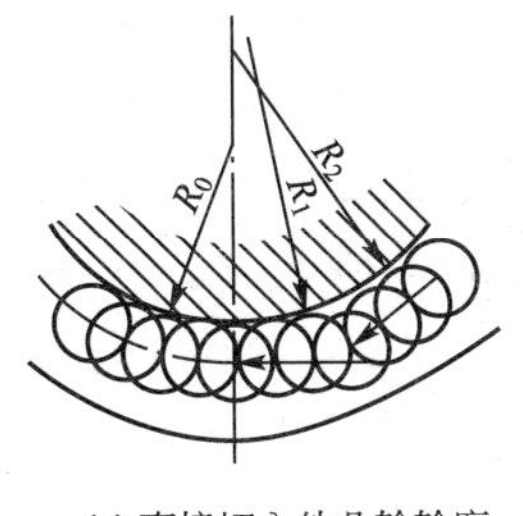

(a) 直接切入外凸轮轮廓

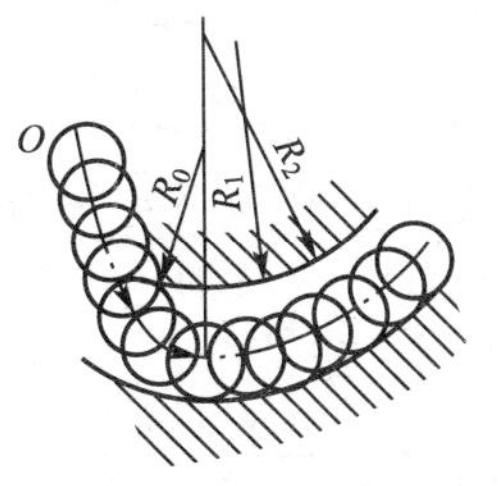

(b) 过渡圆弧切入内凹圆弧轮廓

图 4.22 平面槽形凸轮的切入进给路线

4. 选择刀具及切削用量

铣刀材料和几何参数主要根据零件材料切削加工性、工件表面几何形状和尺寸大小选择；切削用量则依据零件材料特点、刀具性能及加工精度要求确定。通常为提高切削效率要尽量选用大直径的铣刀；侧吃刀量取刀具直径三分之一到二分之一，背吃刀量应大于冷硬层厚度；切削速度和进给速度应通过实验来选取效率和刀具寿命的综合最佳值。精铣时切削速度应高一些。

本例零件材料(铸铁)属于一般材料，切削加工性较好，选用 ϕ18mm 硬质合金立铣刀，主轴转速取 150～235r/min，进给速度取 30～60mm/min。槽深 14mm，铣削余量分 3 次完成，第一次背吃刀量 8mm，第二次背吃刀量 5mm，剩下的 1mm 随同精铣一起完成。凸轮槽两侧面各留 0.5～0.7mm 精铣余量。在第二次进给完成之后，检测零件几何尺寸，依据检测结果决定进刀深度和刀具半径偏置量，最后分别对凸轮槽两侧面精铣一次，达到图样要求的尺寸。

4.5 数控铣床的选用

1. 根据被加工零件的尺寸来选择

数控铣床是指就规格较小的升降台立式数控铣床而言，其工作台宽度多在 400mm 以下。规格较大的数控铣床，例如工作台在 500mm、630mm 以上，多属于床身式布局或龙门式布局，其功能向加工中心靠近，进而演变成柔性加工单元。

根据升降台立式数控铣床的规格及其加工范围，它最适宜中、小零件的加工。其主要技术参数如下：工作台宽度 250～400mm，工作台长度 1000～1700mm，纵向行程 600～900mm，横向行程 200～400mm，垂直行程 350～500mm。这些范围基本上满足了大多数零件的加工需要。

因此，多数机械制造厂，选择升降台立式数控铣床可以承担多数中、小型零件的多工步铣削或复杂型面的轮廓铣削任务。可以说只要需要数控铣削加工，可首先选用升降台立式数控铣床，解决多数零件的加工需要。再选择加工中心解决大尺寸复杂零件加工的需要。

2. 根据被加工零件的精度要求来选择

目前，我国已制定了数控铣床的精度标准，其中数控立式升降台铣床已有国家颁发的专业标准。在新制订的精度标准中，由于确定了新的测量方法，标准允差数值较大，但实际上机床制造精度都是很高的。标准规定直线运动坐标的定位精度为 0.04/300mm，直线运动坐标的重复定位精度为 0.025mm，圆周精铣的圆度允差为 0.035mm，精镗孔距允差为 0.025/150mm。机床出厂实际精度均有相当的储备量，即各厂均有内部标准。内部标准的允差值比国家标准的允差值大约压缩 20%。例如，圆周精铣的圆度误差一般都在 0.025mm 以内，而不是国家标准要求的 0.035mm。重复定位精度误差都控制在 0.0lmm 以内，比国家标准要求的 0.025mm 大大压缩了。

因此，从精度选择方面来看，数控立式升降台铣床若按国家标准制造并略有精度储备的话，即可满足大多数零件的需要。对于精度要求较高的零件，则应考虑选用精密型数控铣床。

3. 根据被加工零件的工艺特点来选择

如果零件需要加工的部位是框形面或不等高的各级台阶，那么选用点位直线系统的数控铣床即可。如果需要加工的部位是曲面轮廓，即应根据曲面的几何形状决定选择两坐标联动或三坐标联动的系统，一般的升降台立式数控铣床都可控制 3 个坐标，选用两坐标联动和三坐标联动，可在订货单上写明。

在用户的特定要求下，升降台立式数控铣床还可以加进一个回转的 *A* 坐标或 *C* 坐标，即增加一个数控分度头或数控回转工作台。这时机床的数控系统为四坐标的数控系统，或者设计成可切换的三坐标系统。这种有四坐标的数控铣床，可以加工螺旋槽、叶片等零件。

4. 根据零件的批量或其他要求来选择

如果被加工零件是大批量的，那么用户也会采用专用铣床。但如果是中、小批量而又是经常周期性重复投产的话，那么采用数控铣床是非常合适的，因为第一轮批量中准备好的工夹具、程序等，可用计算机储存起来重复使用。从而提高了使用效率。

为了保证特定的质量或者为了获得稳定的质量，即使在其他方面比加工时、成本等有损失，决策者仍愿意采用数控铣床。

为了减轻操作者的劳动量，大量采用自动化程度高的铣床来代替普通铣床，正如国外厂家提高数控化率的做法一样，是出于长远考虑的目的。

4.6 数控铣加工刀具的选择

4.6.1 铣削加工最佳切削条件

铣削加工一般说来，均属于高效率加工。在端面铣削当中，所采用的刀具根据其运用范围有不同的形状和种类。

刀具的切刃，由于切削过程的摩擦，急剧加热，在空转时应该急剧冷却下来，对此要求非常严格。因此要求切刃具有耐冲击性、耐磨损性和耐热性。

为了在刀具刀尖上缓和冲击，并容易流出切屑，需要充分研究刀尖的形状。

选择端面铣削刀片的前角有两种：一种是与工件接近90°的加工面的肩削型，一种是对刀具磨损有利的平削型。采用平削型刀刃冲击小，切削厚度小。在平削型中，由于后角大，对刀刃耐磨损有利，但由于轴向产生分力会引起振动。因此，一般采用45°后角(图4-23)。

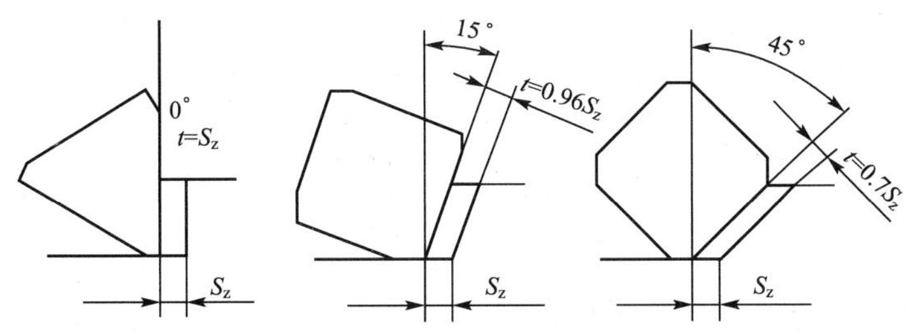

图 4.23 后角的选择

刀具的有效直径和刀刃数的选择，视被加工材料而定。

为了获得经济的稳定的铣削作业，必须充分选择适当的切削条件，充分考虑各方面因素。

如被切削材料、硬度、机床的功率和刚性、刀具的形状等因素。

为了选择适当的条件，必须充分注意材料特性。

下面分述各种材料铣削注意点。

(1) 铸铁切削要点见表4-5。

表 4-5 铸铁切削要点

种类	切削性能	注意点
普通铸铁	切屑较细，力集中在刀尖部分，后面磨损较多；由于材料原因，容易形成微小颗粒	为了增加刀尖强度，选择合适的刀尖形状 为了在材料出现缺陷后避免刀尖损坏，应注意刀刃的倾角
高级铸铁	与普通铸铁相比，极为强韧。选择切削韧性好的材料	重视切刃锋利形状，降低切削阻力。为了防止切屑咬合，可在刀尖处设计凹处

(2) 轻合金切削要点见表4-6。

表 4-6 轻合金切削要点

种类	切削性能	注意点
铝合金	切削阻力小； 容易形成积屑瘤，切屑长； 加工要求精度高； 工件刚性不好，容易产生振动	重视刀刃形状； 选择刃口锋利的刀具； 选择耐磨性好的金刚石刀具； 需要充分排屑

（续）

种类	切削性能	注意点
高硅铝合金	由于含硅高，故切削韧性不好； 干式切削不形成积屑瘤； 加工面精度不好； 刀具刀尖易熔化	切削速度 V=100～175m/min； 金刚石刀具 V=400～800m/min； 金刚石刀具寿命长； 湿式切削比干式切削寿命长

(3) 不锈钢切削要点见表 4-7。

表 4-7　不锈钢切削要点

种类	切削性能	注意点
奥氏体	非磁性、温度范围宽、韧性高，加工过程产生硬化、剥离现象，切屑不连续，容易产生振动，容易形成积屑瘤，不易断开	刀尖锋利，切屑易断，刀刃形状好； 高韧性材料； 采用大前角，可以进行高速加工
马氏体	与普通铸铁相比，极为强韧。选择切削韧性好的材料	LQ

(4) 钢切削要点见表 4-8。

表 4-8　钢切削要点

种类	切削性能	注意点
软钢（HB150）	切屑很长，不易断开； 由于材料熔化，加工表面不好； 容易形成切屑瘤	对切屑流的对策： 采用高速切削 V=150m/min； 使用金属陶瓷材料刀具； 刀尖锋利
普通钢 35[#]～45[#]	适用于一般切削条件，切屑容易断开	使用金属陶瓷材料刀具，可延长其寿命
合金钢	材料强度高，断屑容易粘，切削阻力大，材料经热处理，切削温度高	把切削条件降低些； 由于机械刚性好，使用大前角可适用于高效率加工； 要使用冷却液以降低切削温度

4.6.2　刀具的选择

1. 刀具的选择

数控机床上用的刀具应满足安装调整方便、刚性好、精度高、耐用度好等要求。

1）对刀具的基本要求

（1）铣刀刚性要好。铣刀刚性要好的目的有二：一是为提高生产效率而采用大切削用量的需要；二是为适应数控铣床加工过程中难以调整切削用量的特点。例如，当工件各处的加工余量相差悬殊时，普通铣床很容易采取分层铣削方法加以处理，而数控铣削必须按程序规定的进给路线前进，遇到余量大时，就无法像普通铣床那样“随机应变”，除非在编程时能够预先考虑到余量相差悬殊的问题，否则铣刀必须返回原点，用改变切削面高度或加大刀具半径补偿值的方法从头开始加工，多进给几次，造成余量少的地方经常空进给，降低了生产效率，如刀具刚性较好就不必这样处理。再者，在通用铣床上加工时，若遇到刚性不好的刀具，也比较容易从振动、手感等方面及时发现并及时调整切削用量加以弥补，而数控铣削时则很难办到。在数控铣削中，因铣刀刚性较差而断刀并造成零件损伤的事例是常有的。所以解决数控铣刀的刚性问题是至关重要的。

（2）铣刀的耐用度要高。尤其是当一把铣刀加工的内容很多时，如刀具不耐用而磨损较快，不仅会影响零件的表面质量与加工精度，而且会增加换刀引起的调刀与对刀次数，也会使工作表面留下因为对刀误差而形成的接刀台阶，从而降低了零件的表面质量。

除上述两点之外，铣刀切削刃的几何角度参数的选择及排屑性能等也非常重要。切屑粘刀形成积屑瘤在数控铣削中是十分忌讳的。总之，根据被加工工件材料的热处理状态、切削性能及加工余量，选择刚性好、耐用度高的铣刀，是充分发挥数控铣床的生产效率和获得满意加工质量的前提。

2）刀具的组成

数控铣床上使用的刀具分刃具部分和连接刀柄部分。刃具部分包括钻头、铣刀、铰刀、丝锥等。连接刀柄要满足机床主轴自动松开和拉紧定位，准确安装各种切削刃具。数控铣床主轴安装刀柄的锥孔已采用IS040、45、50等数据（FANUC公司刀具刀柄采用BT40、45、50等数据，SIMENS采用HK或HSK等数据）。成都工具研究所已制订了TSG工具系统刀柄，如今已批量生产。上海机床附件一厂、广州工具厂、白城机床附件厂、天津机床附件厂、成油机床附件广等单位的刀柄的分类很详细，这里不做累述。实际上，数控铣床用刀具和加工中心刀具基本一致，只不过数控铣床是手动换刀，加工中心可以自动换刀而已。下面就如何选用刀柄做一叙述。

2. 选择刀柄的注意事项

（1）标准刀柄与机床主轴连接的接合面是7∶24锥面，国际标准（ISO）有40、45、50、30、35等。刀柄尺寸的选择需考虑机床主轴拉紧刀柄的拉钉尺寸的要求。而加工中心还要考虑机械手夹持尺寸的要求。

（2）TSG工具系统中有一部分刀柄不带刃具，必须配置相应的刀具如立铣刀、钻头、镗刀头、丝锥和附件，如钻夹头、弹套、丝锥扭矩保护套等。

（3）用户可根据典型零件的工艺分析，安排刀具清单，再考虑易损的备件。刀柄的选择直接影响机床效能的发挥。一些用户由于缺少刀柄，使得机床不能开动。选择刀柄数量多又会影响投资。如何恰当地选择只有根据典型零件的批量情况而定。

（4）选用模块式刀柄和复合刀柄要综合考虑。模块式刀柄的选用，必须考虑本单位有一个完整的体系。如果只使用单个功能的刀柄是不合算的。例如镗 ϕ60mm×100mm的孔，用普通短刀杆就可以了。若采用模块式刀柄必须配一个柄部、一个接杆和一个镗刀头部。而加工中心刀库容量大，更换刀具频繁，可考虑使用模块式，若长期反复使用，不需要反复拼装，则可使用普通刀柄。对于批量大又反复生产的典型零件来说，可考虑选用复合刀柄，尽管复合刀柄价格要贵，但复合刀柄可使多道工序在一把刀具上完成，可大大节省工时。采用多刀多刃强力切削，可以充分发挥机床的性能，可提高生产率，缩短生产周期。

(5) 特殊刀柄的选用。如把增速头刀柄用于小孔加工，则转数比主轴转速增高几倍。多轴加工动力头刀柄可同时加工小孔。万能铣头刀柄可改变刀具与主轴轴线夹角，扩大工艺范围。内冷却刀具刀柄冷却液通过刀柄，经过刃具内通孔，直接在切削刃区冲击，可得到很好的冷却效果，适用于深孔加工。高速磨头刀柄适于在加工中心磨削淬火加工面或抛光模具面等。特殊刀柄的选用必须考虑对机床主轴端面安装位置的要求，在考虑可否实现的情况下，优化选择。

4.6.3 铣刀的种类

1. 铣刀种类

铣刀种类很多，这里只介绍几种在数控机床上常用的铣刀。

(1) 面铣刀。如图 4.24 所示，面铣刀的圆周表面和端面上都有切削刃，端部切削刃为副切削刃。面铣刀多制成套式镶齿结构，刀齿材料为高速钢或硬质含金，刀体为 40Cr。高速钢面铣刀按国家标准规定，直径 $d=80\sim250$mm，螺旋角 $\beta=10^{\circ}$，刀齿数 $Z=10\sim26$。

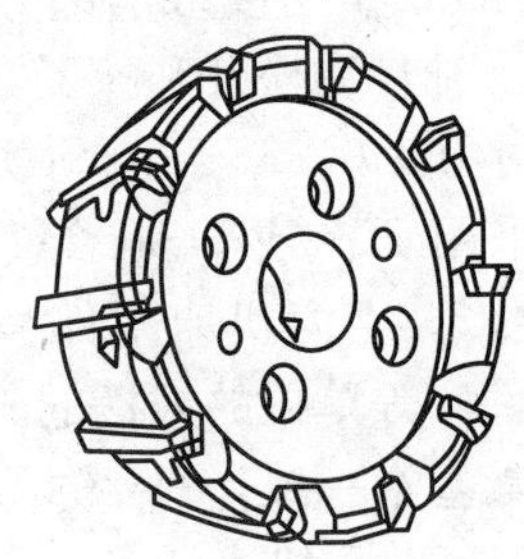

图 4.24 面铣刀

硬质合金面铣刀与高速钢铣刀相比，铣削速度较高、加工效率高、加工表面质量也较好，并可加工带有硬皮和淬硬层的工件，故得到广泛应用。硬质合金面铣刀按刀片和刀齿安装方式的不同，可分为整体焊接式、机夹-焊接式和可转位式 3 种(图 4.25)。

由于整体焊接式和机夹-焊接式面铣刀难于保证焊接质量，刀具耐用度低，重磨较费时，目前已逐渐被可转位式面铣刀所取代。

可转位式面铣刀是将可转位刀片通过夹紧元件夹固在刀体上，当刀片的一个切削刃用钝后，直接在机床上将刀片转位或更换新刀片。因此，这种铣刀在提高产品质量及加工效率、降低成本、操作使用方便性等方面都具有明显的优越性，目前已经得到广泛应用。

可转位式铣刀要求刀片定位精度高、夹紧可靠、排屑容易、更换刀片迅速等，同时各定位、夹紧元件通用性要好，制造要方便，并且应经久耐用。

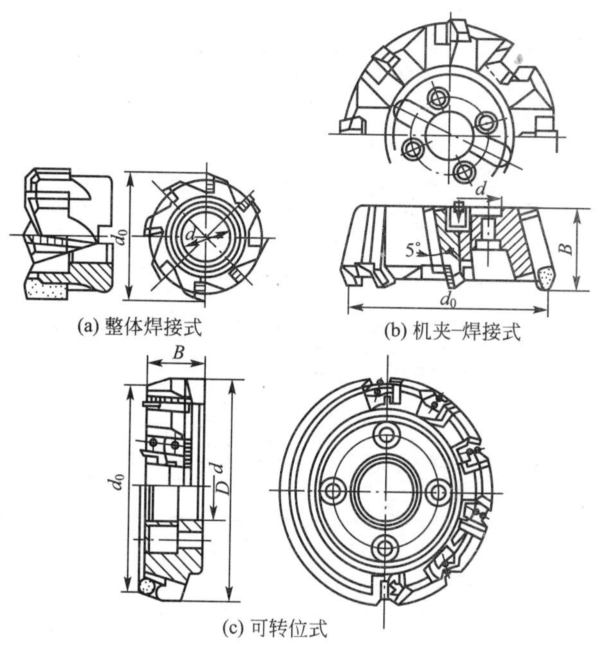

图 4.25 硬质合金面铣刀

(2) 立铣刀。立铣刀是数控机床上用得最多的一种铣刀，其结构如图 4.26 所示。立铣刀的圆柱表面和端面上都有切削刃，它们可同时进行切削，也可单独进行切削。

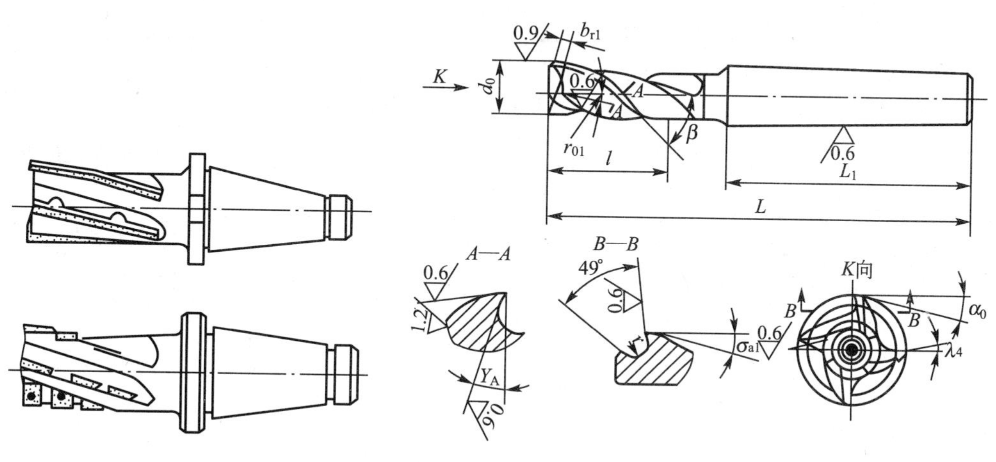

图 4.26 立铣刀

(3) 模具铣刀。模具铣刀由立铣刀发展而成，可分为圆锥形立铣刀(圆锥半角$\alpha/2=3°$、5°、7°、10°)、圆柱形球头立铣刀和圆锥形球头立铣刀 3 种，其柄部有直柄、削平型直柄和莫氏锥柄。它的结构特点是球头或端面上布满切削刃，圆周刃与球头刃圆弧连接，可以做径向和轴向进给。铣刀工作部分用高速钢或硬质合金制造。国家标准规定直径 $d=4\sim$

63mm。图 4.27 所示为高速钢制造的模具铣刀，图 4.28 所示为用硬质合金制造的模具铣刀。小规格的硬质合金模具铣刀多制成整体结构，ϕ16mm 以上直径的，制成焊接或机夹可转位刀片结构。

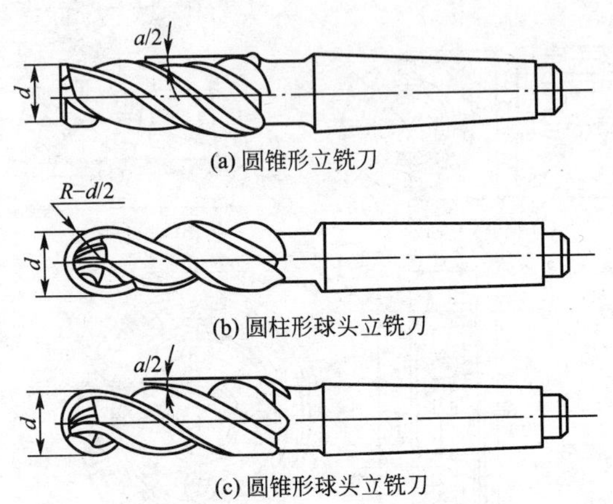

图 4.27　高速钢模具铣刀

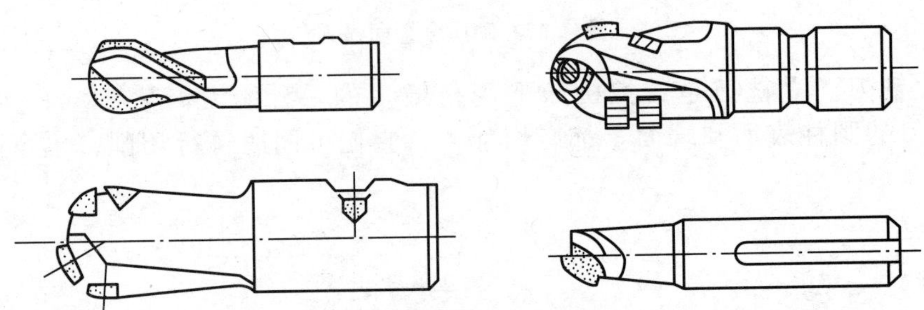

图 4.28　硬质合金模具铣刀

（4）键槽铣刀。键槽铣刀如图 4.29 所示，它有两个刀齿，曲柱面和端面都有切削刃，

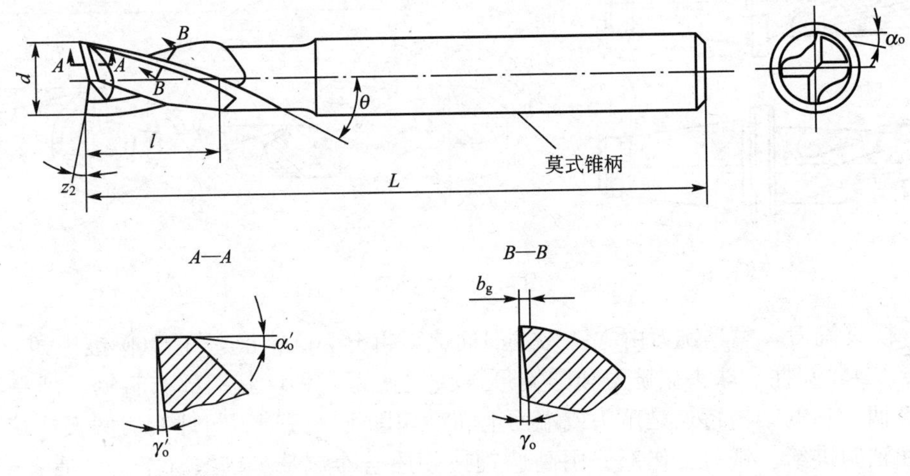

图 4.29　键槽铣刀

端面刃延至中心，既像立铣刀，又像钻头。加工时先轴向进给达到槽深，然后沿键槽方向铣出键槽全长。

按国家标准规定，直柄键槽铣刀直径 d=2～22mm，锥柄键槽铣刀直径 d=14～50mm。键槽铣刀直径的偏差有 e8 和 d8 两种。键槽铣刀的圆周切削刃仅在靠近端面的小段长度内发生磨损，重磨时，只需刃磨端面切削刃，因此重磨后铣刀直径不变。

(5) 鼓形铣刀。图 4.30 所示是一种典型的鼓形铣刀，它的切削刃分布在半径为 R 的圆弧面上，端面无切削刃。加工时控制刀具上下位置，相应改变刀刃的切削部位，可以在工件上切出从负到正的不同斜角。R 越小，鼓形刀所能加工的斜角范围越广，但所获得的表面质量也越差。这种刀具的缺点是刃磨困难、切削条件差，而且不适合加工有底的轮廓表面。

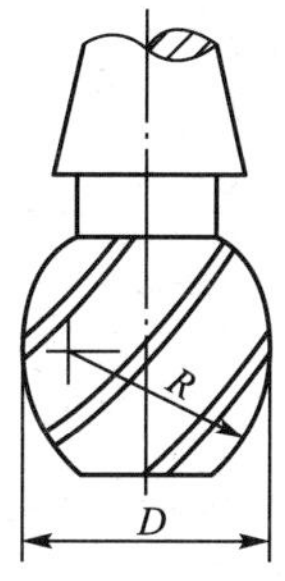

图 4.30　鼓形铣刀

(6) 成形铣刀。图 4.31 是常见的几种成形铣刀，一般都是为特定的工件或加工内容专门设计制造的，如角度面、凹槽、特形孔或台等。

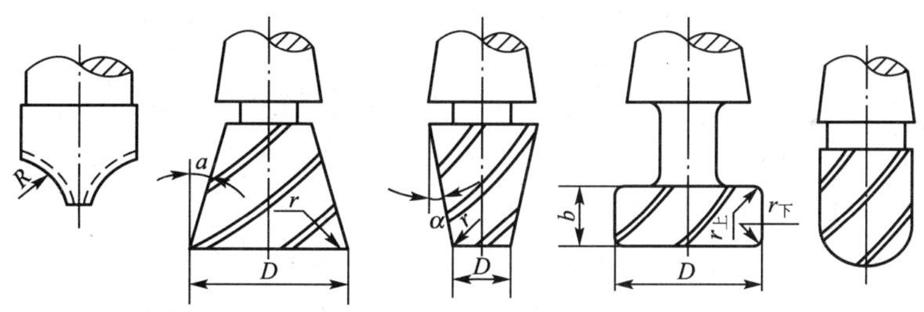

图 4.31　几种常见的成形铣刀

除了上述几种类型的铣刀外，数控铣床也可使用各种通用铣刀。但因不少数控铣床的主轴内有特殊的拉刀位置，或因主轴内锥孔有别，须配制过渡套和拉钉。

2. 铣刀的选择

铣刀类型应与工件表面形状与尺寸相适应。加工较大的平面应选择面铣刀；加工凹槽、较小的台阶面及平面轮廓应选择立铣刀；加工空间曲面、模具型腔或凸模成形表面等多选用模具铣刀；加工封闭的键槽选择键槽铣刀；加工变斜角零件的变斜角面应选用鼓形铣刀；加工各种直的或圆弧形的凹槽、斜角面、特殊孔等应选用成形铣刀。根据不同的加工材料和加工精度要求，应选择不同参数的铣刀进行加工。

4.6.4 对刀仪的选择

对于初次掌握数控铣床和加工中心的操作者来说，比较重要的问题是程序编制和刀具准备工作。在切削加工前，准确掌握刀具尺寸这项工作尽量在预调仪上完成。选择对刀仪必须根据加工精度来考虑。预调仪测出的刀具尺寸不一定等于加工后孔的尺寸。加工过程中还要经过试切后现场修调刀具。一般来说国产镗刀刀柄加工出的孔径要比预调仪上尺寸小0.01～0.02mm。一台预调仪可为多台机床服务。

综上所述，选择设备的原则是生产上运用、技术上先进、经济合理、符合安全节能要求。数控设备在各生产厂家都视为关键设备，期望值较高。因此必须侧重生产实际效能的发挥，着重选择可靠性高的数控系统。其功能除满足加工零件要求外，要留有余地。对机床的主要参数、机械传动装置、数控系统、伺服系统要进行充分的分析。可根据预选、细选和终选两个过程，广泛征求各方面专家意见。

4.7 数控机床夹具的选择

数控加工的特点对夹具提出了两个基本要求：一是保证夹具的坐标方向与机床的坐标方向相对固定；二是要能协调零件与机床坐标系的尺寸。除此之外，重点考虑以下几点。

1. 高精度

数控机床精度很高，对加工零件的质量、精度要求也比较高，对夹具的制造和对定位精度要求也高。

2. 快速装夹工件

对数控机床夹具也提出较高的定位安装精度要求，为适应快速装夹的需要，夹具常采用液动、气动等快速反应夹紧动力。对切削时间较长的工件夹紧，在夹具液压夹紧系统中附加蓄能器，以补偿内泄漏，防止可能造成的松夹现象。

若对自锁性要求较严格，则多采用快速螺旋夹紧机构，并利用高速风动扳手辅助安装。为减少停机装夹时间，夹具可设置预装工位，也可利用机床的自动托盘交换装置，专门装卸工件。

对于柔性制造单元和自动线中的数控机床及加工中心，其夹具结构应注意为安装自动送料装置提供方便。

3. 具有良好的敞开性

数控机床加工为刀具自动进给加工。夹具及工件为刀具的快速移动和换刀等快速动作提供较宽敞的运行空间。尤其对于需多次进出工件的多刀、多工序加工，夹具的结构更应尽量简单、外敞，使刀具容易进入，以防刀具运动中与夹具工件系统相碰撞。

4. 本身的机动性要好

数控机床加工追求一次装夹条件下，联动数控机床，可以借助于夹具的转位、下完成多面加工，尽量完成所有机加工内容。对于机动性能稍差些的两轴翻转等功能弥补机床性能的不足，保证一次装夹条件。

5. 机床坐标系中坐标关系明确、数据简单、便于计算

数控机床均具有自己固定的机床坐标系，而装夹在夹具上的工件在加工时，应明确其在机床坐标系中的确切位置，以便刀具按照程序的指定路线运动，切出预期的尺寸和形状。为简化编程计算，一般多采取建立工件坐标系的方法。即根据工件在夹具中的装夹位置，明确编程的工件坐标系相对机床坐标系的准确位置，以便把刀具内机床坐标系转换到此程序的工件坐标系。所以，要求数控机床上的夹具定位系统，应指定一个很明确的零点，表明装夹工件的位置，并据此选择工件坐标系的原点。为使坐标转换计算方便，夹具零点相对机床工作台原点的坐标尺寸关系应简单明了、便于测量、便于记忆、便于调整、便于计算。有时也直接把工件坐标系原点选在夹具零点上。

6. 应为刀具的对刀提供明确的对刀点

数控机床加工中，每把刀具进入程序均应有一个明确的起点，称为这一刀具的起刀点(刀具进入程序的起点)。若一个程序中要调用多把刀具对工件进行加工，需要使每把刀具都由同一个起点进入程序。因此，各刀具在装刀时，应把各刀的起刀点都安装或校正到同一个空间点上，这个点称为对刀点。

对于镗、铣、钻类数控机床，多在夹具上或夹具中的工件上专门指定一个特殊点作为对刀点，为各刀具的安装和校正提供统一的依据。这个点一般应与工件的定位基准，即夹具定位系统保持很明确的关系，便于刀具与工件坐标系关系的确立和测量，以使不同刀具都能精确地由同一点进入同一个程序。当刀具经磨损、重装而偏离这一依据点时，多通过改变刀具相对这个点的坐标偏移补偿值自动校正各刀的进给路线参数值，而不需改动已经编制好的程序。

7. 高适应性

数控机床加工的机动性和多变化性，要求机床夹具应具有对不同工件、不同装夹要求的较高适应性。一般情况下，数控机床夹具多采用各种组合夹具。在专业化大规模生产中多采用排装类夹具，以适应生产多变化、生产准备用期短的需要。在批量生产中，也常采用结构较简单的专用夹具，以提高定位精度。在品种多变的行业性生产中多使用可调夹具和成组夹具，以适应加工的多变化性。批量较大的自动化生产中，夹具的自动化程度可以较高，结构相应也较复杂。而单件小批量生产，也可以直接采用通用夹具，生产准备周期很短，不必再单独制造夹具。

另外，要求数控机床排屑通畅，清除切屑方便。

1. 数控铣床与普通铣床定位原理上一致吗？装夹原理上一致吗？工艺路线分析思路一样吗？

2. 机床几何精度对零件的加工精度有影响吗？加工前是否要对几何精度进行检验？

如果需要如何检验？检验结果如何处理？

3. 含硅钢材铣削参数如何确定？

4. 孔类零件加工的刀具有哪些？各自适用于哪些场合？

5. 零件尺寸与选择数控铣床的规格有哪些关系？零件的精度要求与铣床的哪些参数有关？

6. 表面粗糙度和数控编程有关系吗？

7. 轮廓铣削时刀具切入切出上有哪些方案？你认为最佳方案是什么？

第5章 数控铣床编程训练

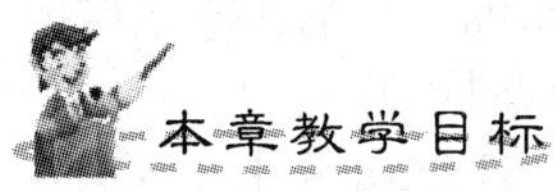

熟悉数控铣床几个常规操作方法和数控铣床面板各个按钮的主要功能；
掌握数控铣床平面轮廓、中心轨迹编程方法；
掌握数控铣床孔类零件加工与螺旋线加工方法。

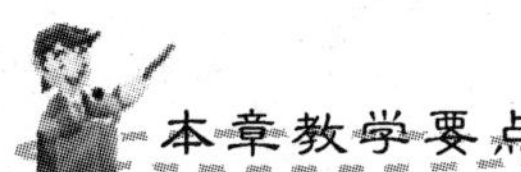

知识要点	能力要求	相关知识
数控铣床基本功能操作方法	掌握基本的铣床操作办法	数控铣床操作手册
平面轮廓轨迹的编程加工	能熟练运用中心轨迹和轮廓轨迹进行编程	刀具偏置原理
钻孔及螺纹孔的加工	能熟练进行钻孔加工、螺纹孔加工及螺旋线加工	螺纹基本知识及螺纹刀具的应用

5.1 基本操作训练

5.1.1 实训目的与要求

(1) 了解数控铣床的基本原理和各部分的功能。

(2) 掌握典型零件的铣削加工数控编程方法。

(3) 掌握数控铣床操作方法，对典型零件进行加工。

5.1.2 数控铣床(XK5025)简介

XK5025数控立式升降台铣床，配有FANUC 0-MD数控系统，采用全数字交流伺服驱动。加工时，按照待加工零件的尺寸及工艺要求，编制成数控加工程序，通过控制面板上的操作键盘输入计算机，计算机经过处理发出脉冲信号，该信号经过驱动单元放大后驱动伺服电机，实现铣床的 X、Y、Z 三坐标联动功能，完成各种复杂形状的加工。

图5.1为数控铣床的结构布局，机床的主轴电机为双速电动机。通过双速开关可实现主轴正转和反转的高、低速4挡功能，而每一种功能状态下，又可通过机械齿轮变速达到调速的目的。

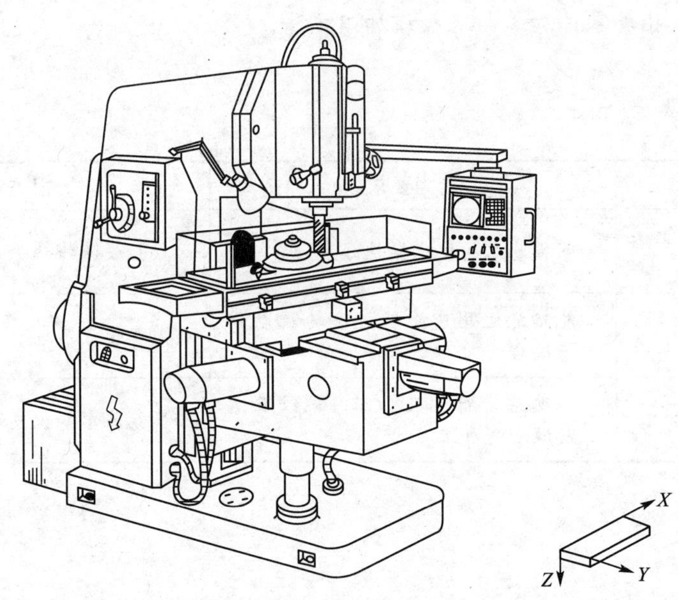

图5.1 XK型数控铣床的结构布局

本机床适用于多品种小批量零件的加工，对各种复杂曲线的凸轮、样板、弧形槽等零件的加工效能尤为显著，由于本机床是三坐标数控铣床，驱动采用精度高、可靠性好的全数字交流伺服电机，输出力矩大，高速和低速性能均好，且系统具备手动回机械零点功能，机床的定位精度和重复定位精度较高，不需要模具就能确保零件的加工精度，同时机床所配系统具备刀具半径补偿和长度补偿功能，降低了编程复杂性，提高了加工效率。本系统还具备设置零点偏置量功能，相当于可以建立多工件坐标系，实现多工件的同时加工，空行程可采用快速方式，以减少辅助时间，进一步提高劳动生产率。

系统主要操作均在键盘和控制面板上进行，面板上的9″CRT显示屏可实时提供各种系统信息：编程、操作、参数和图像，每一种功能下具备多种子功能，可以进行后台编辑。

1. 机床主要技术参数

1）工作台

工作台面积(宽×长)：　250mm×1120mm

工作台纵向行程：　680mm

工作台横向行程：　350mm

升降台垂向行程：　400mm

工作台允许最大承载：　250kg

2）主轴

主轴孔锥度：　ISO 30°(7∶24)

主轴套筒行程：　130mm

主轴套筒直径：　85.725mm

主轴转速范围：　有级 65～4750r/min
无级 60～3500r/min

主轴中心至床身导轨面的距离：　360mm

主轴端面至工作台面高度：　30～430mm

3）进给速度

铣削进给速度范围：　0～0.35m/min

快速移动速度：　2.5m/min

4）精度

分辨率(脉冲当量)：　0.001mm

定位精度：　±0.013mm/300mm

重复定位精度：　±0.005mm

主轴电机容量：　(3相) 2.2kW

2. 机床的结构

本机床分为6个主要部分，即床身部分、主轴部分、工作台部分、横向进给部分、升降台部分、冷却与润滑部分。

1）床身部分

床身内部布筋合理，具有良好的刚性，底座上设有4个调节螺栓，便于机床调整水平，冷却液储液池设在机床座内部。

2）主轴部分

主轴支承在高精度轴承上，保证主轴具有高回转精度和良好的刚性，主轴装有快速换刀螺母。前端锥孔采用ISO 30°锥度。主轴采用机械无级变速，调节范围宽、传动平稳、操作方便。刹车机构能使主轴迅速制动，节省辅助时间，刹车时通过制动手柄撑开止动环使主轴立即制动。启动主电机时，应注意松开主轴制动手柄。铣头部件还装有伺服电机、内齿带轮、滚珠丝杠副及主轴套筒，它们形成垂向(Z向)进给传动链，使主轴做垂向直线运动。

3）工作台部分

工作台与床鞍支承在升降台较宽的水平导轨上，工作台的纵向进给是由安装在工作台右端的伺服电机驱动的。通过内齿带轮带动精密滚珠丝杠副，从而使工作台获得纵向进给。工作台左端装有手轮和刻度盘，以便进行手动操作。

床鞍的纵横向导轨面均采用了TURCTTE－B贴塑面，提高了导轨的耐磨性、运动的平稳性和精度的保持性，消除了低速爬行现象。

4）升降台(横向进给部分)

升降台前方装有交流伺服电机，驱动床鞍做横向进给运动，其传动原理与工作台的纵向进给相同。此外，在横向滚珠丝杠前端还装有进给手轮，可实现手动进给。升降台左侧装有锁紧手柄，轴的前端装有长手柄可带动锥齿轮及升降台丝杆旋转，从而获得升降台的升降运动。

5）冷却与润滑装置

(1) 冷却系统。机床的冷却系统是由冷却泵、出水管、回水管、开关及喷嘴等组成，冷却泵安装在机床底座的内腔里，冷却泵将冷却液从底座内储液池打至出水管，然后经喷嘴喷出，对切削区进行冷却。

(2) 润滑系统及方式。润滑系统是由手动润滑油泵、分油器、节流阀、油管等组成。机床采用周期润滑方式，用手动润滑油泵，通过分油器对主轴套筒、纵横向导轨及三向滚珠丝杆进行润滑，以提高机床的使用寿命。

3. 操作设备

1）CRT/MDI操作面板

图5.2为FANUC 0－MD系统的CRT/MDI操作面板，其主功能见表5－1，其他键的用途见表5－2。

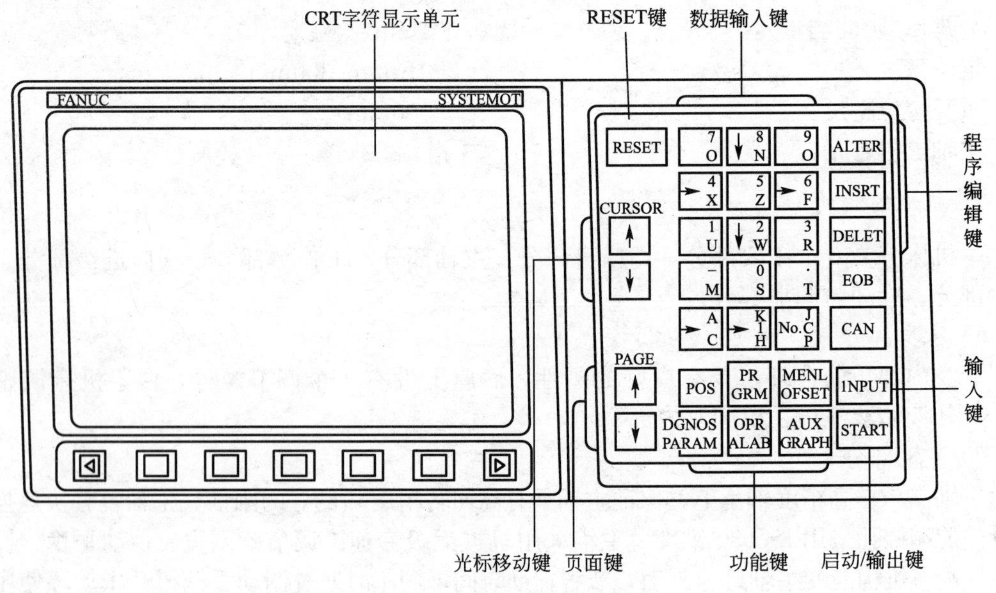

图5.2　CRT/MDI操作面板

表 5-1　CRT/MDI 面板主功能

序号	主功能	键符号	用　　途
1	位置显示	POS	在 CRT 上显示机床现在的位置
2	程序	PRGRM	在编辑方式下，编辑、显示在内存中的程序；在 MDI 方式下，输入、显示 MDI 数据
3	偏置量设定与显示	OFSET	刀具偏置量数值和宏程序变量的设定与显示
4	自诊断参数	DGNOS/PRARM	运行参数的设定、显示及诊断数据的显示
5	报警号显示	OPR　ALARM	按此键显示报警号
6	图形显示	GRAPH	图形轨迹的显示

表 5-2　CRT/MDI 面板其他键的用途

号码	名称	用　　途
1	复位键(RESET)	用于接触报警，CNC 复位
2	启动键(START)	MDI、自动方式运转时的循环启动运转，其使用方法因机床不同而不同
3	地址/数字键	字母、数字等文字的输入
4	符号键(/、#、EOB)	在编程时用于输入符号，特别用于每个程序段的结束符
5	删除键(DELET)	在编程时用于删除已输入的字及在 CNC 中存在的程序
6	INPUT 键	按地址键或数值键后，地址或数值进入键输入缓冲器并显示在 CRT 上，若将缓冲器的信息设置到偏置寄存器中，按 INPUT 键与软键中的 INPUT 键等价
7	取消键(CAN)	消除输入缓冲器中的文字或符号。例如，键入 N0001 时，若按(CAN)键，N0001 就被消除
8	翻页键(PAGE)	有两种翻页键：↓顺方向翻页，↑反方向翻页
9	光标移动键(CURSOR)	有两种光标移动键：↓光标顺方向移动，↑使反方向移动
10	软键	按照用途给出各种功能，按提示操作
11	输出启动键(OUTSTART)	按下此键，CNC 开始输出内存中的参数或程序到外部设备

2）机床操作面板

机床操作面板如图 5.3 所示，机床的类型不同，其开关的功能及排列顺序有所差异。操作按(旋)钮的功能见表 5-3，表 5-4 为手动操作一览表。

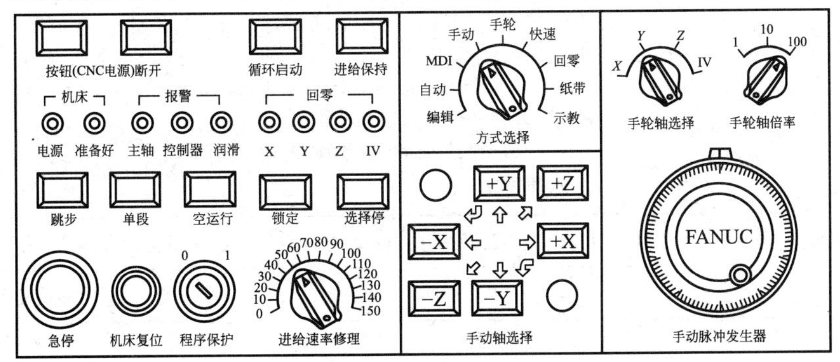

图 5.3　机床操作面板

表 5-3　操作按钮的功能

键(按钮)名称	用　　途
循环启动	自动运转的启动，在自动运转中，自动运转指示灯亮
进给选择	自动运转时刀具减速停止
方式选择	选择操作种类
快速进给	刀具快速进给
JOG 步进进给	手动连续进给，步进进给
手轮	手轮进给
单程序段	每次执行自动运转的一个程序段
跳过任选程序段开关	跳过任选程序段
空运转	空运转
返回参考点	返回参考点
快速进给倍率	选择快进给倍率的倍率量
步进进给量	选择步进 1 次的移动量
紧急停止	使机床紧急停止
锁住选择	选择机床锁住
手动绝对	自动运转转入手动运转时，选择是否将手动移动量加到绝对值寄存器中
进给速度倍率	选择自动运转中、手动运转中进给速度的倍率量
JOG 进给速度	选择手动连续进给速度
选择手轮轴	选择手动手轮移动的轴
选择手轮轴倍率	选择手动手轮进给时，1 个刻度量的倍率

表 5-4　手动操作一览表

项目	方式选择及进给率修调	操作说明
手动参考点返回(单轴)	ZEM	按“点动轴选择”，选择一个轴
手动连续进给	JOG 方式，由进给速度修调旋钮选择点动速度	按“点动轴选择”中的“+X、−X、+Y、−Y、+Z、−Z”键
手摇脉冲发生器的手动进给	HANDLE 方式，选择进给轴 X、Y 或 Z；由手脉冲倍率旋钮调节脉冲当量	旋转手动脉冲发生器(注意旋向与 X、Y、Z 轴的移动方向)
主轴手动操作	HANDLE、手动、点动方式	按 CW 或 CCW 或 STOP 键
冷却泵启停	任何方式	按 COOL 的 ON 或 OFF 键

5.1.3 铣床操作方法与步骤

1. 电源的接通与关断

1）电源接通

(1) 首先检查机床的初始状态，控制柜的前、后门是否关好。

(2) 接通机床侧面的电源开关，面板上的电源指示灯亮。

(3) 确定电源接通后，按下操作面板上的“机床复位”按钮，系统自检后CRT上出现位置显示画面，“准备好”指示灯亮。注意：在出现位置显示画面和报警画面之后，请不要接触CRT/MDI操作面板上的键，以防引起意外。

(4) 确认风扇电机转动正常后开机结束。

2）关断电源

(1) 确认操作面板上的循环启动显示灯是否关闭了。

(2) 确认机床的运动全部停止，按下操作面板上的“断开”按钮数秒，“准备好”指示灯灭，CNC系统电源被切断。

(3) 切断机床侧面的电源开关。

2. 手动运转

1）手动返回参考点

操作步骤如下。

(1) 将方式选择开关置于“JOG”位量。

(2) 使返回参考点的开关置于“ON”状态。

(3) 使各轴向参考点方向JOG进给，返回参考点之后指示灯亮。

注意事项如下。

(1) 从离开参考点的地方返回参考点。

(2) 用快速进给到减速点之后用FL速度移向参考点。快速进给期间，快速进给倍率有效。

(3) 返回参考点指示灯在从参考点移开、急停状态下机床移动两种情况下灭。

2）手动连续进给

操作步骤如下。

(1) 将方式选择开关置于“JOG”位置。

(2) 选择移动轴，机床在所选择的轴方向上移动。

(3) 选择JOG进给速度，见表5-5。

(4) 按“快速进给”按钮，刀具按选择的坐标轴方向快速进给。

表5-5 JOG进给速度表

旋转开关位置	0	1	2	3	4	5	6	7	8	9	10	11	12	13	14	15
进给速度/(mm·min^{-1})	0	2	3.2	5	7.9	12.6	20	32	50	79	126	200	320	500	790	1260

注意事项如下。

(1) 手动只能单轴运动。

(2) 把方式选择开关变为“JOG”位置后，先前选择的轴并不移动，需要重新选择移动轴。

3) 步进(STEP)方式进给

操作步骤如下。

(1) 使方式选择开关置于“STEP”位置。

(2) 按表 5-6 选择移动量，然后选择移动轴。

(3) 每按下一次轴选择开关，仅在指定轴方向上移动其规定的移动量，关断之后，再次接通时，又移动规定的移动量。

表 5-6 移动量选择开关与步进进给量的关系

输入倍率		×1	×10	×100	×1000
步进进给量	公制输入/mm	0.001	0.01	0.1	1
	英制输入/in	0.0001	0.001	0.01	0.1

说明如下。

(1) 移动速度与 JOG 方式的进给速度相同。

(2) 按“快速进给”按钮变为快速进给，快速进给倍率有效。

4) 手动手轮进给

转动手摇脉冲发生器，可使机床微量进给。

操作步骤如下。

(1) 使“方式选择”开关置于“HANDLE”位置。

(2) 选择手摇脉冲发生器移动的轴。

(3) 转动手摇脉冲发生器，实现手轮手动进给。

说明如下。

(1) 利用手摇脉冲发生器以 5r/s 以下的速度旋转，超过了该速度，即使手摇脉冲发生器停止转动，机床也不能立刻停止，否则造成刻度和移动量不符。

(2) 如果选择×100 的倍率，手摇脉冲发生器转动过快，刀具以接近于快速进给的速度移动，突然停止时，机床会受到震动。

(3) 设定了手轮进给的自动加速时间常数，手摇脉冲发生器的移动也具备了自动加减速，这样会减轻对机床的震动。

3. 自动运转

1)“存储器”方式下的自动运转

操作步骤如下。

(1) 预先将程序存入存储器中。

(2) 选择要运行的程序。

(3) 将方式选择开关置于“AUTO”位置。

(4) 按“循环启动”键，开始自动运转，“循环启动”灯亮。

2)“MDI”方式下的自动运转

该方式适于由 CRT/MDI 操作面板输入一个程序段，然后自动执行，操作步骤如下。

(1) 将方式选择开关置于“MDI”位置。

(2) 按主功能的“PRGRM”键。

(3) 按“PAGE”键，使画面的左上角显示 MDI，如图 5.4 所示。

```
                                   O2000     N2200
PROGRAM
                                  (MODAL)
  (MDI)                              F
                                  G00 R
                                  G17 P
                                  G90 Q
                                  G21 M
                                  G40 S
                                  G49 T
                                  G98

ADRS.
                                   MDI
[PRGRM] [CURRMT] [NEXT] [MDI] [    ]
```

图 5.4　MDI 方式显示画面

(4) 由地址键、数字键输入指令或数据，按“INPUT”键确认。

(5) 按“START”键或操作面板上的“循环启动”键执行。

3) 自动运转的执行

开始自动运转后，按以下方式执行程序。

(1) 从被指定的程序中，读取 1 个程序段的指令。

(2) 解释已读取的程序段指令。

(3) 开始执行指令。

(4) 读取下一个程序段的指令。

(5) 读出下一个程序段的指令，变为立刻执行的状态，该过程也称为缓冲。

(6) 前一程序段执行结束，因被缓冲了，所以要立刻执行下一个程序段。

(7) 以后重复执行(4)～(5)，直到自动执行结束。

4) 自动运转停止

使自动运转停止的方法，包括预先在程序中想要停止的地方输入停止指令和按操作面板上的按钮使其停止。

(1) 程序停止(M00)。执行 M00 指令之后，自动运转停止。与单程序段停止相同，到此为止的模态信息全部被保存，按“循环启动”键，使其再开始自动运转。

(2) 任选停止(M01)。与 M00 相同，执行含有 M01 指令的程序段之后，自动运转停止。但仅限于机床操作面板上的“任选停止”开关接通的场合。

(3) 程序结束(M02、M30)。自动运转停止，呈复位状态。

(4) 进绘保持。程序运转中，按机床操作面板上的“进给保持”按钮，可使自动运转暂时停止。

5) 复位

由 CRT/MDI 的复位按钮，外部复位信号可使自动运转停止，呈复位状态，若在移动中复位，机床减速后停止。

4. 试运转

1) 全轴机床锁住

若接通机床锁住开关，机床停止移动，但位置坐标的显示和机床移动时一样。此外，M、S、T功能也可以执行。此开关用于程序的检测。

2) Z轴指令取消

若接通Z轴指令取消开关，手动、自动运转中的Z轴停止移动，位置显示却同其轴实际移动一样被更新。

3) 辅助功能锁住

机床操作面板的辅助功能“锁住”开关一接通，M、S、T代码的指令被锁住不能执行，M00、M01、M02、M30、M98、M99可以正常执行。与机床锁住一样用于程序检测。

4) 进给速度倍率

用进给速度倍率开关，选择程序指定的进给速度百分数，以改变进给速度(倍率)，按照刻度可实现0～150%的倍率修调。

5) 快速进给倍率

可以将以下的快速进给速度变为100%、50%、25%，或F0值(由机床决定)。

(1) 由G00指令的快速进给。

(2) 固定循环中的快速进给。

(3) 指令G27、G28时的快速进给。

(4) 手动快速进给。

6) 空运转

空运转中，不考虑程序指定的进给速度，而用以下进给速度。

快速进给按钮ON/OFF	程序指令为快速进给时	程序指令为切削进给时
快速进给按钮ON	快速进给	JOG进给最高速度
快速进给按钮OFF	JOG进给	JOG进给速度

7) 单程序段

若将“单程序段”按钮置于“ON”，执行一个程序段后，机床停止。

说明如下。

(1) 用指令G28、G29、G30时，即使在中间点，也进行单程序段停止。

(2) 固定循环时的单程序段停止点为图5.5中1、2、6的结束点，单程序段在1、2处停止时，进给保持灯亮。

(3) M98P××；M99；的程序段不能单程序停止。但是，M98、M99的程序中有O、N、P以外的地址时，单程序段停止。

5. 安全操作

1) 紧急停止(EMERGENCY　STOP)

若按机床操作面板上的“紧急停止”按钮，机床移动会瞬时停止。

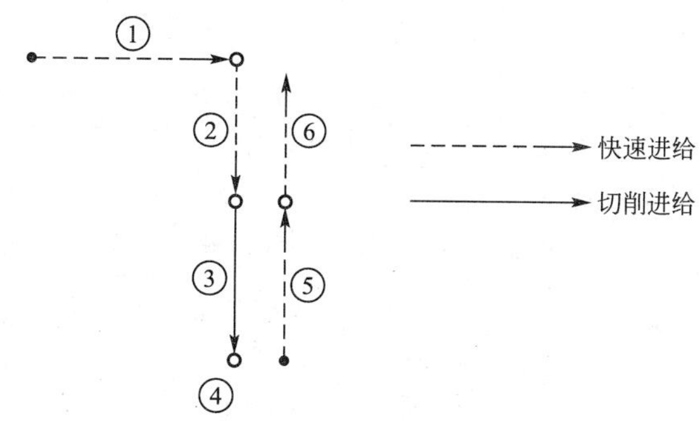

图 5.5 固定循环时的单程序段停止点

2）超程

刀具超越了机床限位开关规定的行程范围时，显示报警，刀具减速停止。此时用手动将刀具移向安全的方向，然后按“复位”按钮解除报警。

6．程序的存储、编辑

在此状态，可以通过键盘存储程序，对程序号进行检索，对程序进行各种编辑操作。

1）由键盘存储

操作步骤如下。

(1) 选择 EDIT 方式。

(2) 按“PRGRM”键。

(3) 键入地址 O 及要存储的程序号。

(4) 按“INSRT”键，用此操作可以存储程序号，以下在每个字的后面键入程序，用“INSRT”键存储。

2）程序检索

操作步骤如下。

(1) 选择 EDIT 和 AUTO 方式。

(2) 按“PRGRM”键，键入地址 O 和要检索的程序号。

(3) 按“CAUSOR ↓”键，检索结束时，在 CRT 画面的右上方，显示已检索的程序号。

3）删除程序

操作步骤如下。

(1) 选择 EDIT 方式。

(2) 按“PRGRM”健，键入地址 O 和要删除的程序号。

(3) 按“DELET”键，可以删除程序号所制定的程序。

4）字的插入、变更、删除

(1) 选择 EDIT 方式。

(2) 按“PRGRM”健，键入地址 O 和要编辑的程序。

(3) 检索要变更的字。

(4) 进行字的插入、变更、删除等编辑操作。

7. 数据的显示与设定

1）偏置量

操作步骤如下。

(1) 按“OFSET”主功能键。

(2) 按“PAGE”键，显示所需要的页面，如图 5.6所示。

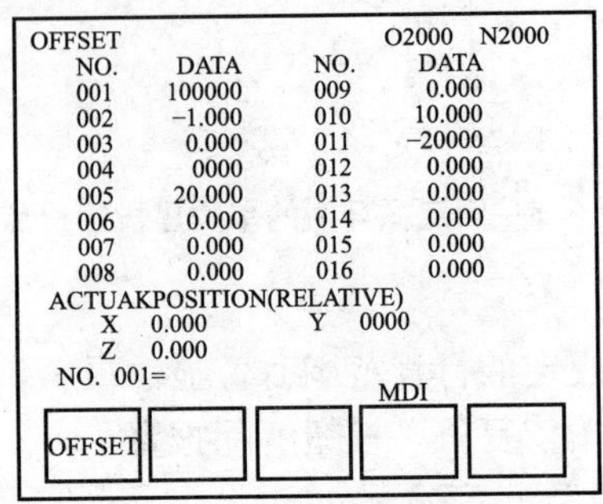

OFFSET O2000 N2000

NO.	DATA	NO.	DATA
001	100000	009	0.000
002	−1.000	010	10.000
003	0.000	011	−20000
004	0000	012	0.000
005	20.000	013	0.000
006	0.000	014	0.000
007	0.000	015	0.000
008	0.000	016	0.000

ACTUAKPOSITION(RELATIVE)
X 0.000 Y 0000
Z 0.000
NO. 001=
MDI
OFFSET

图 5.6　偏置量显示画面

(3) 使光标移向需要变更的偏置号位置。

(4) 由数据输入键，输入补偿量。

(5) 按“INPUT”键，确认并显示补偿值。

2）参数

由 CRT/MDI 设定参数的操作步骤如下。

(1) 按“PRAM”健和按“PAGE”键显示设定参数页面(也可以通过软键“参数”显示)，如图 5.7、图 5.8 所示。

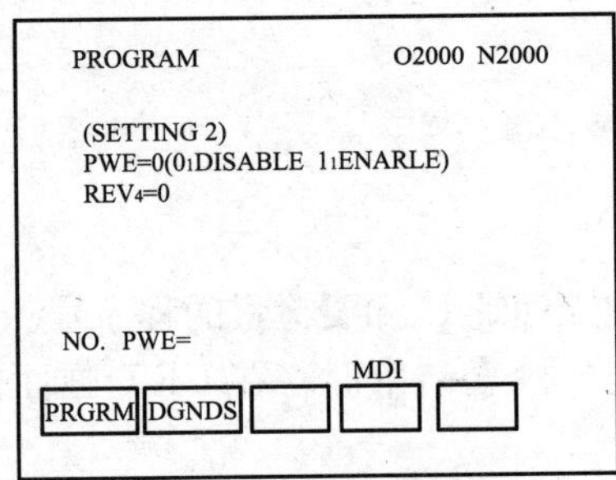

PROGRAM O2000 N2000

(SETTING 2)
PWE=0(0:DISABLE 1:ENARLE)
REV4=0

NO. PWE=
MDI
PRGRM DGNDS

图 5.7　参数设定画面

PARAMETER O2000 N2000

NO.	DATA	NO.	DATA
0001	00000100	0011	00000000
0002	00000001	0012	00000000
0003	00000001	0013	00000000
0004	00000001	0014	00000000
0005	00000001	0015	00000000
0006	00000001	0016	00000000
0007	00000001	0017	11111111
0008	00000000	0018	00000000
0009	00000000	0019	00000000
0010	00000100	0020	00000000

NO 0001=
MDI
PARAM DGONS

图 5.8　参数画面

(2) 选择 MDI 方式，移动光标键至要变更的参数位置。
(3) 由数据输入键输入参数值，按“INPUT”键，确认并显示参数值。
(4) 所有参数的设定及确认结束后，变为设定画面，使 PWE 设定为零。

8. 图形显示

1) 程序存储器使用量的显示
操作步骤如下。
(1) 选择 EDIT 方式。
(2) 按“PRGAM”键，键入地址 P。
(3) 按“INPUT”键和“PRGAM”键，显示程序存储器使用量的信息。
2) 现在位置的显示
按“POS”键和“PAGE”键，可显示工件坐标系的位置(软键 ABS)、相对坐标系的位置(软键 REL)、实际速度显示等 3 种状态，如图 5.9 所示。

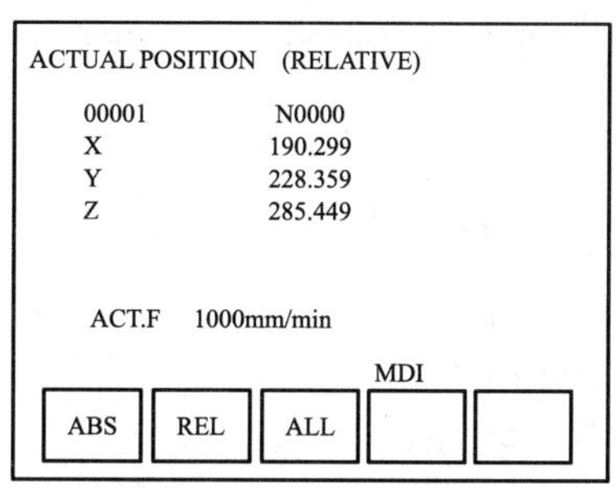

图 5.9 现在位置显示画面

5.2 中心轨迹加工操作实训

所谓中心轨迹加工，就是直接以刀具中心进行编程的加工。它不需要建立刀补。中心轨迹加工多用于刻字、标准刀具槽类零件的加工。

1. 实训目的和要求

(1) 熟练掌握基本准备功能指令的适用。
(2) 掌握中心轨迹加工工艺及程序的编制方法。

2. 器具及材料准备

(1) 数控铣床或加工中心。
(2) 精密平口虎钳。
(3) 游标卡尺、千分尺、百分表、扳手、铁屑刷、各类垫块等。
(4) 立铣刀。
(5) 用 ϕ10mm 的立铣刀铣出如图 5.10 所示槽，深度为 5mm，材料 45 钢。

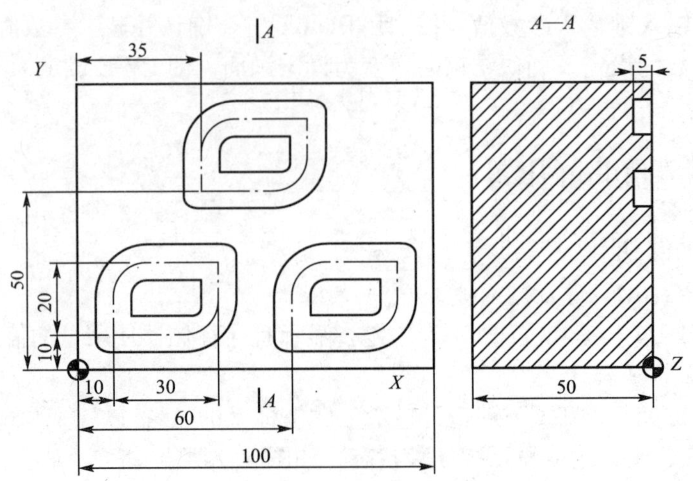

图 5.10 中心轨迹加工实例

3. 工艺分析

图样分析：该零件对沟槽宽度和深度没有精度要求，可以一次加工完成。

走刀路线：先加工出“一”号槽，然后加工出“二”、“三”号槽。其中，“一”号槽的加工路线为 1→2→3→4→5→6→1。

因图样完全相同，可以使用子程序加工“二”、“三”号槽。

工件坐标系的原点设置在毛坯的左下角位置，如图 5.10 所示。读者也可以自行设置。

基点的计算见程序。

刀具选择 ϕ10mm 的高速钢立铣刀。

夹具选择精密平口虎钳。毛坯尺寸 100mm×80mm×50mm，装夹时长边方向为 X 轴方向。

切削用量：切削深度 5mm，进给速度 80mm/min，主轴转速 400r/min。

4. 操作步骤

第一步：开机回参考点。

第二步：装夹找正。

(1) 将平口虎钳装在工作台上，并用磁力百分表拖平钳口。

(2) 将毛坯装上平口虎钳，毛坯长边 100mm，方向为 X 轴方向；短边 80mm，方向为 Y 轴正方向；高度为 50 mm，方向为 Z 轴正方向。要求毛坯表面要平整，且保证表面高出虎钳表面 10mm。

第三步：将刀具装入数控铣床主轴。(如若是数控加工中心，则依刀号装入刀库。)

第四步：对刀并输入零点偏置及刀具补偿参数。(工件坐标系用 G54 指定，具体过程略。)

第五步：将程序输入系统。

第六步：试件加工。

5. 加工程序

```
O0051;(主程序)
N010  G54  G17  G80  G90  G21  G40  T1  D1;
N020  M06;
N030  M03  S400;
N040  G00  Z50;
N050  G00  X10  Y10;
N060  M98  P0052;
N070  G00  X60  Y10;
N080  M98  P0052;
N090  G00  Z150;
N100  M05;
N110  M30;

O0052;(子程序)
N010  G00  Z5;
N020  G01  Z-5  F80;
N030  G91  Y10;
N040  G02  X10  Y10  R10;
N050  G01  X20;
N060  Y-10;
N070  G02  X-10  Y-10  R10;
N080  M98  P0052;
N090  G01  X-20;
N100  G90  Z5;
N110  M99;
```

说明：中心轨迹的加工相对来说，不用考虑刀补的建立，刀具的直径直接来保证零件沟槽的宽度，或者说计算沟槽基点坐标比较方便。

5.3 平面轮廓的加工

平面轮廓包括内轮廓和外轮廓的铣削加工。

1. 实训目的和要求

(1) 掌握轮廓加工的工艺分析和方法。
(2) 掌握编程零点的选择方法。
(3) 熟练掌握刀具半径补偿、准确定位、连续路径加工的程序编制。
(4) 熟练掌握拐角特性的程序编制方法。
(5) 合理选择平面轮廓加工刀具及铣削用量。
(6) 掌握程序校验的方法和步骤。

2. 器具及材料准备

(1) 数控铣床或加工中心。

(2) 精密平口虎钳。

(3) 游标卡尺、千分尺、百分表、扳手、铁屑刷、各类垫块等。

(4) 立铣刀。

(5) 如图 5.11 所示工件内外轮廓，毛坯尺寸 120mm×100mm×35mm，材料 45 钢。

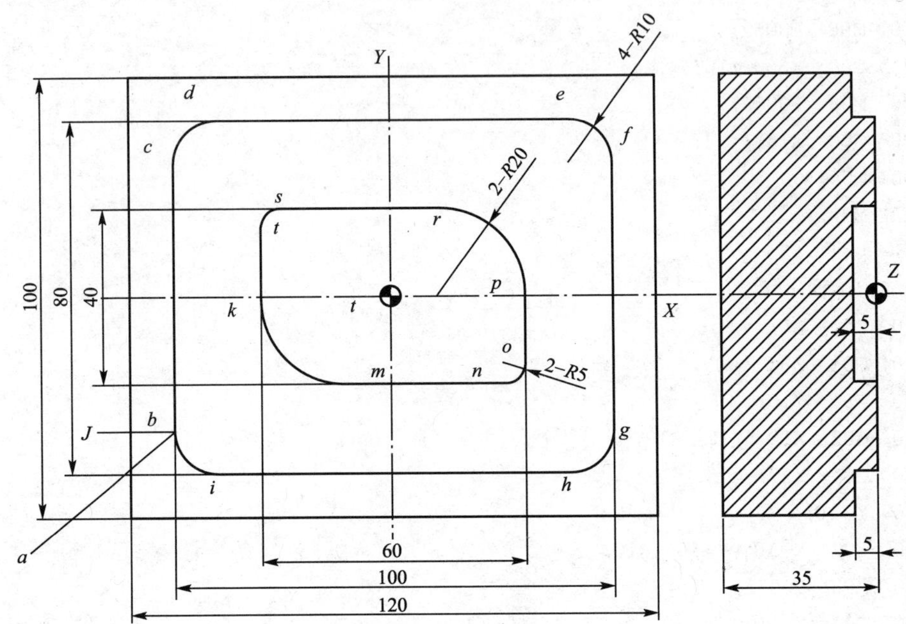

图 5.11　平面轮廓加工实例

3. 工艺分析

图样分析：该零件对内外轮廓和深度没有精度要求，可按自由公差计算，可以一次加工完成。

走刀路线：外轮廓的加工路线为 $a \to b \to c \to d \to e \to f \to g \to h \to i \to b \to j$。内轮廓的加工路线为 $k \to l \to m \to n \to o \to p \to r \to s \to t \to k \to w \to m \to l$。

工件坐标系的原点设置在毛坯的中心位置，如图 5.11 所示。读者也可以自行设置。

基点的计算见程序。

刀具选择 ϕ10mm 的高速钢立铣刀。刀号为 T1(外轮廓加工时可以选择较大直径的道具，如此可以提高加工效率。但加工内轮廓，刀具的最大直径受零件内轮廓最小曲率半径的限制。在本例中为了应用一把刀具通过使用几个刀补的方法加工轮廓，故而选择了内外轮廓相同的刀具)。

夹具选择精密平口虎钳。毛坯尺寸 120mm×100mm×35mm，装夹时长边方向为 X 轴方向。

切削用量：切削深度 5mm，进给速度 60mm/min，主轴转速 400r/min。

4. 操作步骤

第一步：开机回参考点。

第二步：装夹找正。

(1) 将平口虎钳装在工作台上，并用磁力百分表拖平钳口。

(2) 将毛坯装上平口虎钳，毛坯长边 120mm，方向为 X 轴方向；短边 100mm，方向为 Y 轴正方向；高度为 35mm，方向为 Z 轴正方向。要求毛坯表面要平整，且保证表面高出虎钳表面 10mm。工件坐标系原点在毛坯上表面中心。

第三步：将刀具装入数控铣床主轴。(如若是数控加工中心，则依刀号装入刀库。)

第四步：对刀并输入零点偏置及刀具补偿参数。(工件坐标系用 G54 指定，具体过程略)

第五步：将程序输入系统。

第六步：试件加工。

5. 加工程序

```
O0053;(主程序)
N010  G54  G17  G80  G90  G21  G40  T1  D1;
N020  M06;
N030  M03  S400;
N040  G00  Z50;
N050  G00  X-80  Y-60  M08;
N060  Z5;
N070  M98  P0054;
N72   G00  X60  Y10;
N080  D2;
N090  M98  P0054;
N100  G00  X-30  Y0;
N110  G41  G01  X0  Z-5  F60;
N120  Y-20;
N130  X25;
N140  G91  G03  X5  Y5  R5;
N150  G90  G01  Y0;
N160  G91  G03  X-20  Y20  R20;
N170  G90  G01  X-25;
N180  G91  G03  X-5  Y-5  R5;
N190  G90  G01  Y0;
N200  G91  G03  X20  Y-20  R20;
N210  G90  G01  X0;
N220  G40  G03  X0  Y0  R10;
N230  G01  X-22;
N240  Y10;
N250  X22;
N260  Y-10;
```

```
N270  X-22
N280  Y0;
N290  X22;
N300  G00  Z150  M09;
N310  M05;
N320  M02;

O0054;(子程序)
N010  G01  Z-5  F300;
N020  G41  X-50  Y-30  F60;
N030  G91  Y60;
N040  G02  X10  Y10  R10;
N050  G01  X80;
N060  G02  X10  Y-10  R10;
N070  Y-60;
N080  G02  X-10  Y-10  R10;
N090  G01  X-80;
N100  G02  X-10  Y10  R10;
N110  G40  G90  G01  X-80;
N120  G00  Z5;
N130  Y-60;
N140  M99;
```

5.4 孔系加工

孔的加工在数控加工中非常普遍，根据孔地基本尺寸简单地分有深孔、浅孔；孔穿通与否分为通孔、盲孔；另外还有圆锥孔、圆柱孔、普通孔与台阶孔等。孔的加工方法与工艺分析有所不同，编程基点计算方法也有所不同，刀具的选择也就不同。本节将作简单介绍。

1. 实训目的和要求

(1) 正确选择孔加工刀具和孔加工时的切削用量。
(2) 熟悉孔系加工工艺分析的步骤和方法。
(3) 熟练掌握一般孔钻削、沉孔加工、深孔钻削、镗孔钻削排孔的编程。
(4) 熟练掌握固定循环的使用方法。
(5) 合理选择孔系加工刀具及切削用量。
(6) 掌握镗刀调整的方法。

2. 器具及材料准备

(1) 数控铣床或加工中心。
(2) 精密平口虎钳。

(3) 游标卡尺、千分尺、百分表、扳手、铁屑刷、各类垫块等。

(4) 钻头、镗刀。

(5) 如图5.12所示工件内外轮廓，毛坯尺寸400mm×300mm×100mm，材料铝合金钢。

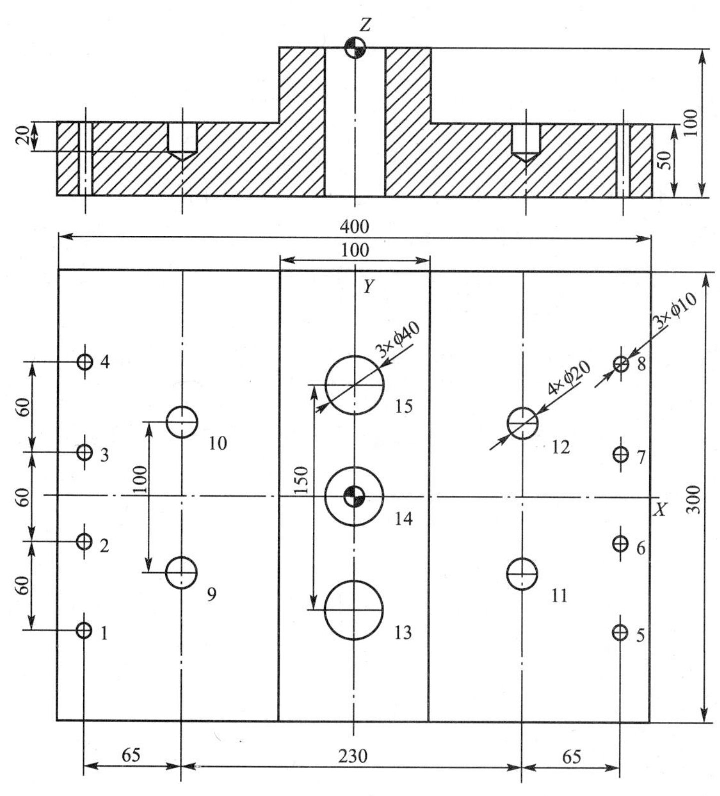

图5.12 孔系的加工实例

3. 工艺分析

图样分析：该零件对孔没有尺寸精度和表面粗糙度要求，可以一次钻削加工完成，但13、14、15号孔孔径较大，采用钻孔加扩孔的方式加工。

走刀路线：用钻头钻1～8号孔时，因孔径小需要使用中心钻打底孔。1～8号孔为深孔(因其长度与深度比为5)，加工时采用深孔钻削循环加工，加工工步以刀具划分。具体的钻孔走刀路线为1→2→3→4→5→6→7→8，9→10→13→14→15→11→12，13→14→15。

工件坐标系的原点设置在毛坯的中心位置，如图5.12所示。读者也可以自行设置。

基点的计算见程序。

钻孔深度：ϕ10mm孔深为50＋0.3×10＋5＝58mm；ϕ20mm孔深为20＋0.3×20＝26mm；ϕ40mm孔深为100＋0.3×40＋6＝118mm。

刀具：T1ϕ10mm中心钻；T2ϕ10mm麻花钻；T3ϕ20mm麻花钻；T4ϕ40mm钻头。

夹具选择精密平口虎钳。毛坯尺寸400mm×300mm×100mm，装夹时长边方向为 *X* 轴方向。

切削用量：

T01：主轴转速3000r/min，进给速度450mm/min；

T02：主轴转速2000r/min，进给速度500mm/min；

T03：主轴转速1000r/min，进给速度480mm/min；

T04：主轴转速3000r/min，进给速度380mm/min。

4. 操作步骤

第一步：开机回参考点。

第二步：装夹找正。

(1) 将平口虎钳装在工作台上，并用磁力百分表拖平钳口。

(2) 将毛坯装上平口虎钳，毛坯长边400mm，方向为X轴方向；短边300mm，方向为Y轴正方向；高度为100mm，方向为Z轴正方向。要求毛坯表面要平整，且保证表面高出虎钳表面60mm。工件坐标系原点在毛坯上表面中心。

第三步：将刀具依次装入数控铣床主轴。(如若是数控加工中心，则依刀号装入刀库；而对于数控铣床来说，要通过M05将主轴停止、换刀，或者分4个程序来加工。)

第四步：对刀并输入零点偏置及刀具补偿参数。(工件坐标系用G54指定，具体过程略。)

第五步：将程序输入系统。

第六步：试件加工。

5. 加工程序

```
O0055;
N010  G54  G90  G17  G40;
N020  M03  S3000;
N025  T01  D01  M06;
N030  G00  Z50;
N035  X-180  Y-90  M08  F450;
N040  Z-45;
N050  G99  G81  X-180  Y-90  Z-52  R-45;
N060  Y-30;
N062  Y30;
N064  G98  Y90;
N070  G99  X180  Y-90;
N080  Y-30;
N090  Y30;
N100  G98  Y90;
N110  G49  G00  Z250;
N115  M05;
N120  G28  Z350  T02  M06;
N130  G00  X-180  Y-90  M08;
N140  M03  S2000;
N150  G99  G83  Z-108  R-45  F500;
```

```
N160  G99  Y-30;
N170  G99  Y30;
N180  G98  Y90;
N190  G99  G83  X180  Y-90  Z-108  R-45  F500;
N200  G99  Y-30;
N210  G99  Y30;
N220  G98  Y90;
N225  M05;
N227  M06  T03  D01;
N230  M03  S1000;
N240  G00  Z50;
N250  X-115  Y-50  M08;
N260  G85  G99  Z-76  R-45  F480;
N270  G98  Y50;
N280  G99  X115  Y-50;
N290  G98  Y50;
N300  M05;
N310  M06  T04  D01
N320  M03  S800;
N330  G00  Z10;
N340  X0  Y-75;
N350  G85  G99  Z-118  R5  F380;
N360  Y0;
N370  G98  Y75;
N370  G80  M02;
```

6. 相关知识

在金属切削中，孔加工占有很大比重。孔的加工方法可以分为两大类：一类是在实心材料上加工，另一类是对已有孔的再加工。孔加工刀具的种类很多，第一类孔加工刀具有麻花钻、扁钻、深孔钻等。第二类孔加工方法中使用的刀具有扩孔钻、铰刀、镗刀等。下面介绍一些孔加工工艺的一些知识。

1）走刀路线的确定

孔加工时，要求定位精度较高，将刀具在 XY 平面快速定位到孔中心线的位置，因此要求按空行程最短安排进给路线，然后刀具再轴向(Z)运动进行加工。进给路线要考虑如下几个问题。

(1) 孔的位置的确定及坐标值的计算。

孔距尺寸公差的转换：一般孔尺寸都已经给出，但常有孔距尺寸的公差或对基准尺寸距离的公差是不对称性尺寸公差，为此，应将其转换为对称性尺寸公差，用中差值进行编程。例如：某零件图上两孔间距尺寸为 $L=90^{+0.055}_{+0.027}$mm，应换成 $L=(90.041\pm0.014)$mm，用 90.041 编程。

孔位置尺寸的两种计算方法如下。

绝对值表示方法，以工件坐标系原点为基准。孔位置以绝对值表示，这是因为，加工精度不受前一孔的影响，而且容易查出刀具位置误差。

增量值表示方法，后一孔的位置以前一个孔为基准。它适宜于加工特征如孔、槽或轮廓重复出现的一些工件。主要缺点有任何一点的误差都会继续延伸到这些点以后的所有程序点，误差产生累加，定位误差很难检查出来，尤其在大的数控程序中。

(2) 孔加工轴向距离尺寸的确定。

孔加工编程时还要计算刀具快速趋进距离 Z_s 和刀具工作进给距离 Z_f。

Z_s 的计算公式为

$$Z_s = Z_0 - (Z_T + Z_d + \Delta Z)$$

式中 Z_d——工件及夹具高度尺寸，mm；

ΔZ——工件轴向切入长度(也称为安全尺寸)，mm；

Z_0——刀具主轴断端面刀工作台面的距离，mm；

Z_T——刀具长度，mm；

Z_s 除可按上式计算外，也可以在加工现场实测确定。

Z_f 的计算公式为

$$Z_f = Z_p + \Delta Z' + Z_d + \Delta Z$$

式中 Z_p——钻头尖端锥度部分的长度，mm；一般取 $Z_p = 0.3D$，平端刀具 $Z_p = 0$；

ΔZ——刀具轴向切入距离(也称为安全尺寸)，mm；

Z_d——工件中被加工孔的深度，mm；

$\Delta Z'$——刀具轴向切出距离，mm，若为盲孔则为 0。

ΔZ 与 $\Delta Z'$ 推荐值参见表 5-7。

表 5-7　刀具轴向切入距离、切出距离 (mm)

加工方法	切入距离 ΔZ		切出距离 $\Delta Z'$	
	已加工表面	毛坯表面	已加工表面	毛坯表面
钻	1～3	5～8	$\frac{D}{2}\cos\frac{\varphi}{2} + (2\sim4)$	在已加工表面的基础上加 5～10
扩	1～3		$L + (1\sim3)$	
铰	1～3		$L + (10\sim20)$	
镗	1～3		2～4	
攻螺纹	5～10		$L + (1\sim3)$	

注：D 为刀具直径；φ 为钻头刀尖角度；L 为切削刃刀向部分长度。

(3) 走刀路线。

加工位置精度要求较高的孔系时，应特别注意安排孔的顺序。若安排不当，将坐标轴的反向间隙带入，会影响孔系的位置精度。如图 5.13 所示，镗削图中 6 个相同的孔，有两种进给路线：1→2→3→4→5→6 路线加工时，由于 5、6 孔与 1、2、3、4 孔定位方向相反，因而影响 5、6 孔与其他孔的位置精度；按 1→2→3→4→P→6→5 路线加工时，加工完 4 孔后，往上移动一段距离至 P 点然后折回来加工 5、6 两孔。如此可提高 5、6 孔与其他孔的位置精度。

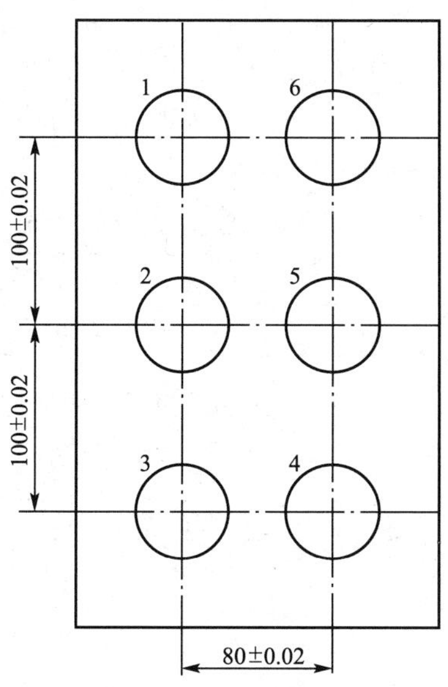

图 5.13　孔系加工

走刀路线包括 XY 平面上的走刀路线和 Z 向的走刀路线。Z 向的走刀路线要最短，只需严格控制刀具相对于工件在 Z 向的切入、切出距离即可(参见表5-7)。要使刀具在 XY 平面上走刀路线最短，必须保证各定位点间路线的总长最短，如图5.14所示，点群零件的加工，经计算发现，图5.14(c)所示走刀路线最短。

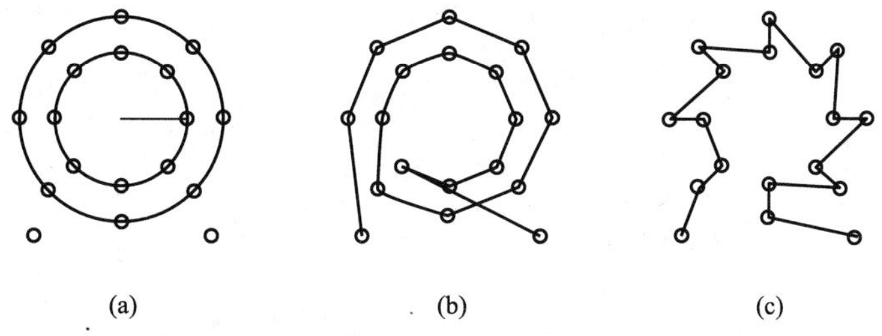

图 5.14　最短走刀路径

2) 钻削切削用量的选择

(1) 钻头直径。钻头直径由工艺尺寸决定，孔径不大时，可将孔一次钻出。工件孔径大于35mm时，若仍一次钻出孔径，往往由于受机床刚度的限制，必须大大减小进给量。若两次钻孔，可取大的进给量，既不降低生产效率，又提高了孔的加工精度。先钻后扩时，钻孔的钻头直径可取孔径的50%～70%。

(2) 进给量。小直径钻头主要受钻头的刚性及强度限制，大直径钻头主要受机床进给机构强度及工艺系统刚性限制。在以上条件允许的情况下，应取较大的进给量，以降低成本，提高生产效率。

普通麻花钻钻削进给量可按经验公式 $f=(0.01\sim0.02)d_0$ 估算选取。

加工条件不同时，其进给量可查阅切削用量手册。

(3) 钻削速度。钻削的背吃刀量(即钻头直径)进给量及切削速度都对钻头耐用度产生影响，但被吃刀量对钻头耐用度的影响与车削不同。当钻头直径增大时，尽管增大了切削力，但钻头体积也显著增加，因而使散热条件明显改善。实践证明，钻头直径增大时，切削温度有所下降。因此，钻头直径较大时，可选取较高的切削速度。

一般情况下，钻削速度可参考表 5-8 选取。

表 5-8　普通高速钢钻头钻削速度参考值　(m/min)

工件材料	低碳钢	中、高碳钢	合金钢	铸 铁	铝合金	铜合金
钻削速度	25～30	20～25	15～20	20～25	40～70	20～40

目前有不少高性能材料制作的钻头，其切削速度宜取更高值，可由有关资料查取。

5.5 螺纹加工

1. 实训目的和要求

(1) 正确选择孔螺纹加工刀具和螺纹加工时的切削用量。

(2) 熟悉恒螺距螺纹切削、带补偿夹具螺纹加工、螺纹插补、螺纹循环加工的编程。

(3) 了解右旋螺纹和左旋螺纹的基本概念。

(4) 熟练掌握固定循环的使用方法。

(5) 合理选择孔系加工刀具及切削用量。

(6) 掌握镗刀调整的方法。

2. 器具及材料准备

(1) 数控铣床或加工中心。

(2) 精密平口虎钳。

(3) 游标卡尺、千分尺、百分表、扳手、铁屑刷、各类垫块等。

(4) 中心钻、铰刀、钻头、丝锥。

(5) 如图 5.15 所示工件轮廓，加工 4 个 M12 螺纹孔，材料 45 钢。

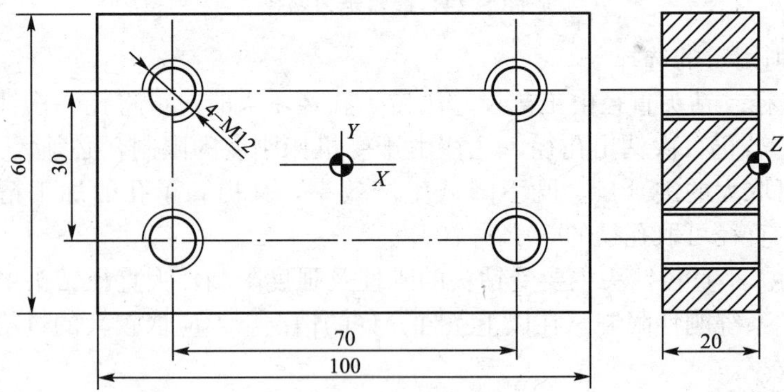

图 5.15　攻螺纹实例

3. 工艺分析

图样分析：孔之间没有位置度要求，孔之间的尺寸精度为自由公差，可先钻，再粗铰，最后攻螺纹。

加工路线：用钻头钻孔时，需要使用中心钻打底孔。钻 4 个孔，粗铰 4 个孔，最后攻螺纹。

工件坐标系的原点设置在毛坯的中心位置，如图 5.15 所示。读者也可以自行设置。

基点的计算见程序。

M12 的螺距为 1.75mm。钻孔深度：ϕ9.6mm 孔深为 20＋0.3×9.6＋3＝25.88mm，取 26mm；铰孔深度：ϕ9.8mm 孔深为 20＋15＝35mm；攻螺纹深度：20＋3＝23mm。

刀具：T01ϕ10mm 中心钻；T2ϕ9.6mm 麻花钻；T03ϕ9.8mm 铰刀；T04 M12 丝锥。

夹具选择精密平口虎钳。毛坯尺寸 100mm×600mm×200mm，装夹时长边方向为 X 轴方向。

切削用量：

T01：主轴转速 1500r/min，进给速度 100mm/min，钻孔深度 5mm。

T02：主轴转速 400r/min，进给速度 60mm/min。

T03：主轴转速 1000r/min，进给速度 40mm/min。

T04：攻螺纹时的切削速度为 11～12m/min，计算可得主轴转速 318r/min。

4. 操作步骤

第一步：开机回参考点。

第二步：装夹找正。

(1) 将平口虎钳装在工作台上，并用磁力百分表拖平钳口。

(2) 将毛坯装上平口虎钳，毛坯长边 100mm，方向为 X 轴方向；短边 60mm，方向为 Y 轴正方向；高度为 20 mm，方向为 Z 轴正方向。要求毛坯表面要平整，且保证表面高出虎钳表面 5mm。工件坐标系原点在毛坯上表面中心。

第三步：将刀具依次装入数控铣床主轴。(如若是数控加工中心，则依刀号装入刀库；而对于数控铣床来说，要通过 M05 将主轴停止、换刀，或者分 4 个程序来加工。)

第四步：对刀并输入零点偏置及刀具补偿参数(工件坐标系用 G54 指定，具体过程略)。

第五步：将程序输入系统。

第六步：试件加工。

5. 加工程序

```
O0056;
N010  G54  G17  G80  G90  G21  G40  T01  D01;
N020  M06;
N030  M03  S1500;
N040  G00  Z50;
N050  X-35  Y-15  F100  M08;
```

```
N060  G99  G81  X-35  Y-15  Z-2  R5;
N070  X35  Y-15;
N080  Y15;
N090  G98  X-35;
N100  G00  Z150;
N110  M05;
N120  M06  T02  D01;
N130  M03  S400;
N140  G00  Z50;
N150  X-35  Y-15  F60  M08;
N160  G99  G81  X-35  Y-15  Z-26  R5;
N170  X35  Y-15;
N180  X35  Y15;
N190  G98  X-35  Y15;
N200  G00  Z350;
N210  M05;
N220  M06  T03  D01;
N230  M03  S1000;
N240  G00  Z50;
N250  X-35  Y-15  M08;
N260  G99  G81  X-35  Y-15  Z-26  R5  F40;
N270  X35  Y-15;
N280  X35  Y15;
N290  G98  X-35  Y15;
N300  G00  Z350  M09;
N310  M05;
N320  M06  T04  D01;
N325  M03  S318;
N330  G00  Z50;
N340  X-35  Y-15  M08;
N350  G99  G84  X-35  Y-15  Z23  R5  F12;
N360  X35  Y-15;
N370  X35  Y15;
N380  G98  X-35  Y15;
N390  G00  Z350  M09;
N400  M05;
N410  M02;
```

5.6 键槽的加工

槽的加工在数控加工中非常普遍，根据槽的形状分为矩形槽、键槽、圆形凹槽等。

1. 实训目的和要求

(1) 掌握键槽加工刀具及切削用量的选择。
(2) 掌握矩形槽、键槽、圆形凹槽铣削循环编程。

2. 器具及材料准备

(1) 数控铣床或加工中心。
(2) 精密平口虎钳。
(3) 游标卡尺、千分尺、百分表、扳手、铁屑刷、各类垫块等。
(4) 键槽铣刀、立铣刀。
(5) 如图 5.16 所示工件，毛坯尺寸 100mm×80mm×30mm，材料 45 钢。

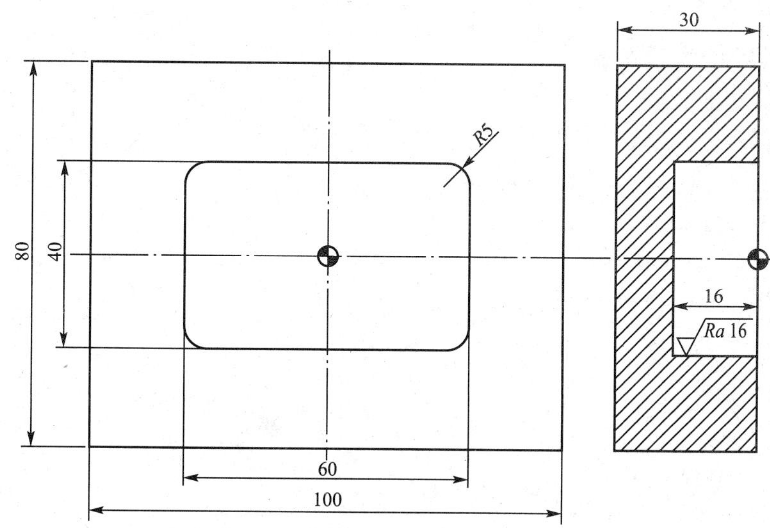

图 5.16 矩形槽加工实例

3. 工艺分析

图样分析：矩形槽尺寸精度为自由公差，但槽的侧面有表面粗糙度的要求，为此应采用粗、精加工方式保证。

加工路线：先用大直径的键槽铣刀粗铣，以提高加工效率。然后用小直径键槽铣刀精加工以保证 $R5$ 圆角及侧面表面粗糙度的要求。

工件坐标系的原点设置在毛坯的中心位置，如图 5.16 所示。读者也可以自行设置。

基点的计算见程序。

刀具：T1ϕ12mm 键槽铣刀；T2ϕ8mm 键槽铣刀(立铣刀)。

夹具选择精密平口虎钳。毛坯尺寸 100mm×800mm×300mm，装夹时长边方向为 X 轴方向。

切削用量：

T01：主轴转速 650r/min，进给速度 50mm/min。

T02：主轴转速 990r/min，进给速度 30mm/min。

设槽边缘精加工余量 0.75mm，槽底精加工余量 0.2mm，安全高度为 2mm。

4. 操作步骤

第一步：开机回参考点。

第二步：装夹找正。

(1) 将平口虎钳装在工作台上，并用磁力百分表拖平钳口。

(2) 将毛坯装上平口虎钳，毛坯长边 100mm，方向为 X 轴方向；短边 80mm，方向为 Y 轴正方向；高度为 30 mm，方向为 Z 轴正方向。要求毛坯表面要平整，且保证表面高出虎钳表面 5mm。工件坐标系原点在毛坯上表面中心。

第三步：将刀具依次装入数控铣床主轴。（如若是数控加工中心，则依刀号装入刀库；而对于数控铣床来说，要通过 M05 将主轴停止、换刀，或者分 4 个程序来加工。）

第四步：对刀并输入零点偏置及刀具补偿参数。（工件坐标系用 G54 指定，具体过程略。）

第五步：将程序输入系统。

第六步：试件加工。

5. 加工程序

```
O0057;(主程序)
N010  G54  G17  G80  G90  G21  G40  T1  D1;
N020  M06;
N030  M03  S650;
N040  G00  Z10  M08;
N050  G00  X20  Y50;
N060  G01  Z0;
N070  M98  P0058  L3;
N080  G00  Z300;
N090  M05;
N100  M06  T2  D1;
N110  M03  S990;
N120  G00  Z10;
N130  X0  Y0;
N140  G01  Z-16;
N150  G42  G01  Y-20;
N160  X-25;
N170  G02  X-30  Y-15  R5;
N180  G01  Y15;
N190  G02  X-25  Y20  R5;
N200  G01  X25;
N210  G02  X30  Y15  R5;
N220  G01  Y-15;
N230  G02  X-25  Y-20  R5;
N240  G01  X0;
N250  G40  Y0  M09;
N260  G00  Z300;
```

```
N270  M02;

O0058;(子程序)
N010  G91  G01  Z-4  F650;
N020  G90  G42    G01  X0  Y-5;
N030  X-25;
N040  Y5;
N050  X25;
N060  Y-5;
N070  X0;
N080  Y-19.25;
N090  X-29.25;
N100  Y19.25;
N110  X29.25;
N120  Y-19.25;
N130  X0;
N140  G40  Y0;
N150  M99;
```

5.7 三维体的加工

箱体类零件的倒圆角、倒角及球头加工在数控加工中也非常普遍，也有一定的难度。在学习了宏程序编制的基础上，将对球头类零件加工作一介绍。

1. 实训目的和要求

(1) 掌握倒圆角、倒角等加工刀具及切削用量的选择。
(2) 掌握倒圆角、倒角等铣削循环编程。

2. 器具及材料准备

(1) 数控铣床或加工中心。
(2) 精密平口虎钳。
(3) 游标卡尺、千分尺、百分表、扳手、铁屑刷、各类垫块等。
(4) 键槽铣刀、立铣刀。
(5) 如图5.17所示工件，毛坯尺寸80mm×80mm×65mm，材料45钢。

3. 工艺分析

图样分析：略。
加工路线：粗加工略。
工件坐标系的原点设置在毛坯的中心位置，如图5.17所示。读者也可以自行设置。
基点的计算见程序。
刀具：T1为ϕ10mm球头刀。

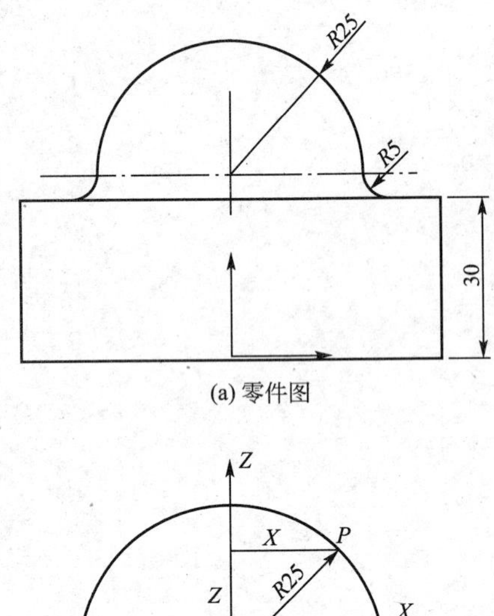

(a) 零件图

(b) 变量关系

图 5.17　半球加工实例

夹具选择精密平口虎钳。毛坯尺寸 80mm×80mm×65mm，装夹时长边方向为 *X* 轴方向。

切削用量：T01：主轴转速 800r/min，进给速度 80mm/min。

设槽边缘精加工余量为 0.75mm，槽底精加工余量为 0.2mm，安全高度为 2mm。

4. 操作步骤

第一步：开机回参考点。

第二步：装夹找正。

(1) 将平口虎钳装在工作台上，并用磁力百分表拖平钳口。

(2) 将毛坯装上平口虎钳，毛坯长边 80mm，方向为 *X* 轴方向；短边 80mm，方向为 *Y* 轴正方向；高度为 65 mm，方向为 *Z* 轴正方向。要求毛坯表面要平整，且保证表面高出虎钳表面 5mm。工件坐标系原点在毛坯上表面中心。

第三步：将刀具依次装入数控铣床主轴。

第四步：对刀并输入零点偏置及刀具补偿参数(工件坐标系用 G54 指定，具体过程略)。

第五步：将程序输入系统。

第六步：试件加工。

5. 加工程序

```
O0059;(主程序)
N010  G54  G00  G90  X0  Y0  Z150;
N020  M03  S650 T1;
```

```
N030  Z67;
N040  #100= 0;
N050  G65  P0060  L90;
N060  G00  Z150;
N070  X0  Y0  M05;
N080  M30;

O0061;(子程序)
N010  #100=#100+ 1;
N020  #101=25;
N030  #102=5;
N040  #103=#101+#102;
N050  #111=#103*SIN[#100];
N060  #112=#103+35-#103*COS[#100];
N070  G01  X#111  F80;
N080  Z[35+#112];
N090  G02  X#101  I-#111  J0;
N100  M99;
```

5.8 型腔类零件的综合加工

型腔类零件的倒圆角、倒角及型腔加工在数控加工中也非常普遍，也有一定的难度。在学习了数控工艺的基础上，将型腔类零件加工作一全面介绍。

1. 实训目的和要求

(1) 熟悉型腔零件加工的技术要求。
(2) 能识型腔类零件的材料。
(3) 能根据型腔类零件加工要求合理选择加工方法和设备。

2. 器具及材料准备

(1) 数控铣床或加工中心。
(2) 精密平口虎钳。
(3) 游标卡尺、千分尺、百分表、扳手、铁屑刷、各类垫块等。
(4) 键槽铣刀、立铣刀。
(5) 如图 5.18 所示工件，毛坯尺寸 80mm×80mm×65mm，材料 45 钢。

3. 相关图样加工

1) 零件材料的介绍

该型腔零件材料为 T10A，是一种高级优质碳素工具钢，耐磨性也比较好，淬火时过热敏性小，经适当热处理可得到较高强度的韧性，适合制作要求耐磨性较高而承受冲击载荷较小的模具。该零件的热处理要求是淬火＋低温回火，使其硬度达到 58～62HRC。这

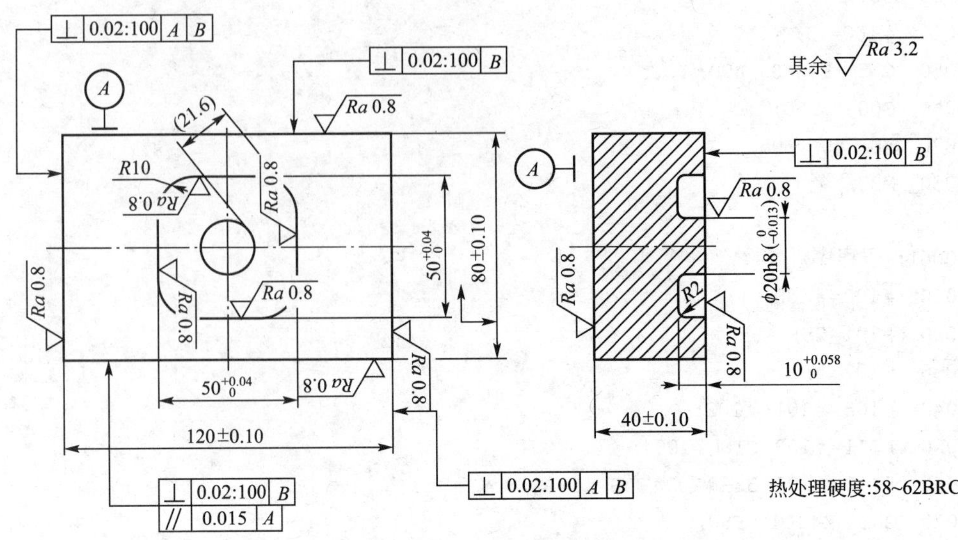

图 5.18　凹模两件图样

类钢的缺点是热处理后变形较大，故而在热处理后必须进行磨削加工。对该零件来说，先热处理退火至 180～200HBS，粗加工之后淬火到要求，最后磨削。

2) 加工精度

(1) 尺寸精度。有公差要求的尺寸是 $10^{+0.058}_{0}$ mm、$50^{+0.04}_{0}$ mm、$20^{0}_{-0.033}$ mm、(40±0.10)mm、(120±0.10)mm、(80±0.10)mm，其他没有标注公差，属于未注公差，通过查标准公差数值表可知 $10^{+0.058}_{0}$ mm 属于 9 级，$50^{+0.04}_{0}$ mm 和 $20^{0}_{-0.033}$ mm 属于 8 级。综合考虑，采用 8 级精度进行加工。

(2) 表面粗糙度。由图样可知，该型腔零件周边的表面粗糙度 Ra 值是 0.8μm，其余表面粗糙度 3.2μm。故而选择加工工艺路线考虑 8 级精度和表面粗糙度 0.8μm，经查表工艺路线为粗铣—精铣—磨削。

(3) 位置精度。图中零件平行度不超过 0.015mm，垂直度不超过 0.02/100mm。由机床精度和工件在夹具中的安装精度来保证。

4) 机床设备与夹具的选择

数控铣床选择能加工宽度为 80mm 的零件。

在正常情况下，粗铣平面的直线度误差为 0.15～0.3mm/m，表面粗糙度 Ra 值为 12.5～6.3μm，精铣平面的直线度误差为 0.1～0.2mm/m，表面粗糙度 Ra 值为6.3～1.6μm。

数控平面磨床加工精度可达到 IT7～IT5，表面粗糙度 Ra 值为 0.8～0.2μm。平面磨削前可安排热处理，最终来实现精加工。环形槽精加工采用内圆磨削加工，精度同于平面磨削。

夹具选择平口虎钳。

加工刀具的确定(具体规格查阅工艺手册)如下。

(1) 用端铣刀铣削工件平面。

(2) 用立铣刀铣削工件侧面与凹槽。

(3) 用砂轮磨削工件各表面和凹槽。

4) 凹模加工工艺过程

凹模加工工艺过程见表5-9。

表5-9 凹模加工工艺过程

序号	工序名称	工序内容
1	下料	ϕ80mm×110mm
2	锻造	128mm×88mm×48mm
3	热处理	退火 180～220HBS
4	铣平面	铣6个面至120.6mm×80.6mm×40.6mm
5	平面磨削	磨6个面120.3mm×80.3mm×40.3mm
6	铣型腔平面	铣型腔表面，留0.5～1mm余量
7	热处理	淬火＋回火到58～62HRC
8	平面磨削	磨6个面到图样要求，保证6个面垂直0.002mm∶100mm
9	坐标磨削	磨型腔表面到图纸与要求
10	检验	

4. 加工程序略

1. 数控铣床对刀的目的是什么？对于返工的零件对刀应该如何处理？

2. 中心轨迹编程的到位点是哪里？

3. 对于数控铣床或加工中心，换到加工时还需要全部重新对刀吗？

4. 建立和取消刀具补偿是在任何程序段都可以的吗？外轮廓加工和内轮廓加工建立刀具补偿有何不同？

5. 对于外螺纹，在数控铣床上加工，刀具应该怎样选择？程序如何编写？

6. 拿到数控铣床加工的零件，工艺分析的路线是什么？

第6章
自动编程

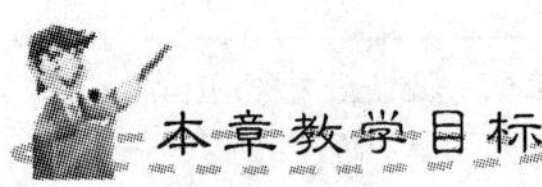

了解CAM基本知识；

能对复杂零件运用MasterCAM进行自动加工；

熟悉MasterCAM软件的应用。

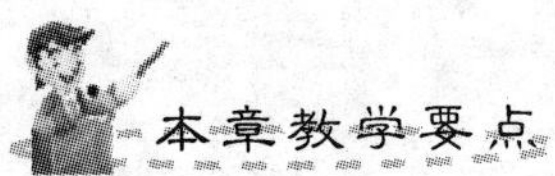

知识要点	能力要求	相关知识
掌 MasterCAM 几何建模	能运用MasterCAM进行简单的零件建模	计算机制图软件的应用
MasterCAM 数控加工编程	能掌握自动编程的工艺步骤	数控加工相关机床刀具、夹具的选择方法，机械加工路线的制定，机械加工切削参数的选用

6.1 MasterCAM X5 系统的应用概述

MasterCAM X5 系统是一个应用非常广泛的 CAD/CAM 集成数控编程系统。应用 MasterCAM 系统进行零件数控加工编程，首先应对系统有一个全面的了解，然后在确定待加工零件的加工工艺的基础上，根据系统的功能进行几何造型(CAD)和数控加工编程(CAM)。

1. 熟悉 MasterCAM X5 系统的功能与使用方法

(1) 了解系统的功能框架。MasterCAM 系统的总体功能框架包括二维线架设计、曲面造型设计、NC 等功能模块。每一个功能模块所包含的内容将在以下章节中进行介绍。

(2) 了解系统的数控加工编程能力。对于数控加工编程，至关重要的是系统的数控编程能力。MasterCAM 系统的数控编程能力主要体现在以下几方面。

① 适用范围：车削、铣削、线切割、线架、多轴加工等。

② 可编程的坐标数：点位、二坐标、三坐标、四坐标和五坐标。

③ 可编程的对象：多坐标点位加工编程、表面区域加工编程(多曲面区域的加工编程)、轮廓加工编程、曲面交线及过渡区域加工编程、型腔加工编程、曲面通道加工编程等。

④ 刀具轨迹编辑：如刀具轨迹变换、裁剪、修正、删除、转置、分割及连接等。

⑤ 刀具轨迹验证：如刀具轨迹仿真、刀具运动过程仿真、加工过程模拟等。

(3) 熟悉 MasterCAM 系统的界面和使用方法。通过系统提供的手册和教程，熟悉系统的操作界面和风格，掌握系统的使用方法。

(4) 了解 MasterCAM 系统的文件管理方式。对于一个零件的数控加工编程，最终要得到的是能在指定的数控机床上完成该零件加工的正确的数控程序，该程序是以文件形式存储的。在实际编程时，往往还要构造一些中间文件，如零件模型(或加工单元)文件、工作过程文件(日志文件)、几何元素(曲线、曲面)的数据文件、刀具文件、刀位原文件、机床数据文件等。在使用之前应该熟悉系统对这些文件的管理方式以及它们之间的关系。

2. 分析加工零件

当拿到待加工零件的零件图样或工艺图样(特别是复杂曲面零件和模具图样)时，首先应对零件图样进行仔细的分析，内容包括以下几方面。

(1) 分析待加工表面。一般来说，在一次加工中，只需对加工零件的部分表面进行加工。这一步骤的内容是：确定待加工表面及其约束面，并对其几何定义进行分析，必要的时候需对原始数据进行一定的预处理，要求所有几何元素的定义具有唯一性。

(2) 确定加工方法。根据零件毛坯形状以及待加工表面及其约束面的几何形态，并根据现有机床设备条件，确定零件的加工方法及所需的机床设备和工装量具。

(3) 确定程序原点及工件坐标系。一般根据零件的基准面(或孔)的位置以及待加工表面及其约束面的几何形态，在零件毛坯上选择一个合适的程序原点及工件坐标系。

3. 对待加工表面及其约束面进行几何造型

这是数控加工编程的第一步。对于 MasterCAM 系统来说，一般可根据几何元素的定义方式，在前面零件分析的基础上，对加工表面及其约束面进行几何造型。并且造型时，加工哪个或哪几个部位，就对哪几个加工部位造型。

4. 确定工艺步骤并选择合适的刀具

一般来说，可根据加工方法和加工表面及其约束面的几何形态选择合适的刀具类型及刀具规格。但对于某些复杂曲面零件，则需要对加工表面及其约束面的几何形态进行数值计算，根据计算结果才能确定刀具类型和刀具尺寸，这是因为，对于一些复杂曲面零件的加工，希望所选择的刀具加工效率高，同时又希望所选择的刀具符合加工表面的要求，且不与非加工表面发生干涉或碰撞。但在某些情况下，加工表面及其约束面的几何形态数值计算很困难，只能根据经验和直觉选择刀具，这时，便不能保证所选择的刀具是否合适，在刀具轨迹生成之后，需要进行刀具轨迹验证。

5. 刀具轨迹生成及刀具轨迹编辑

对于 MasterCAM 系统来说，一般可在所定义加工表面及其约束面(或加工单元)上确定其外法线矢量方向，并选择一种走刀方式，根据所选择的刀具(或定义的刀具)和加工参数，系统将自动生成所需的刀具轨迹。

刀具轨迹生成以后，利用系统的刀具轨迹显示及交互编辑功能，可以将刀具轨迹显示出来，如果有不合适的地方，可以在人工方式下对刀具轨迹进行适当的编辑与修改。

6. 刀具轨迹验证

对可能过切、干涉与碰撞的刀位点，采用系统提供的刀具轨迹验证手段进行检验。

7. 后置处理

根据所选用的数控系统，调用其机床数据文件，运行数控编程系统提供的后置处理程序将刀位原文件转换成数控加工程序。

6.2 MasterCAM X5 系统的工作环境

本章以 MasterCAM X5 软件系统来介绍 MasterCAM 系统的使用，在软件使用时，我们仍然以英文界面做介绍，同时附带中文解释，这样对于使用工艺设置的技术人员来说可以起到锻炼专业外语的能力，同时也能将软件真正的语义译得更准确些。

MasterCAM X5 软件系统的工作界面和现在三维设计的界面很相似，初学者很容易了解其界面结构(图 6.1)。

(1) 菜单栏功能。

菜单栏由一排位于屏幕上方的图标组成。只要将鼠标置于图标的下方，MasterCAM 系统即能自动显示该图标的功能。单击鼠标左键，即可显示下拉菜单，选择相应功能图标即启动。菜单栏主要功能见表 6－1。

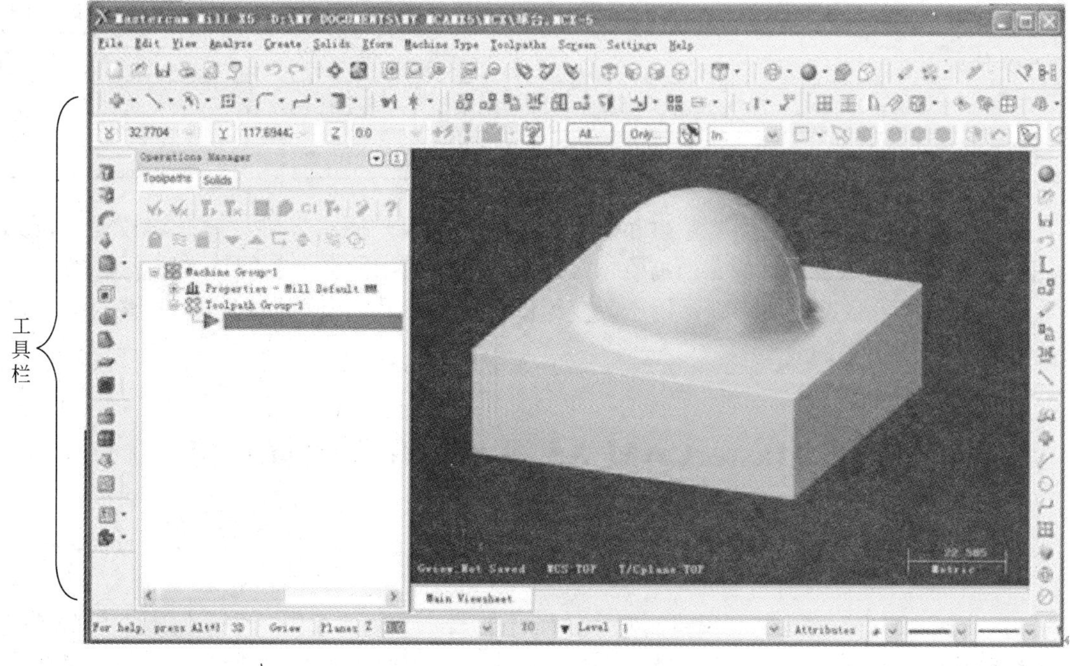

图 6.1 MasterCAM 显示屏幕划分

表 6-1 菜单栏主要功能简介表

主要项目	描　　述
文件 File	处理文档，例如存档、取档、档案转换、传输或者接收
编辑 Edit	用倒圆角、修建延伸、打断、连接等命令修整几何形体
视图 View	视图进行放大、缩小、拉近、远置等处理，操作管理器的切换等
分析 Analyze	将所选形体的坐标和数据信息显示在屏幕上，例如点、线、弧、曲线、曲面或者尺寸。确认已经存在的相当有用，例如用户可决定一个圆的半径或者一条线的角度
绘图 Create	产生几何形体，存入数据库，并且显示在图形显示区，这些几何形体包括线、弧、圆、矩形等
实体 Solid	拉伸、旋转、扫掠举升创建基本实体以及对实体进行编辑等
转换 Xform	用镜像、旋转、缩放和补正等命令转换已经存在的几何形体
机床类型 MachineType	从下拉菜单选择加工使用的机床类型或者采用默认
刀具路径 Toolpath	用钻孔、外形铣削、挖槽、曲面加工、高速加工等命令产生 NC 刀具路径
屏幕 Scree	从某一视角看几何形体，显示图素数目，视窗放大缩小，隐藏和显示图素等

（续）

主要项目	描　述
设置 Setting	对刀具库、刀具路径以及机床类型等参数库的设置
帮助功能 Help	关于 MasterCAM X5 相关功能的使用介绍

（2）工具栏。本区位于屏幕左边和菜单栏下边。主要是用于提供快捷操作按钮，例如绘图、修整或者镜像、旋转等。所有在 MasterCAM 里使用的命令都能从本区中选择。

（3）状态栏。状态栏功能则是用于改变绘图系统的参数，例如用户常需调整的 Z 深度或者颜色、绘图图素的线型等。

6.3　MasterCAM X5 系统的几何建模功能

1. 几何图形绘制

MasterCAM X5 将几何图形绘制置于绘图功能表之下。要产生一个几何图素，必须要遵照功能表树的适当顺序，由“绘图”（Create）开始，其次为绘图功能表，再次则是各个必要的子功能表。图 6.2 所示为绘图功能表的顺序，图 6.3 所示为绘制曲面功能，图 6.4 所示为绘制基本实体树状列表。

由于 MasterCAM X5 制图与 AutocAD 等软件系统相似，本书在后续案例中简单介绍绘图方法，在此不做过多介绍。

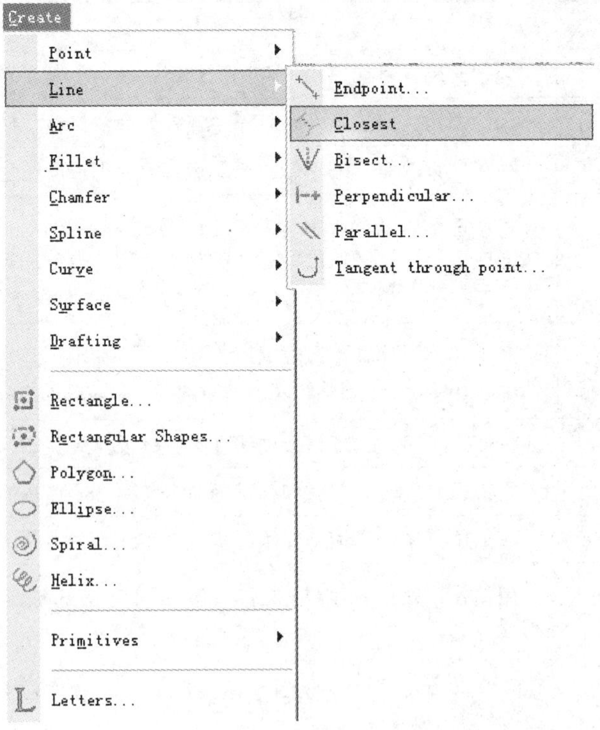

图 6.2　绘图功能表(绘制直线)

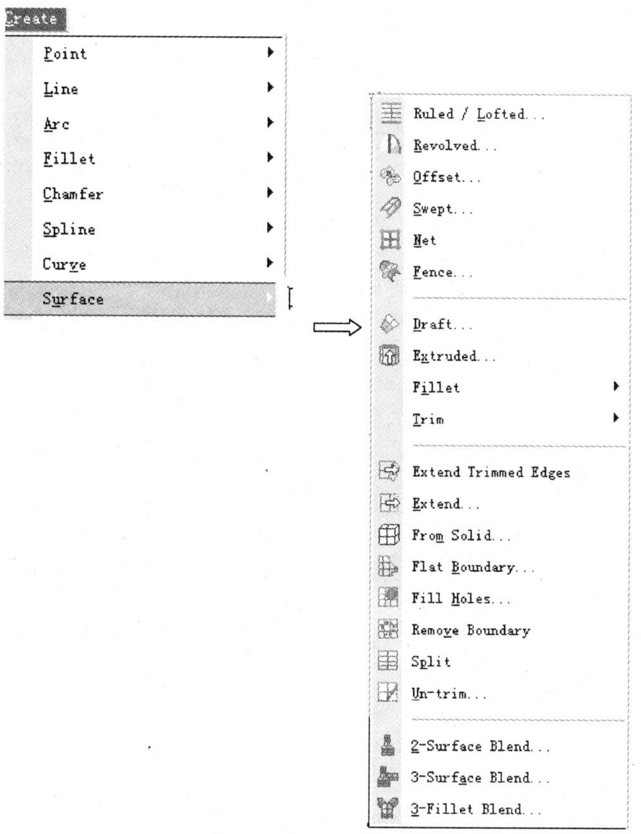

图 6.3 绘图功能(绘制曲面)

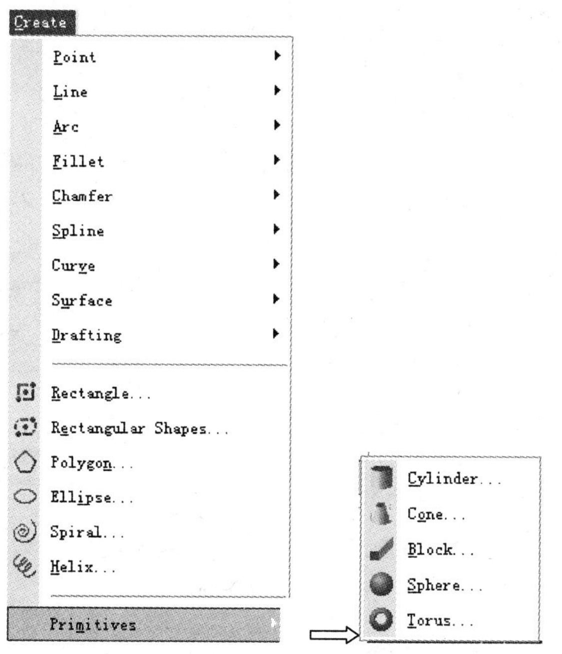

图 6.4 绘图功能(绘制基本曲面/实体)

2. 编辑功能

1）删除功能

删除功能用于从屏幕和系统的数据库中删除一个或一组设定的因素。从编辑菜单选择删除(或者在工具栏单击)，系统会提示用户选择要删除的对象，选中确定后删除，或者选中后按“Delete”进行删除。如图 6.5 所示。

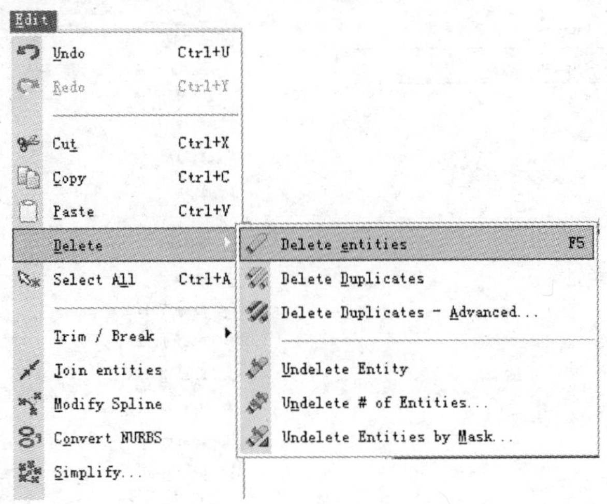

图 6.5　删除子功能表

图中，——删除图素；

——删除重复图素；

——删除重复图素，发展选项；

——恢复删除的图素；

——恢复几个删除的图素；

恢复删除标号的图素。

2）修整功能

在修整功能表之下包括一组相关的修整功能，用于改变现有的图素。从主功能表选择修整，出现如图 6.6 所示的子功能图中。

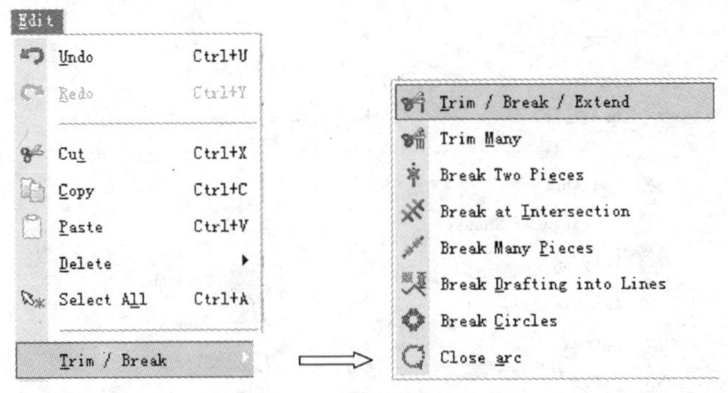

图 6.6　修整子功能

修整子功能表的各项目含义如下：

——修剪/打断/延伸；

——多物修正；

——两点打断；

——在交点处打断；

——打断成若干段；

——依指定长度打断；

——打断全圆；

——全圆。

选择“编辑”，再单击“修剪/打断/延伸”系统弹出“带状工具栏”如图 6.7 所示。

图 6.7 修剪/延伸/打断工具栏

其中，——单一图素修剪；

——两个图素修剪；

——三个图素修剪；

——分割图素修剪；

——单一图素修剪。

3）连接功能

用于将打断的图素重新连接起来或者将具有相容性的两段曲线图素连接成一个图素，功能路径如图 6.8 所示。

注意：①不能连接 NURBS 曲线。②这两个图素必须是相容的。当连接它们的时候，系统会检测每个图素的数据。如果两个图素不相容，系统会显示一个错误信息。例如：“连接失败！这两条线没有共线”；“连接失败！这两个弧没有相同的圆心和半径”。

4）转换功能

MasterCAM 提供 16 种非常有用的转换编辑功能来改变几何图素的位置、方向和大小。其中常用的功能是镜射、旋转、缩放比例、阵列等，如图 6.9 所示。

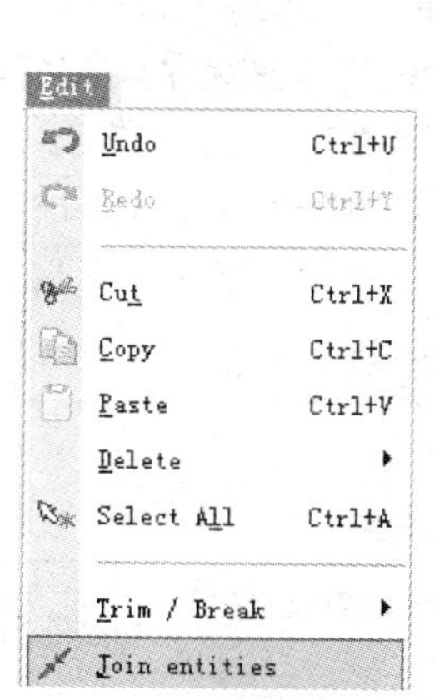

图 6.8 连接路径

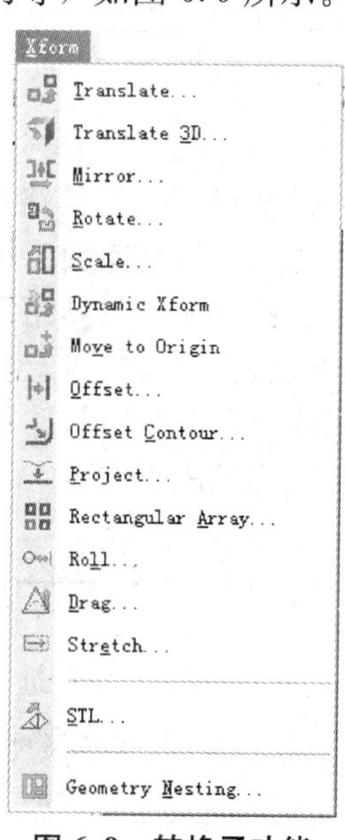

图 6.9 转换子功能

Translate... 平移命令：将选好图素移到另一个位置；

Translate 3D... 3D 平移：将选定图素移到三维某制定平面；

Mirror... 镜像：将选定的图素沿着某镜像轴对称的绘制新的图素；

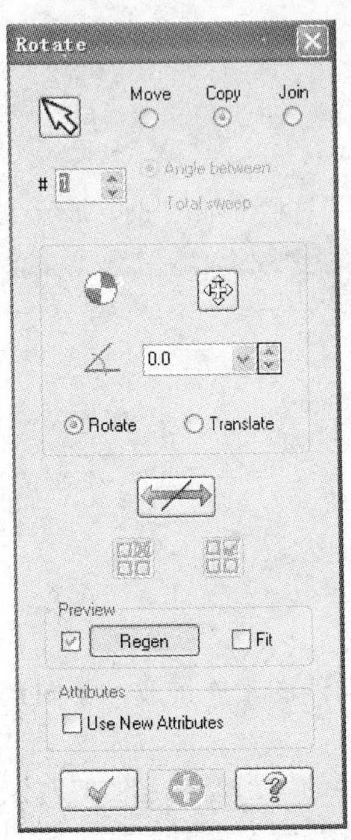

图 6.10　转换参数对话框

Rotate... 旋转：将选定的图素按指定的角度旋转得到新图素；

Scale... 缩放：将选定的图素按指定的比例进行缩放；

Dynamic Xform 动态偏移；

Move to Origin 相对指定点移动；

Offset... 偏置：将制定图素按要求进行偏移；

Offset Contour... 轮廓曲线组偏置：将指定的图素组按要求进行偏置；

Project... 投影：将选中的图素投影到指定的 Z 平面、任意平面等；

Rectangular Array... 阵列：将选中的图素按要求进行阵列绘图；

Geometry Nesting... 图形嵌套：通过图形嵌套指令建立图样标题栏。

图素选择方式：当使用镜射、旋转、按比例缩放、平移或者单体补正的时候，图素选择方式出现在主功能表区。可以逐一选择图素，使用串连物体、视窗、或者结合功能表里不同的选择。被选择的图素会变成黄色。选择执行，完成选择过程到下一步。

转换参数：MasterCAM X5 对不同参数使用不同的对话框来执行转换。图 6.10 所示为旋转的一个范例，可以选择是移动、复制还是连接。

6.4　MasterCAM X5 系统的数控加工编程功能

6.4.1　二维刀具路径

MasterCAM X5 提供四组刀具路径模组来产生刀具路径：二维刀路径模组、三维刀具路径模组和多轴加工模组与高速加工技术(这里只简单介绍前三个模组)。使用二维刀具路径模组来产生二维工件的加工刀具路径，使用三维刀具路径模组来切削各种三维曲面。多轴加工仅适用于四轴(包括四轴)以上联动机床的加工。在执行刀具路径之前，务必要先选择机床类型。这里先介绍二维刀具路径模组。MasterCAMX5 主要有四种二维刀具路径模组，模组的特性与应用见表 6-2。

表 6-2　二维刀具路径模组的特性和应用

模组	说　明	应用
平面加工(Face)	对于箱体零件进行平面加工、基准面加工等	用于表面整体处理
外形铣削(Contour)	沿一系列串联的几何图素来定义产生刀具路径，所需的图素：线段、弧线及曲线	切削工件内外轮廓

（续）

模组	说　明	应用
挖槽加工(Pocket)	产生刀具路径，用于挖除一封闭的外形，所需的几何图素：封闭的界限	切削工件型腔
钻孔加工(Drill)	产生刀具路径，用于钻孔、攻螺纹及镗孔，所需几何图素：点	钻孔、攻螺纹及镗孔

MasterCAM X5 在选择完机床类型，定义了加工图素之后，系统弹出 2D-刀具路径管理对话框来定义、选择或修正刀具，如图 6.11 所示。

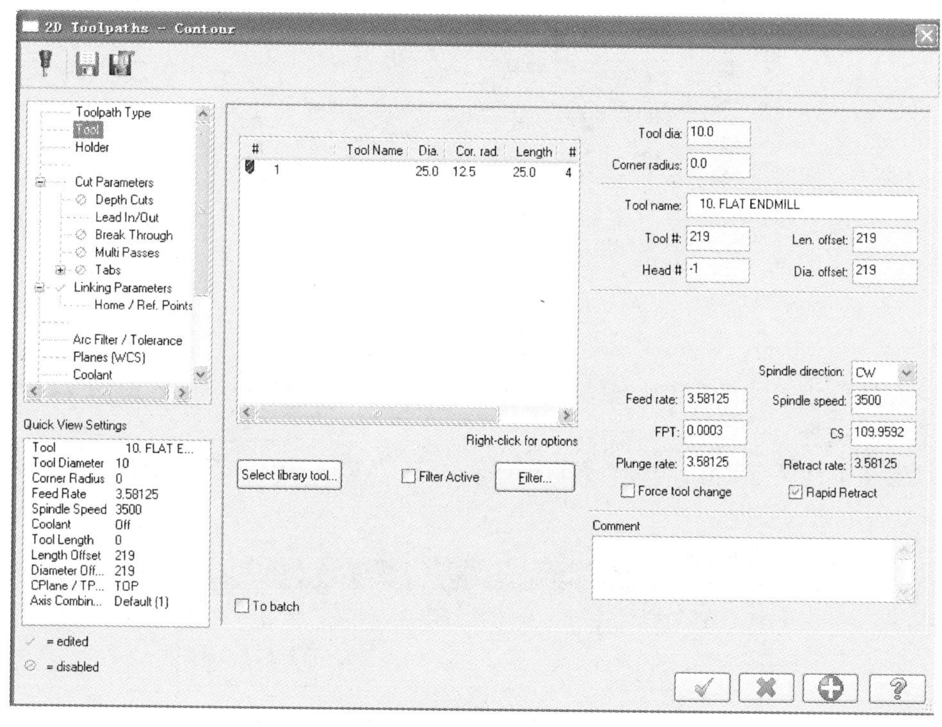

图 6.11　刀具路径管理

1. 选择刀具路径

选择刀具路径→刀具设定。

当刀具管理对话框打开后，单击刀具(Tools)，在刀具对话框空白处单击鼠标右键，有另一个选择目录会在屏幕上出现。刀具管理项目如图 6.12 所示，其中包括从刀库中选择刀具、创建新的刀具、编辑刀具等。

1）建建新的刀具

单击“创建新的刀具”(Create new tool…)后，出现图 6.13 所示为刀具定义的

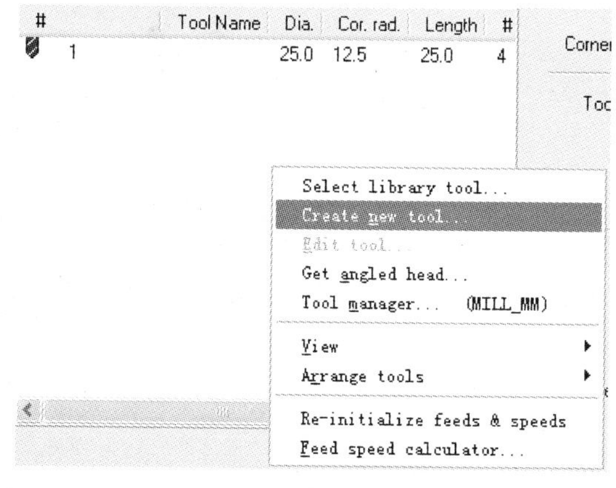

图 6.12　刀具管理项目

对话框，包括三项：刀具类型、刀具几何参数及(切削)参数。

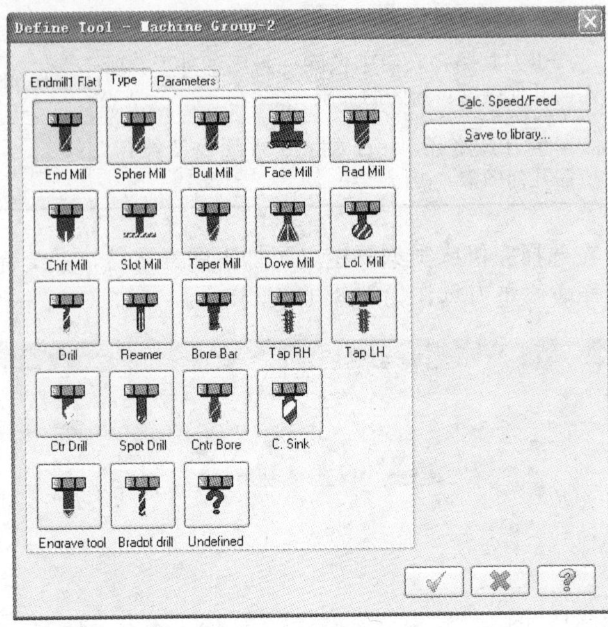

图 6.13　刀具定义

(1) 刀具类型。从对话框中选择“刀具形式”(Type)：MasterCAM 提供 22 种不同形式的刀具以供选择。

(2) 定义工具夹持尺寸。从对话框中选择“End Mill Flat”，刀具夹头的对话框出现，按图 6.14 所示输入数据。

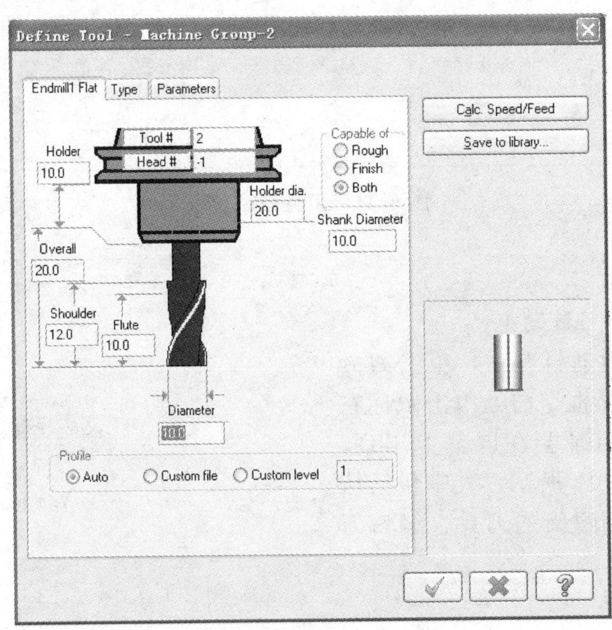

图 6.14　刀具几何尺寸

(3) 刀具尺寸参数。MasterCAM X5 用以下的参数来定义刀具，如图 6.14 所示。

直径：指定刀具切口的直径；

锥度角：指定刀具锥度角；

刀柄直径(Diameter)：指定刀柄直径；

切刃长(Flute)：指定刀具有效切削刃的长度；

刀刃长(Shoulder)：指定从刀尖到刀刃的长度；

刀长(Overall)：指定刀尖到夹头底面的长度。

(4) 夹头尺寸。MasterCAM X5 用以下参数来设定夹头。

夹头直径(Holder Diameter)：指定夹头直径；

夹头长(Holder)：从夹头末端面到其夹头 flange 面的距离；

刀具号码(Tool ＃)：指定刀具号码以便识别。

(5) 加工类型(Capable of)。对于某些刀具，MasterCAM X5 会让用户来指明其可启用的加工类型，有下述三种选择。

粗加工(Rouph)；刀具只能作粗加工处理；

精加工(finish)；刀具只能作精加工处理；

两者(both)：刀具能作粗、精加工处理。

(6) 参数。参看“参数”对话框，如图 6.15 所示，其中重要参数叙述如下：

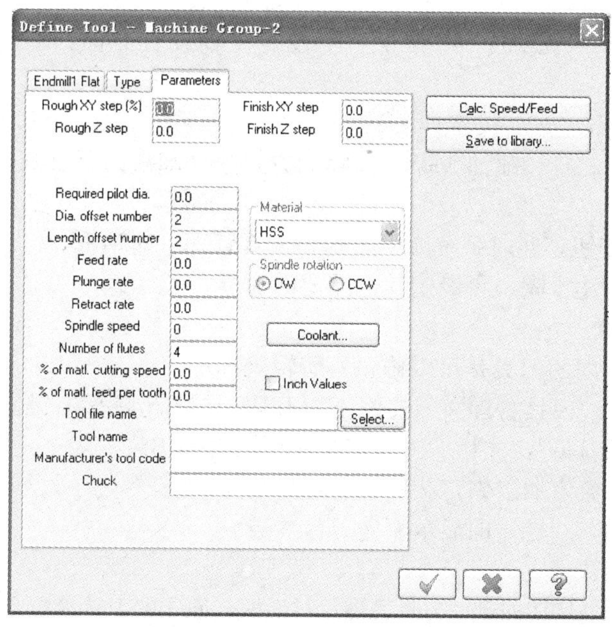

图 6.15　加工参数

① 粗切步进 XY(%)：此参数设定刀具直径在粗加工时所切入工件的百分比。它设定了粗加工的步进量(stepover)值。举例来说，一个 ϕ10mm 平铣刀的粗切步进百分比是 60%，那它在粗加工过程中的步进量是 6mm。

② 精切步进 XY(%)：此参数值的意义同上，是设定精加工时刀具直径切入工件的百分比。举例来说，一个 ϕ10mm 平铣刀的精切步进百分比是 10%，那它在精加工过程中的

步进量是1mm。

③ 粗切步进Z(%)：此参数为设定粗加工所切的Z轴深度。它以刀具直径的百分比来表示。举例来说，一个ϕ10mm平铣刀的粗切步进Z百分比是60%，那它每一步的粗加工会有6mm的深度。

④ 精切步进Z(%)：此参数值的意义同上，为精加工所切的Z轴深度以刀具直径的百分比表示。举例来说，一个ϕ10mm铣刀的精切步进Z百分比是10%，那它每一步的精加工会有1mm的加工深度。

⑤ 中心孔直径(无刀刃)(Required pilot dia…)：此参数用于设定某特定刀具的中心孔直径，它通常用于攻螺纹、镗孔、钻大径孔或铣削挖槽。

⑥ 刀具材质(Material)：有以下6种选择：高速钢HSS、碳钢(Carbide)、涂层刀具(TiCoated)、陶瓷(Ceramic)、钨钢、未知(刀具材质尚待决定)等。

⑦ % of Matl. SFM：此参数指出根据系统数据库中的建议平面速度(sface speed)的百分比率，也可预设切削速度。此平面速度主要是由刀具材料及工件材料来决定的。

⑧ %of Matl Feed/Tooth：设定根据系统中的进给量的百分比率，也可预设进给量。进给量是由刀具材料、工件材料、背吃刀量和刀具直径等来决定的。

⑨ 刀具库名称(Tool file name)：选定刀具几何文档，单击“选择”后，MasterCAM提供下列刀具几何文档。

a. 刀具名称(Tool name)——输入任何刀具。

b. 主轴旋转方向(Spindle rotation)——设定主轴旋转方向：顺时针(CW)或逆时针(CCW)。

c. 冷却液(Coolant)——设定四种冷却模式：Ⅰ、关：关闭冷却液。Ⅱ、喷雾M07：以喷雾方式喷冷却液。Ⅲ、喷油M08：以喷油方式喷冷却液。Ⅳ、其他(Tool)：通过刀具冷却液进行冷却。

单击确定[✓]按钮，此时系统会回复到“刀具管理”对话框。

用户可以重复上述步骤，再设定其他需要的刀具。

2) 刀具编辑步骤

在“刀具管理”内的刀具是可以修正、编辑处理的。

(1) 将鼠标置于“刀具管理”内要修正的刀具，再单击鼠标右键。

(2) 选择“编辑刀具”，之后“刀具定义”对话框即出现。

(3) 重新输入参数值加以修正。

(4) 选择“参数”一栏，即显示原先刀具参数。

(5) 重新设定参数。

(6) 单击确定[✓]按钮回到“刀具管理”对话框，原先的刀具参数便修改为新设定的参数。

3)“共同参数”的确定(Linking Parameters)

单击“共同参数”弹出如图6.16所示的对话框，设定加工工件加工深度。

4) 绘图平面设置

选择“绘图平面”(Planes)，系统弹出“绘图平面设置”对话框，如图6.17所示。WCS用来控制刀具的加工平面，主要定义XY平面、ZX平面、YZ平面。工作平面(WCS)就是我们的工作坐标系及加工的底平面，刀具平面(Tool plane)就是我们常说的机床坐标系，绘图平面(construction plan)是绘图时的原点。一般情况下，我们在绘图与加工时尽量使这几个坐标系统一。尤其是对刀时工件坐标系要与 WCS 坐标系一致。

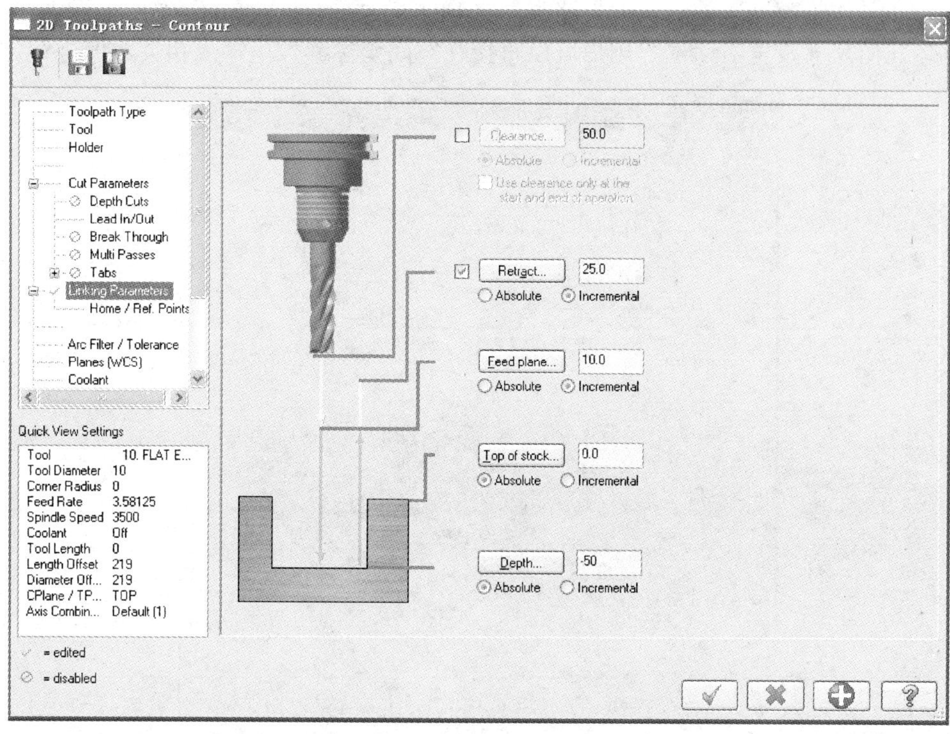

图 6.16 “共同参数”对话框

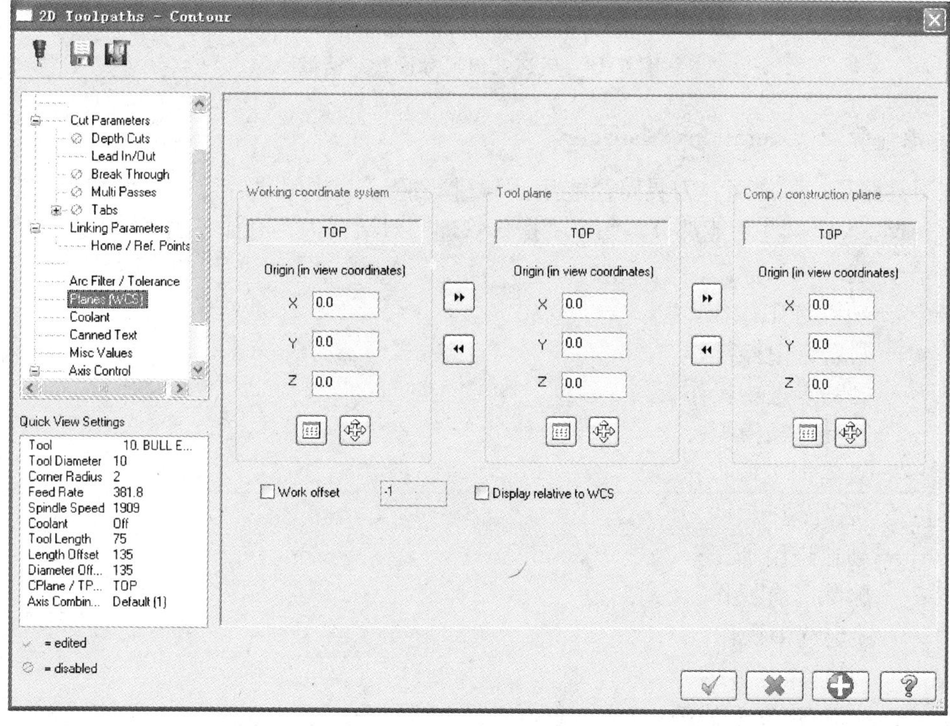

图 6.17 工作平面设置对话框

5）工件毛坯几何尺寸的确定

选择“操作管理器”中的“刀具路径”选项下的“Stock Setup”弹出如图 6.18 所示工件毛坯几何尺寸设置对话框。用户可以直接在空间坐标参数里输入相关数值进行定义。

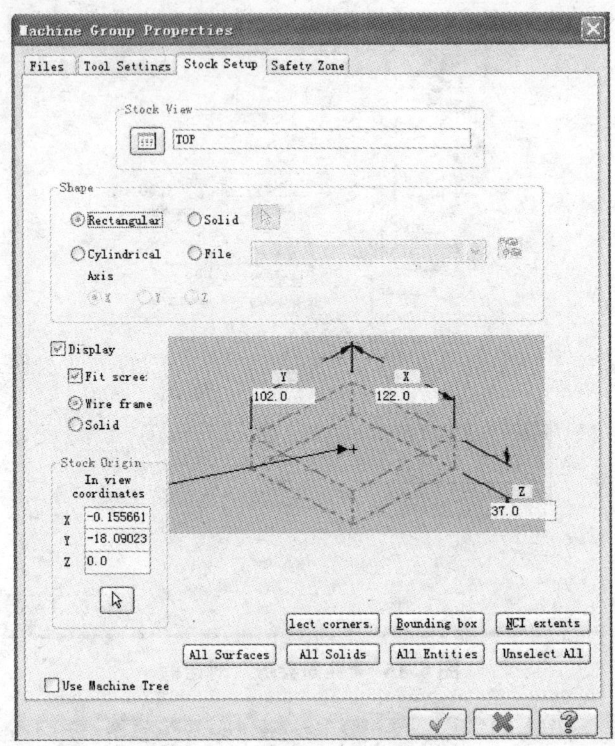

图 6.18　毛坯几何尺寸设置对话框

2. 操作管理(Operations Manager)

在刀具路径产生之后，刀具路径能用图形进行验证，并用“后处理”来产生 NC 代码。MasterCAM 5X 将这些功能都分类归于“操作管理”对话框内，有如下 18 个主要功能。

——选中所有操作；
——清除选中操作；
——刷新选中操作；
——刷新未选中操作；
——刀具路径模拟；
——真实加工模拟；
G1——后处理；
——高速进给加工；
——删除所有操作；
——锁定选中操作；
——刀具路径显示；
——取消/恢复后处理；
——下移插入位置；

——上移插入位置；

——在指定位置后插入；

——滚动插入；

——只显示选中的路径；

——只显示和路径相关的几何图形。

打开“操作管理”的步骤如下。

(1) 选择刀具路径→操作管理。

(2)“操作管理”对话框如图 6.19 所示。

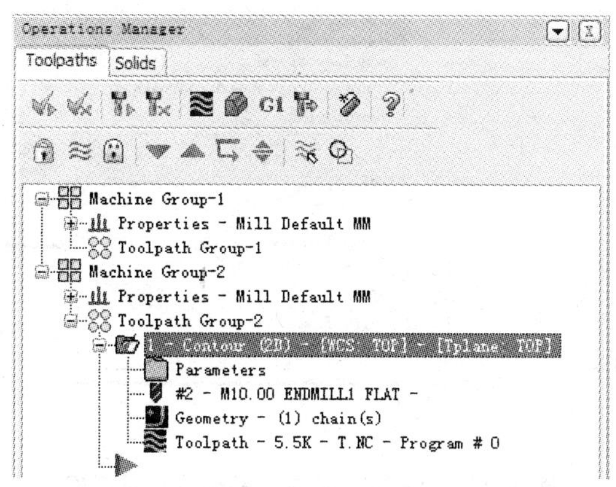

图 6.19 操作管理

使用“操作管理”空白区的右键功能，在操作管理区单击右键，系统弹出如图 6.20 所示“树状右键快捷菜单”。

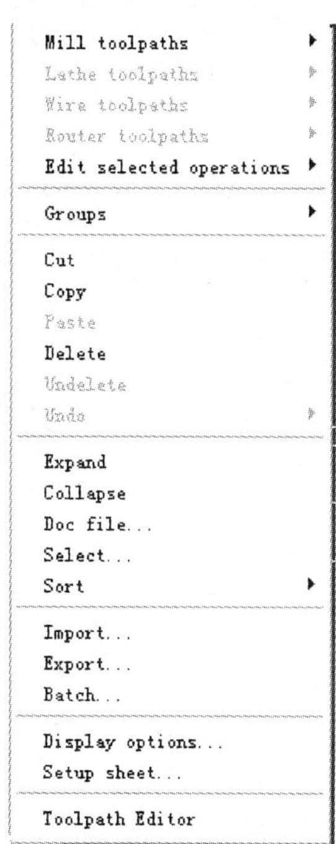

图 6.20 树状右键快捷菜单

(1) 选择“铣床刀具路径”(Mill toolpaths)，系统弹出如图 6.21 所示“铣削刀具路径子菜单”。

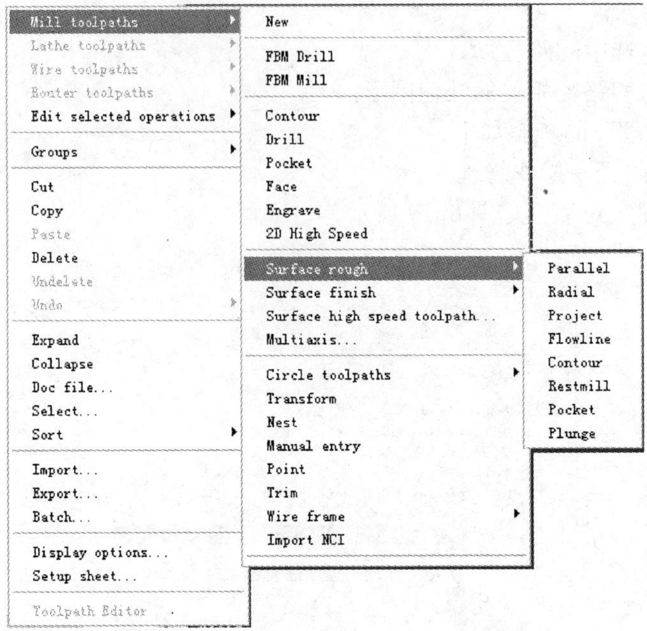

图 6.21 “铣削刀具路径子菜单”对话框

(2) 选择“编辑已选择的操作”(Edit selected operations)，弹出“编辑共同参数”、“更改 NC 文件名称”、“更改程序编号”、“刀具重新编号”、“加工坐标系重新编号”、“更改刀具路径方向”、“重新计算进给/转速”七个子菜单，如图 6.22 所示。

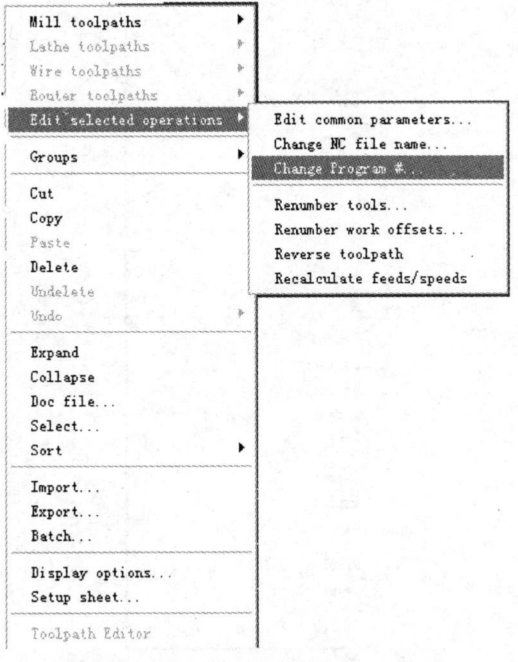

图 6.22 “编辑已选择的操作”对话框

(3) 选择“Doc文件”，系统弹出“指定文件写入到…”(Specify file to write to…)对话框如图6.23所示。

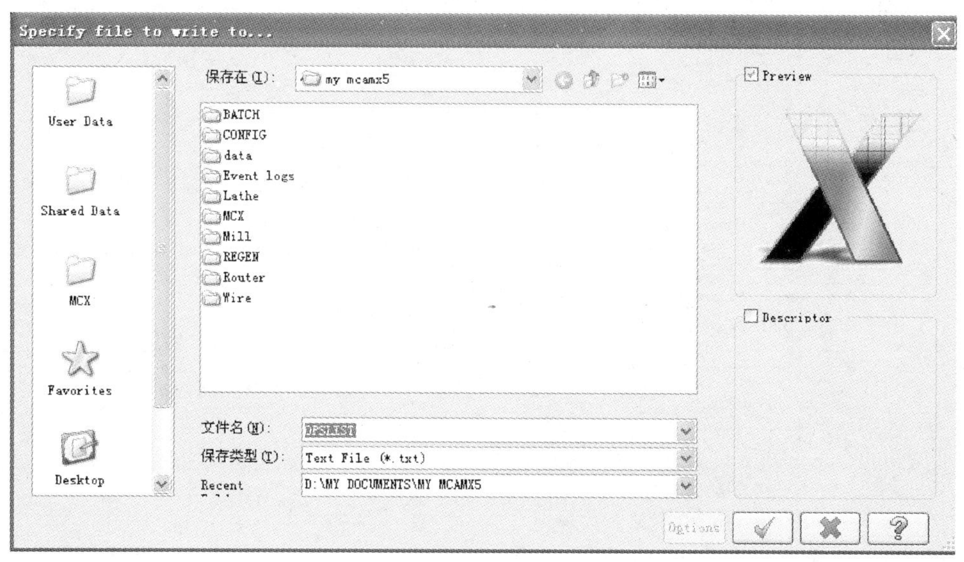

图6.23 “指定文件写入到…”对话框

(4) 单击“Select…”按钮，系统弹出“选择操作”对话框，用户可以选择要操作显示操作等。如图6.24所示。

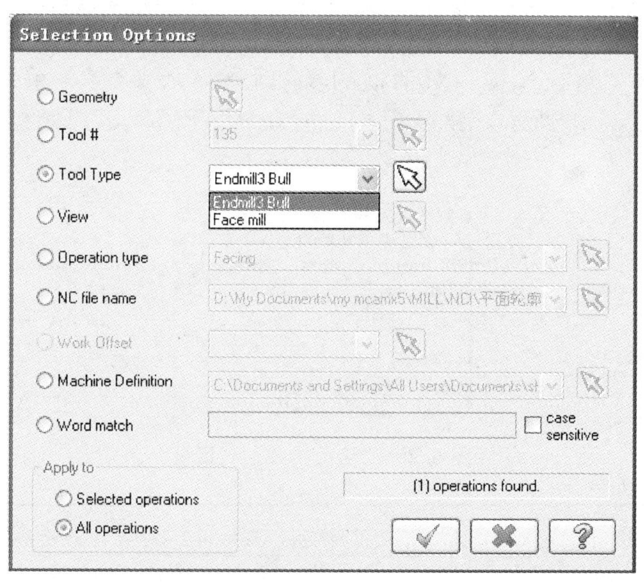

图6.24 “选择操作”对话框

(5) 选择“显示”(Display Options)，系统弹出“显示选择”对话框。在这里可以需要显示的操作项目。如图6.25所示。

(6) 选择“Copy”，可以选择需要复制的操作选项，再“Paste”粘贴到操作管理对话

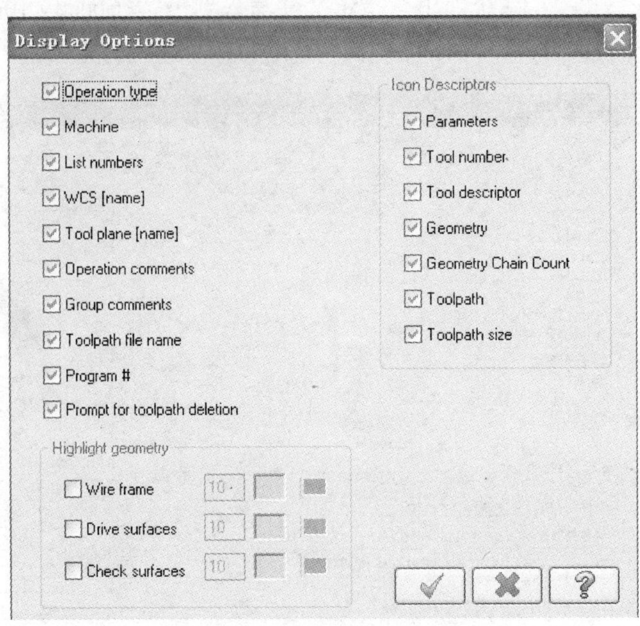

图 6.25 “显示选择”对话框

框下面。需要注意的是，复制一项操作后，如果更改刀具规格参数，则相关刀具规格参数全部更改。

3. 路径模拟功能

单击，显示如图 6.26 所示的“路径模拟”对话框和如图 6.27 所示的“路径模拟”工具栏，单击“路径模拟”对话框的(轨迹显示参数)，系统弹出“路径模拟参数”对话框如图 6.28 所示，路径模拟功能在屏幕上显示刀具路径，它有以下数种选择。

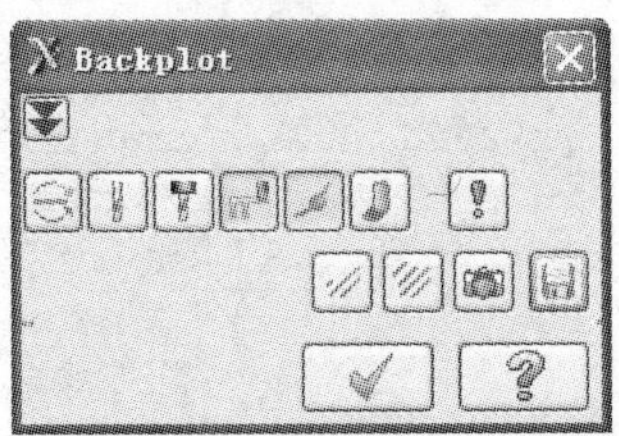

图 6.26 “路径模拟”对话框

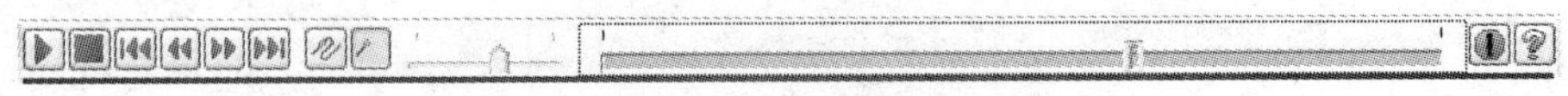

图 6.27 “路径模拟”工具栏

(1) 手动控制：每单击此一次，刀具就在屏幕上移动一段直到刀具路径结束。

(2) 自动控制：刀具自动从头到尾走完刀具路径。

(3) 显示路径：大路径模拟后，显示刀具路径(以刀具中心为准)。

(4) 显示刀具；显示刀具于刀具路径上。

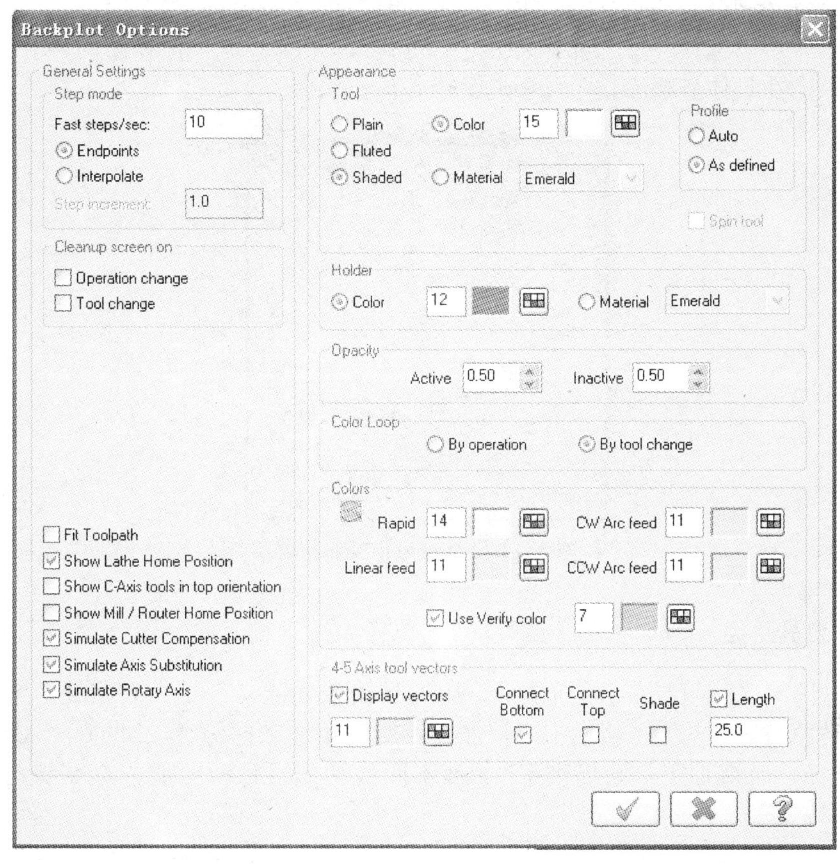

图 6.28 “路径模拟参数”对话框

(5) 显示夹头：在路径模拟中显示刀具夹头。

(6) 着色验证：模拟工件被切削的过程。

(7) 参数设定：MasterCAM X5 提供不同的参数来显示刀具及刀具路径。

(8) 单击“路径模拟”对话框的(显示刀具)和(显示夹头)，显示刀具在路径模拟参数表的下方有“刀具显现”和“夹头显现”，如图 6.29 所示。再次单击则取消刀具、夹头。

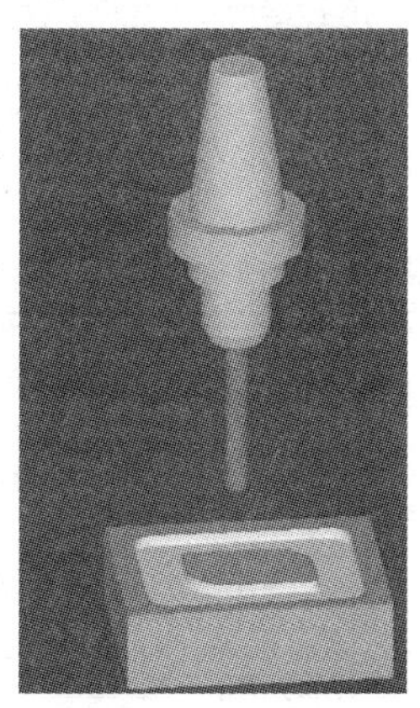

图6.29 刀具显现参数

单击“路径模拟”工具栏的▣(停止条件的设定)，系统弹出“条件停止”对话框如图 6.30 所示，可以选择“每个操作停止”(Stop at Operation)、“换刀时停止”(Stop at toolchange)、“在具体步骤停止”(Stop at step number)。

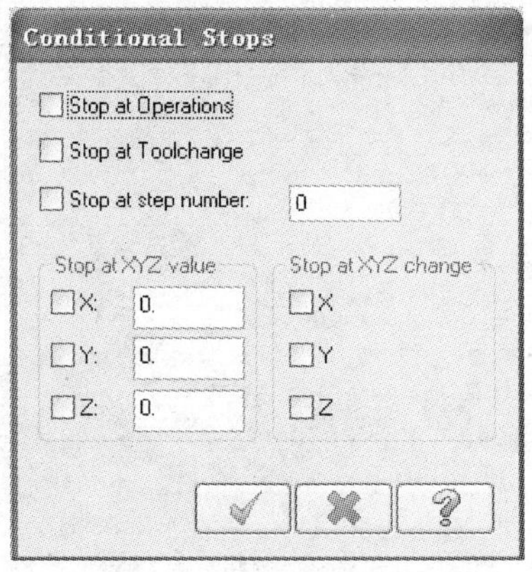

图 6.30 “条件停止”对话框

6.4.2 3D 刀具路径

MasterCAM X5 从已有的曲面图形，用刀具路径功能来产生刀具路径。MasterCAM X5 有两大类曲面切削功能：粗加工及精加上。对于粗加工这一类，MasterCAM 提供了 8 种不同的选择，而精加工，则提供了 11 种不同的功能。每种功能皆有其特有的特征及参数。

1. 曲面刀具路径功能

(1) 粗加工：选择粗加工功能来产生粗加工刀具路径。
(2) 精加工：选择精加工功能来产生精加工刀具路径。

2. 粗加工和精加工类型

大多数的曲面模型都需要粗加工及精加工，粗加工必须执行于精加工之前。一般来说，如果曲面进行粗加工、精加工之后就能满足零件制造要求，就可以结束了，如果不能满足，可以在粗加工之后增加粗加工残料粗加工，之后再安排精加工及精加工残料清角精加工。MasterCAM X5 有 8 种粗加工选择。表 6 - 3 为曲面粗加工功能的简介。MaMercAM 提供了表 6 - 4 的 11 种精加工功能来产生刀具路径切削曲面。

表 6 - 3 曲面粗加工功能

粗加工功能	说　明
平行铣削	产生于特定某一角度的平行切削粗加工刀具路径
放射状	产生沿放射状步进的粗加工路经
投影加工	借着将已有的刀具路径或几何图形图素投影至选择的曲面上而产生的粗加工刀具路径
曲面流线	沿曲面流线方向产生的粗加工刀具路径

（续）

粗加工功能	说　明
等高外形	沿曲面外形产生的粗加工刀具路径
挖槽	依曲面形态，于Z方向下降产生的粗加工刀具路径
残料清角	对粗加工后一些没有加工到的位置进行加工
插削下刀	切削所有介于曲面与凹槽边界物体而产生的粗加工刀具路径

表6-4　曲面精加工功能表

精加工功能	说　明
平行铣削	产生于特定某一角度的平行切削精加工刀具路径
陡斜面加工	产生精加工路径来清除曲面陡斜坡上所遗留的工件
放射状	产生沿放射状步进的精加工路径
投影加工	借着将已有的刀具路径或几何图形图素投影至选择的曲面上而产生的精加工刀具路径
曲面流线	沿曲面流线方向产生的精加工刀具路径
等高外形	沿曲面外形产生的精加工刀具路径
浅平面加工	产生精加工刀具路径来清理曲面浅面积部分所遗留的工件
交线清角	产生精加工刀具路径来清理曲面间的交角部分
残料清角	产生精加工刀具路径来清理因前面半径较大刀具所残留的材料
环绕等距	产生一等距环绕工件曲面的精加工刀具路径
熔接精加工	产生于两条曲线相交决定的区域的刀具路径

3. 相关参数

MasterCAM X5用不同形式的参数来定义产生刀具路径所需要的工艺数据，这些参数可总括为三类：①刀具路径参数。②曲面加工参数。③粗加工“XX”铣削参数(“XX”表示粗加工种类的选择，譬如平行、陡斜面、残料清角等)。

(1) 刀具路径参数主要定义主轴转速(Spindle speed)、进给速率(Feed rate)、下刀和提刀速率(Plunge/Retract rate)以及主轴转向(Spindle)，CW表示顺时针方向，CCW表示逆时针方向，如图6.31所示。

(2) 曲面加工参数主要定义“刀具返回参考高度”(Retract…)、“进给下刀位置”(Feed Plane…)等，如图6.32所示。

(3) 粗加工铣削参数主要定义切削方法：“双向”(Zigzag)、“单向”(One way)，“最大Z轴进给”(Max stepdown)等。对于“平行铣削粗加工”来说，粗加工与精加工的加工角度最好不一致，如此能最好地加工表面残留余量。一般取粗加工角度为0°，精加工角度为90°，如图6.33所示。

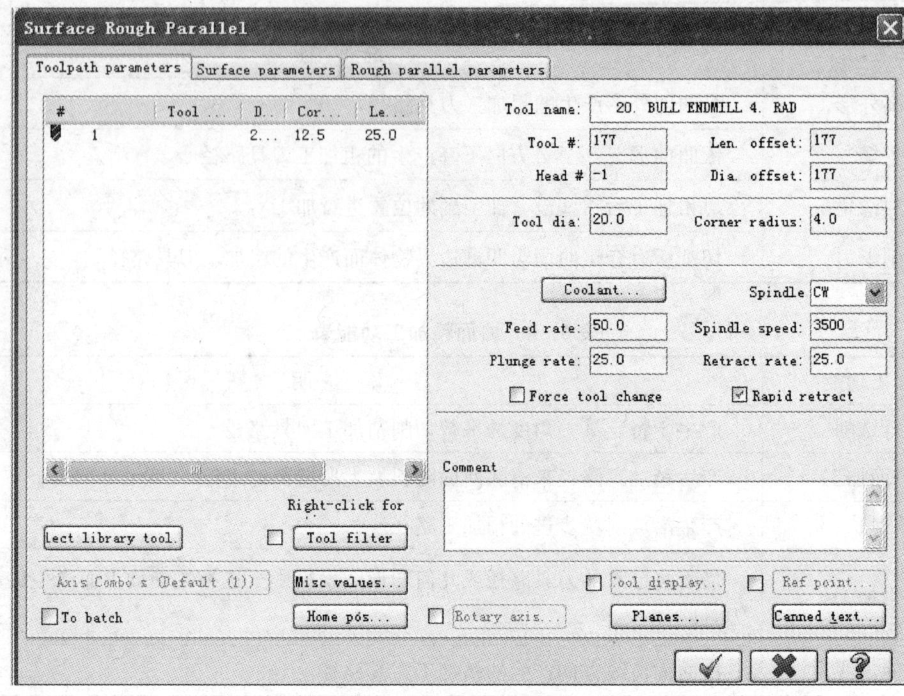

图 6.31　曲面粗加工平行加工

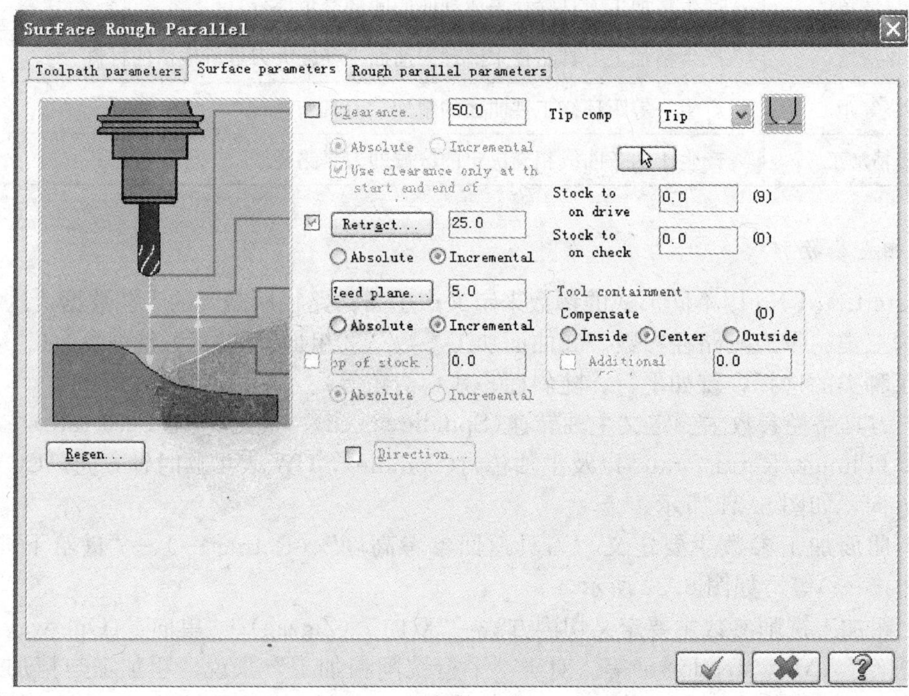

图 6.32　“曲面加工参数”对话框

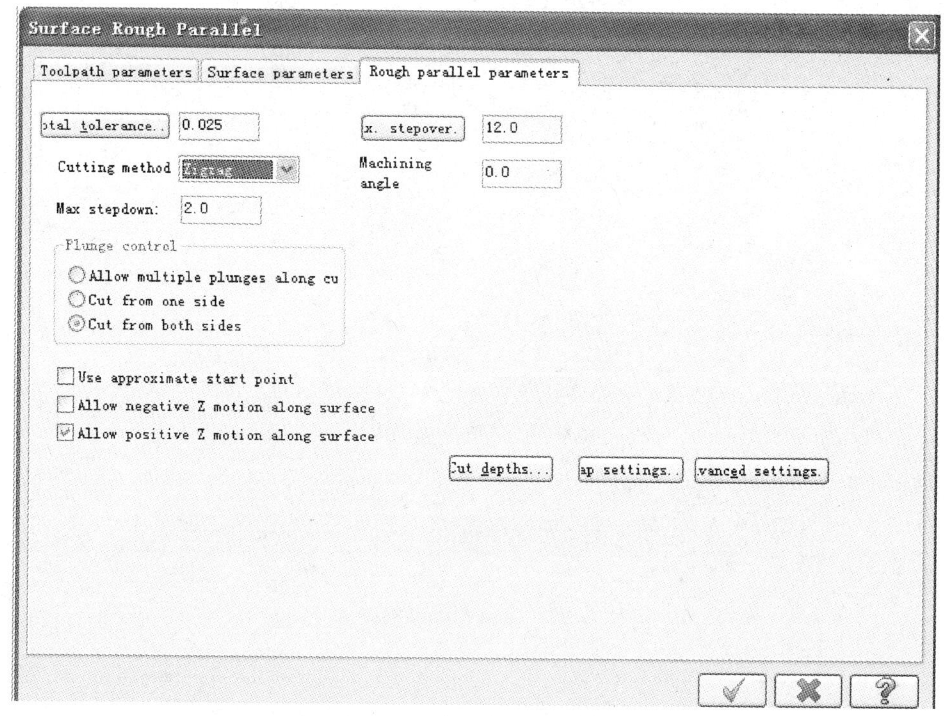

图 6.33 “平行铣削粗加工”

6.5 MasterCAM 系统的应用

6.5.1 MasterCAM 几何造型

1. 加工零件平面图二维视图

如图 6.34 所示零件平面图二维视图的加工步骤如下。

(1) 在俯视构图面，如图 6.35 所示在状态栏设置图层为 1，在绘图菜单(Create)左击矩形(Rectangle)绘制一个矩形 120×100，在合适位置单击确定矩形，如图 6.36 所示，单击 确定。譬如输入起始角点坐标(−60，−50，0)，长度 120，宽度 100。绘制半径 15 的圆，如图 6.37 所示。

(2) 在俯视构图面，如图 6.38 所示在状态栏设置图层为 2，标注矩形与圆弧的相关尺寸；单击绘图再左击标注(Drafting)(图 6.39)；标注完后如图 6.40 所示。

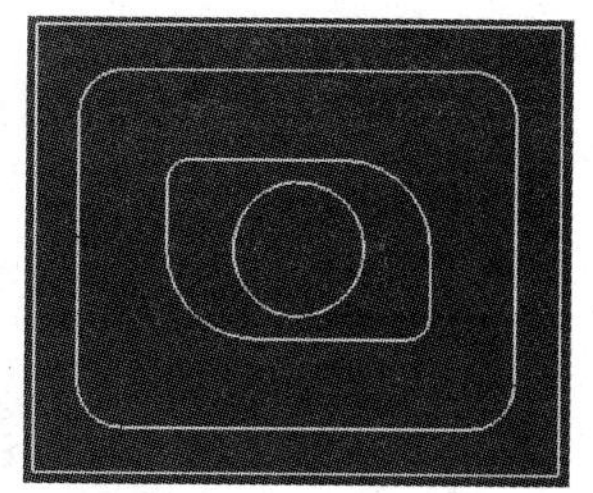

图 6.34 零件平面图

图 6.35 状态栏设置

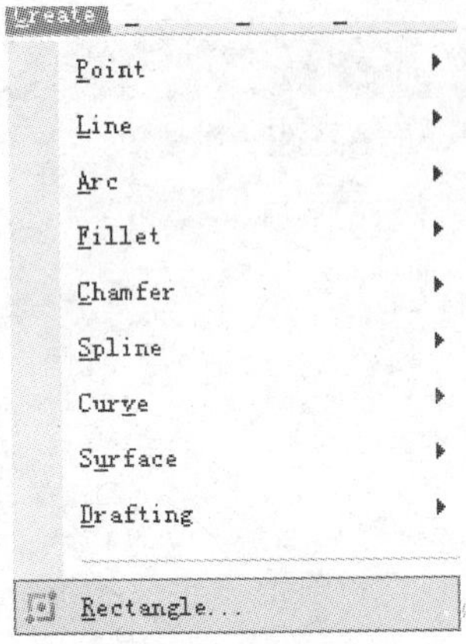

图 6.36　绘制矩形路径

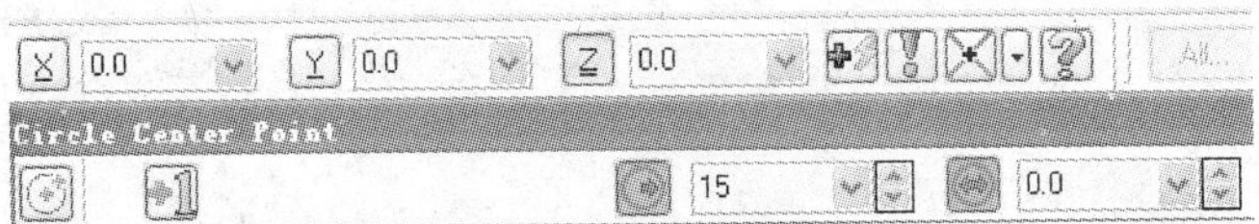

图 6.37　绘制圆弧参数输入

图 6.38　状态栏图层设置

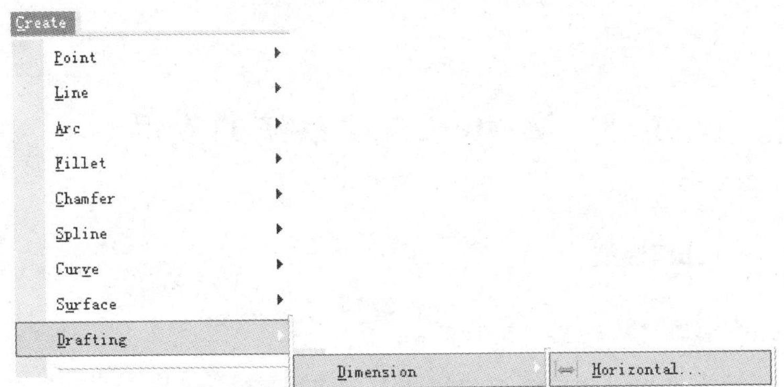

图 6.39　尺寸标注路径

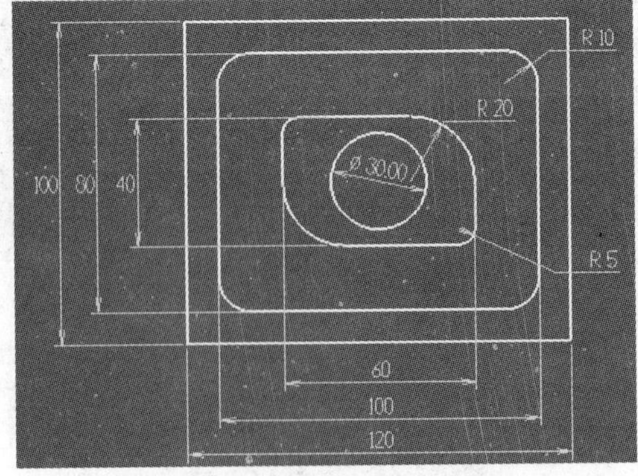

图 6.40　标注后的零件图样

（3）单击状态栏，使恢复到图层1后，单击图层(Lever)(图6.41)，得到图6.42，单击“2”后面的“X”使之消失，使图层2不显示。结果如图6.43所示。

（4）保存文档。

2. 三维图构建举例

产生如图6.44所示的三维视图面。

步骤1：绘制长方形。选择俯视构图面，如图6.45所示，选择“绘图”，选择绘制“长方形”(Rectangle)，或者单击快捷工具菜单，输入坐标(－40，－40，0)(图6.47)，在绘图区右上方单击，结果如图6.46所示。

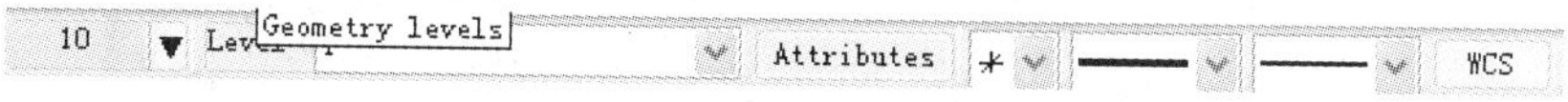

图6.41　图层管理路径

图6.42　图层管理

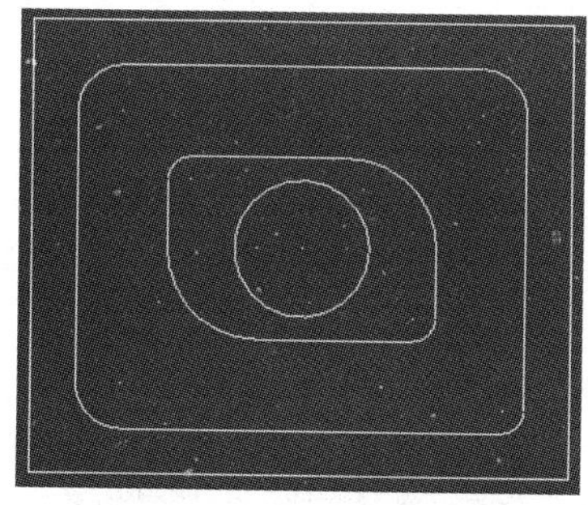

图6.43　不显标注的图样

图6.44　三维视图

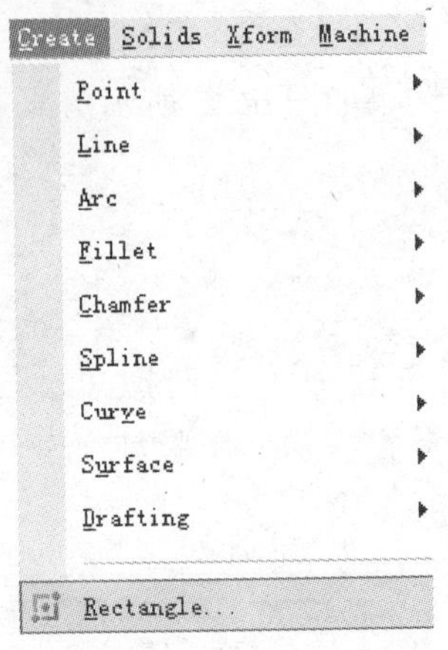

图 6.45　绘制长方形路径

图 6.46　绘制好的矩形

图 6.47　绘制矩形坐标输入方法

步骤 2： 拉伸长方形。如图 6.48 所示，单击“实体”（Solids），再单击“挤出实体”（Extruded），或者单击左边工具栏 。窗口弹出串联对话框如图 6.49 所示，并提示选择串联选项 Select chain(s) to be extruded. 1 。

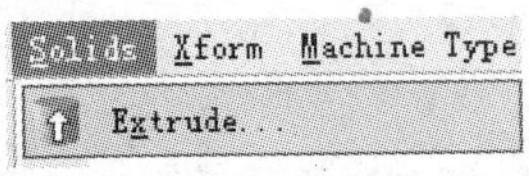

Solids　Xform　Machine Type

Extrude...

图 6.48　拉伸路径

串联方向按右手螺旋法则拉伸，选好方向后如图 6.50 所示，单击串联窗选的 ，窗口弹出“挤出串联窗选”（图 6.51），在拉伸距离对话框里填写 25，单击 ，结果如图 6.52 所示。

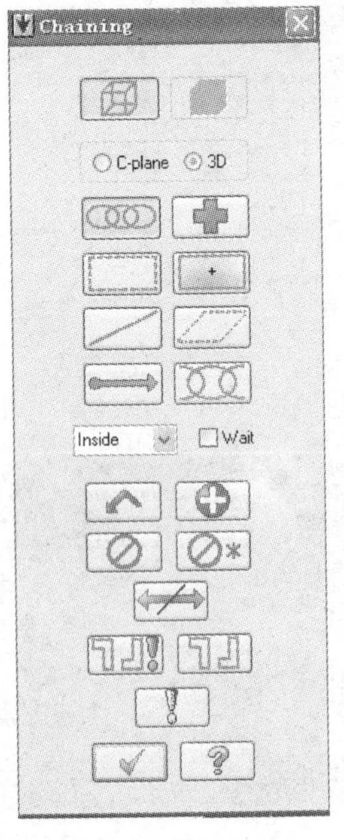

图 6.49　串联对话框

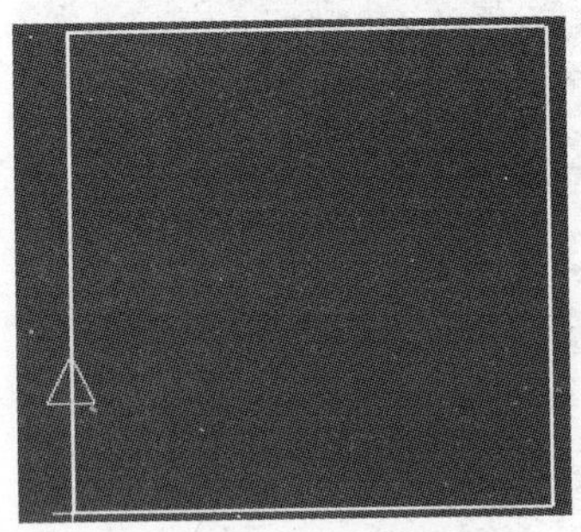

图 6.50　串联示意图

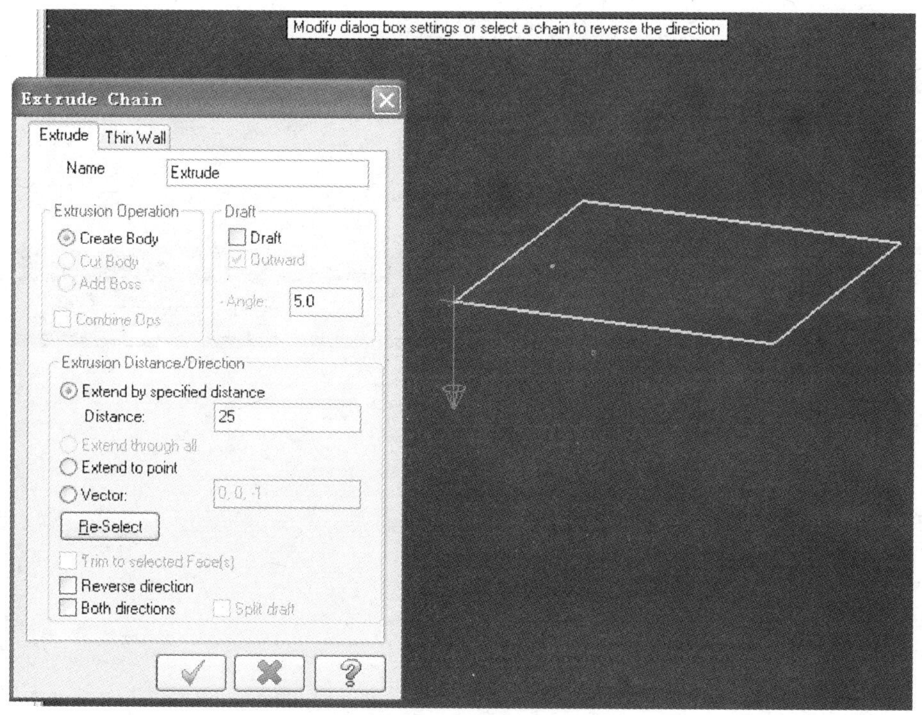

图 6.51 “挤出串联窗选”对话框

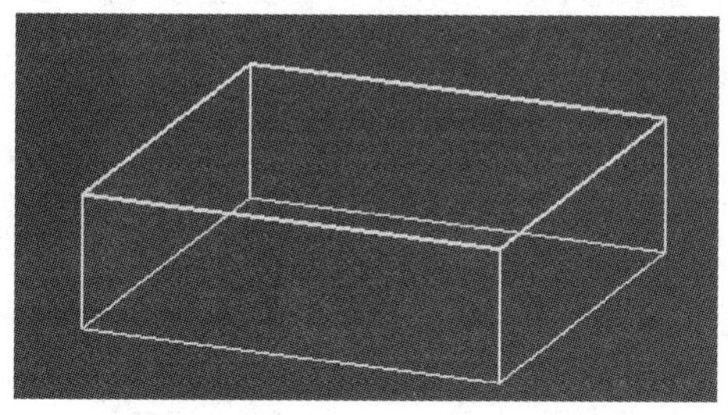

图 6.52 拉伸结果

步骤 3：绘制半球体等。首先选择过 X0Y0Z0 点的平面做旋转平面，方法如下。

(1) 单击“状态工具栏”的“平面栏”(Planes)(图 6.53)。

(2) 再单击“定义视角”(Named Views)，弹出“视角选择”对话框如图 6.54 所示。

单击“设置新的原点”按钮(Set new origin)，出现如图 6.55 所示的“新的视角平面”图标供选择；选择过坐标系原点的前视图，结果出现如图 6.56 所示对话框。单击视角选择对话栏的 结束。

(3) 单击前视图结果如图 6.57 所示。单击工具栏等视图 ，单击“绘图”，选择“点”(Point)，“位置”(Position)，如图 6.58 所示。

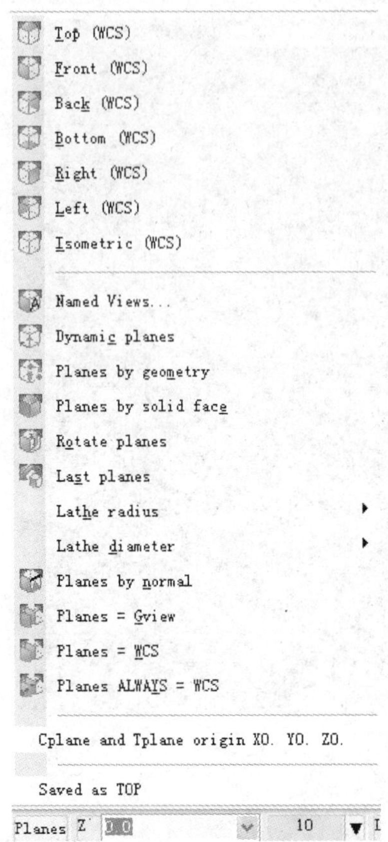

图 6.53　平面栏显示

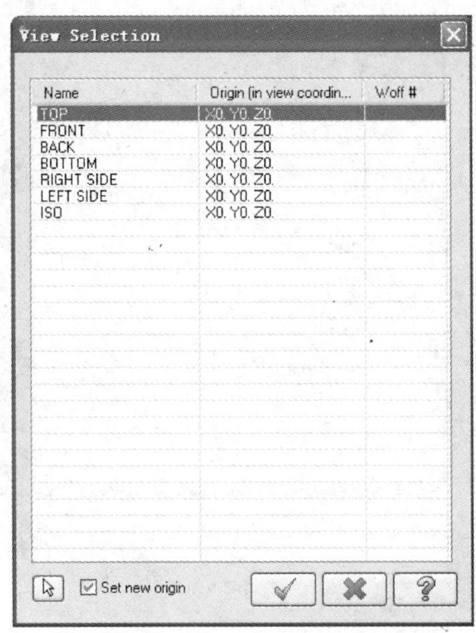

图 6.54　“视角选择”对话框

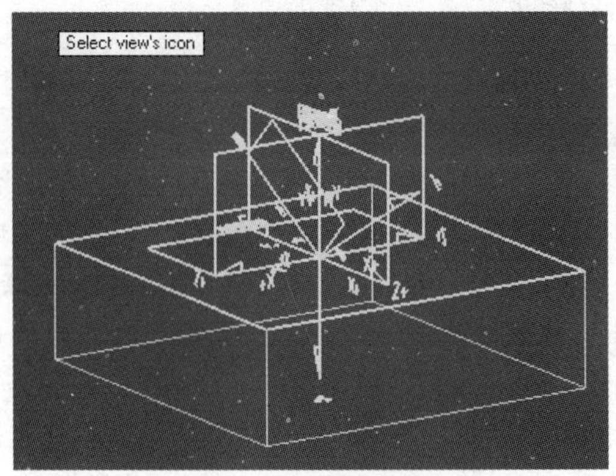

图 6.55　新的视角平面

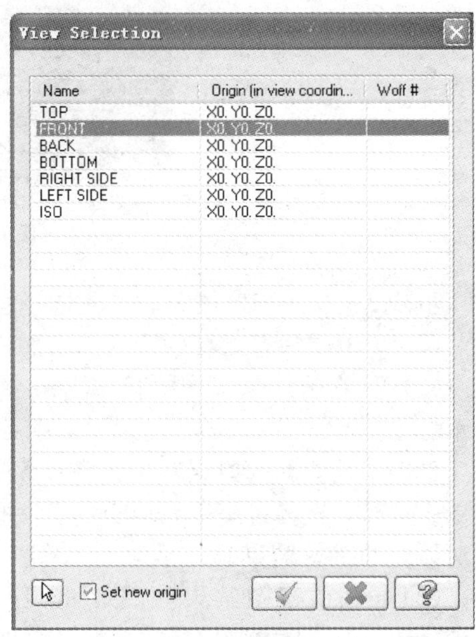

图 6.56　前视图确定对话框

图 6.57　新前视图图样

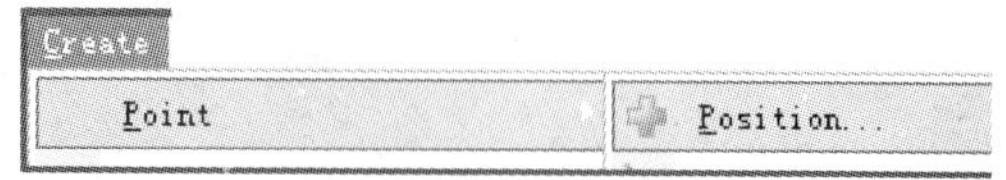

图 6.58　绘制“点”路径

输入空间点坐标(0，0，5)，单击结束，同理绘制点(30，0，5)单击结束，绘制点 A(0，0，0)，单击结束，绘制点 B(30，0，0)，单击结束，再左击前视图结果如图 6.59 所示。

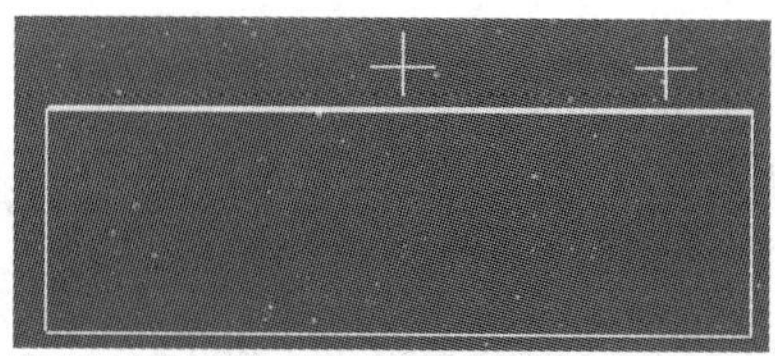
图 6.59　前视效果图

在前视图下，在工件前视图绘制旋转串联体。选择“绘图”，再选择“圆弧”、“中心半径绘制圆弧”，如图 6.60 所示，绘制半径为 25 的四分之一圆，圆心(0，0，5)，单击结束。重复绘制圆心(30，0，5)、半径 5 的四分之一圆，单击结束。过程如下：提示输入圆心点，单击(0，0，5)结果如图 6.61 所示，绘制圆弧 2 ，圆心坐标(30，0，5)，半径 5；绘制铅垂对称轴，水平封闭直线。如图 6.61(c)所示。

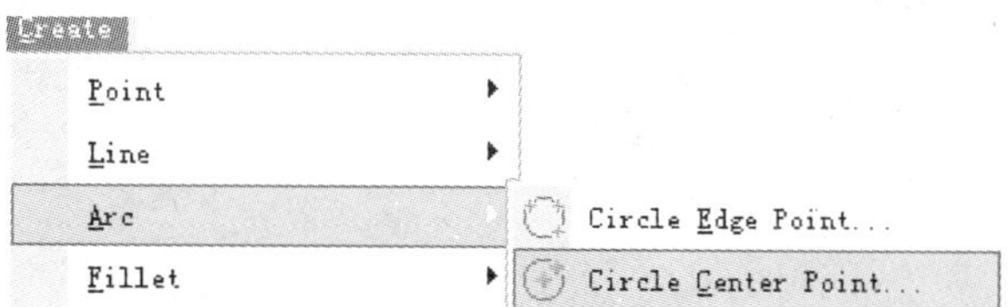

图 6.60　绘制圆弧

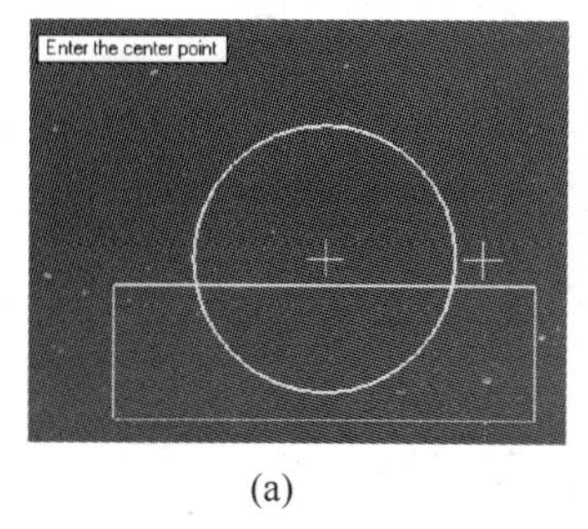

(a)

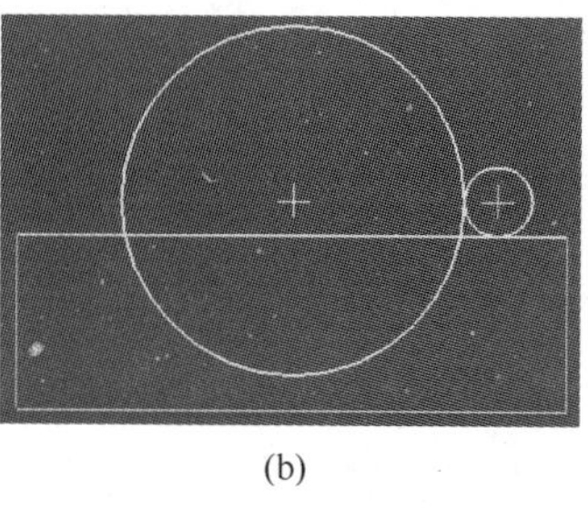
(b)

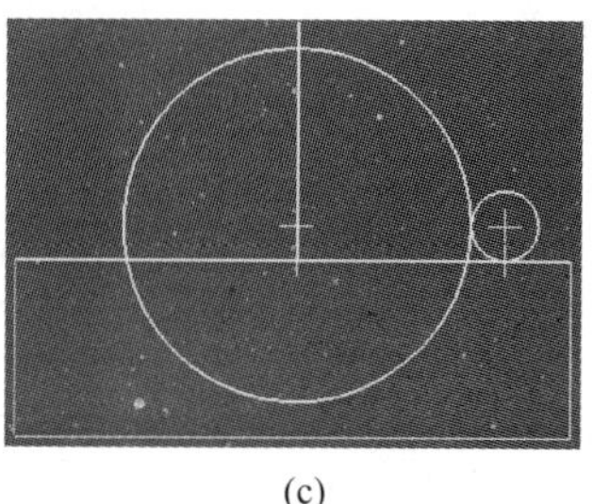
(c)

图 6.61　绘制旋转串联体

单击“编辑”(Edit)选择“修剪延伸”(Trim/Break)命令或者单击工具栏快捷菜单，如图 6.62 所示。

桌面弹出“选择修剪对象”(Select the entity to trim/extend)，选要保留部分，再单击目标位置，单击结束，图样如图 6.63 所示。

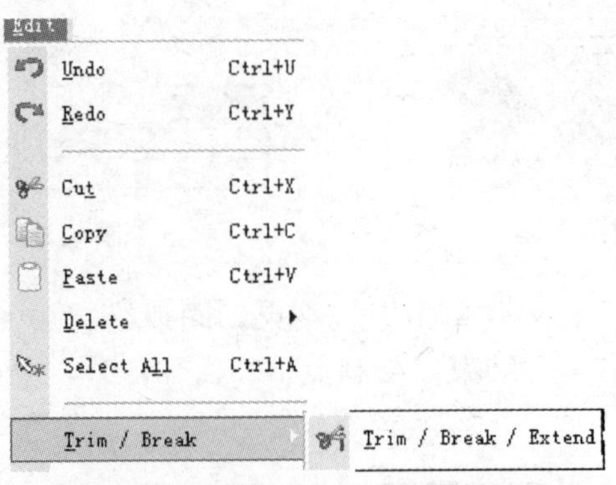

图 6.62 “修剪延伸”(Trim/Break)命令

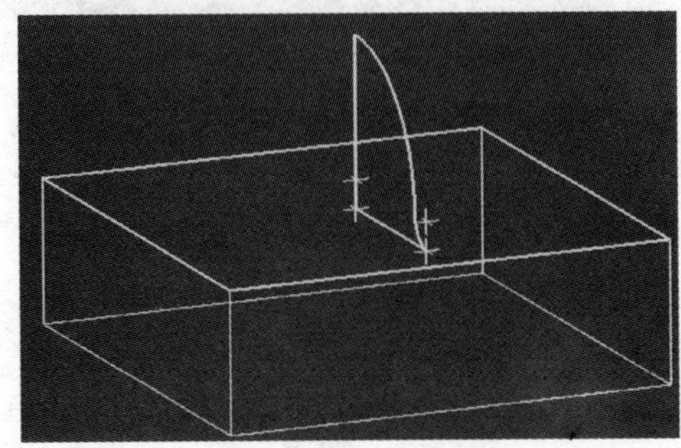

图 6.63 串联图样

步骤 4：旋转实体(Rovolve)。单击“实体”，选择“旋转实体”(或者单击左边工具栏快捷按钮)，如图 6.64 所示。系统弹出串联对话框(图 6.65)，并提示选择串联图素去旋转(Select chains to revolved)，选择圆弧所在串联图素，如图 6.66 所示，并单击串联(Chaining)对话框的结束。

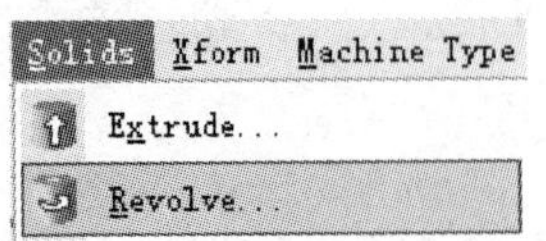

图 6.64 选择“旋转实体”路径

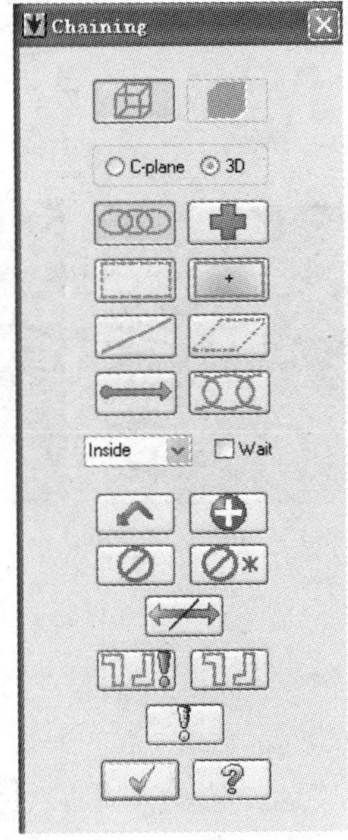

图 6.65 串联对话框

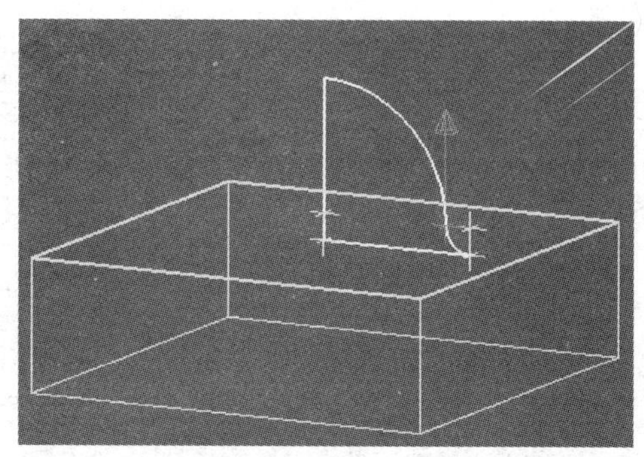

图 6.66　串联体选择结果

系统提示选择旋转轴，选择铅垂轴为轴线，系统弹出“指导”对话框，和旋转方向，如图 6.67 所示，单击[✓]结束。

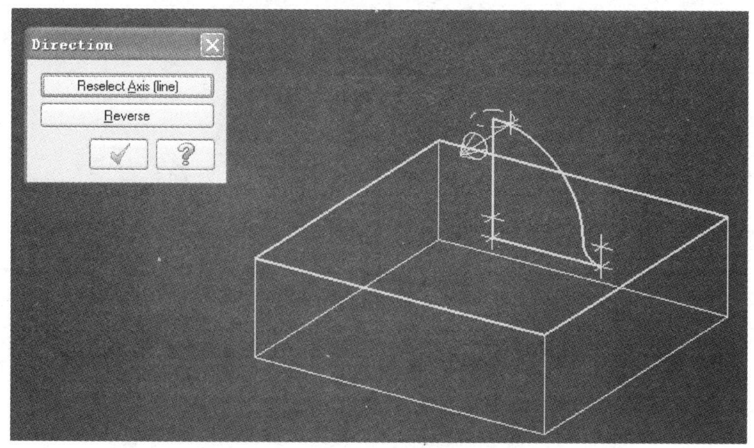

图 6.67　旋转体“指导”对话框

系统弹出“旋转操作”对话框，如图 6.68 所示。选择“增加实体”(Create Body)，旋转角度从 0°～360°，单击[✓]结束。系统生成三维框架视图如图 6.69 所示。

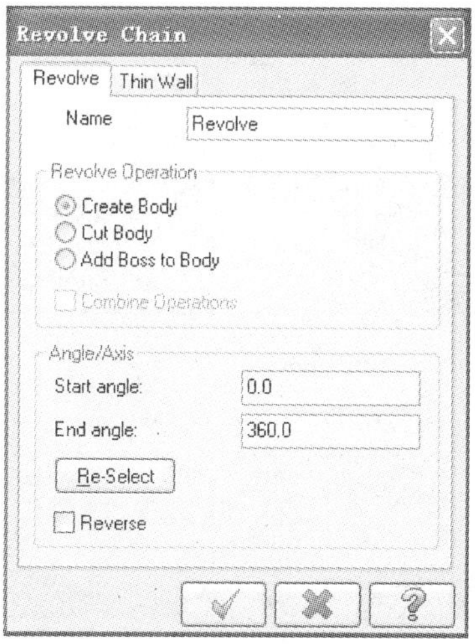

Revolve Chain
Revolve　Thin Wall
Name　Revolve
Revolve Operation
Create Body
Cut Body
Add Boss to Body
Combine Operations
Angle/Axis
Start angle:　0.0
End angle:　360.0
Re-Select
Reverse

图 6.68　“旋转操作”对话框

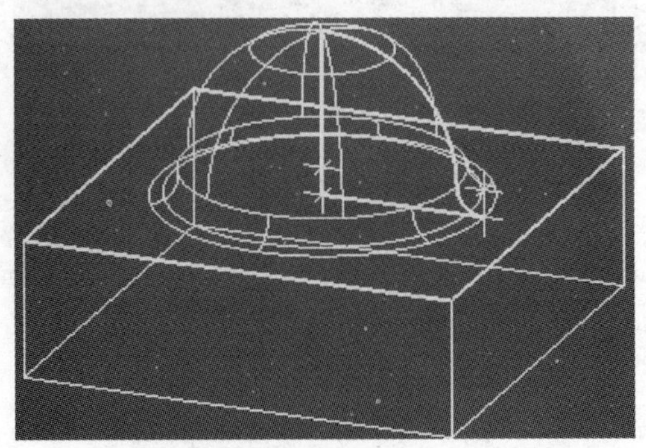

图 6.69　旋转体

单击“屏幕”(Screem)，选择着色设置(Shade Setting)(图 6.70)，结果如图 6.71 所示。

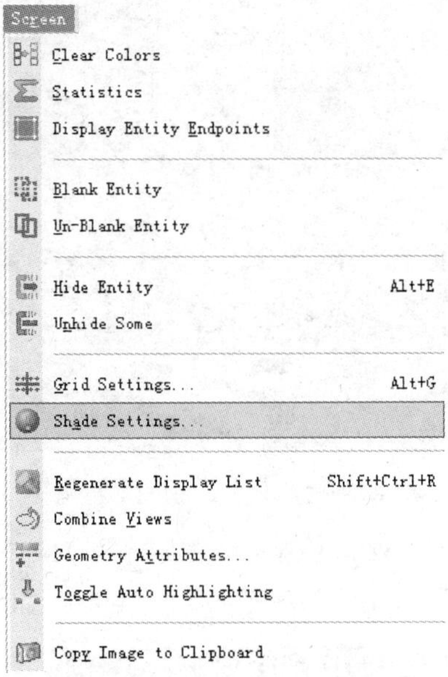

Screen
Clear Colors
Statistics
Display Entity Endpoints
Blank Entity
Un-Blank Entity
Hide Entity　Alt+E
Unhide Some
Grid Settings...　Alt+G
Shade Settings...
Regenerate Display List　Shift+Ctrl+R
Combine Views
Geometry Attributes...
Toggle Auto Highlighting
Copy Image to Clipboard

图 6.70　着色路径

图 6.71　三维实体图

步骤 5 保存文档。单击保存，系统弹出保存对话框(图 6.72)，输入文件名“球台”，单击[✓]结束。

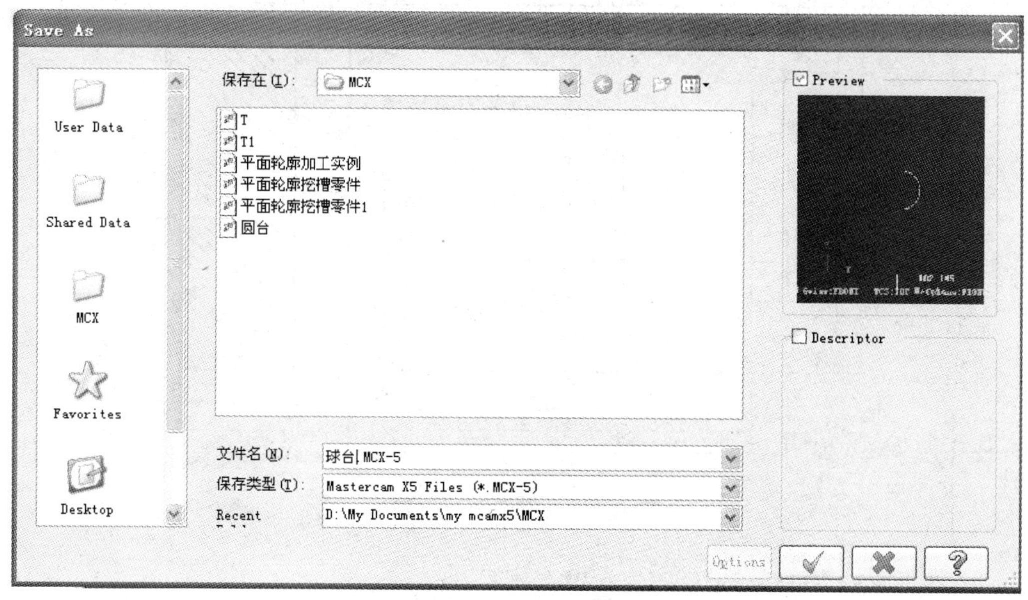

图 6.72 保存对话框

6.5.2 MasterCAM X5 二维加工举例

下面以铣削顶平面并挖一有岛屿的槽为例介绍利用 MasterCAM X5 进行二维加工。

加工如图 6.73 所示工件，使用挖槽模组三次产生刀具路径：①铣削顶平面。②切削外轮廓。③内轮廓凹槽加工。④挖槽切削一圆槽加工(全圆铣削)。原料是 100×120×35 的一长方体，长方体的外圆外轮廓已被加工到所要尺寸，长方体的一个底面也已经加工过，其厚度大约是 35.5mm。

注意：

(1) 操作顺序是先加工顶平面，其次加工外轮廓，随后加工较大内部挖槽，最后是槽底圆槽的挖槽加工。

(2) 使用三把刀具：

ϕ37.5mm 端铣刀加工顶端平面。

ϕ25mm 立铣刀铣削外轮廓。

ϕ10mm 立铣刀铣削挖槽操作。

(3) 尽量用一个比外圆大的构造圆来作为加工顶端外轮廓的边界。如果使用原来的外部圆弧直径来铣削外轮廓，工件边缘可能会留下一些切削不足的残料。在此使用 57mm 作为这个构造圆的直径。

(4) 面加工的主要参数如下：

① 1 次粗切削和 1 次精切削。

② 粗切间隙=6mm。

③ 切削方式=双向进刀。

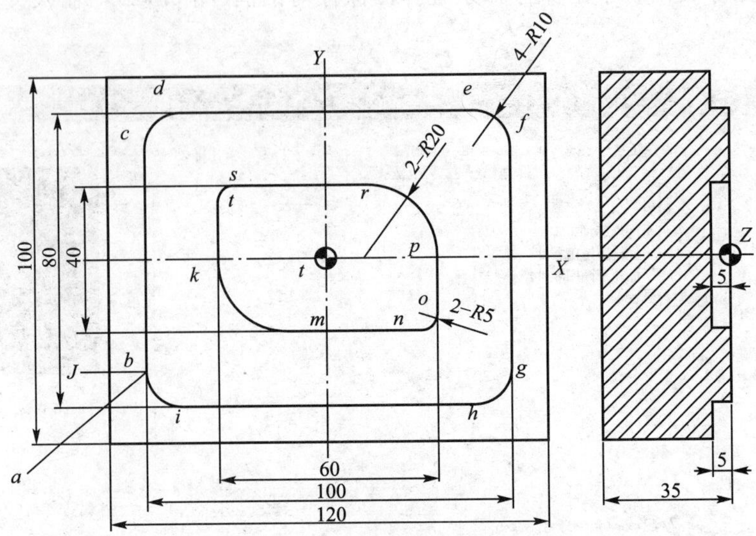

图 6.73　二维加工范例图形

(5) 加工较大槽(内轮廓)的主要挖槽参数如下：

① 切削方式：由内而外环切。

② 粗切间隙＝4mm。

③ 铣削深度＝5mm。

④ 精修次数＝1。

⑤ 精修量＝0.5mm。

⑥ 没有进刀/退刀引线和弧。

⑦ 精修方式；最后深度。

⑧ 两次深度铣削：二次粗切量：每次粗切量 0.0。

一次粗切量：每次精修量 2mm。

⑨ 不需要附加精修参数。

(6) 加工圆形轮廓的主要挖槽参数如下：

① 切削方式：由内而外环切。

② 粗切间隙＝4mm。

③ 铣削深度＝－1mm。

④ 精修次数＝1。

⑤ 精修量＝0.5mm。

⑥ 没有进入/离开长度和弧。

⑦ 精修方式：每次精修。

⑧ 三次深度铣削：粗切削：2 粗切量 4mm。

精切削：1 精修量 2mm。

⑨ 不需要附加精修参数

步骤 1： 装入工件图样。选择文件→打开，如图 6.74 所示。

单击状态栏 Lever，隐藏尺寸标注。

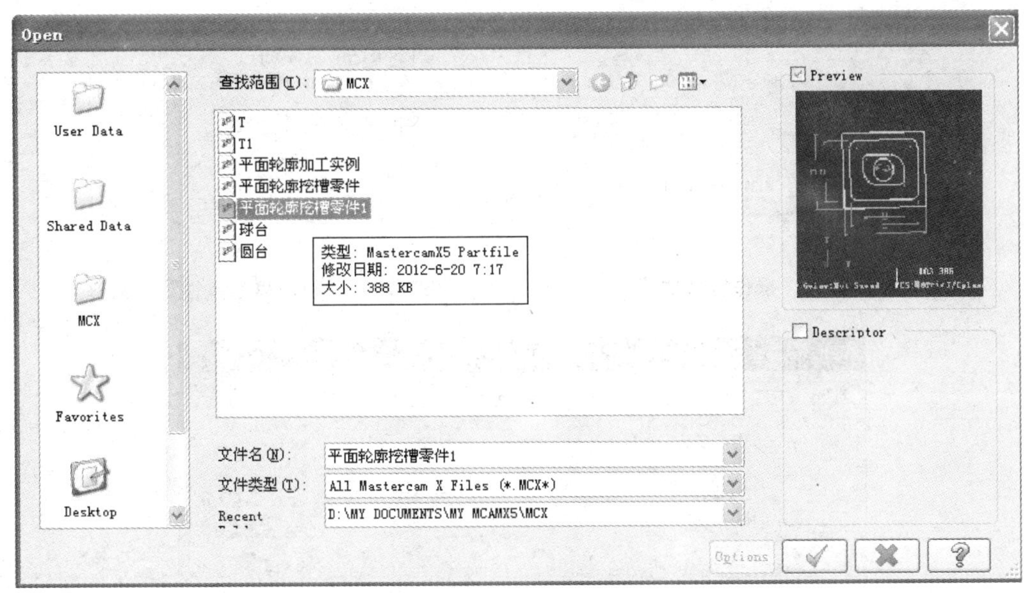

图 6.74 取加工图样

步骤 2：定义机床类型，如图 6.75 所示。选择铣床，默认(Default)，或者选择使用的机床类型。

Machine Type Toolpaths Screen Settings Help

Mill ▸ | Default
Lathe ▸ | 1 C:\DOCUMENTS AND SETTI...\MILL 3 - AXIS HMC MM.MMD-5
Wire ▸ | 2 C:\DOCUMENTS AND SETTI...\MILL 3 - AXIS HMC.MMD-5
Router ▸ | 3 C:\DOCUMENTS AND SETTI...\MILL 3 - AXIS VMC MM.MMD-5
Design | 4 C:\DOCUMENTS AND SETTI...\MILL 3 - AXIS VMC.MMD-5

5 C:\DOCUMENTS AND SETTI...\MILL 4 - AXIS HMC MM.MMD-5
6 C:\DOCUMENTS AND SETTI...\MILL 4 - AXIS HMC.MMD-5
7 C:\DOCUMENTS AND SETTI...\MILL 4 - AXIS VMC MM.MMD-5
8 C:\DOCUMENTS AND SETTI...\MILL 4 - AXIS VMC.MMD-5
9 C:\DOCUMENTS AND SETTI...\MILL 5 - AXIS TABLE - HEAD VERTICAL MM.MMD-5
10 C:\DOCUMENTS AND SETTI...\MILL 5 - AXIS TABLE - HEAD VERTICAL.MMD-5
11 C:\DOCUMENTS AND SETTI...\MILL 5 - AXIS TABLE - TABLE HORIZONTAL MM.MMD-5
12 C:\DOCUMENTS AND SETTI...\MILL DEFAULT MM.MMD-5
13 C:\DOCUMENTS AND SETTI...\MILL 5 - AXIS TABLE - TABLE HORIZONTAL.MMD-5
14 C:\DOCUMENTS AND SETTI...\MILL DEFAULT.MMD-5

Manage list

图 6.75 选择铣床

操作工具栏弹出“机床选择群组 1”列表。

步骤 3：定义毛坯。选择“属性”(Properties Group - 1)左边的“+”号，如图 6.76 所示，选择毛坯设计(Stock setup)，系统弹出“机床群组属性”对话框，如图 6.77 所示。输入各方向数据(图 6.78)。

步骤 4：上平面加工设置

(1) 单击刀具路径(Toolpaths)，“平面加工”(Face)(图 6.79)。

(2) 系统弹出“输入新的 NC 程序名称”(图 6.80)，输入“平面轮廓凹槽零件 1 平面加工”。

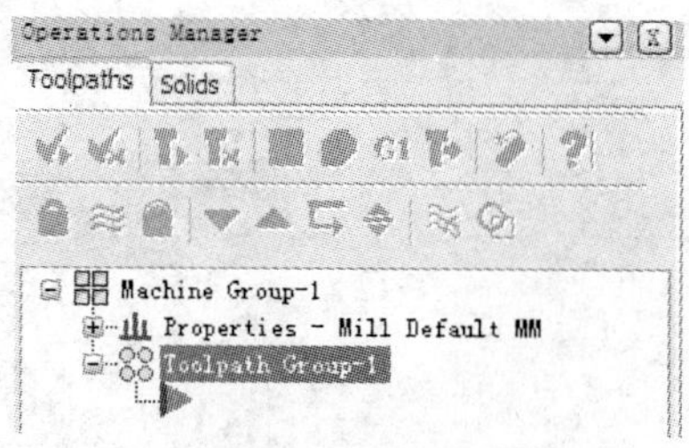

图 6.76　操作管理器

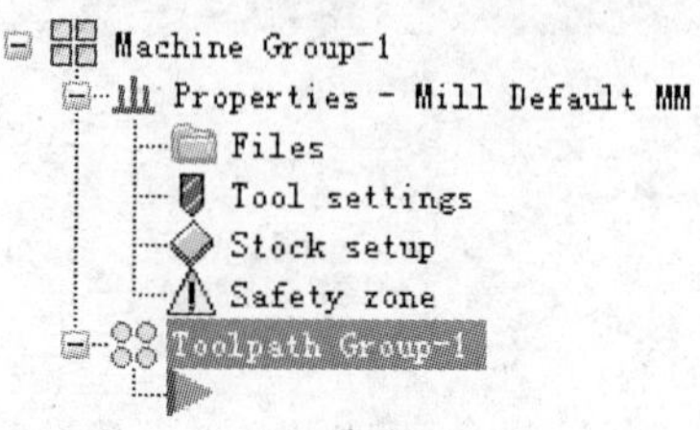

图 6.77　“机床群组属性”对话框

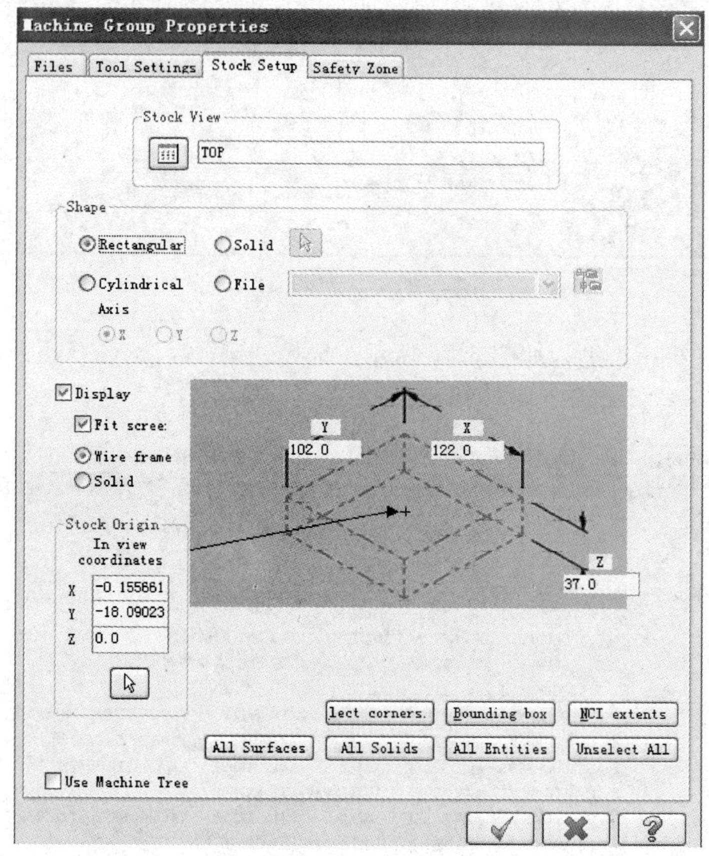

图 6.78　毛坯尺寸定义

图 6.79　“平面加工”路径

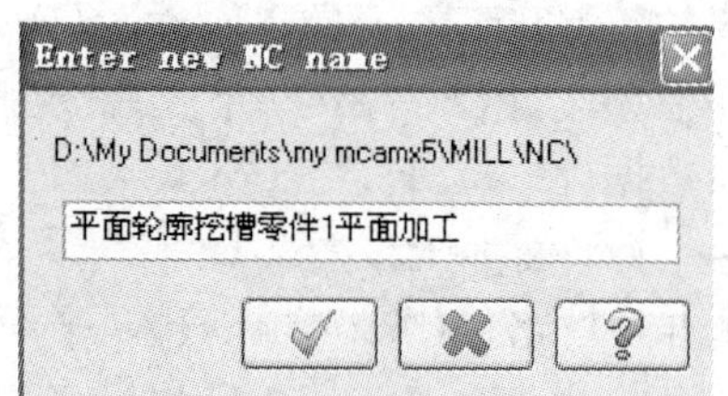

图 6.80　“输入新的 NC 程序名称”对话框

(3) 系统弹出“串联选择”(Select Face chain1)对话框，单击平面外围轮廓，串联方向如图 6.81 所示。

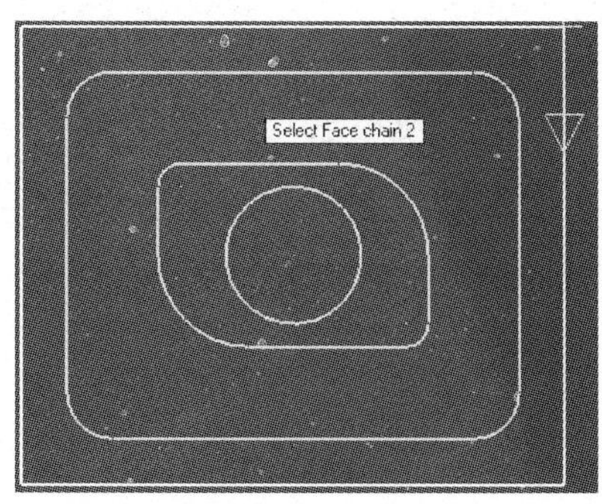

图 6.81　平面外围轮廓，串联方向

(4) 刀具设置。系统弹出“刀具路径—平面加工”(“2D ToolsPaths—Facing”)对话框，如图 6.82 所示。

① 单击“刀具路径—平面加工”(“2D ToolsPaths—Facing”)对话框的刀具(Tool)选择按钮，在刀具显示区右击，选择“创建刀具”(Create new tool…)命令，如图 6.83 所示。

② 系统弹出“定义刀具”(Define Tool - Machine Group - 1)对话框。选择“面铣刀”(Face Mill)，如图 6.84 所示。

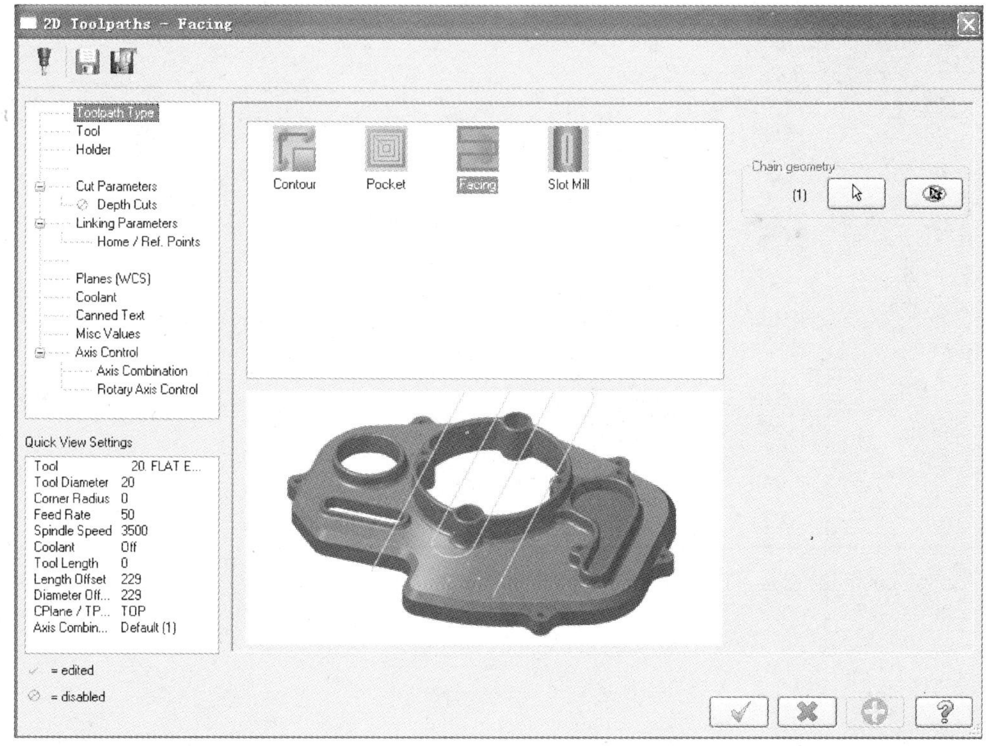

图 6.82　“刀具路径—平面加工”对话框

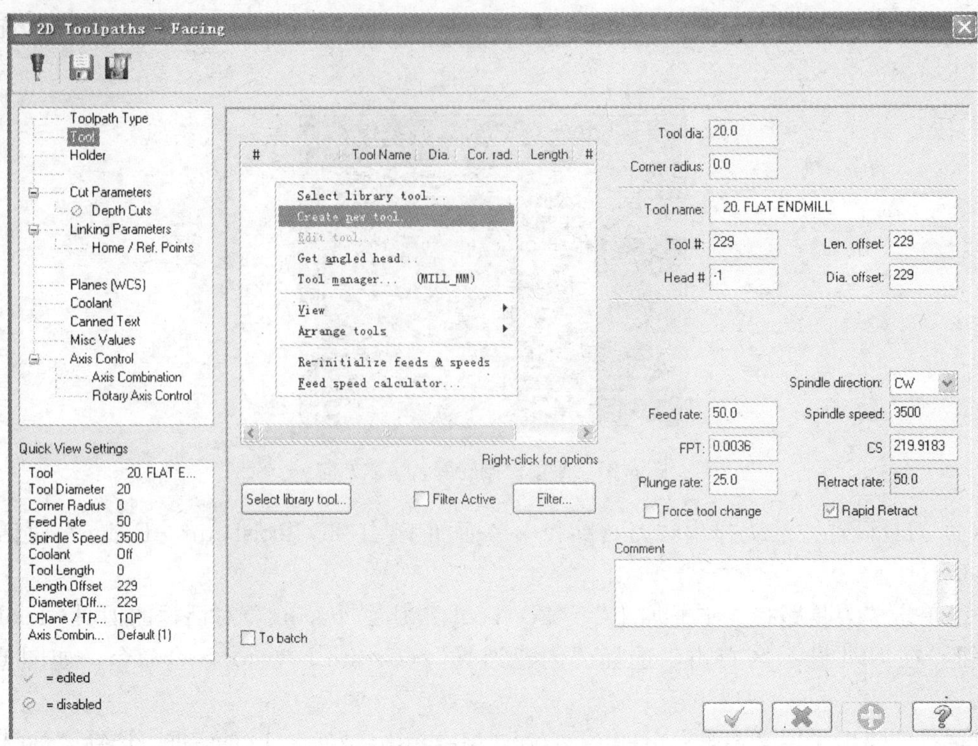

图 6.83　创建刀具

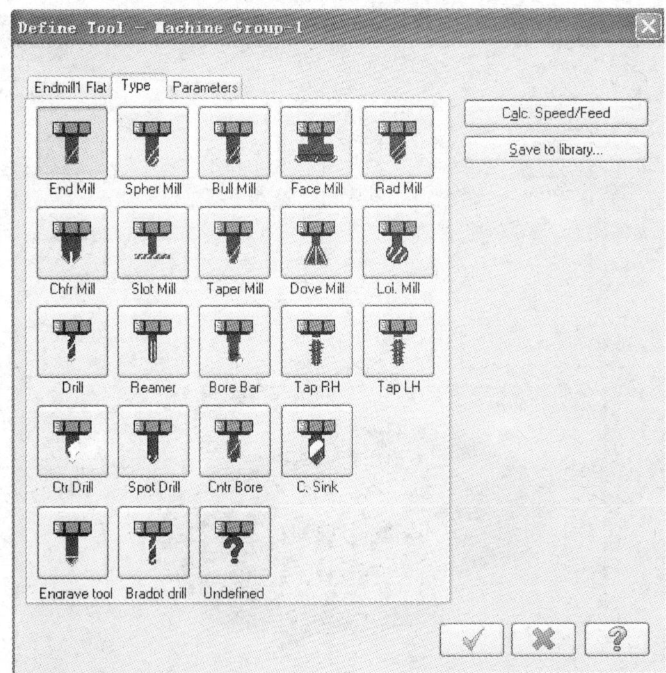

图 6.84　选择“刀具类型”

注：这里首先定义刀具类型(Type)，其次定义刀具几何参数(Endmill Flat)，最后定义刀具参数(Parameters)。

③ 系统弹出来面铣刀几何参数对话框。在刀具“使用于”(Capable of)对话框，选择“两者都”(Both)，其他默认(图 6.85)。

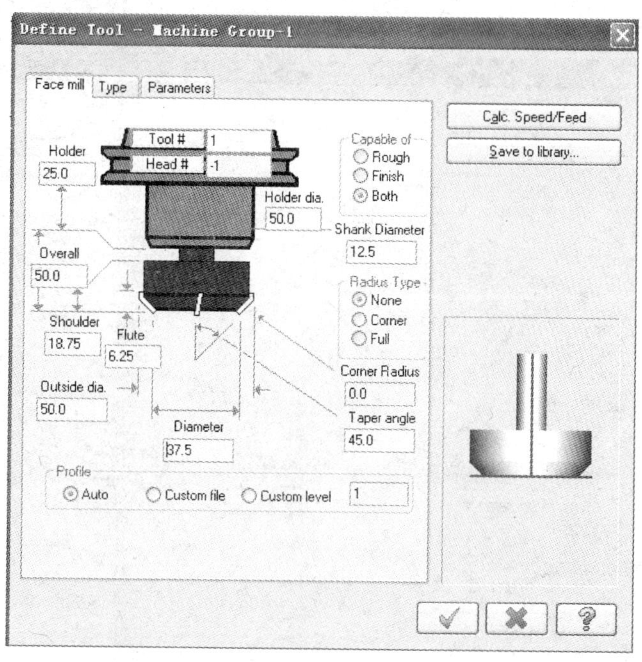

图 6.85　面铣刀参数定义对话框

④ 选择“参数”(Parameters)，可以定义刀具材料、主轴转速，粗加工、精加工在水平面和 Z 轴每步进给量(图 6.86)。

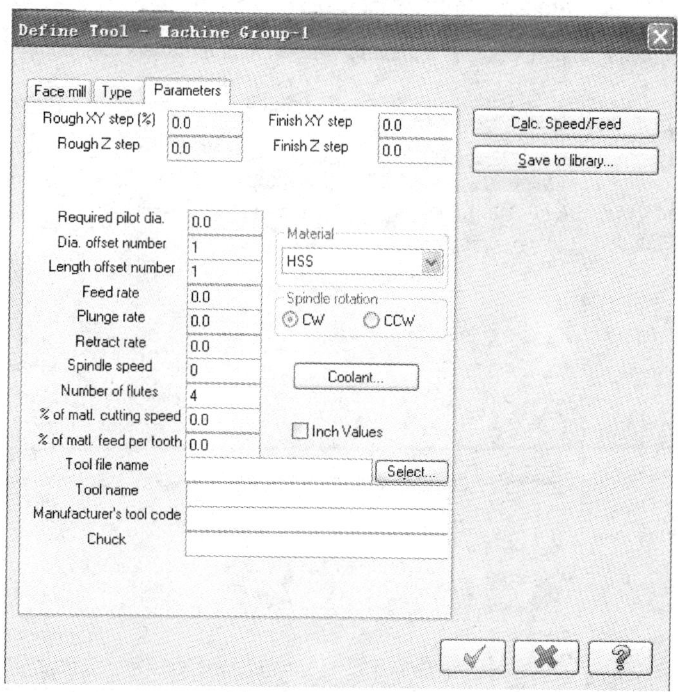

图 6.86　平面刀具参数定义

⑤ 单击“刀具定义”对话框的[✓]结束刀具定义。返回“刀具路径—平面加工”对话框，在这里定义主轴转速(Sprind Speed)为 800，进给速度(Feed rate)为 200，其他参数设置如图 6.87 所示。

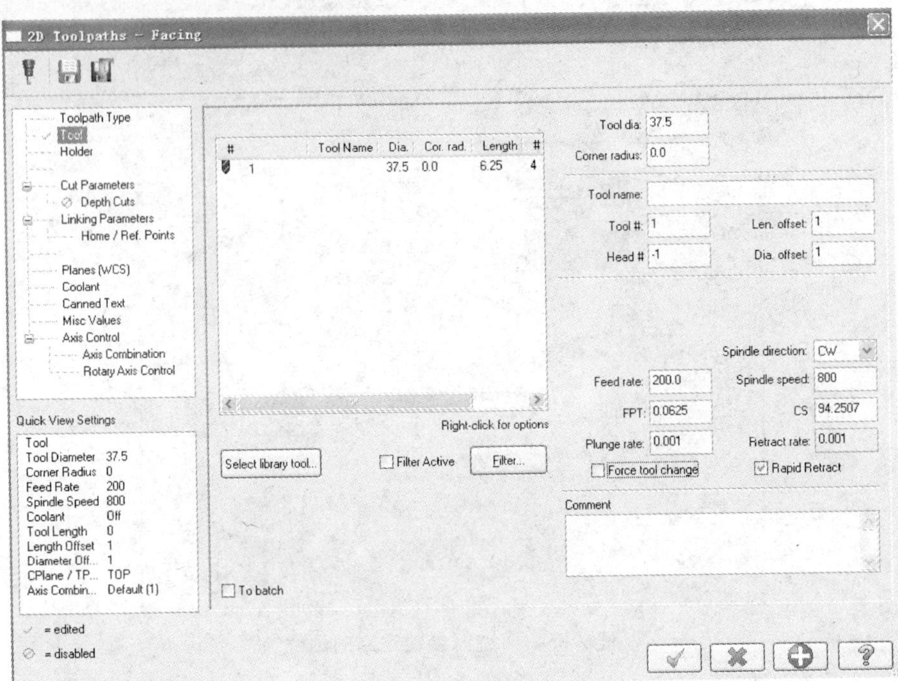

图 6.87　刀具定义

⑥ 同理，在此将 ϕ25mm、ϕ10mm 立铣刀定义出来(图 6.88)。

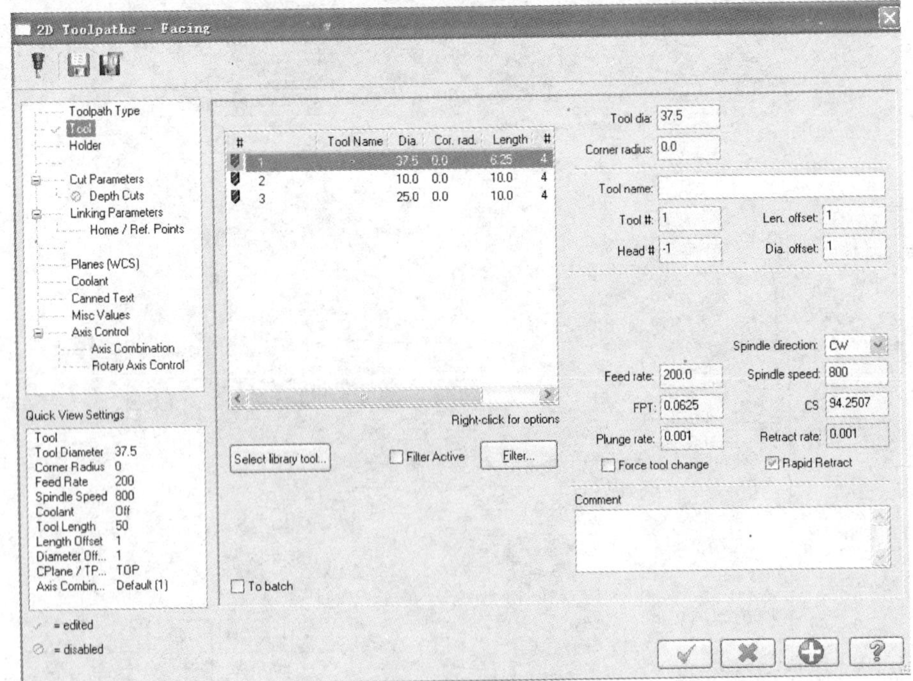

图 6.88　所用全部刀具

注：一般情况下，在加工一个零件按时，我们可以一次将所有刀具全部定义出来，使用几号刀具铣平面，就单击几号刀具。

(5) 单击切削参数(Cut Parameters)(图 6.89)。

① 类型(Style)为双向(Dynamic)。

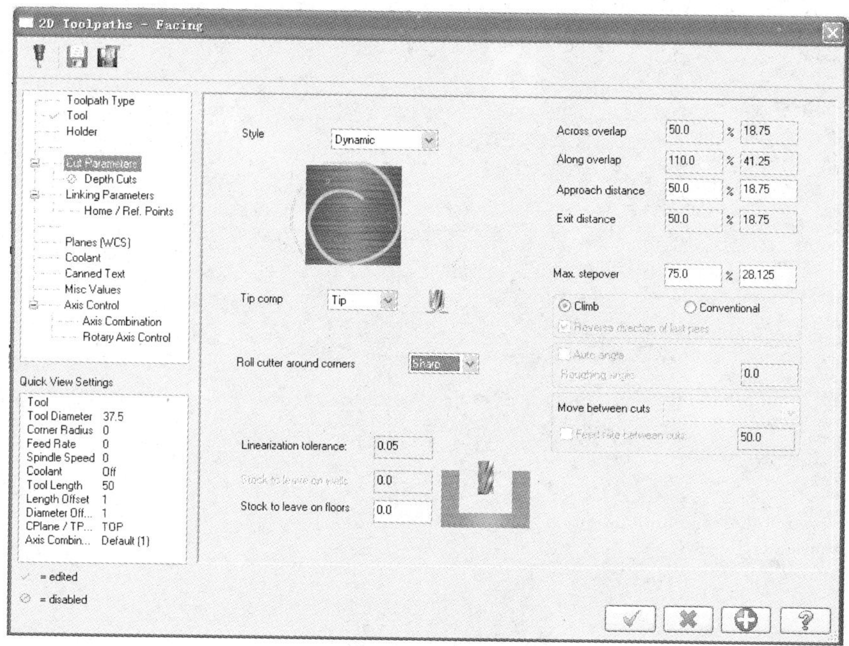

图 6.89 切削参数

② 再选择“共同参数”(Linking Parameters)，如图 6.90 所示，确定加工平面绝对坐标深度为 0。

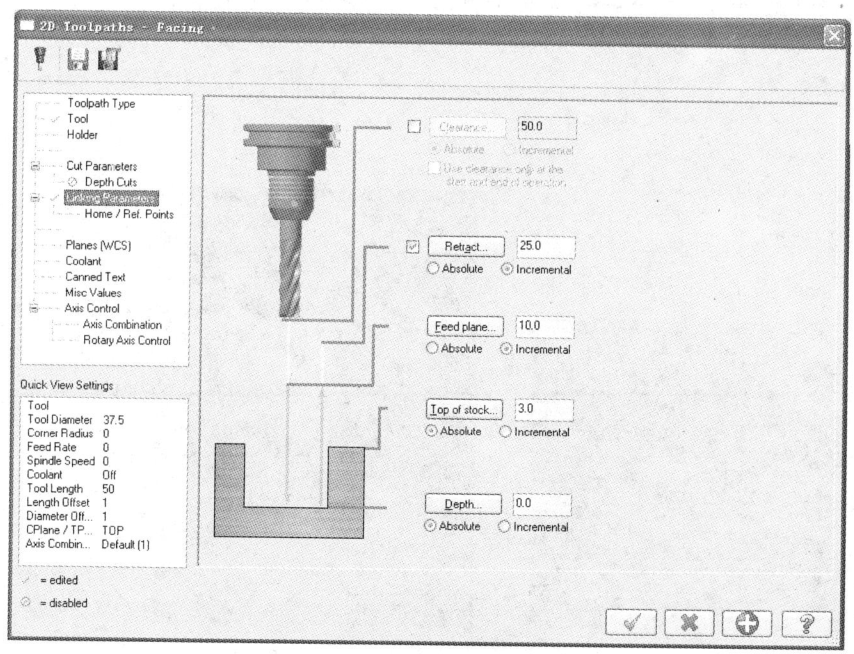

图 6.90 共同参数定义

③ 确定工件坐标系原点(0, 0, 0)，选择“平面”(Planes WCS)，在 WCS 对话框输入工件坐标系原点坐标(图 6.91)。

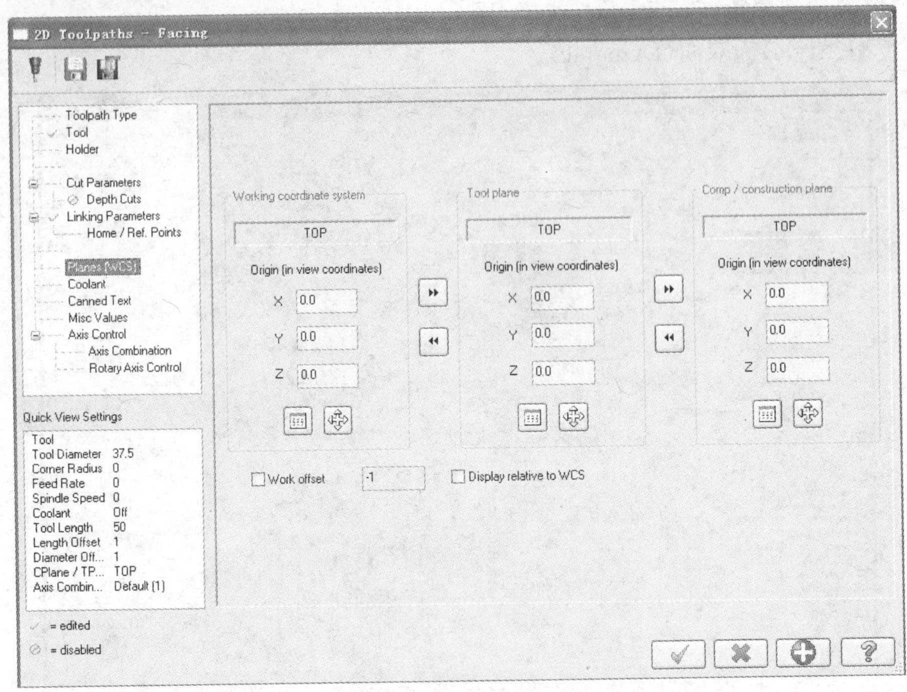

图 6.91　工件坐标系确定

注：工件坐标系原点一定要和对刀时的原点一致。

(6) 单击“平面加工”对话框的 结束。系统显示出来的刀具路径如图 6.92 所示。

(7) 模拟切削加工，单击操作管理器的 (验证已选择)按钮，单击“模拟执行按钮” ，结果如图 6.93 所示。

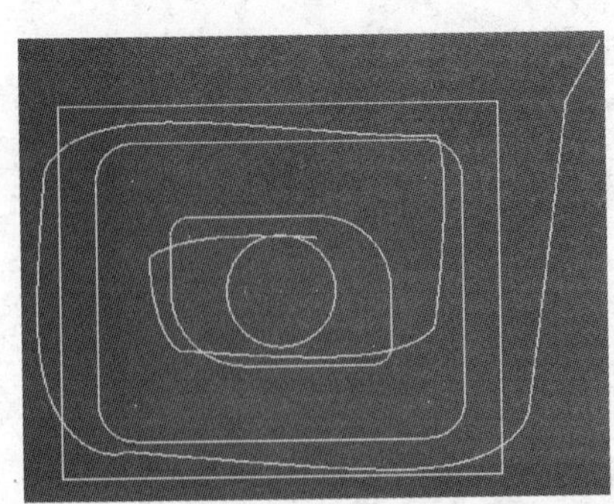

图 6.92　平面刀具路径

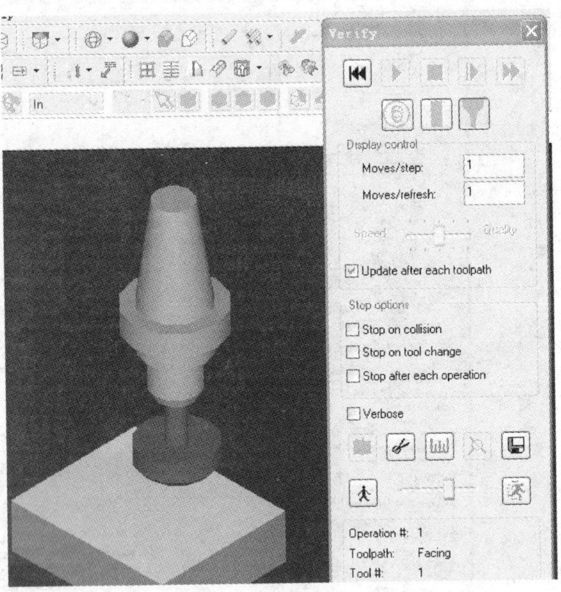

图 6.93　平面加工实体模拟

步骤5：外轮廓加工设置

(1) 如图6.94所示单击“刀具路径”，选择“外轮廓铣削”(Contour)。系统弹出“串联选项”对话框，选择如图6.95所示的串联外形，单击“串联选项”对话框的 ✓ 结束。系统弹出“2D外轮廓铣削”对话框(图6.96)。

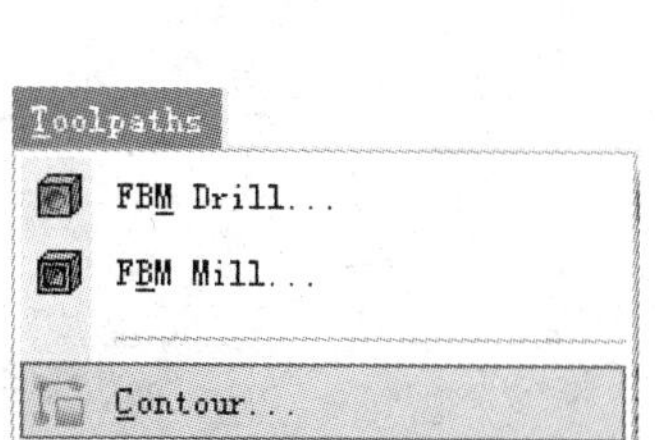

图6.94 外轮廓加工路径

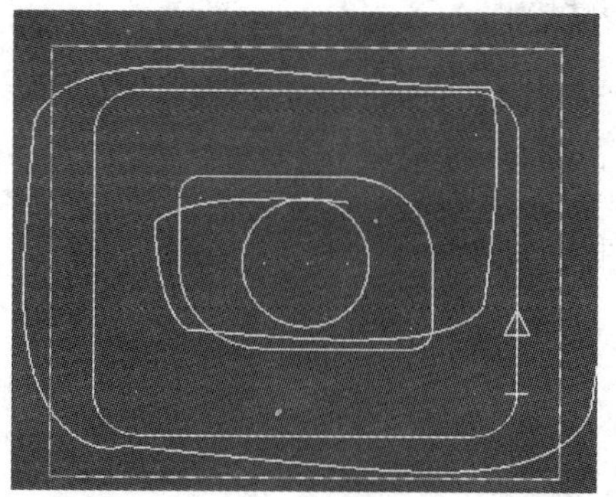

图6.95 串联外形

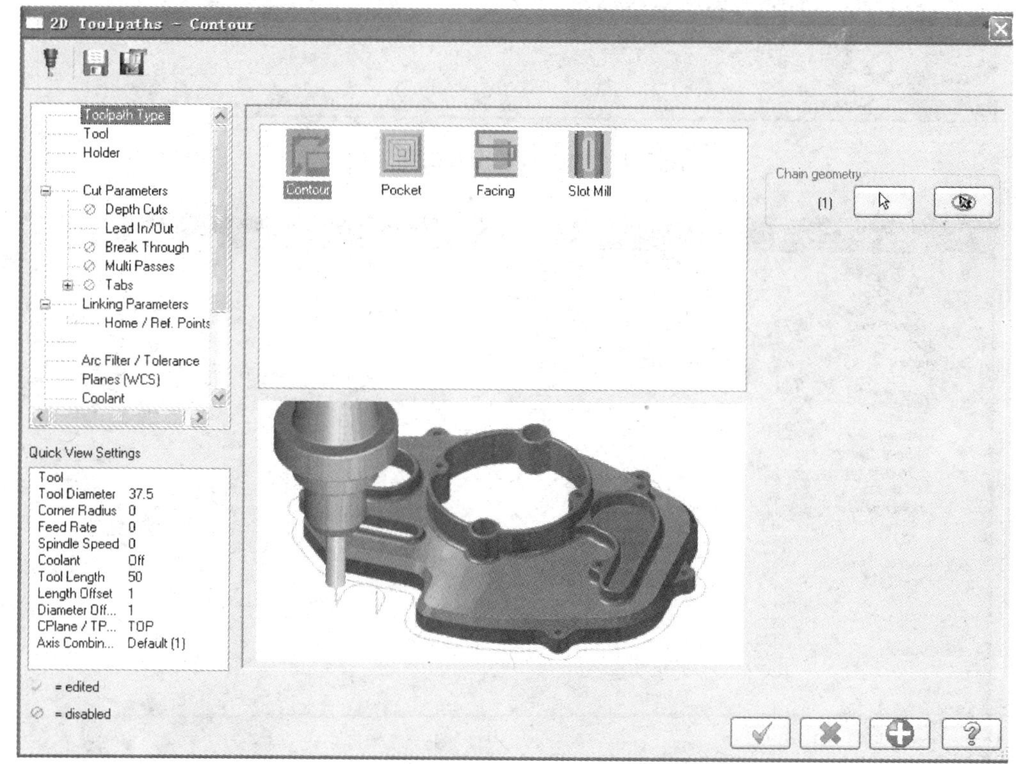

图6.96 “2D外轮廓铣削”对话框

(2) 选择“刀具”(图6.97)。

(3) 选择“切削参数”，再选择右刀补(图6.98)。

(4) 选择“切削深度”(Depth Cut)，“不提刀”(Keep tool down)，“依轮廓切削”(By contour)(图6.99)。

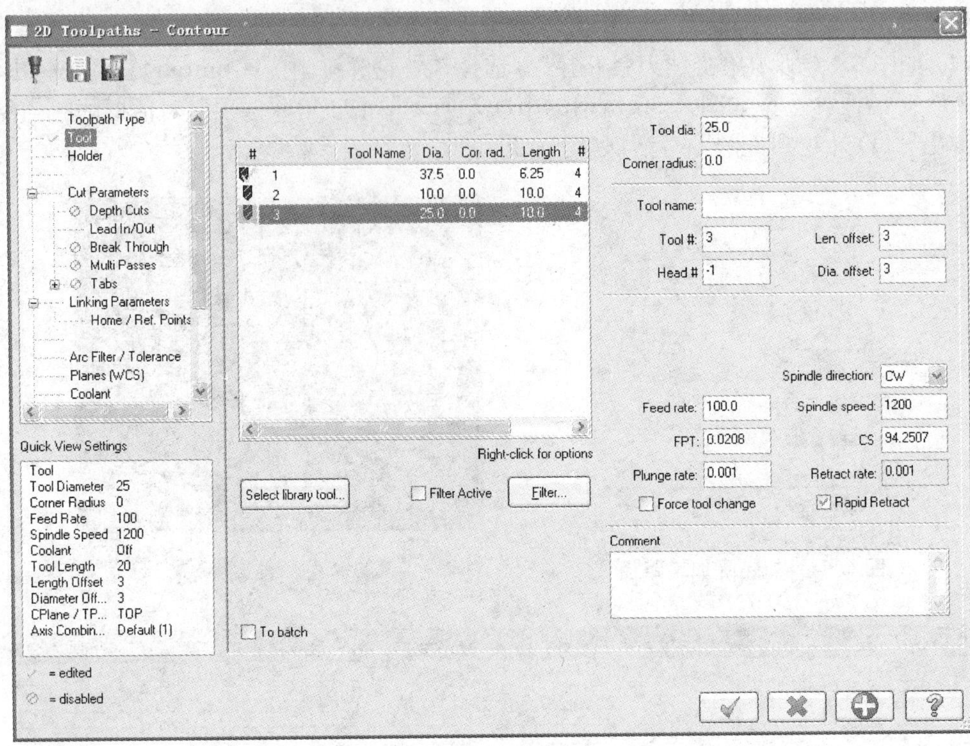

图 6.97　选择外轮廓加工用刀具

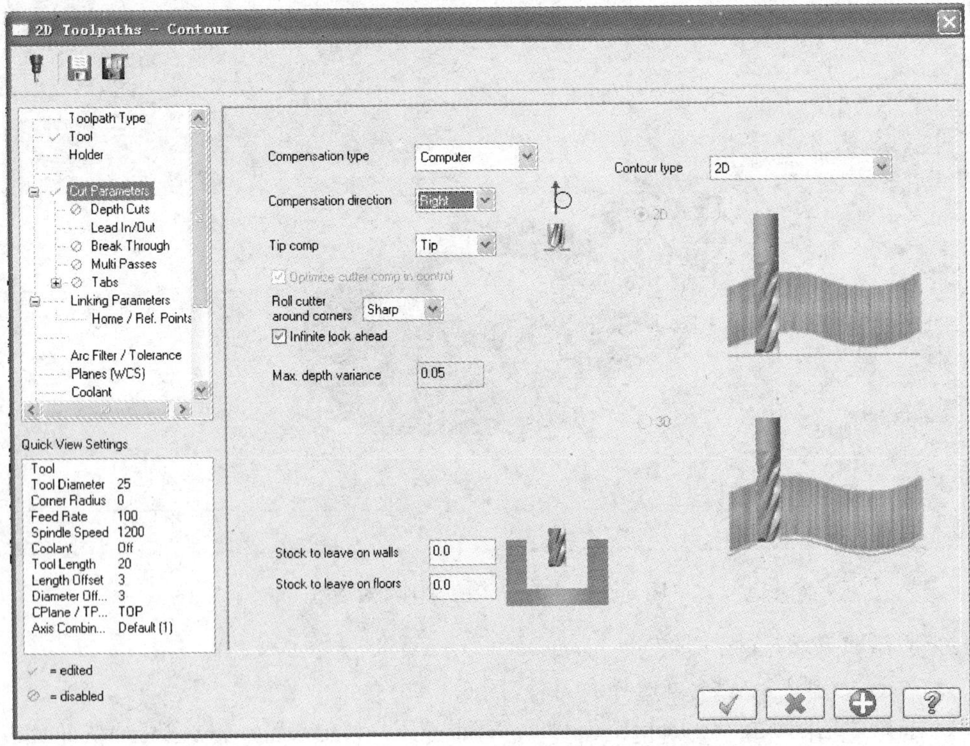

图 6.98　切削参数定义

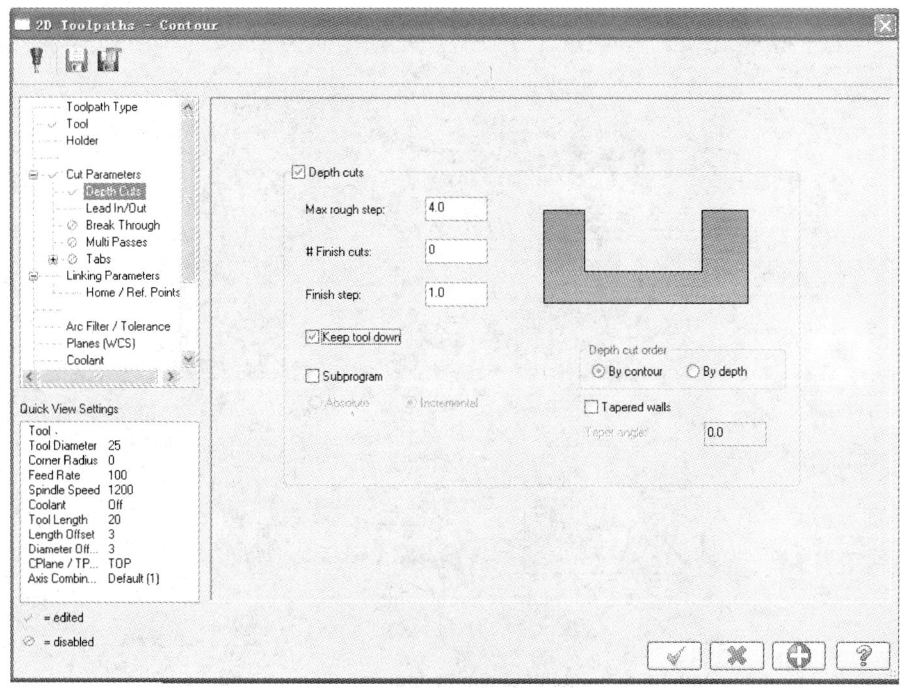

图 6.99　切削深度定义

(5) 设置“进退刀参数”(Lead in/out)(图 6.100)，进退刀都选择“相切”(Tangent)。

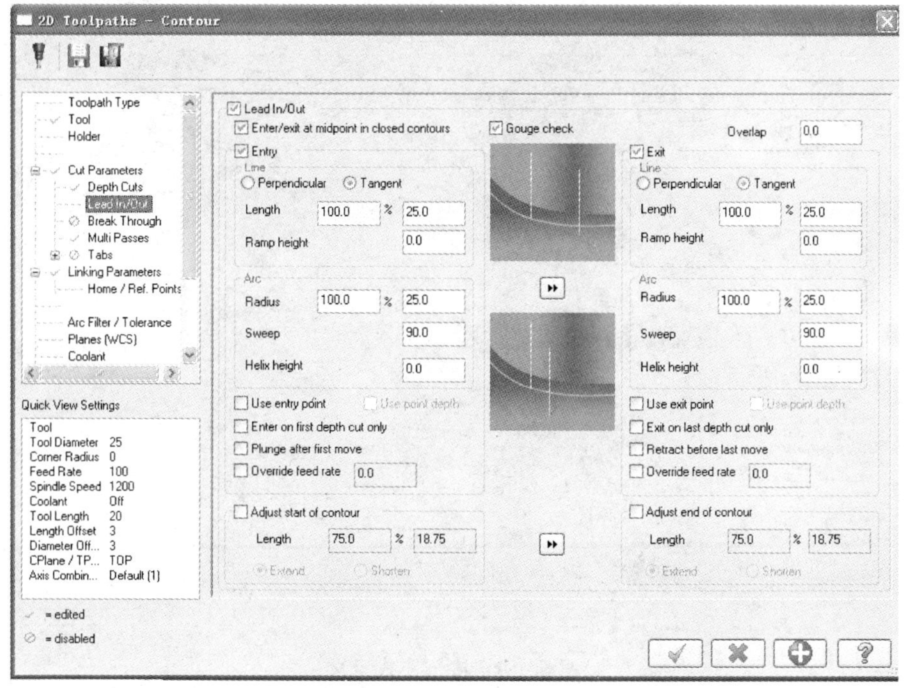

图 6.100　进退刀参数定义

(6) 设置“共同参数”，切削深度为−5(图 6.101)。

(7) 定义“冷却方式”(图 6.102)。

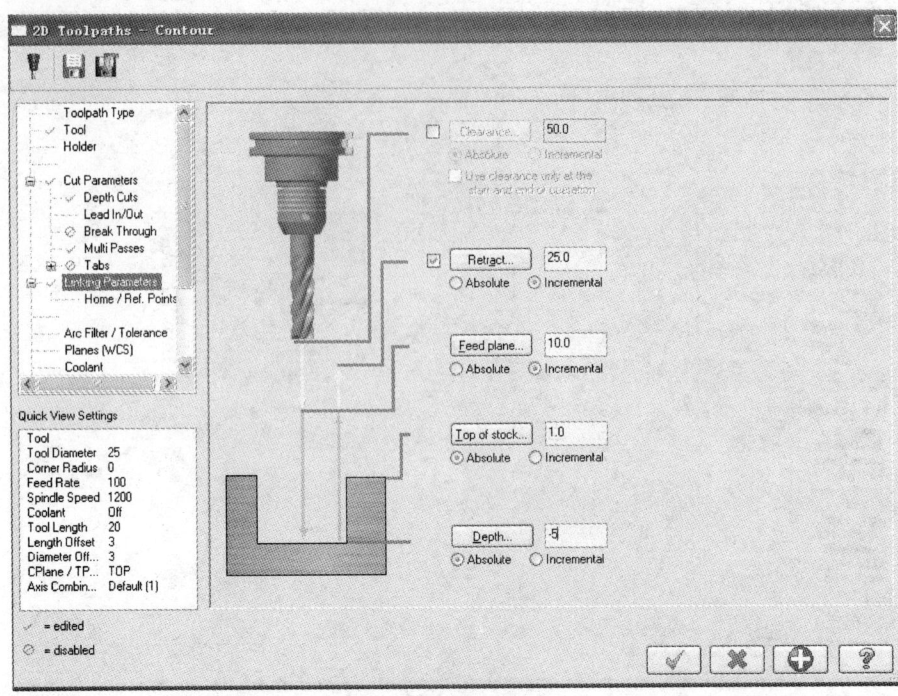

图 6.101 “共同参数”

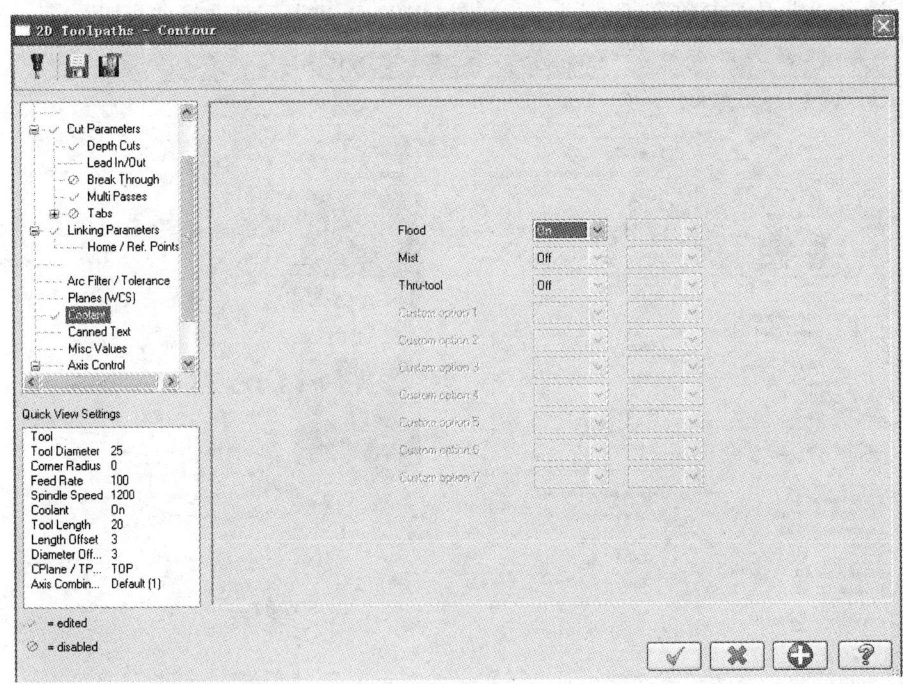

图 6.102 冷却方式定义

产生刀具路径如图 6.103 所示。

模拟切削加工，单击操作管理器的 (验证已选择)按钮，单击“模拟执行按钮”，结果如图 6.104 所示。

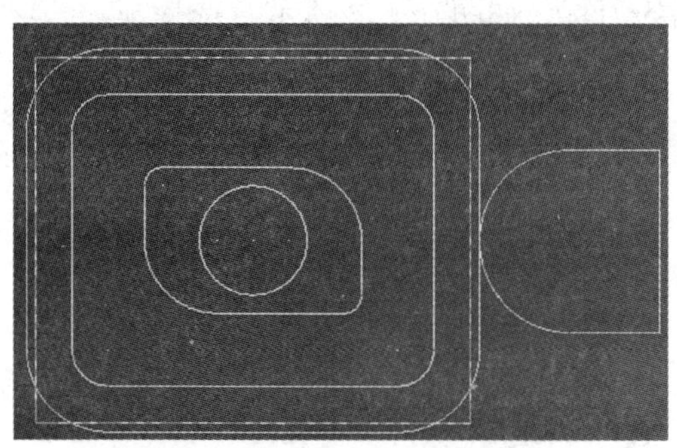

图 6.103 外轮廓模拟路径

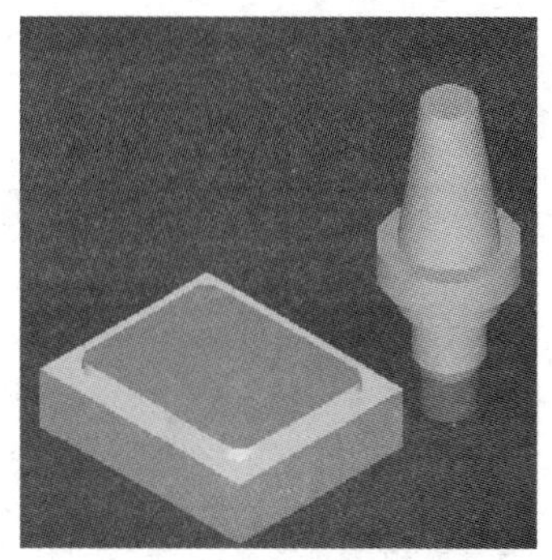

图 6.104 外轮廓实体模拟

步骤 6：挖槽加工设置

(1) 选择“刀具路径”如图 6.105 所示。系统弹出“选择要加工的挖槽”，在绘图区域选择如图 6.106 所示区域。单击“确定”按钮后，系统弹出“2Dtoolpaths - Pocket”对话框，如图 6.107 所示。

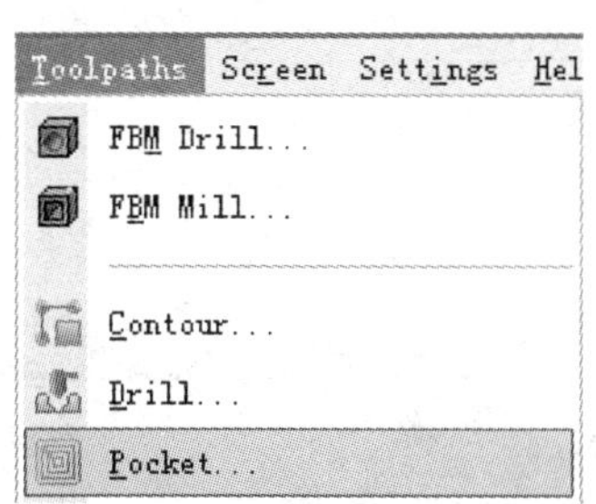

图 6.105 “刀具路径”对话框

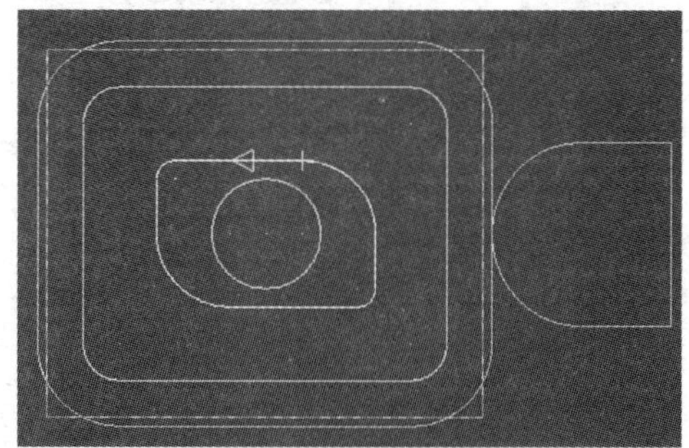

图 6.106 挖槽区域选择

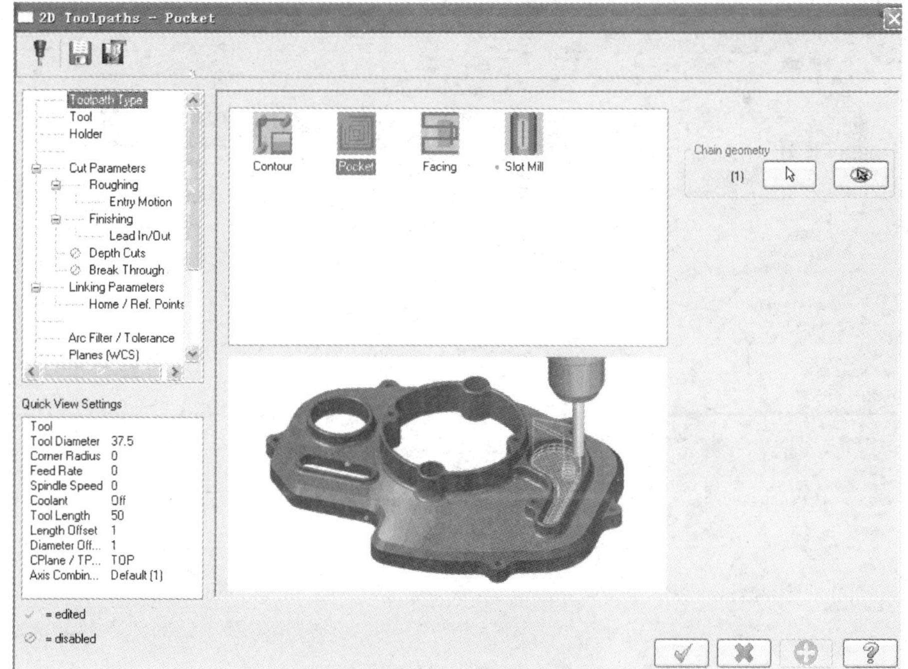

图 6.107 “2Dtoolpaths - Pocket”对话框

(2) 选择“刀具”，再选择挖槽加工到的刀具。如图 6.108 所示，选择 T2。其他定义如图 6.109～图 6.113 所示。

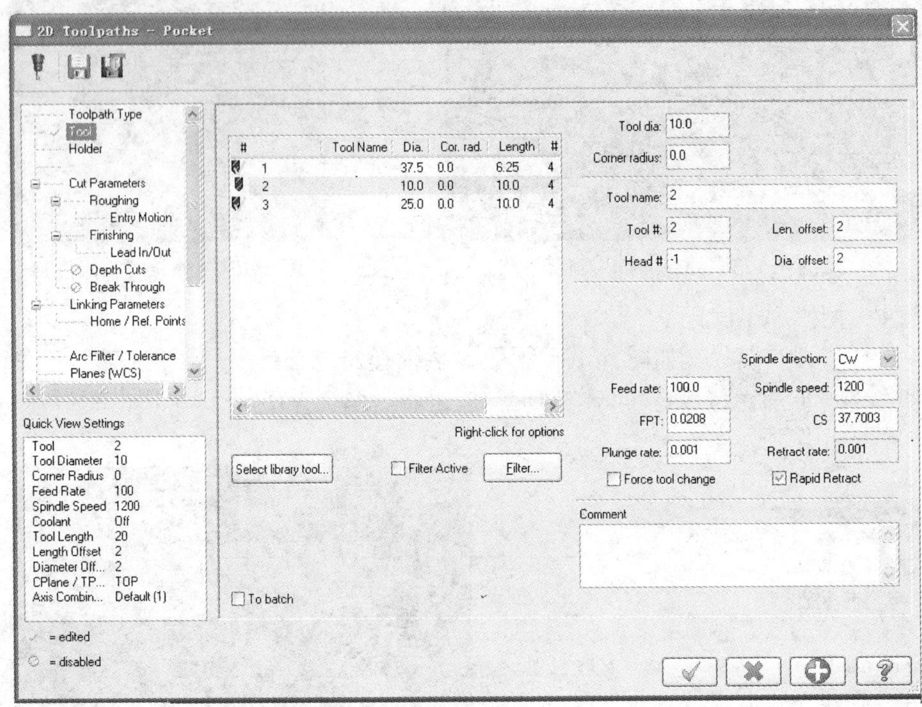

图 6.108　挖槽“刀具定义”对话框

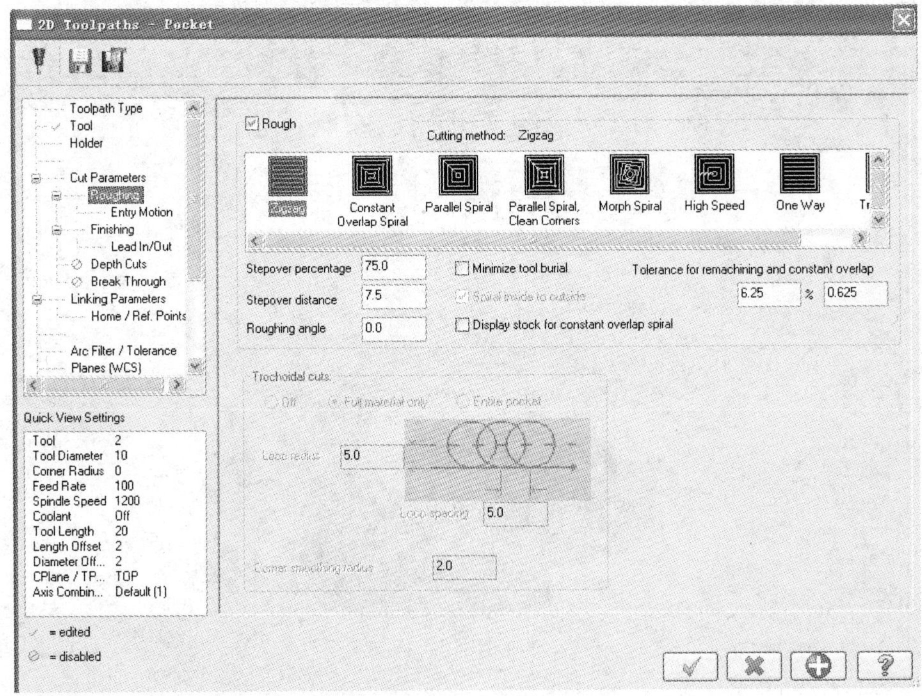

图 6.109　“平面走刀模式选择”

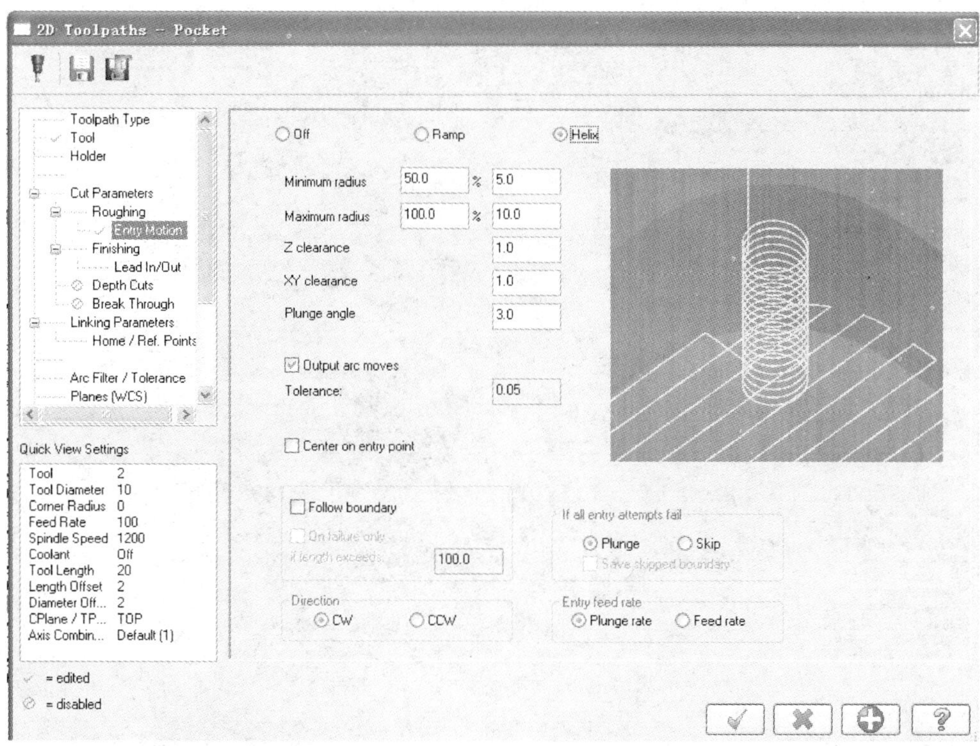

图 6.110 “下刀模式选择”

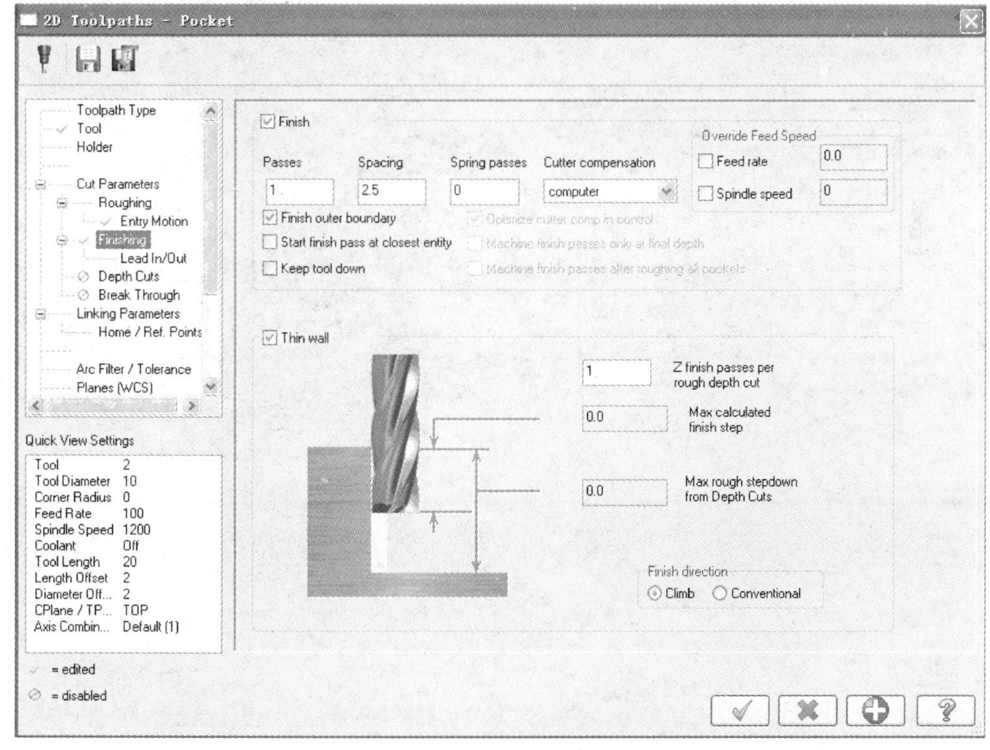

图 6.111 “挖槽精加工切削参数”定义

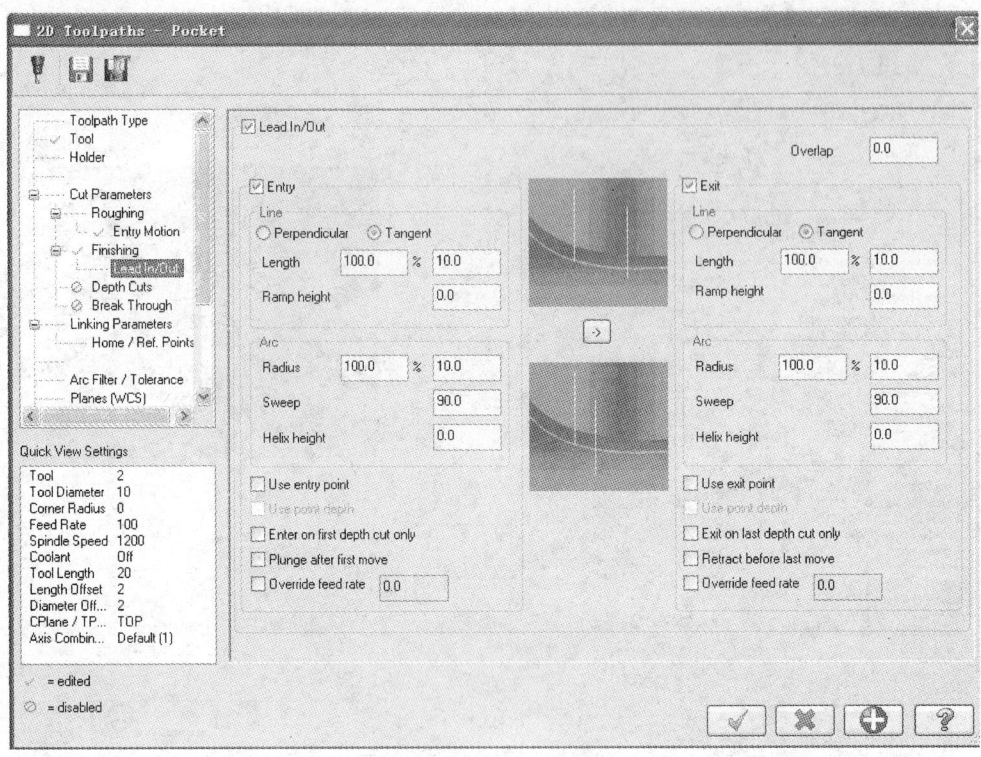

图 6.112 “精加工进退刀模式”定义

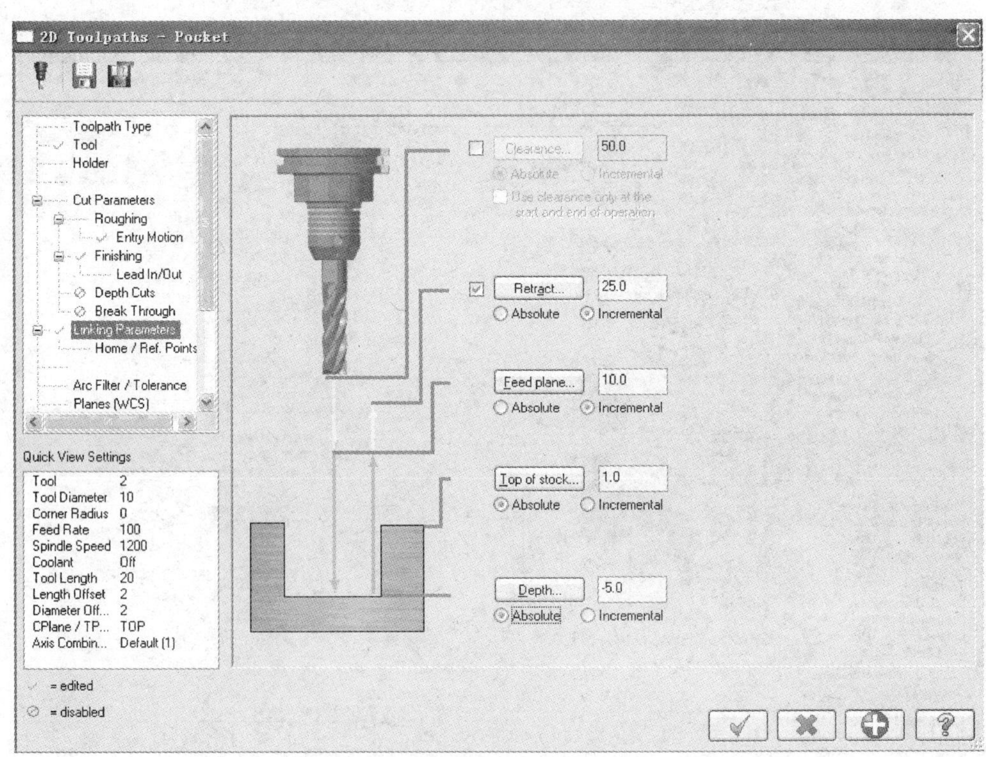

图 6.113 “公共参数”定义

单击“2Dtoolpaths - Pocket”对话框的 结束，系统弹出“挖槽加工工艺路径”，如图 6.114 所示。

步骤 7：圆槽加工设置。

(1) 选择“刀具路径”，“全圆路径”，“全圆铣削”路径如图 6.115 所示。系统弹出“钻点位选择”如图 6.116 所示，依次选择“刀具”、“刀具路径类型”、“共同参数”如图 6.117～图 6.119 所示。

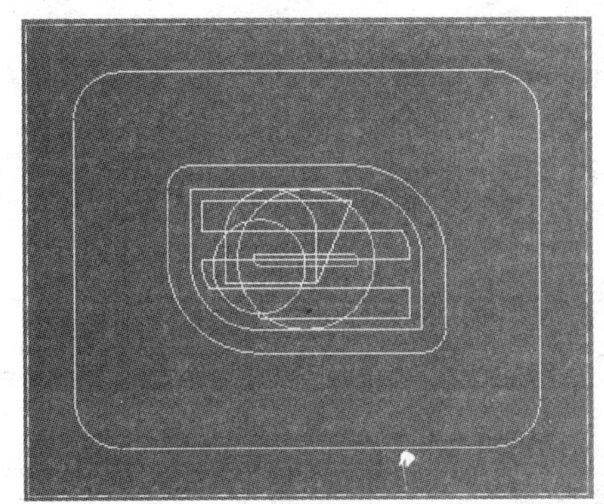

图 6.114 “挖槽加工工艺路径”

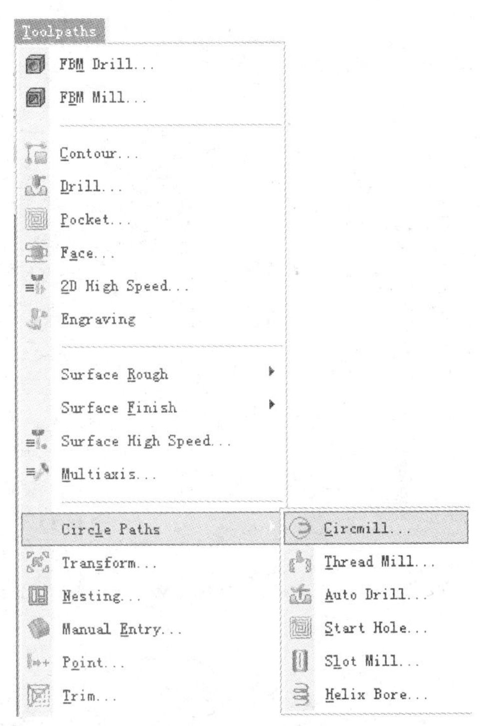

图 6.115 “全圆路径”

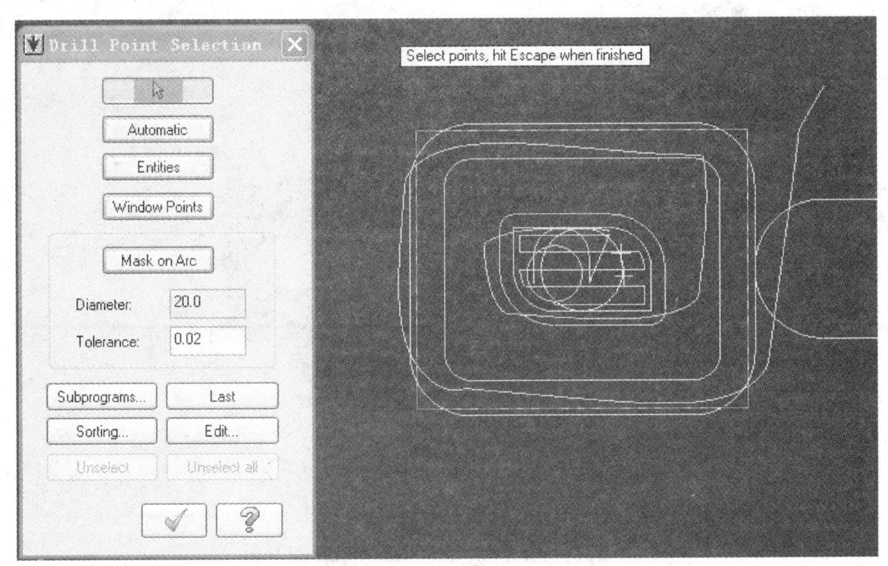

图 6.116 “钻点位选择”

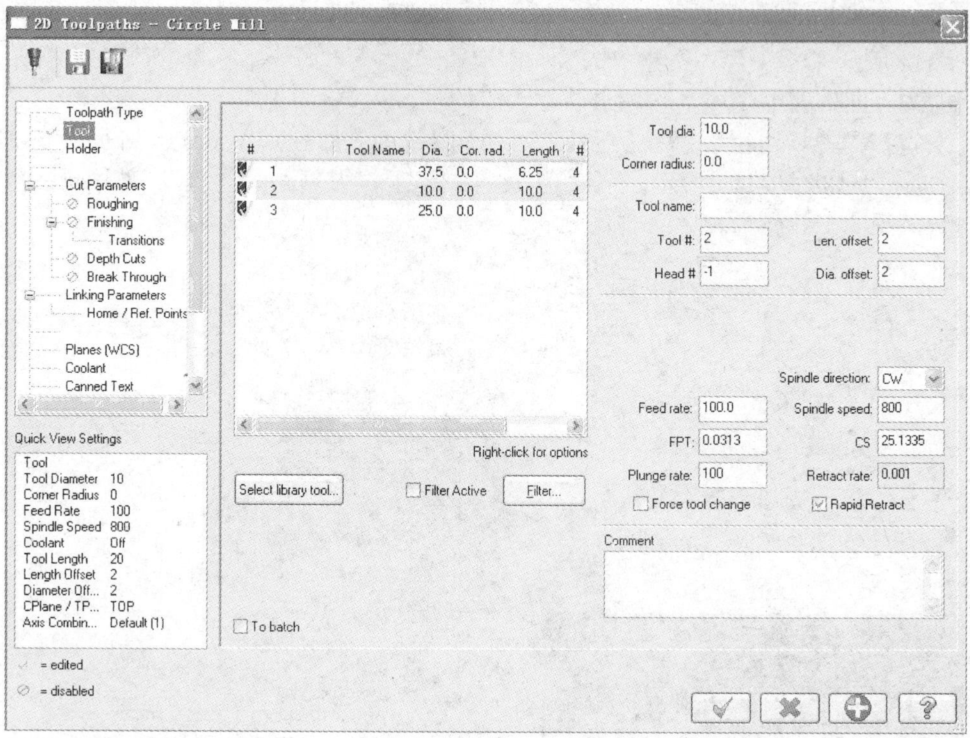

图 6.117　选择“刀具”

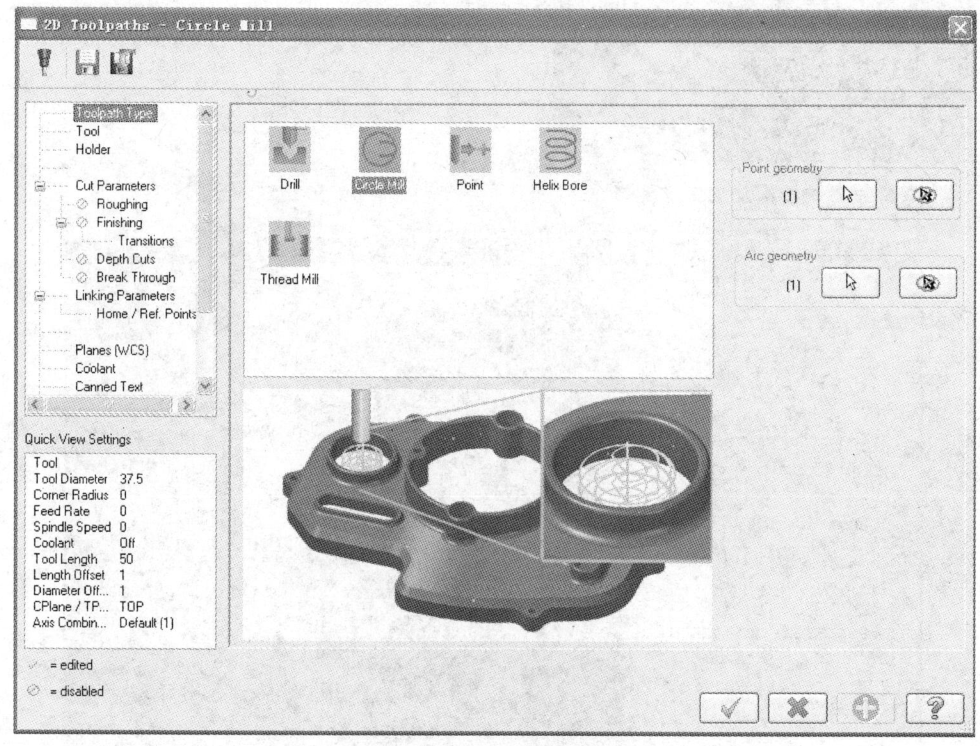

图 6.118　选择“刀具路径类型”

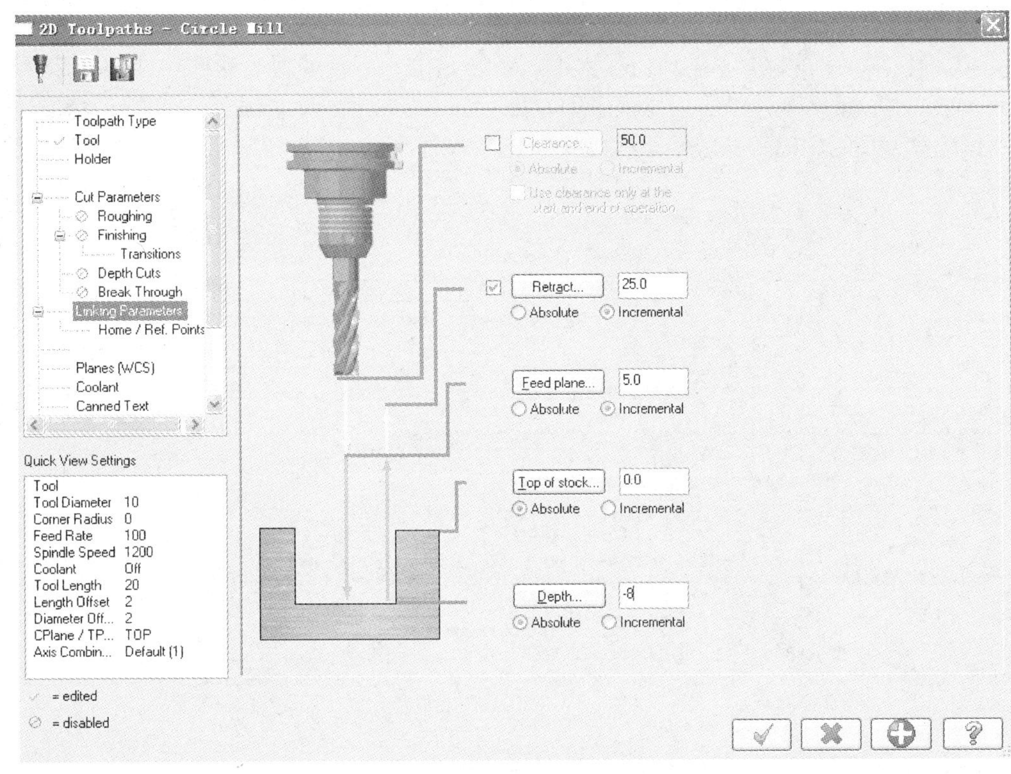

图 6.119 选择“共同参数”

单击“2D Toolpath circlemill”对话框的确定按钮，弹出如图 6.120 所示的模拟刀具路径，模拟切削加工，单击操作管理器的 (验证已选择)按钮，单击“模拟执行按钮” ，结果如图 6.121 所示。

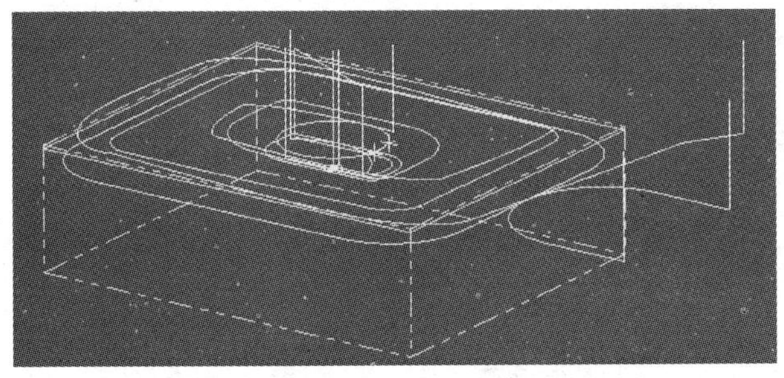

图 6.120 模拟刀具路径

图 6.121 模拟实体加工

操作管理器显示的全部工艺路径，如图 6.122 所示。

单击操作对话框的 G1，显示加工程序，系统弹出“后置处理对话框”（图 6.123），单击 ✓ 结束，系统弹出后置处理“程序保存路径”（图 6.124），单击 ✓ 结束，系统弹出“程序编辑列表”（图 6.125）。

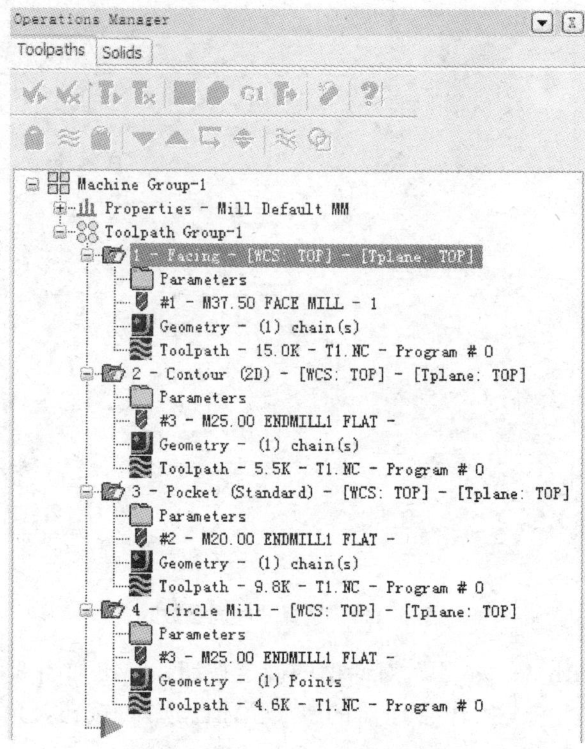

图 6.122　全部工艺路径

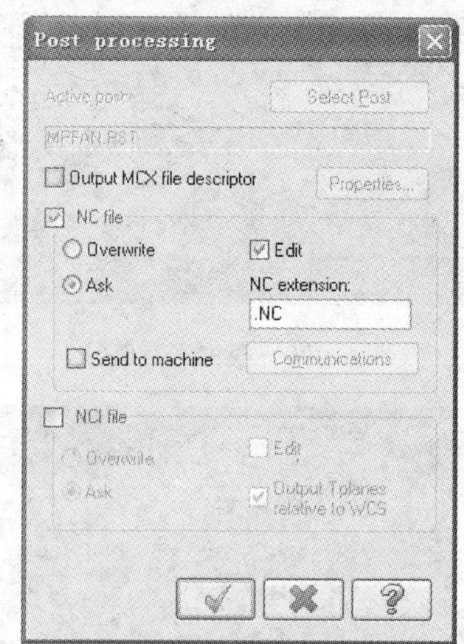

图 6.123　“后置处理对话框”

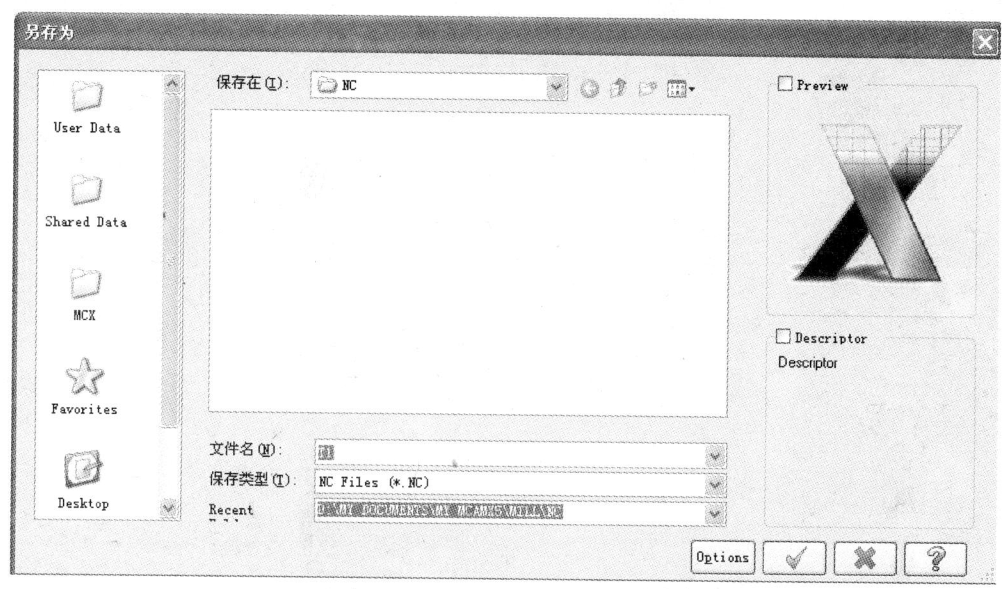

图 6.124 后置处理“程序保存路径”

```
Mastercam X Editor - [D:\MY DOCUMENTS\MY MCAMX5\MILL\NC\T1.NC]
File Edit View NC Functions Bookmarks Project Compare Communications Tools Window Help
Mark All Tool Changes   Next Tool   Goto Previous Tool
%
O0000 (T1)
(DATE=DD-MM-YY - 22-06-12 TIME=HH:MM - 23:50)
(MCX FILE - D:\MY DOCUMENTS\MY MCAMX5\MCX\T1.MCX-5)
(NC FILE - D:\MY DOCUMENTS\MY MCAMX5\MILL\NC\T1.NC)
(MATERIAL - ALUMINUM MM - 2024)
( T1 | 1 | H1 )
( T3 | | H3 )
( T2 | | H2 )
N100 G21
N102 G0 G17 G40 G49 G80 G90
N104 T1 M6
N106 G0 G90 G54 X88.392 Y65.966 A0. S800 M3
N108 G43 H1 Z26. M8
N110 Z11.
N112 G1 Z0. F0.
N114 X78.768 Y49.925 F100.
N116 G3 X78.75 Y49.886 I.06 J-.052
N118 G1 X78.313 Y46.053
N120 X77.248 Y37.84
N122 X74.271 Y16.101
N124 X67.402 Y-33.056
N126 X67.19 Y-33.936
N128 X66.825 Y-34.933
N130 X66.291 Y-36.01
Ready...   CAPS   Line: 1 Col: 0   File Size: 6 kb   2012-6-22   23:52
```

图 6.125 “程序编辑列表”

6.5.3 MasterCAM X5 三维加工举例

步骤 1：打开文件，打开“球台 . MCX”文件。

步骤 2：选择机床类型。

步骤 3：选择刀具路径，选择“曲面粗加工平行铣削加工”。

(1) 选择加工类型，如图 6.126 所示，系统弹出“体验 3D 加工特性实践”对话框(图 6.127)，单击[✖]退出。

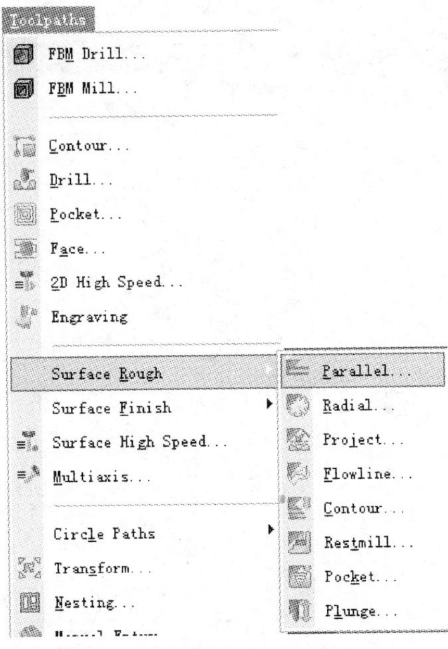

图 6.126　曲面粗加工路径

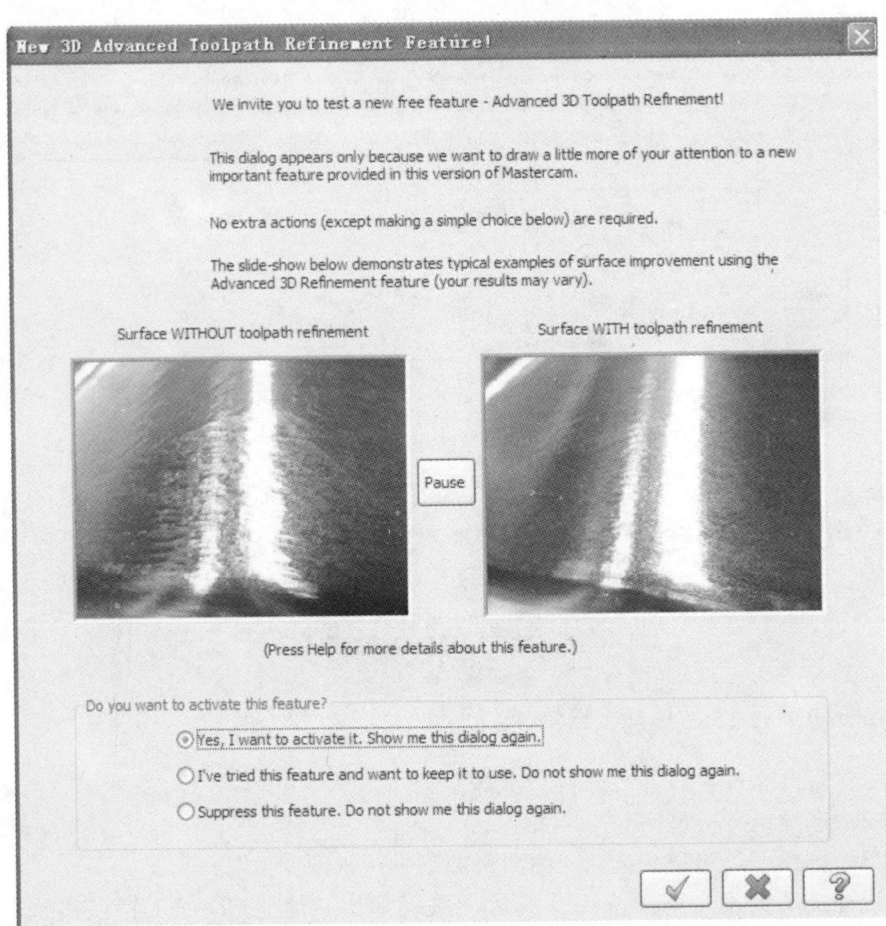

图 6.127　“新 3D 先进刀具路径定义特性”实践对话框

系统弹出“凹凸性选择”对话框(图6.128)，选择“未定义”(Undefined)，单击☑结束。系统弹出“输入新的NC名称”对话框(图6.129)，输入“球台”，单击☑结束。

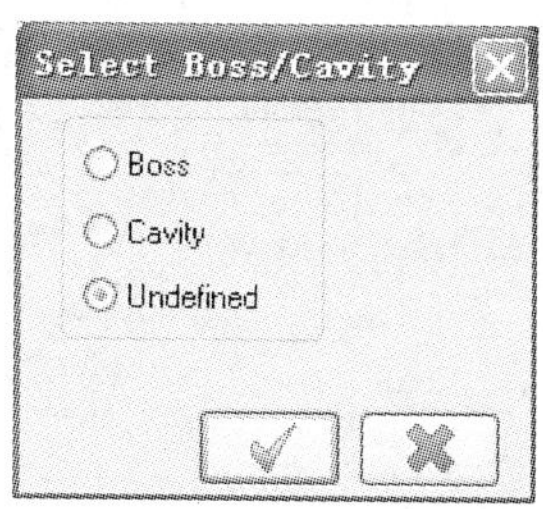

图6.128 “凹凸性选择”对话框

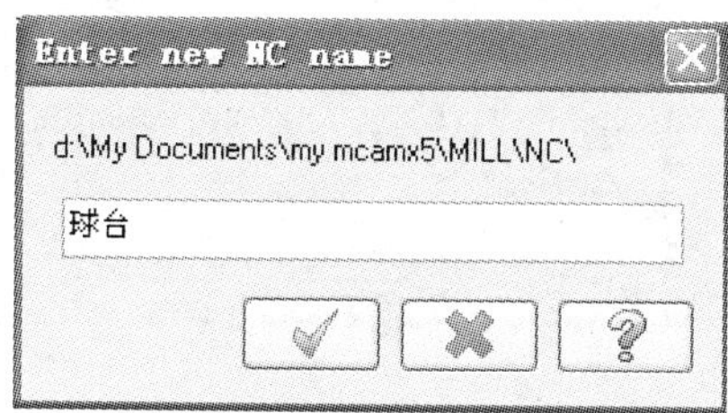

图6.129 “输入新的NC名称”对话框

(2) 系统弹出“选择驱动表面”(Select Drive Surface)(图6.130)，选择俯视图，整体框选要加工的图素，如此就将全部曲面选中，按“Enter”键结束。

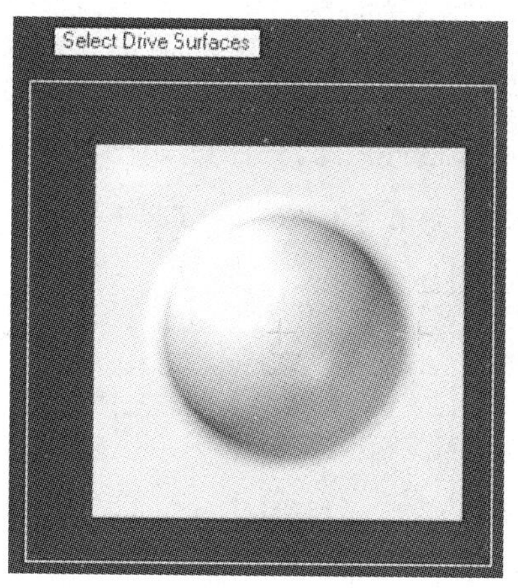

图6.130 曲面加工框选示意图

系统弹出“刀具路径曲面的选择”(Toolpath/surface selection)对话框(图6.131)，单击☑结束。

(3) 创建曲面加工刀具。如图6.132所示，选择球刀(Spher Mill)，选择了刀具“类型”，再定义“参数”(Parameter)，并且一次将粗、精加工刀具全部选择出来。系统弹出“曲面粗加工平行铣削”对话框，如图6.133所示。

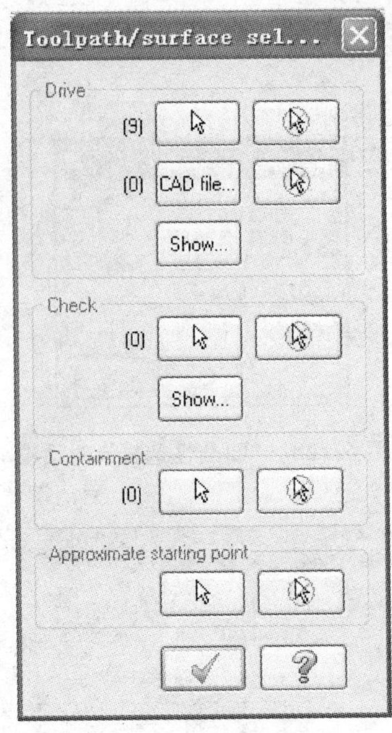

图 6.131 “刀具路径曲面的选择”

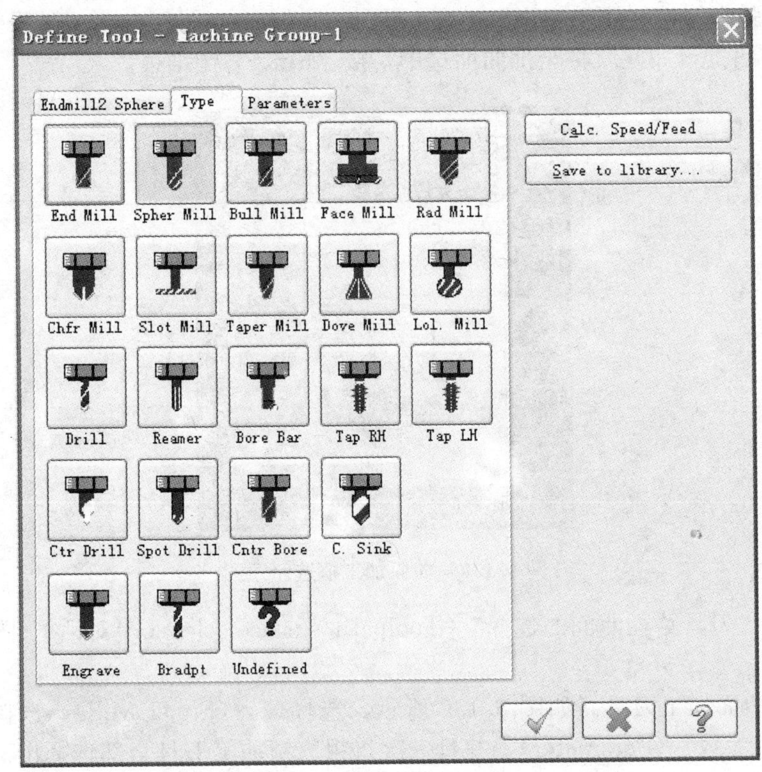

图 6.132 “刀具定义”对话框

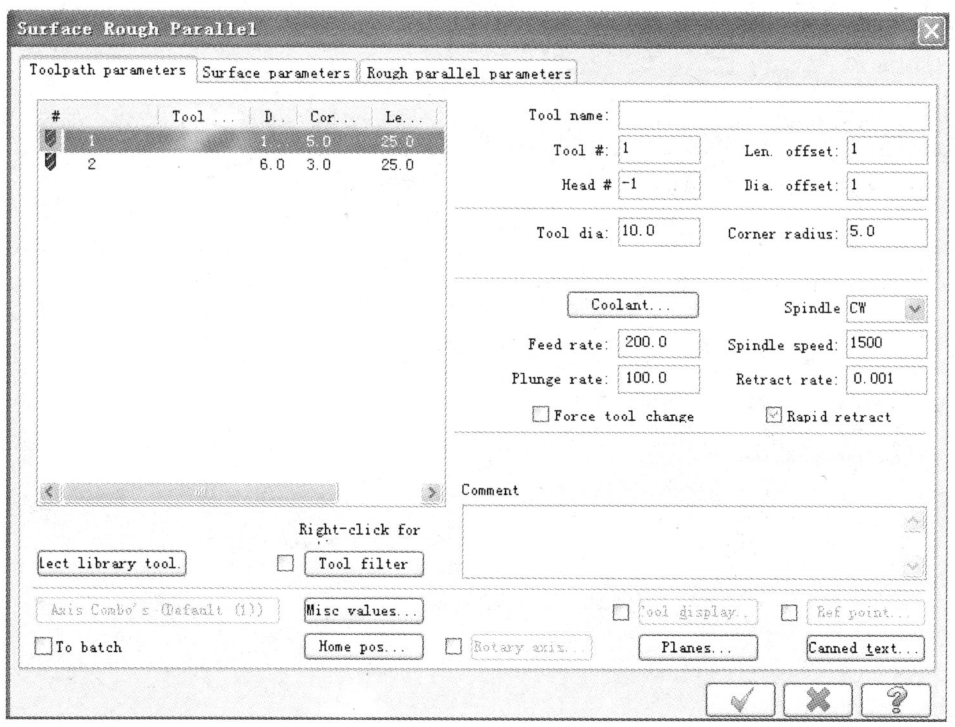

图 6.133 “曲面粗加工平行铣削”对话框

在“刀具路径”参数对话框设置进给速度、主轴转速下刀退刀速率，参数如图 6.134 所示。在“曲面参数”里可以定义“进给平面”“返回平面”等切削参数。

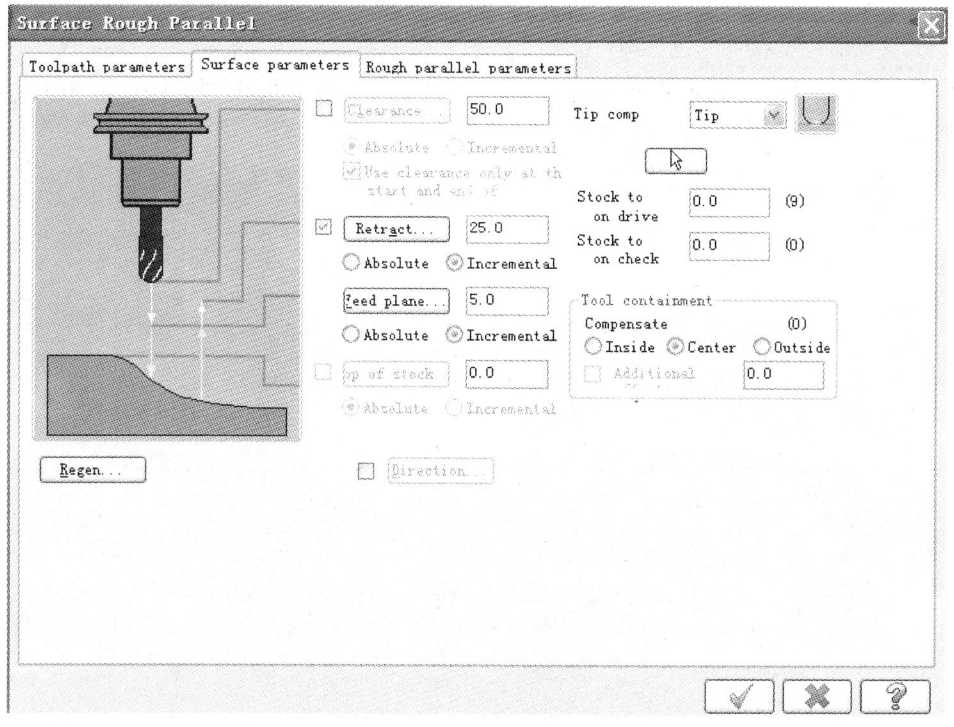

图 6.134 “曲面加工参数”对话框

选择“曲面加工平行铣削参数”(图 6.135)，确定切削方法(单线运行)、“加工角度”(定义为 0 度)。

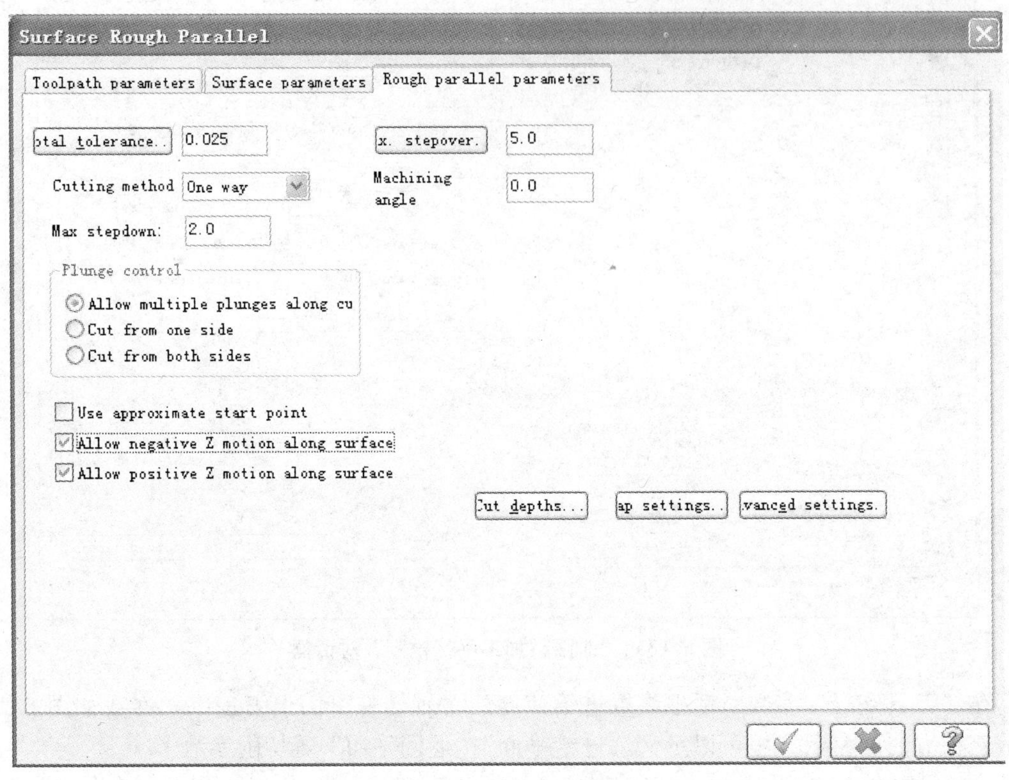

图 6.135 “曲面加工平行铣削参数”对话框

设置“切削深度”，单击“曲面加工平行铣削参数”对话框中的“Cut deepth”按钮。系统弹出“Cut deepth”对话框，如图 6.136 所示。

Cut Depths
Absolute
Incremental
Absolute depths
Minimum depth 0.0
Maximum depth -10.0
Detect flats
Select depths...
Clear depths
Adjust for stock to leave on drive
Incremental depths
Adjustment to top cut 0.2
Adjustment to other cuts 0.2
Detect flats
Critical depths...
Clear depths
Note: drive stock is included in
Relative to Tip

图 6.136 “Cut deepth”对话框

单击结束，系统计算出刀具路径(图6.137)。模拟切削加工，单击操作管理器的(验证已选择)按钮，单击“模拟执行按钮”，结果如图6.138所示。

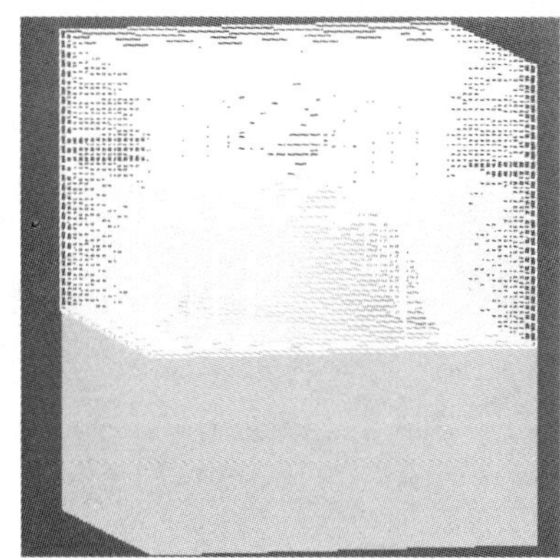

图6.137 刀具路径显示

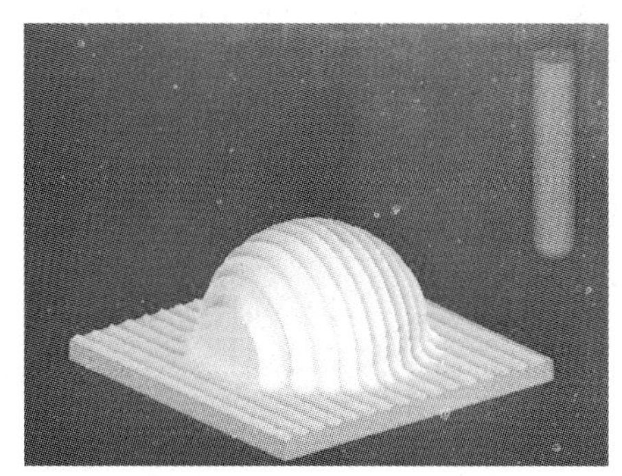

图6.138 实体验证显示

步骤4：对曲面精加工刀具路径进行定义，仍选择“曲面精加工平行铣削”方法。参数设置过程与“曲面粗加工平行铣削”相同，这里仅将不同的参数设置罗列出来。路径如图6.139所示。

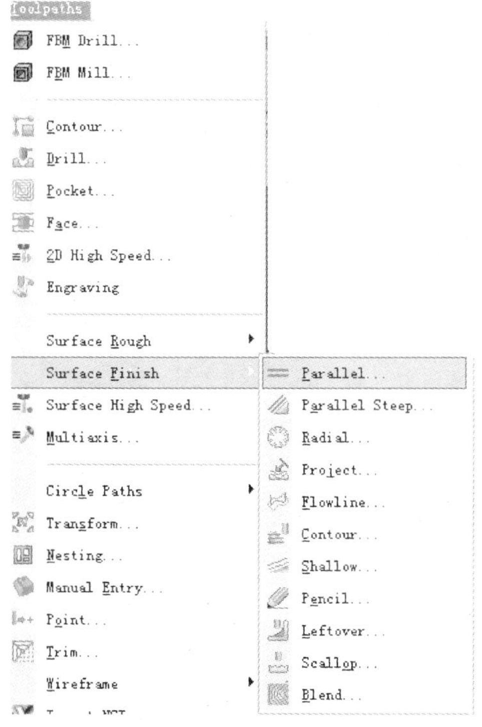

图6.139 “选择曲面精加工刀具路径”对话框

在“曲面精加工平行铣削加工”对话框里，定义“刀具路径”参数。转速2500，进给速率100，如图6.140所示。“精加工平行铣削参数”对话框如图6.141所示。注意在这里定义加工方向：90°与粗加工方向相互垂直。

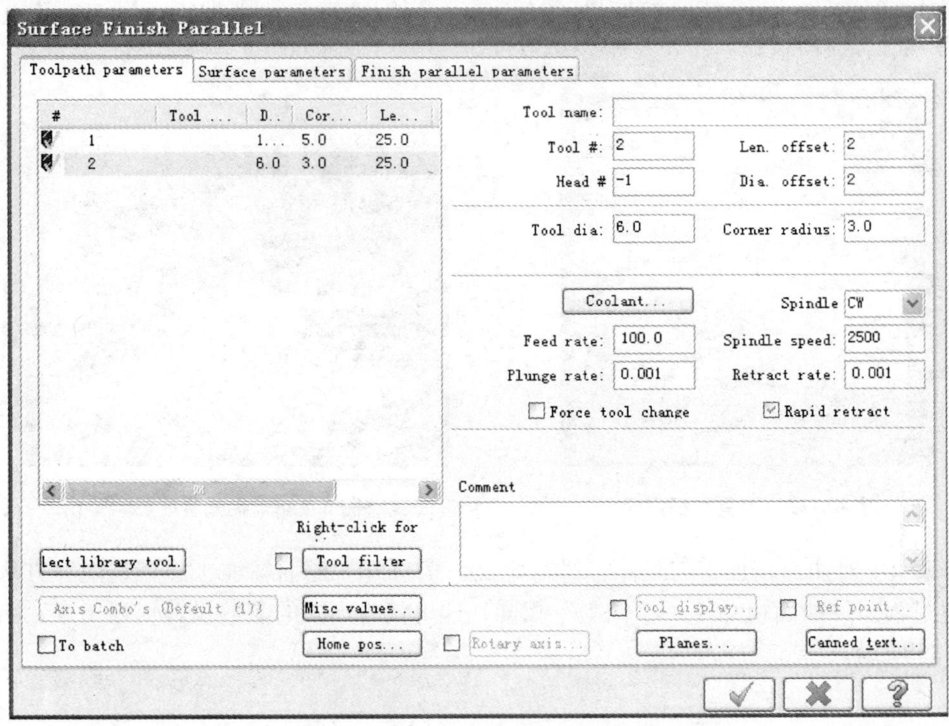

图 6.140 “刀具路径”参数

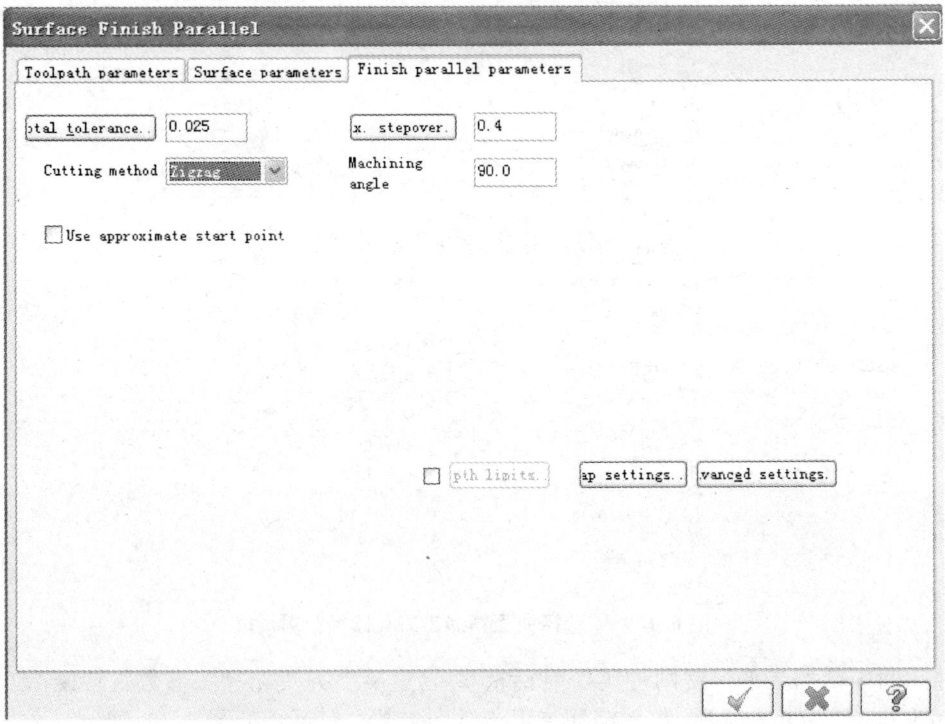

Surface Finish Parallel
Toolpath parameters | Surface parameters | Finish parallel parameters
otal tolerance.. 0.025
x. stepover. 0.4
Cutting method Zigzag
Machining angle 90.0
Use approximate start point
pth limits..
ap settings..
vanced settings.

图 6.141 “精加工平行铣削参数”对话框

单击结束，系统计算出刀具路径如图 6.142 所示。模拟切削加工，单击操作管理器的(验证已选择)按钮，单击“模拟执行按钮”，过程模拟结果如图 6.143 所示。

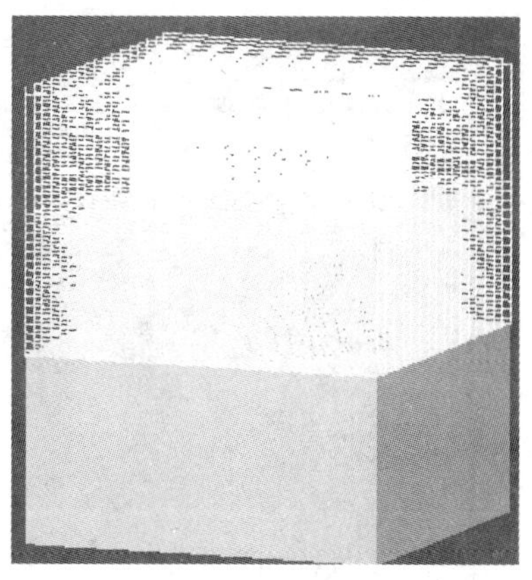

图 6.142 刀具路径显示

步骤 5：单击操作对话框的 G1，显示加工程序，系统弹出“后置处理”对话框(图 6.144)，单击“确定”按钮后，系统弹出后置处理“保存路径”对话框(图 6.145)，定义确定后，系统弹出“程序编辑列表”(图 6.146)。

步骤 6：精加工残料加工。精加工残料清角加工主要用于前道工序较大直径刀具加工后所留下来的残余毛坯余量，这些余量在曲面交界处、曲面倒角、倒圆处。单击“刀具路径”选择“曲面精加工”，

图 6.143 过程模拟结果

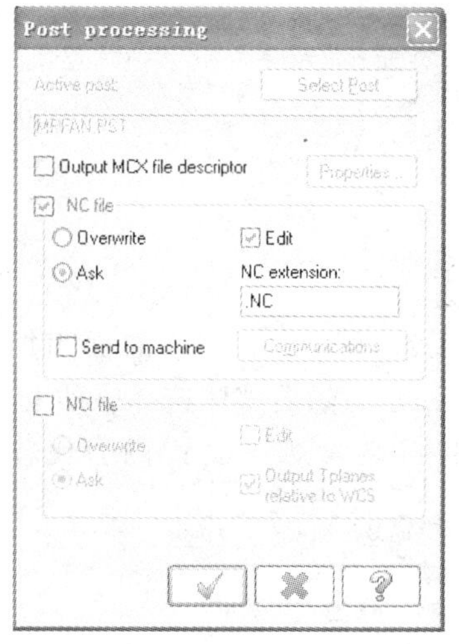

图 6.144 “后置处理”对话框

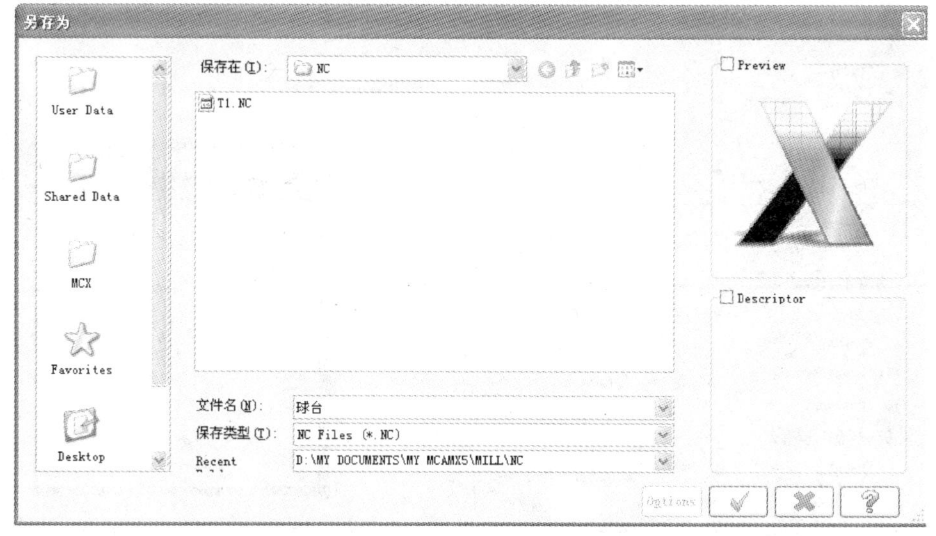

图 6.145 “保存路径”对话框

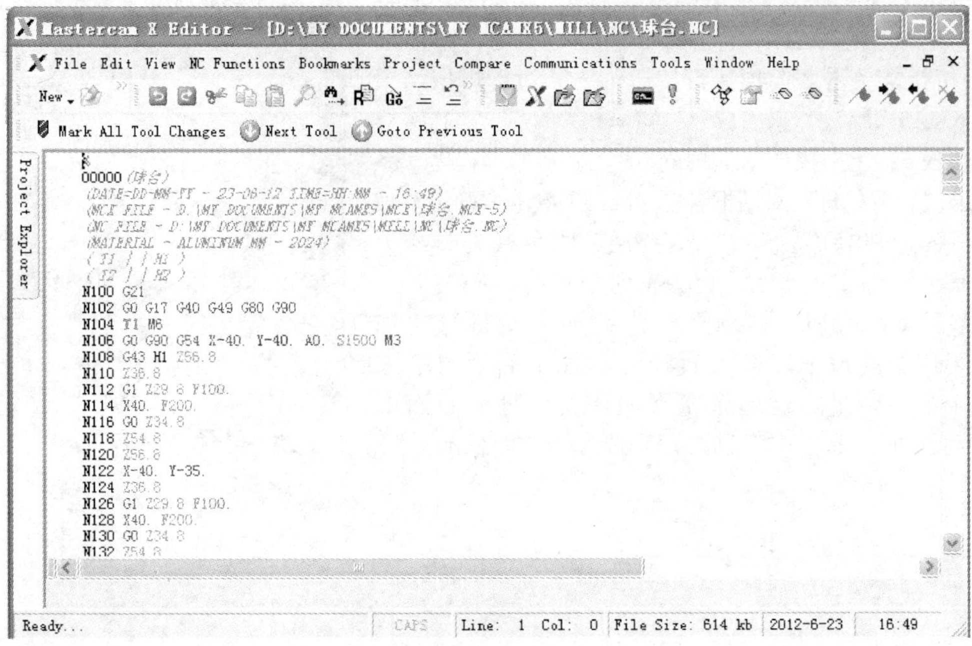

图 6.146　程序编辑列表

“残料加工(Leftover...)”(曲面粗加工同样具有该功能)。系统弹出残料加工路径，如图 6.147 所示，然后整体选择驱动表面(图 6.148)，这里，“残料清角精加工参数”、“残料清角的材料参数”设置内容比较重要。在“曲面精加工残料加工”对话框选择切削

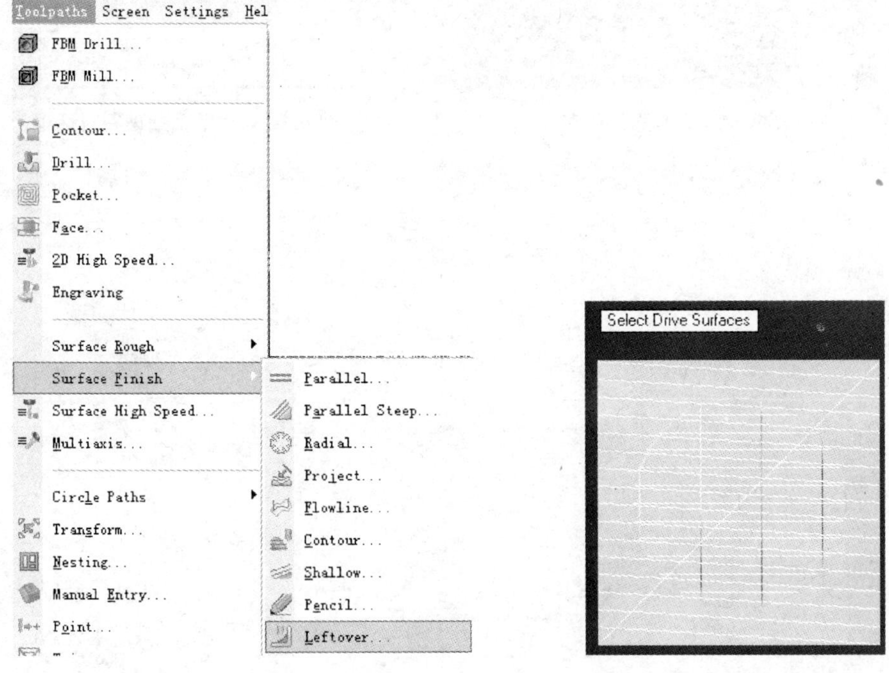

图 6.147　残料加工路径

图 6.148　驱动表面选择

方式选择“3D Collapse”(三维环绕切除)模式。在“残料清角的材料参数”对话框选择“由粗铣的刀具计算剩余的材料”，并输入粗铣刀具的直径。如图 6.149 及图 6.150 所示。

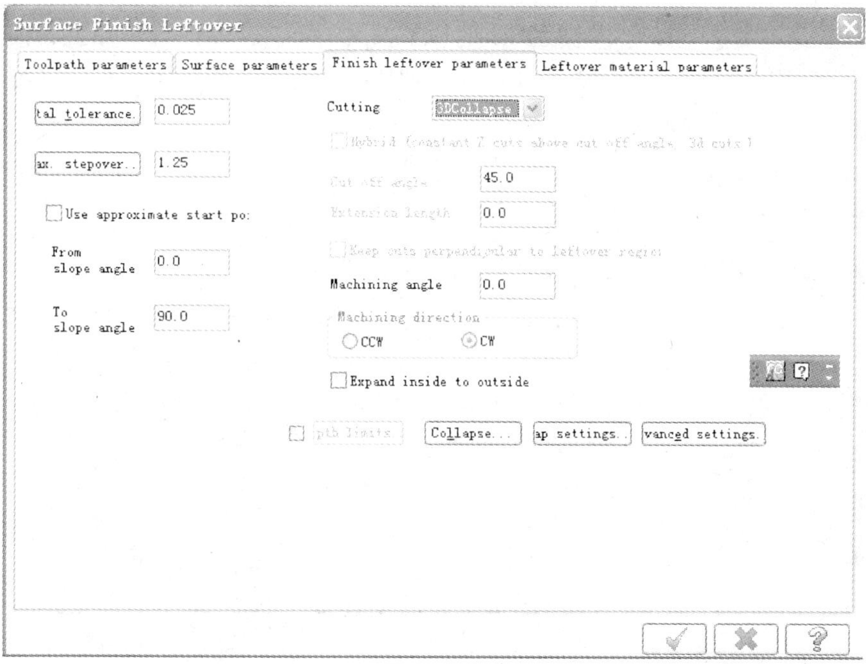

图 6.149 “残料清角精加工参数”参数设置对话框

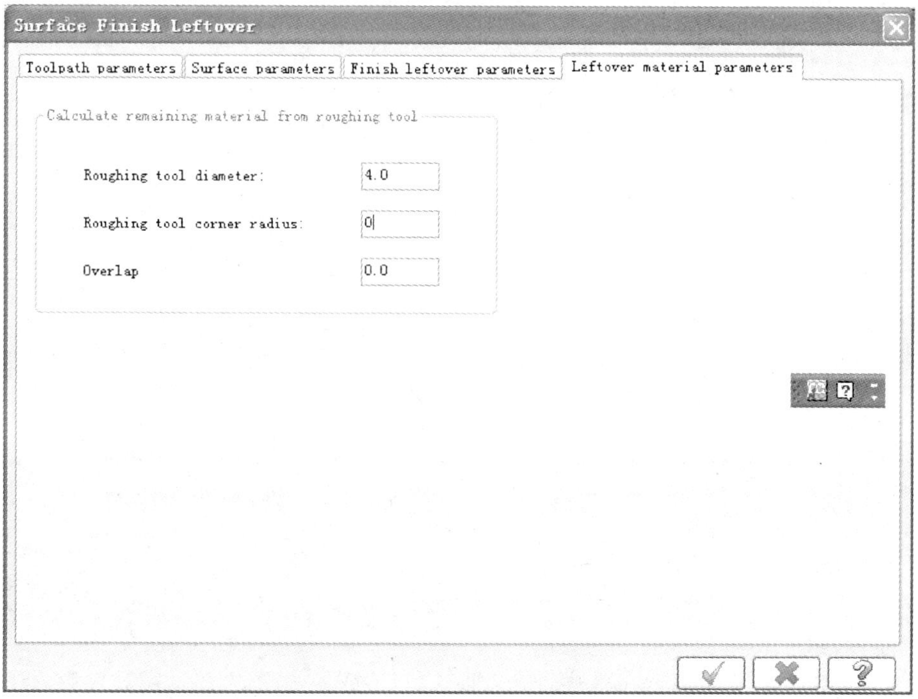

图 6.150 “残料清角的材料参数”参数设置对话框

6.5.4 MasterCAM X5 多轴加工举例

多轴(仅适用于四轴及四轴以上数控加工中心或数控铣床)刀具路径比其他刀具路径类型在刀具运动上有更多的自由度，这些刀具路径用于四轴或五轴的加工机床，与曲面加工比较，它具有更高的加工精度。多轴加工的加工方法主要有：曲线五轴加工、钻孔五轴加工、沿边五轴加工、多曲面五轴加工、沿面五轴加工、旋转四轴加工、管道五轴加工、环绕五轴加工等多轴加工方式。

图 6.151 凸轮轴

加工如图 6.151 所示的凸轮轴。

步骤 1：单击菜单栏“文件”，选“打开”命令，打开“凸轮轴.MCX”文件。

步骤 2：确认机床类型，这里一定要注意选择四轴及以上类型的机床，选择“刀具路径”，再选择“多轴加工”(Multiaxis)，如图 6.152 所示，系统弹出“输入新的 NC 名称”对话框(图 6.153)对话框，单击 ✓ 确定，系统弹出“多轴刀具路径-XX”对话框，这里“XX”表示“经典”(Classic)、“显示线架构”(Wireframe)、“表面/固体”(Surface/Solid)、“钻/全圆铣削”(Drill/CircleMill)、“换算到 5 轴”(Convert to 5X)、“用户自定义程序”(Custom Apllying)等几种类型。我们加工的凸轮轴零件属于旋转类零件，选择“经典”作为计算依据。

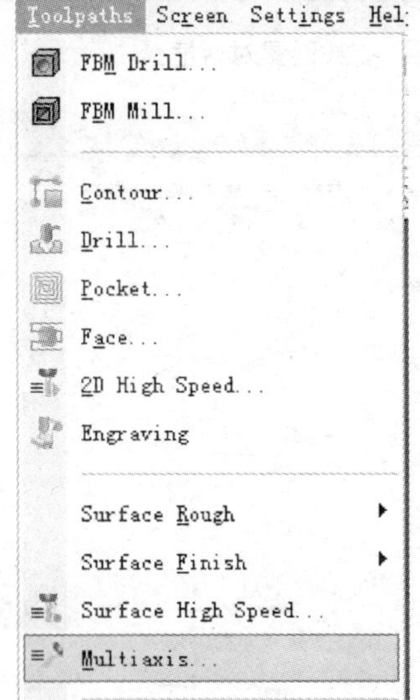

图 6.152 多轴加工工艺路径

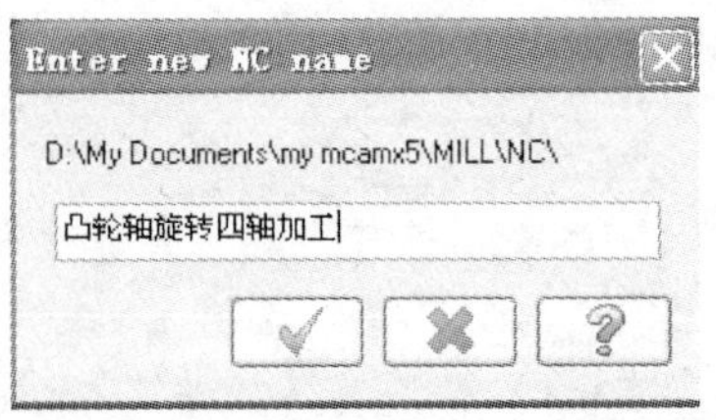

图 6.153 “输入新的 NC 名称”

“经典”类型里包括“曲线五轴”(Curve)、“沿边五轴”(Swarf)、“流线”(Flow)、“多面零件”(Msurf)、“套类五轴”(Port)、“旋转五轴”(Rotary)等，加工凸轮零件选择“旋转五轴”，如图 6.154 所示。

步骤 3：在“多轴刀具路径—旋转五轴”对话框，选择“切削模式”(Cut Partern)(图 6.155)，在这里定义刀具补偿方向、切削方式以及选择加工表面。加工表面的选择方法是：单击对话框里的“表面”(Surface)右侧的![]，系统弹出“Select Tool Pattern Surface(s)”提示语句，然后选择要加工的曲面表面，也可以整个零件全选。选择完成，按“回车键”返回对话框。

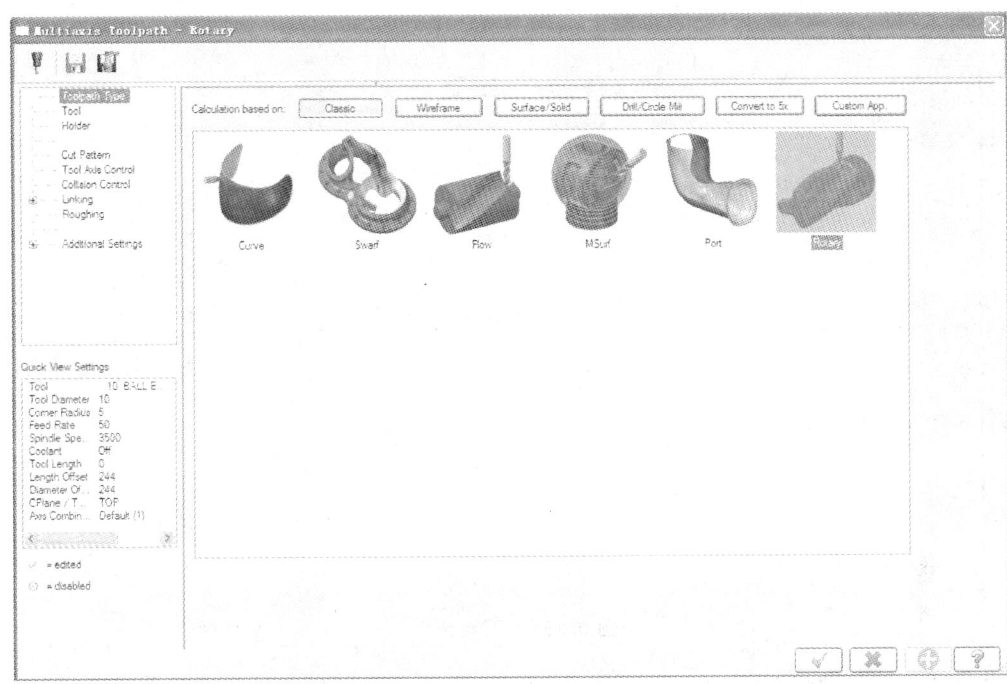

图 6.154 “多轴加工刀具路径类型”选择

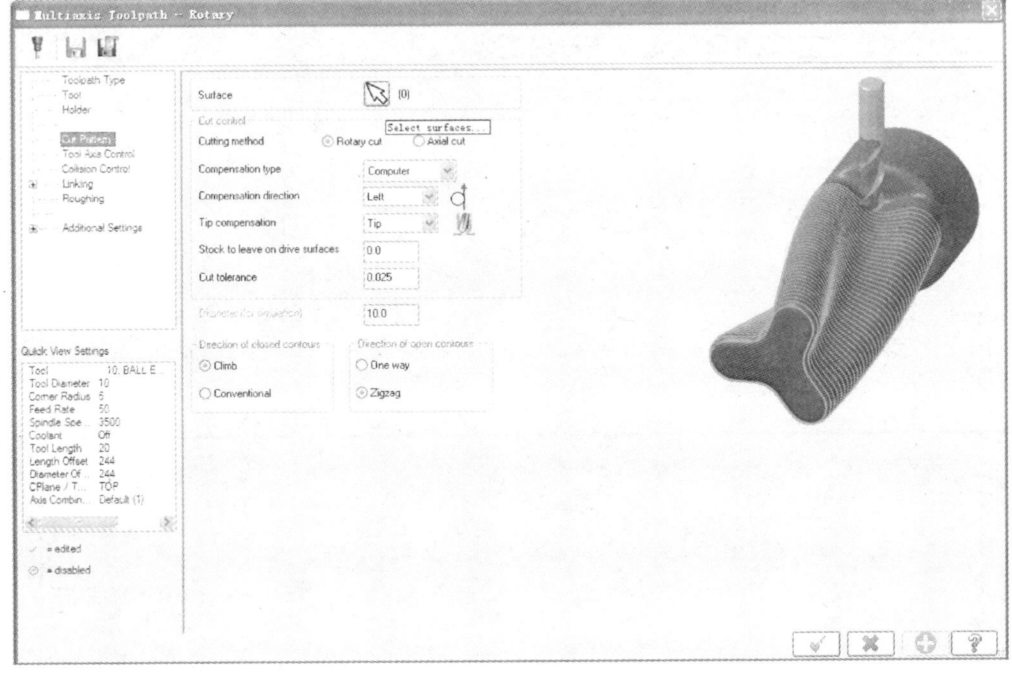

图 6.155 切削模式的选择

步骤 4：在刀具窗口的空白处右击“创建新刀具”，或者“从刀具库里”选择新刀具（图 6.156）。

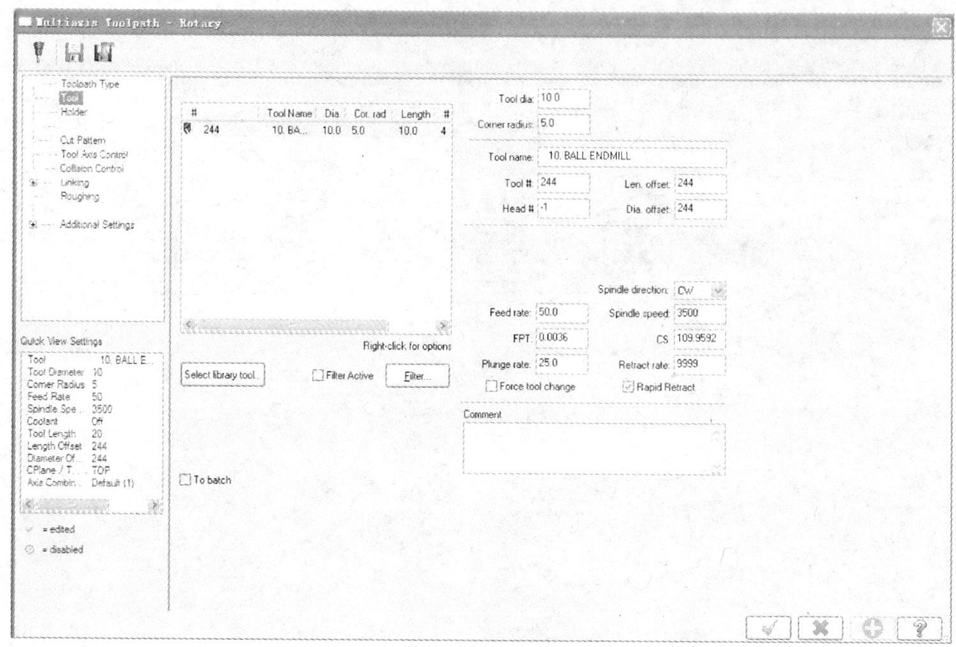

图 6.156　刀具选择

步骤 5：刀具轴控制(Tool Axis Control)。这里有两个部分，一是“绕着旋转轴切削”，二是“沿着旋转轴切削”。对于凸轮轴零件，刀具绕着旋转轴加工。零件的旋转中心轴线就是旋转轴，该轴在设计与加工时要统一。依加工刀具尺寸填写向量长度等(图 6.157)。

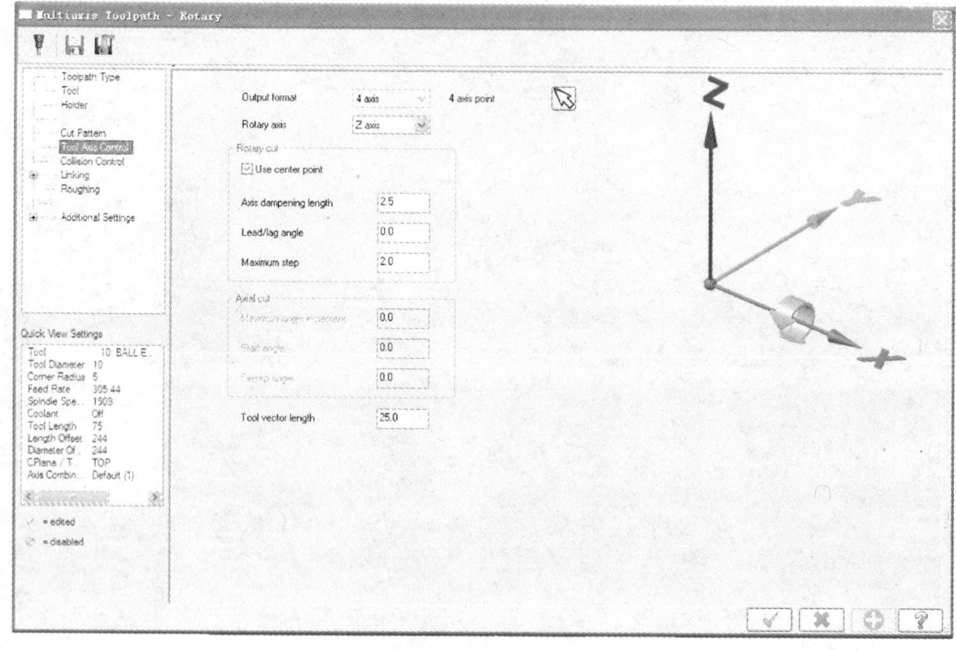

图 6.157　刀具轴控制

步骤 6：单击“链接”(linking)(图 6.158)，确定“返回高度”和“进给高度”。可以直接在对话框里输入数值，也可以单击白色软件 Feed plane... 和 Retract...，在零件图上单击后，自动返回对话框。

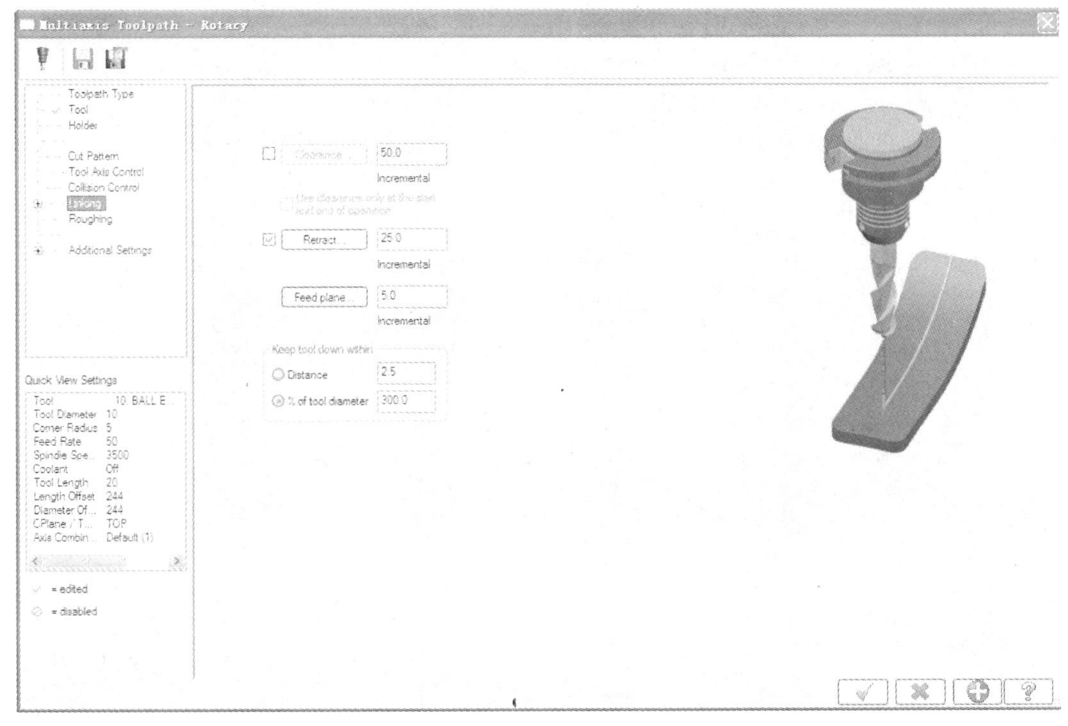

图 6.158 “Linking”定义

单击“多轴刀具路径—旋转五轴”对话框的 ✓ 按钮结束，系统弹出“刀具路径模拟示意图”(图 6.159)。

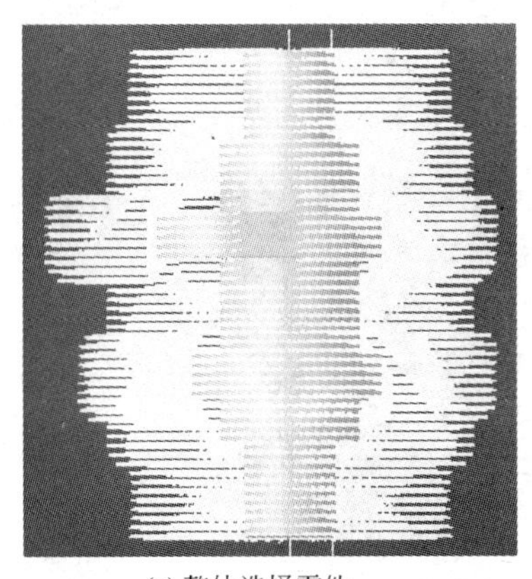
(a) 整体选择零件

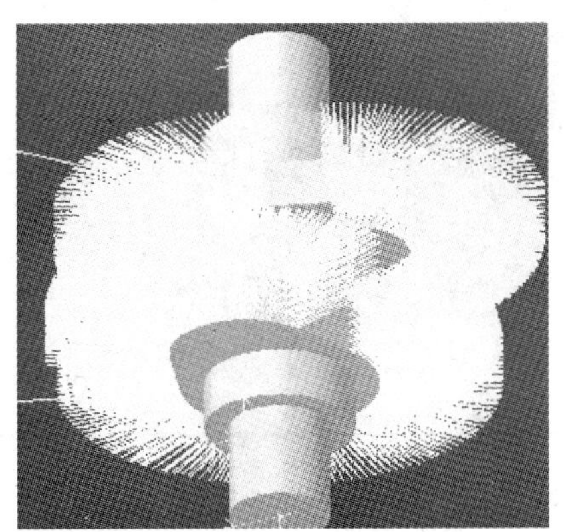
(b) 仅选择凸轮部分(备用)

图 6.159 “刀具路径模拟示意图”

步骤 7：选择“操作管理器”的“属性”树列的“毛坯设置”(Stock Setup)，确定零件毛皮尺寸，弹出如图 6.160 所示的“机床群组属性”对话框，单击“Bounding box”，系统弹出“Bounding box”对话框，如图 6.161 所示。单击[✓]按钮结束，弹出毛坯线框，如图 6.162 所示。

步骤 8：单击操作管理器的刀具路径验证，结果如图 6.163 所示。

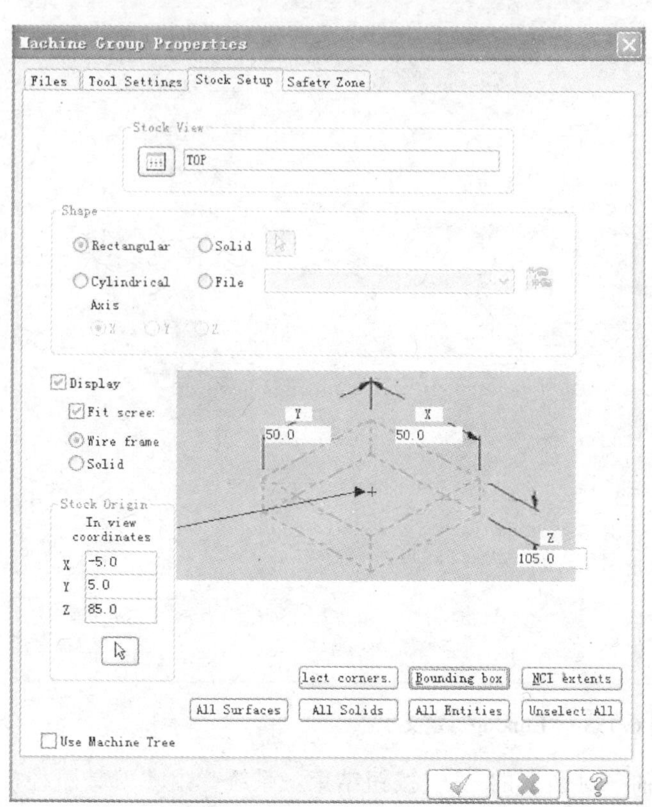

图 6.160 “机床群组属性”对话框

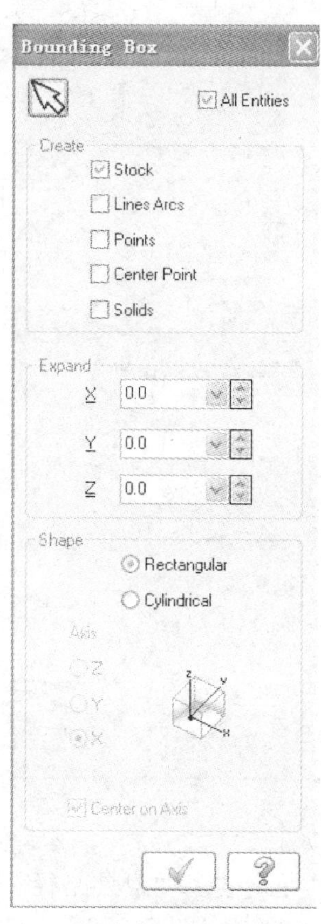

图 6.161 “Bounding box”对话框

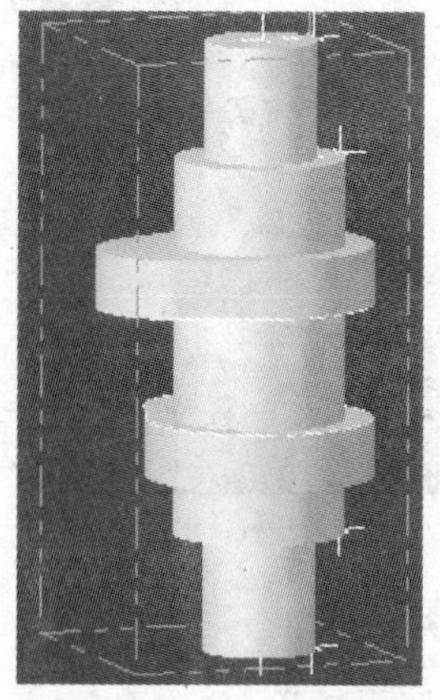

图 6.162 毛坯线框

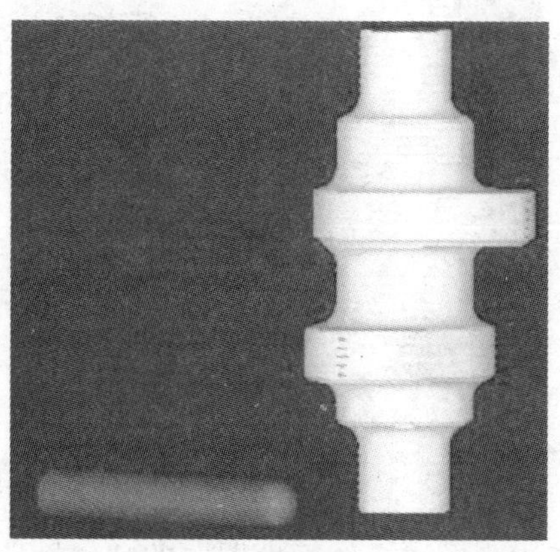

图 6.163 实体验证结果

步骤 9：单击操作对话框的 G1 ，显示加工程序，系统弹出“后置处理”对话框（图 6.164），单击 ✓ 按钮后，系统弹出后置处理“程序保存路径”（图 6.165），单击 ✓ 按钮，系统弹出“程序编辑列表”（图 6.166）。

图 6.164 “后置处理”对话框

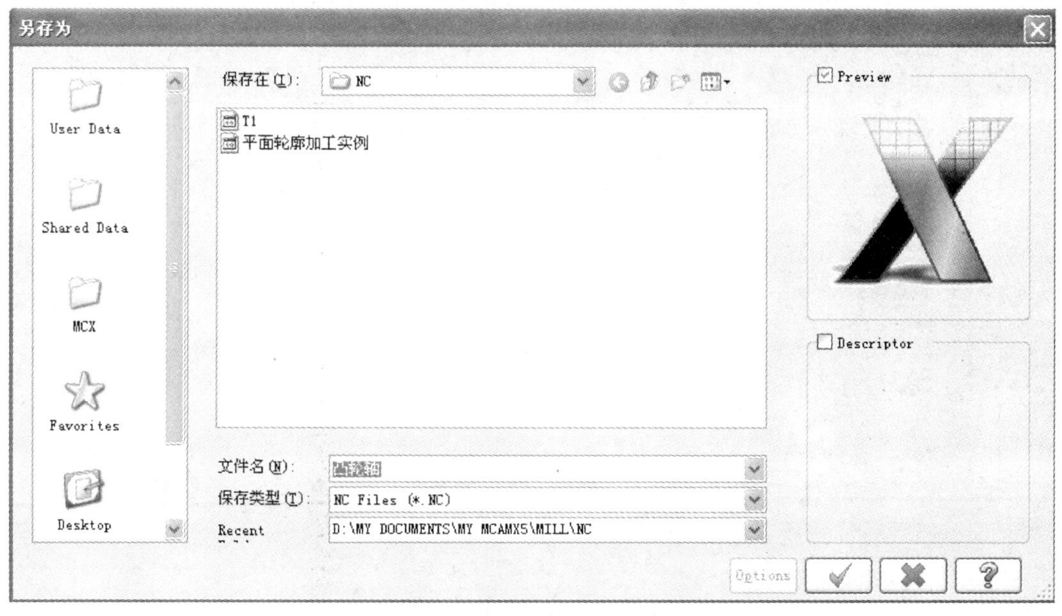

图 6.165 后置处理“程序保存路径”

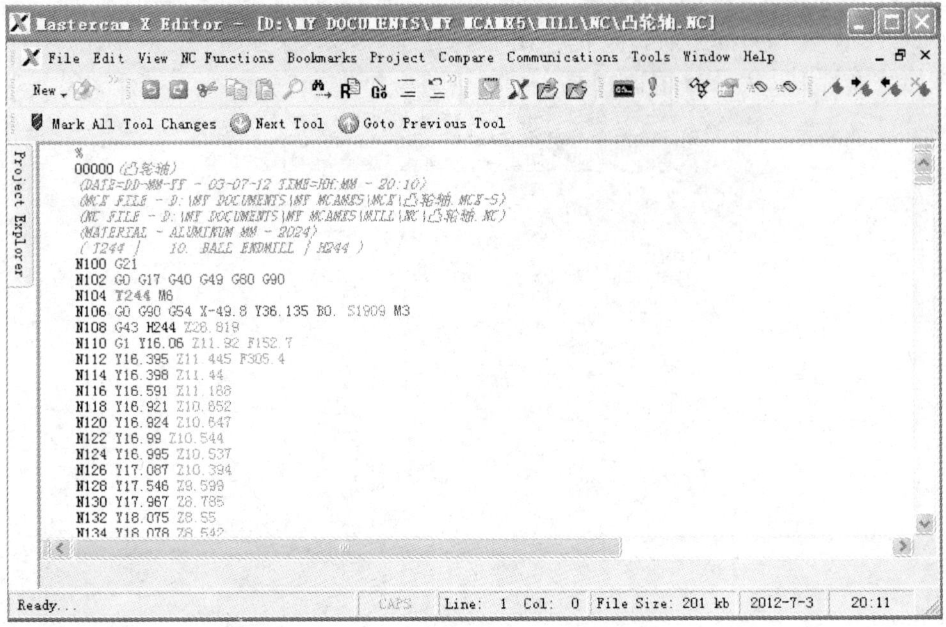

(a)

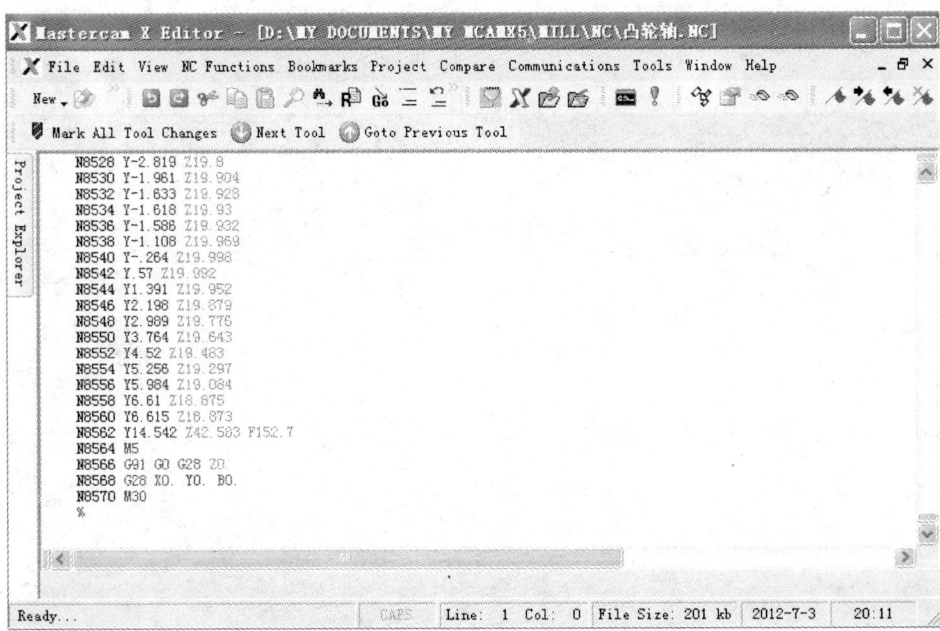

(b)

图 6.166 “程序编辑列表”

6.5.5 MasterCAM X5 后置处理技术

后置处理(Post Processing)是处理不同系统的数控机床与 MasterCAM X5 所匹配的

数控系统之间信息关系的匹配技术。MasterCAM X5 是基于 FANUC 系统的自动编程软件，如果用户使用的是其他系统，则两种系统最大的区别就是程序的开头与结尾，所以只需将 NC 程序的开头和结尾作个改变就可以了。有时用户习惯用自己固有的模式编写程序，我们可以用同样的方法将 NC 程序的开头和结尾作个改变，这种方法既简单又方便。

思考题

1. MasterCAM X5 建模时，图层有哪些便利？
2. 建立新的刀具总共有几种方法？
3. MasterCAM X5 后置处理对编程有什么意义？还有哪些后置处理方法？

第7章

习　题　集

1. 加工如图7.1所示的零件，并合理确定钻1～5孔的加工顺序、编程坐标系的零点、每个孔加工时的Z、R值的使用。

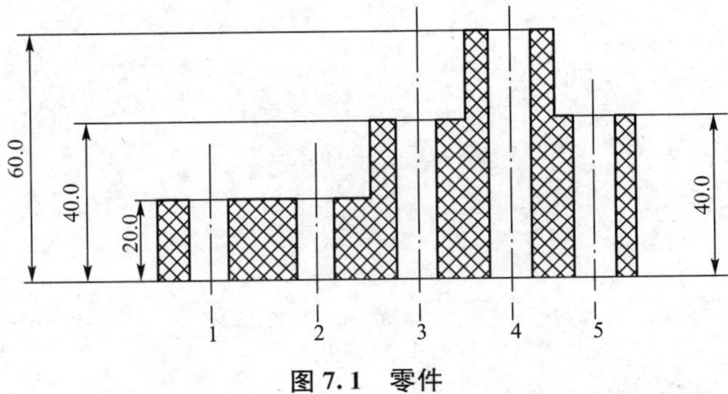

图7.1　零件

2. 加工如图7.2所示的零件，试对其进行工艺分析，编制数控加工工艺规程和数控加工程序。

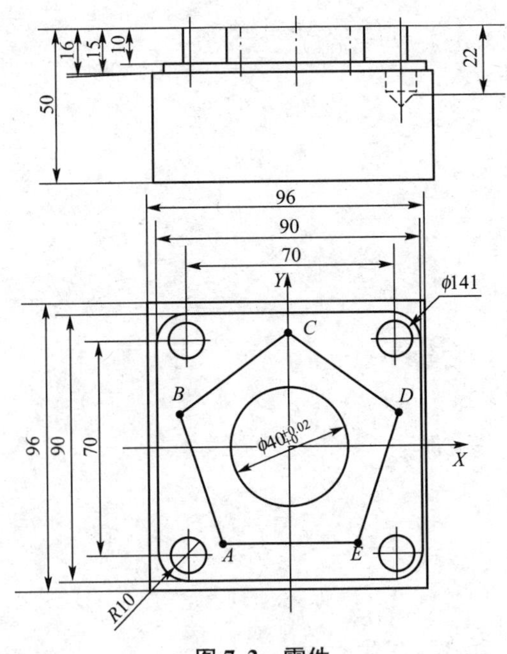

图7.2　零件

3. 加工如图 7.3 所示的零件，试对其进行工艺分析，编制数控加工工艺规程和数控加工程序。

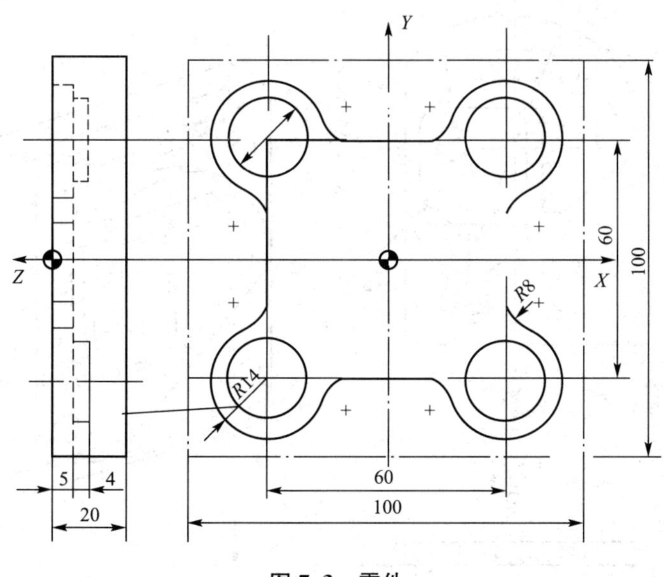

图 7.3 零件

4. 加工如图 7.4 所示的零件，试对其进行工艺分析，编制数控加工工艺规程和数控加工程序。

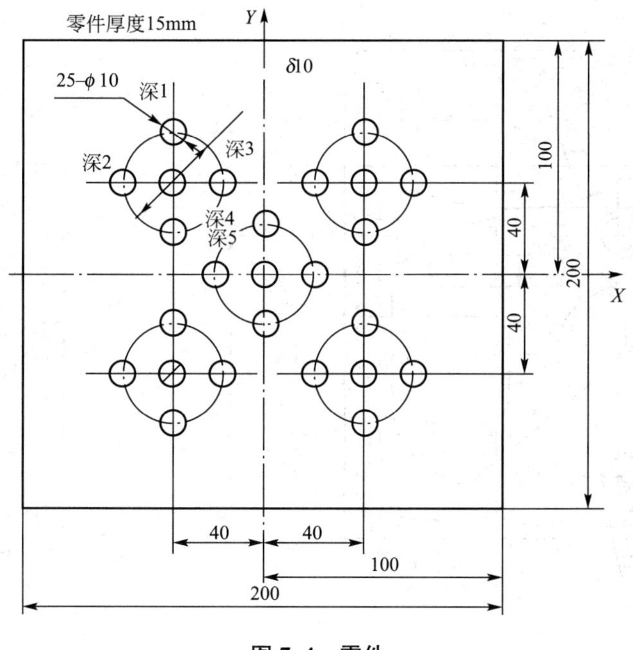

图 7.4 零件

5. 加工如图 7.5 所示的零件，试对其进行工艺分析，编制数控加工工艺规程和数控加工程序。

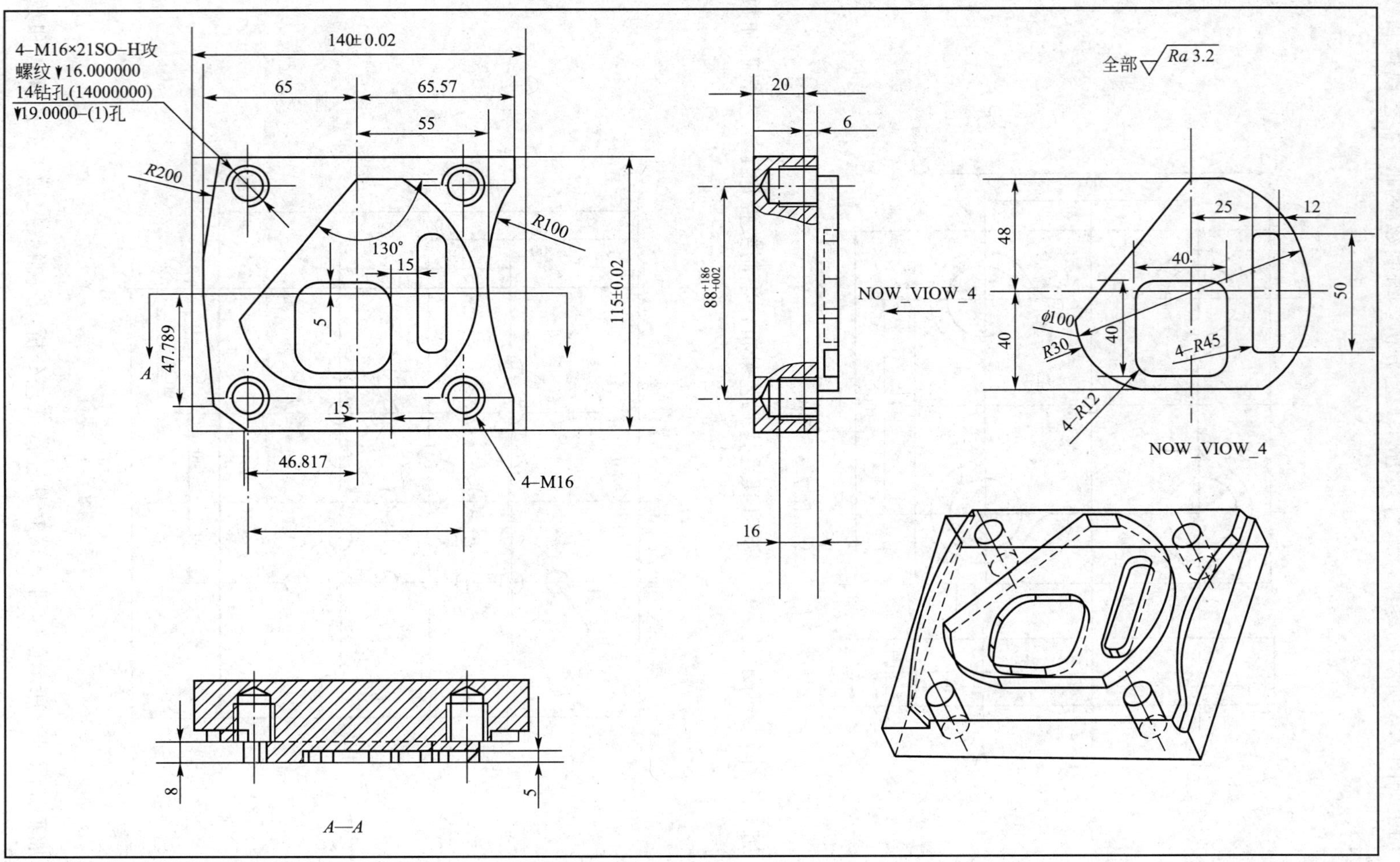

4-M16×21SO-H攻
螺纹▼16.000000
14钻孔(14000000)
▼19.0000-(1)孔
140± 0.02
65
65.57
55
R200
R100
130°
15
5
47.789
A
115±0.02
46.817
4-M16
A—A
8
5
20
6
88+186 +002
16
NOW_VIOW_4
全部 Ra 3.2
48
40
25
12
50
φ100
R30
4-R45
4-R12

图 7.5 零件

6. 加工如图 7.6 所示的零件。试对其进行工艺分析，编制数控加工工艺规程和数控加工程序。

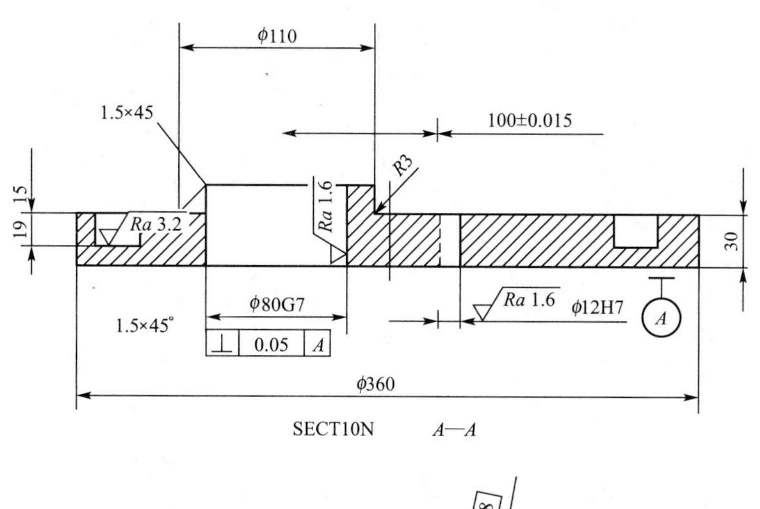

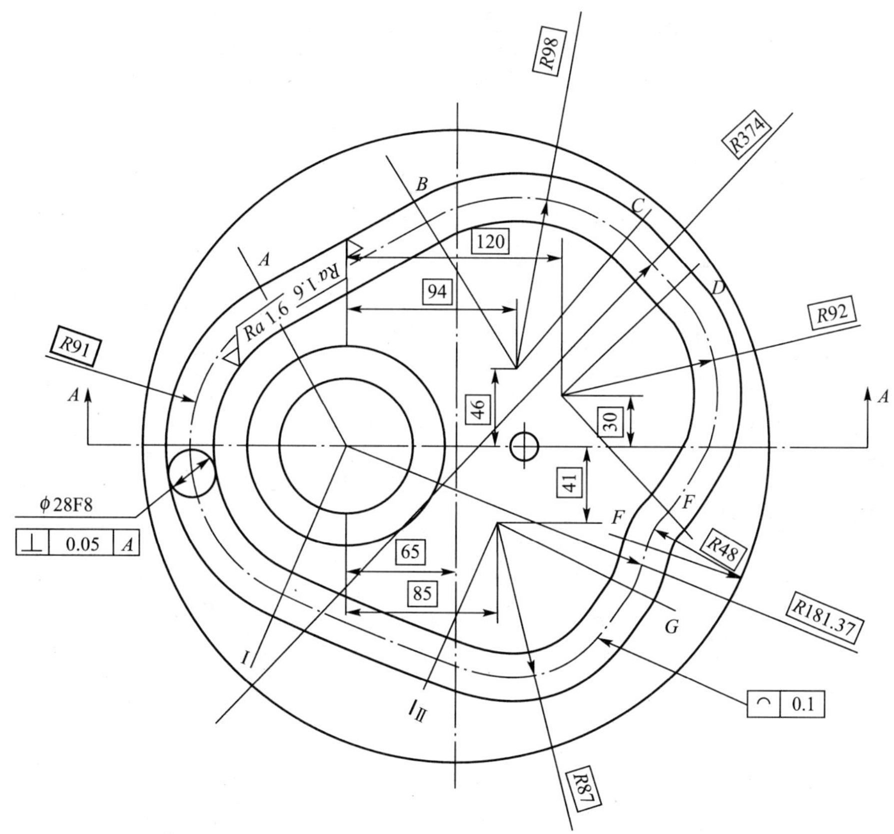

图 7.6 零件

7. 加工如图 7.7 所示的零件。试对其进行工艺分析，编制数控加工工艺规程和数控加工程序。

8. 加工如图 7.8 所示的零件。试对其进行工艺分析，编制数控加工工艺规程和数控加工程序。

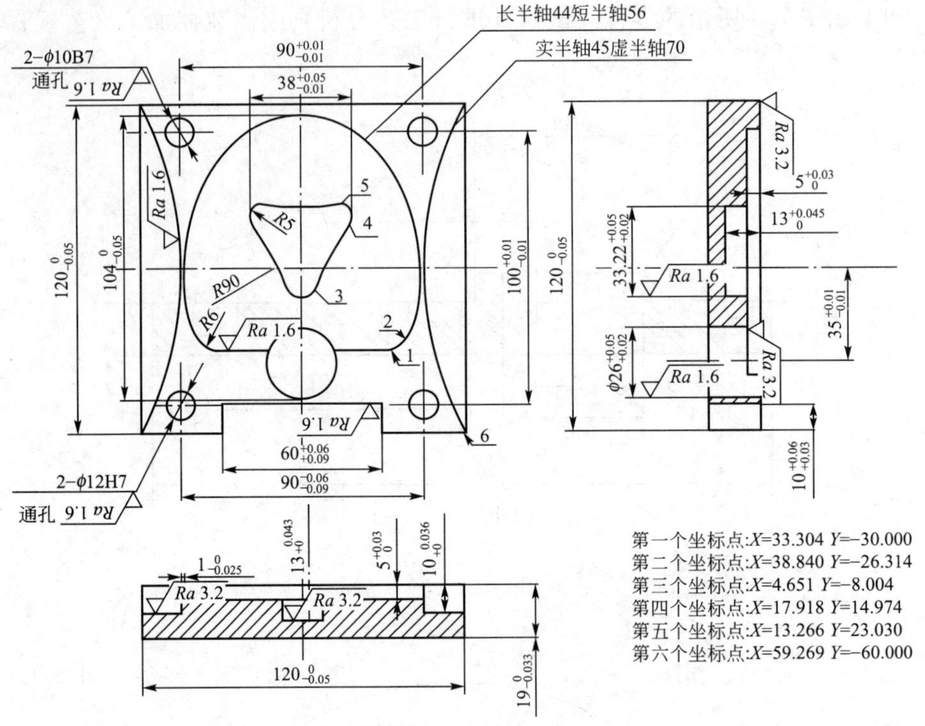

长半轴44短半轴56
实半轴45虚半轴70
2-ϕ10B7
通孔 Ra 1.6
2-ϕ12H7
通孔 Ra 1.6
Ra 3.2
Ra 1.6
R5
R90
R6
第一个坐标点:X=33.304 Y=−30.000
第二个坐标点:X=38.840 Y=−26.314
第三个坐标点:X=4.651 Y=−8.004
第四个坐标点:X=17.918 Y=14.974
第五个坐标点:X=13.266 Y=23.030
第六个坐标点:X=59.269 Y=−60.000

图 7.7 零件

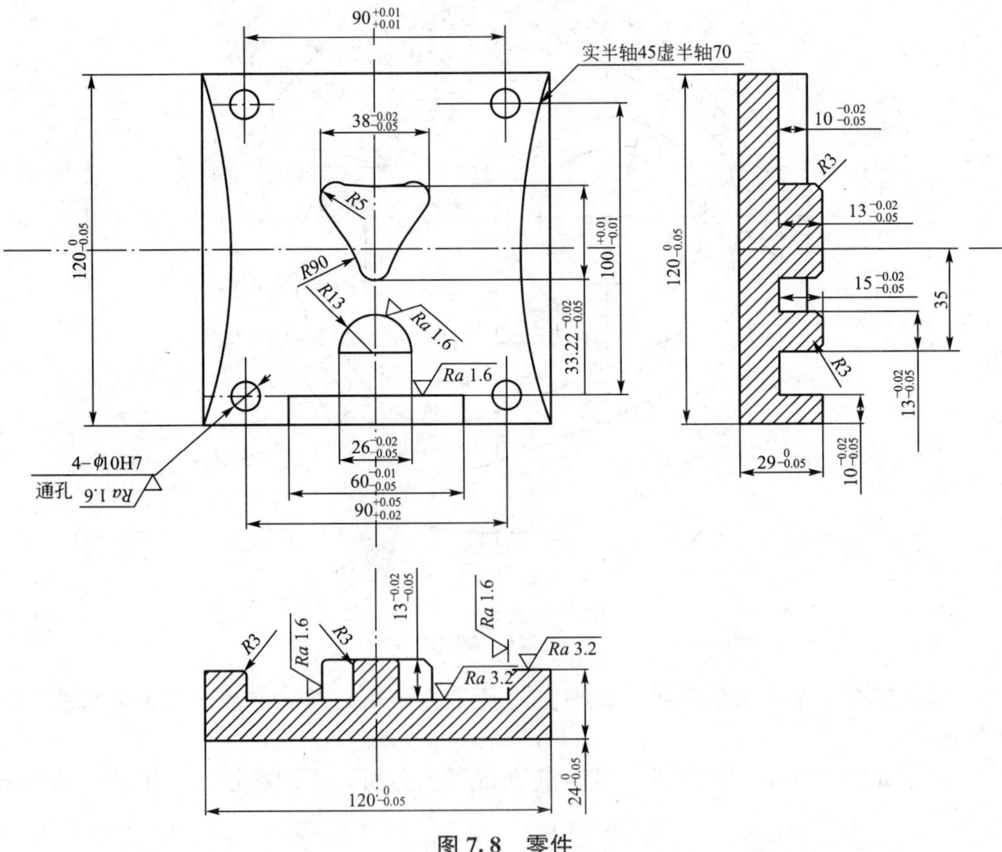

实半轴45虚半轴70
4-ϕ10H7
通孔 Ra 1.6
R5
R90
R13
R3
Ra 1.6
Ra 3.2

图 7.8 零件

9. 加工如图 7.9 所示的零件。试对其进行工艺分析，编制数控加工工艺规程和数控加工程序。

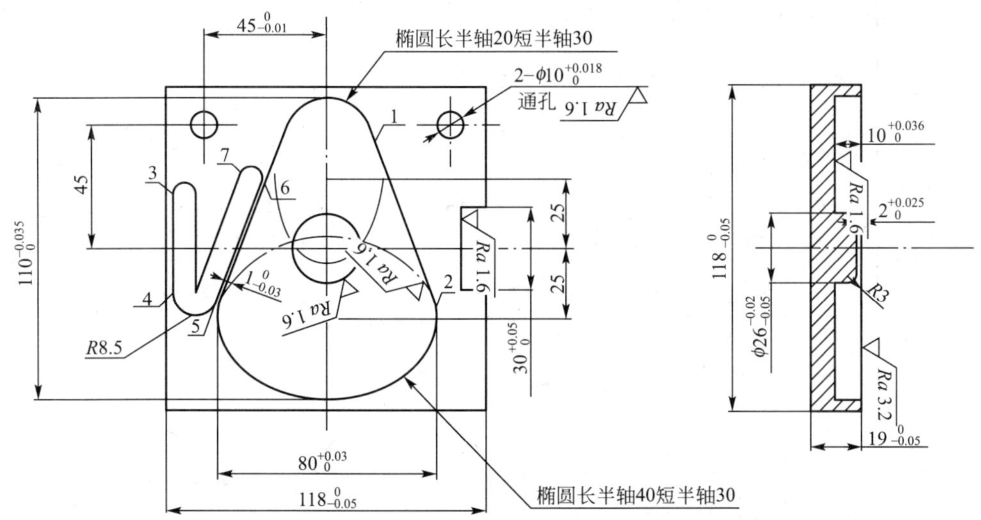

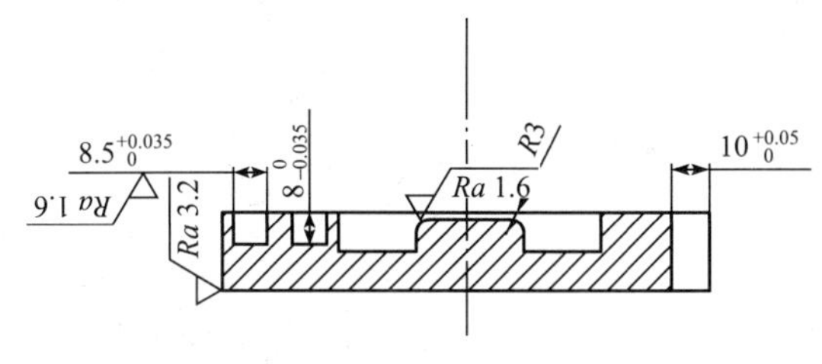

第一个点坐标: X=17.460　Y=39.631

第二个点坐标: X=38.525　Y=−16.929

第三个点坐标: X=−57.000　Y=20.000

第四个点坐标: X=−57.000　Y=−16.492

第五个点坐标: X=−40.535　Y=−19.459

第六个点坐标: X=−24.230　Y=24.318

第七个点坐标: X=−32.196　Y=27.285

第八个点坐标: X=−48.500　Y=−16.492

图 7.9　零件

10. 加工如图 7.10 所示的零件。试对其进行工艺分析，编制数控加工工艺规程和数控加工程序。

11. 加工如图 7.11 所示的零件。试对其进行工艺分析，编制数控加工工艺规程和数控加工程序。

12. 加工如图 7.12 所示的零件。试对其进行工艺分析，编制数控加工工艺规程和数控加工程序。

13. 如图 7.13 所示零件，要求加工内外轮廓，准备工作如下。

(1) 材料准备：毛坯 ϕ80mm×30mm 铝合金。

(2) 设备、工具、刀具、量具的准备如下。

① FA－32M CNC。

② 工具：相应扳手、夹具、压板、铁屑刷等。

③ 刀具：ϕ8mm 的立铣刀。

④ 量具：百分表及表架、游标卡尺、塞尺、千分尺。

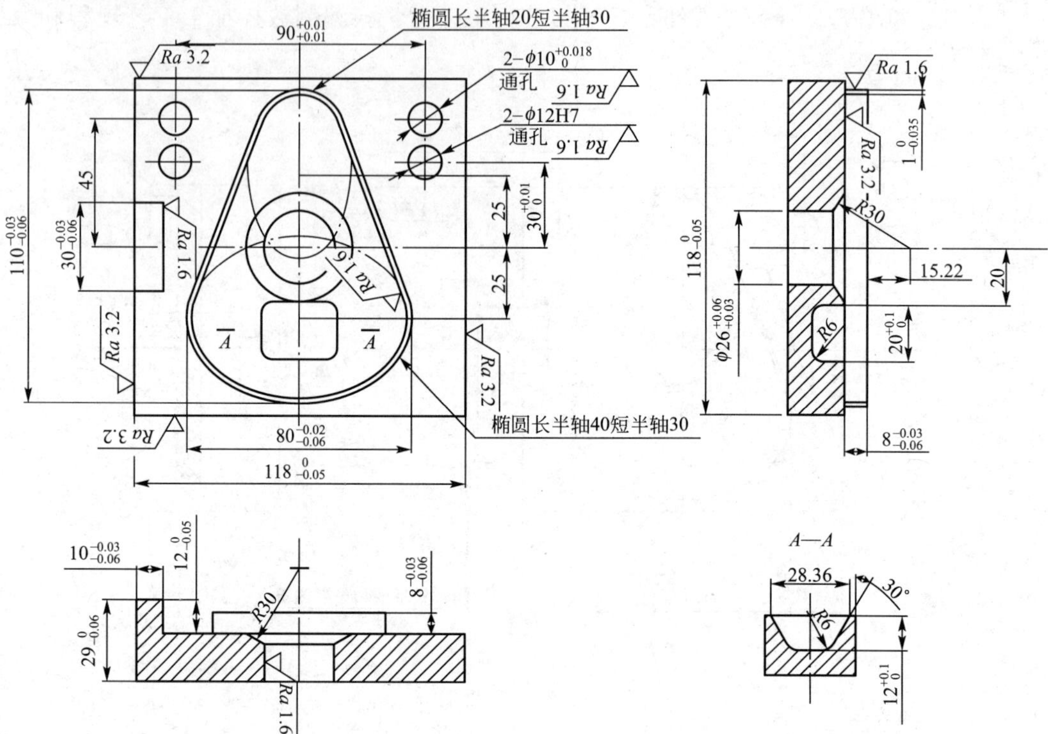

图 7.10 零件

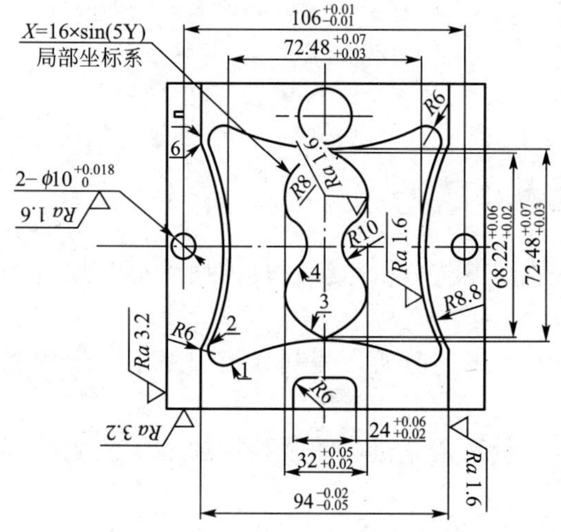

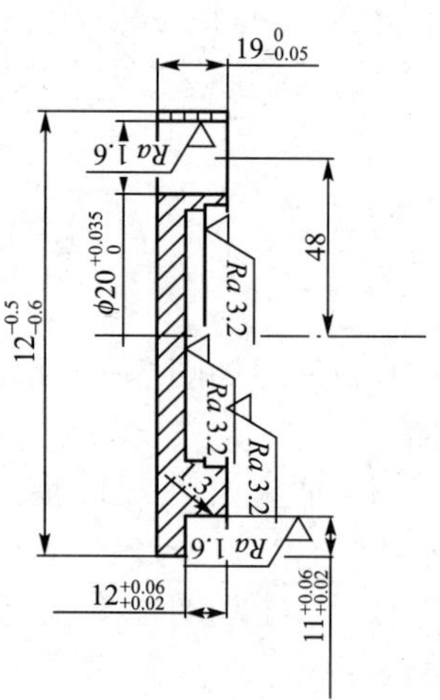

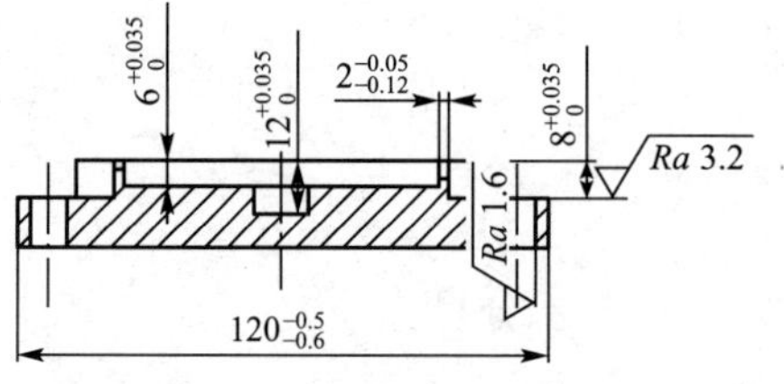

第一个点坐标:X=-35.757 Y=-43.647
第二个点坐标:X=-46.647 Y=-35.757
第三个点坐标:X=-4.836 Y=-32.482
第四个点坐标:X=-9.673 Y=-7.439
第五个点坐标:X=-47.000 Y=-39.627
第六个点坐标:X=-46.441 Y=37.098

图 7.11 零件

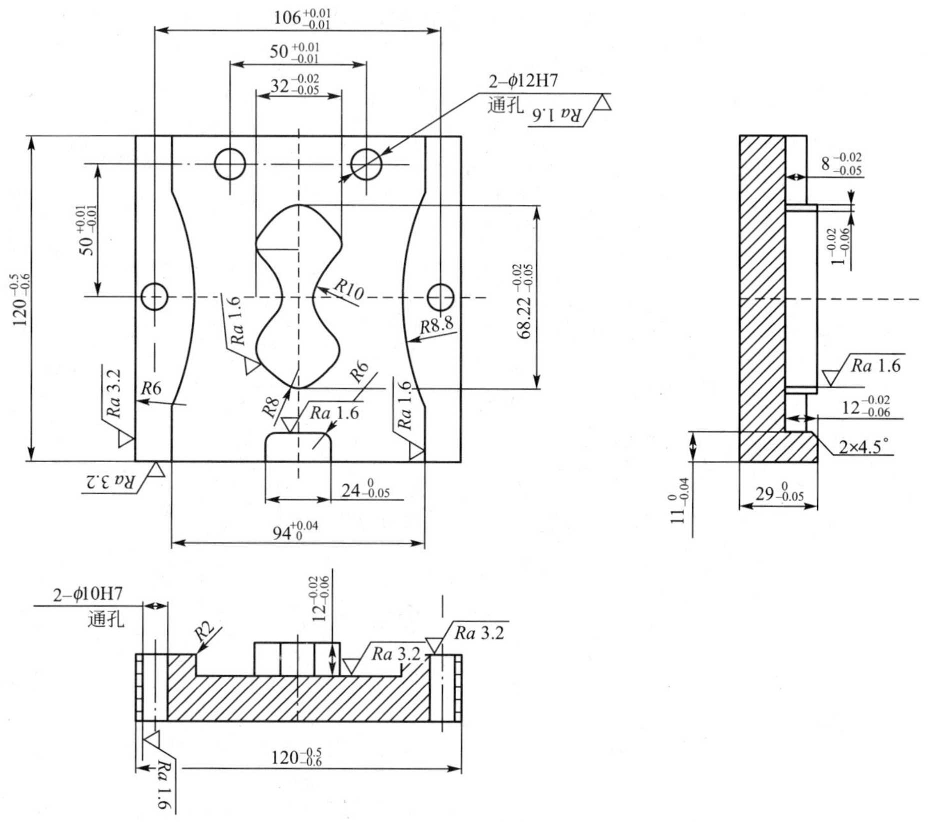

图7.12 零件

其余 Ra 3.2

A(33.76,4.93)
B(30.21,15.86)
C(5.74,33.63)
D(15.12,−30.59)
E(24.42,−23.83)
F(3.53,17.44)
G(15.49,8.74)
H(17.67,2.03)
I(13.1,−12.03)
J(7.4,−16.18)

Y_P 5−R6 5−R25 φ75.8 φ37.16 O_P X_P 5−R6 Ra 1.6 (外轮廓)

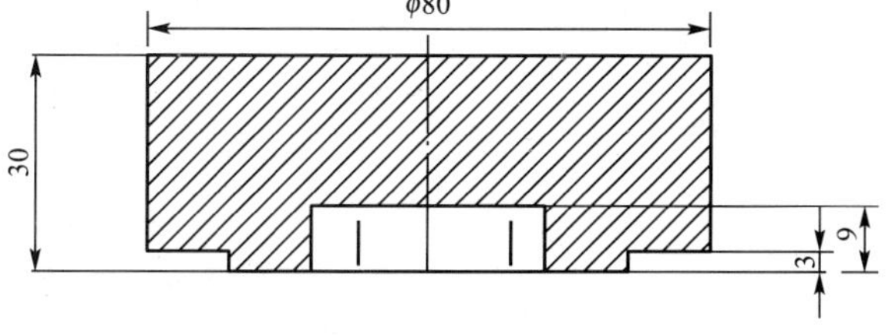

图7.13 零件

14. 如图 7.14 所示零件，现加工图示的形状，使用 ϕ8mm 的立铣刀，毛坯：ϕ80mm×30mm 铝合金，试编写加工程序和工序卡。

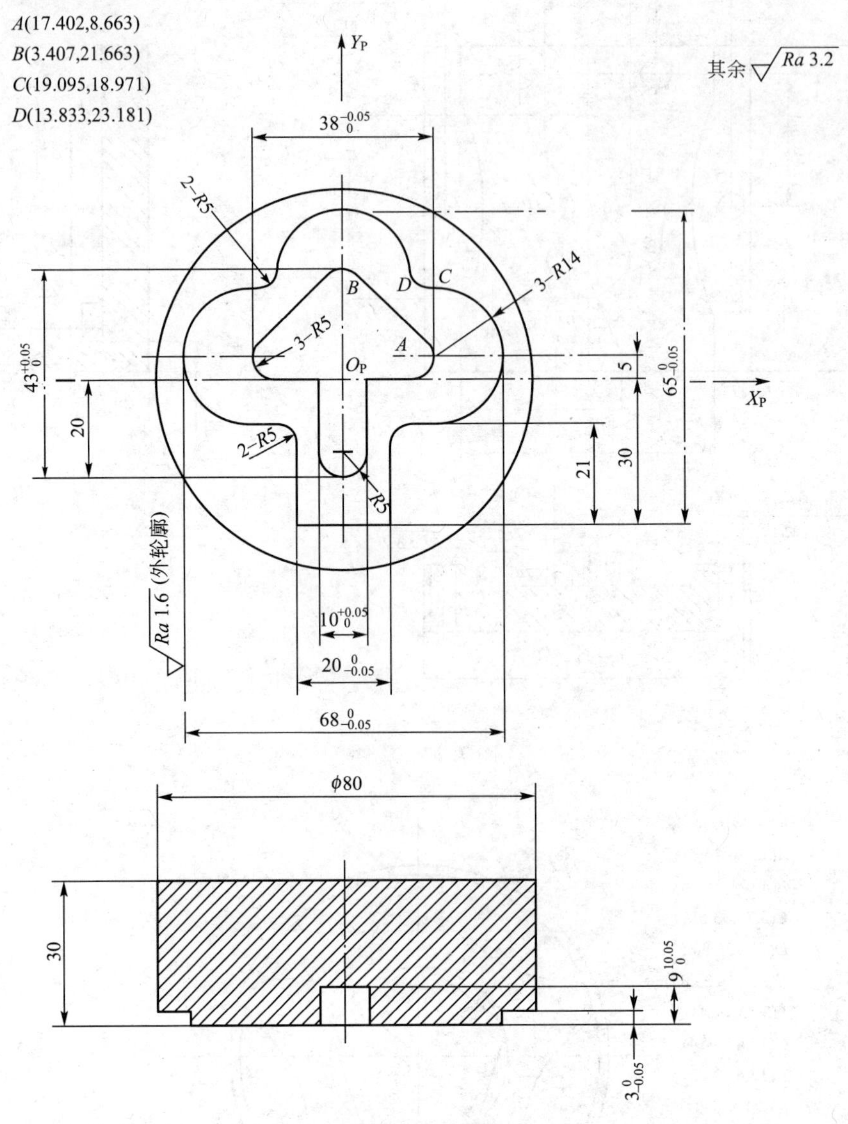

图 7.14　零件

15. 参照图 6.11，试设计凸轮轴的结构，并完成加工凸轮部分的自动编程工艺路线。

16. 参照图 6.44，试用其他曲面实体零件的粗加工和精加工方法，进行自动编程，并分析其工艺效果。

参考文献

[1] 杨伟群，廖文和. 数控工艺培训教程［M］. 北京：清华大学出版社，2002.

[2] 韩鸿鸾，荣维芝. 数控机床加工程序的编制［M］. 北京：机械工业出版社，2002.

[3] 陈天祥. 数控加工技术与编程实例［M］. 北京：清华大学出版社，2005.

[4] 许兆丰. 数控铣床编程与操作［M］. 北京：中国劳动社会保障出版社，1994.

[5] 劳动和社会保障部教材办公室. 数控加工工艺学［M］. 北京：中国劳动社会保障出版社，1999.

[6] 张超英. 数控编程技术［M］. 北京：中央广播电视大学出版社，1998.

[7] 曹炎. 数控机床应用与维修［M］. 北京：电子工业出版社，1994.

[8] 刘雄伟. 数控机床操作与编程培训［M］. 北京：机械工业出版社，2001.

[9] 张超英，罗学科. 数控机床加工工艺、编程及操作实训［M］. 北京：高等教育出版社，2003.

[10] 张超英，罗学科. 数控机床编程与操作实训［M］. 北京：化学工业出版社，2003.

[11] 劳动和社会保障部教材办公室. 数控加工中心系统编程与操作实训［M］. 北京：中国劳动社会保障出版社，2006.

[12] 万文龙. 机械制造基础［M］. 北京：高等教育出版社，2007.

[13] 刘文，姜永梅. MasterCAM 数控加工案例教程［M］. 北京：北京大学出版社，2011.

北京大学出版社教材书目

✧ 欢迎访问教学服务网站 www.pup6.cn，免费查阅下载已出版教材的电子书(PDF 版)、电子课件和相关教学资源。

✧ 欢迎征订投稿。联系方式：010-62750667，童编辑，13426433315@163.com，pup_6@163.com，欢迎联系。

序号	书　　名	标准书号	主　　编	定价	出版日期
1	机械设计	978-7-5038-4448-5	郑　江，许　瑛	33	2007.8
2	机械设计	978-7-301-15699-5	吕　宏	32	2009.9
3	机械设计	978-7-301-17599-6	门艳忠	40	2010.8
4	机械设计	978-7-301-21139-7	王贤民，霍仕武	49	2012.8
5	机械原理	978-7-301-11488-9	常治斌，张京辉	29	2008.6
6	机械原理	978-7-301-15425-0	王跃进	26	2010.7
7	机械原理	978-7-301-19088-3	郭宏亮，孙志宏	36	2011.6
8	机械原理	978-7-301-19429-4	杨松华	34	2011.8
9	机械设计基础	978-7-5038-4444-2	曲玉峰，关晓平	27	2008.1
10	机械设计课程设计	978-7-301-12357-7	许　瑛	35	2012.7
11	机械设计课程设计	978-7-301-18894-1	王　慧，吕　宏	30	2011.5
12	机电一体化课程设计指导书	978-7-301-19736-3	王金娥　罗生梅	35	2012.1
13	机械工程专业毕业设计指导书	978-7-301-18805-7	张黎骅，吕小荣	22	2012.5
14	机械创新设计	978-7-301-12403-1	丛晓霞	32	2010.7
15	机械系统设计	978-7-301-20847-2	孙月华	32	2012.7
16	机械设计基础实验及机构创新设计	978-7-301-20653-9	邹旻	28	2012.6
17	TRIZ 理论机械创新设计工程训练教程	978-7-301-18945-0	蒯苏苏，马履中	45	2011.6
18	TRIZ 理论及应用	978-7-301-19390-7	刘训涛，曹　贺 陈国晶	35	2011.8
19	创新的方法——TRIZ 理论概述	978-7-301-19453-9	沈萌红	28	2011.9
20	机械 CAD 基础	978-7-301-20023-0	徐云杰	34	2012.2
21	AutoCAD 工程制图	978-7-5038-4446-9	杨巧绒，张克义	20	2011.4
22	工程制图	978-7-5038-4442-6	戴立玲，杨世平	27	2012.2
23	工程制图	978-7-301-19428-7	孙晓娟，徐丽娟	30	2012.5
24	工程制图习题集	978-7-5038-4443-4	杨世平，戴立玲	20	2008.1
25	机械制图(机类)	978-7-301-12171-9	张绍群，孙晓娟	32	2009.1
26	机械制图习题集(机类)	978-7-301-12172-6	张绍群，王慧敏	29	2007.8
27	机械制图(第 2 版)	978-7-301-19332-7	孙晓娟，王慧敏	38	2011.8
28	机械制图习题集(第 2 版)	978-7-301-19370-7	孙晓娟，王慧敏	22	2011.8
29	机械制图	978-7-301-21138-0	张　艳，杨晨升	37	2012.8
30	机械制图习题集	978-7-301-21339-1	张　艳，杨晨升	24	2012.10
31	机械制图与 AutoCAD 基础教程	978-7-301-13122-0	张爱梅	35	2011.7
32	机械制图与 AutoCAD 基础教程习题集	978-7-301-13120-6	鲁　杰，张爱梅	22	2010.9
33	AutoCAD 2008 工程绘图	978-7-301-14478-7	赵润平，宗荣珍	35	2009.1
34	AutoCAD 实例绘图教程	978-7-301-20764-2	李庆华，刘晓杰	32	2012.6
35	工程制图案例教程	978-7-301-15369-7	宗荣珍	28	2009.6
36	工程制图案例教程习题集	978-7-301-15285-0	宗荣珍	24	2009.6
37	理论力学	978-7-301-12170-2	盛冬发，闫小青	29	2012.5
38	材料力学	978-7-301-14462-6	陈忠安，王　静	30	2011.1
39	工程力学(上册)	978-7-301-11487-2	毕勤胜，李纪刚	29	2008.6
40	工程力学(下册)	978-7-301-11565-7	毕勤胜，李纪刚	28	2008.6
41	液压传动	978-7-5038-4441-8	王守城，容一鸣	27	2009.4
42	液压与气压传动	978-7-301-13179-4	王守城，容一鸣	32	2012.10

43	液压与液力传动	978-7-301-17579-8	周长城等	34	2010.8
44	液压传动与控制实用技术	978-7-301-15647-6	刘　忠	36	2009.8
45	金工实习(第 2 版)	978-7-301-16558-4	郭永环，姜银方	30	2012.5
46	机械制造基础实习教程	978-7-301-15848-7	邱　兵，杨明金	34	2010.2
47	公差与测量技术	978-7-301-15455-7	孔晓玲	25	2011.8
48	互换性与测量技术基础(第 2 版)	978-7-301-17567-5	王长春	28	2010.8
49	互换性与技术测量	978-7-301-20848-9	周哲波	35	2012.6
50	机械制造技术基础	978-7-301-14474-9	张　鹏，孙有亮	28	2011.6
51	机械制造技术基础	978-7-301-16284-2	侯书林　张建国	32	2012.8
52	先进制造技术基础	978-7-301-15499-1	冯宪章	30	2011.11
53	先进制造技术	978-7-301-20914-1	刘　璇，冯　凭	28	2012.8
54	机械精度设计与测量技术	978-7-301-13580-8	于　峰	25	2008.8
55	机械制造工艺学	978-7-301-13758-1	郭艳玲，李彦蓉	30	2008.8
56	机械制造工艺学	978-7-301-17403-6	陈红霞	38	2010.7
57	机械制造工艺学	978-7-301-19903-9	周哲波，姜志明	49	2012.1
58	机械制造基础(上)——工程材料及热加工工艺基础(第 2 版)	978-7-301-18474-5	侯书林，朱　海	40	2011.1
59	机械制造基础(下)——机械加工工艺基础(第 2 版)	978-7-301-18638-1	侯书林，朱　海	32	2012.5
60	金属材料及工艺	978-7-301-19522-2	于文强	44	2011.9
61	金属工艺学	978-7-301-21082-6	侯书林，于文强	32	2012.8
62	工程材料及其成形技术基础	978-7-301-13916-5	申荣华，丁　旭	45	2010.7
63	工程材料及其成形技术基础学习指导与习题详解	978-7-301-14972-0	申荣华	20	2009.3
64	机械工程材料及成形基础	978-7-301-15433-5	侯俊英，王兴源	30	2012.5
65	机械工程材料	978-7-5038-4452-3	戈晓岚，洪　琢	29	2011.6
66	机械工程材料	978-7-301-18522-3	张铁军	36	2012.5
67	工程材料与机械制造基础	978-7-301-15899-9	苏子林	32	2009.9
68	控制工程基础	978-7-301-12169-6	杨振中，韩致信	29	2007.8
69	机械工程控制基础	978-7-301-12354-6	韩致信	25	2008.1
70	机电工程专业英语(第 2 版)	978-7-301-16518-8	朱　林	24	2012.5
71	机械制造专业英语	978-7-301-21319-3	王中任	28	2012.10
72	机床电气控制技术	978-7-5038-4433-7	张万奎	26	2007.9
73	机床数控技术(第 2 版)	978-7-301-16519-5	杜国臣，王士军	35	2011.6
74	自动化制造系统	978-7-301-21026-0	辛宗生，魏国丰	37	2012.8
75	数控机床与编程	978-7-301-15900-2	张洪江，侯书林	25	2012.10
76	数控铣床编程与操作	978-7-301-21347-6	王志斌	35	2012.10
77	数控技术	978-7-301-21144-1	吴瑞明	28	2012.9
78	数控加工技术	978-7-5038-4450-7	王　彪，张　兰	29	2011.7
79	数控加工与编程技术	978-7-301-18475-2	李体仁	34	2012.5
80	数控编程与加工实习教程	978-7-301-17387-9	张春雨，于　雷	37	2011.9
81	数控加工技术及实训	978-7-301-19508-6	姜永成，夏广岚	33	2011.9
82	数控编程与操作	978-7-301-20903-5	李英平	26	2012.8
83	现代数控机床调试及维护	978-7-301-18033-4	邓三鹏等	32	2010.11
84	金属切削原理与刀具	978-7-5038-4447-7	陈锡渠，彭晓南	29	2012.5
85	金属切削机床	978-7-301-13180-0	夏广岚，冯　凭	28	2012.7
86	典型零件工艺设计	978-7-301-21013-0	白海清	34	2012.8
87	工程机械检测与维修	978-7-301-21185-4	卢彦群	45	2012.9
88	精密与特种加工技术	978-7-301-12167-2	袁根福，祝锡晶	29	2011.12
89	逆向建模技术与产品创新设计	978-7-301-15670-4	张学昌	28	2009.9

90	CAD/CAM 技术基础	978-7-301-17742-6	刘　军	28	2012.5
91	CAD/CAM 技术案例教程	978-7-301-17732-7	汤修映	42	2010.9
92	Pro/ENGINEER Wildfire 2.0 实用教程	978-7-5038-4437-X	黄卫东，任国栋	32	2007.7
93	Pro/ENGINEER Wildfire 3.0 实例教程	978-7-301-12359-1	张选民	45	2008.2
94	Pro/ENGINEER Wildfire 3.0 曲面设计实例教程	978-7-301-13182-4	张选民	45	2008.2
95	Pro/ENGINEER Wildfire 5.0 实用教程	978-7-301-16841-7	黄卫东，郝用兴	43	2011.10
96	Pro/ENGINEER Wildfire 5.0 实例教程	978-7-301-20133-6	张选民，徐超辉	52	2012.2
97	SolidWorks 三维建模及实例教程	978-7-301-15149-5	上官林建	30	2009.5
98	UG NX6.0 计算机辅助设计与制造实用教程	978-7-301-14449-7	张黎骅，吕小荣	26	2011.11
99	Cimatron E9.0 产品设计与数控自动编程技术	978-7-301-17802-7	孙树峰	36	2010.9
100	Mastercam 数控加工案例教程	978-7-301-19315-0	刘　文，姜永梅	45	2011.8
101	应用创造学	978-7-301-17533-0	王成军，沈豫浙	26	2012.5
102	机电产品学	978-7-301-15579-0	张亮峰等	24	2009.8
103	品质工程学基础	978-7-301-16745-8	丁　燕	30	2011.5
104	设计心理学	978-7-301-11567-1	张成忠	48	2011.6
105	计算机辅助设计与制造	978-7-5038-4439-6	仲梁维，张国全	29	2007.9
106	产品造型计算机辅助设计	978-7-5038-4474-4	张慧姝，刘永翔	27	2006.8
107	产品设计原理	978-7-301-12355-3	刘美华	30	2008.2
108	产品设计表现技法	978-7-301-15434-2	张慧姝	42	2012.5
109	产品创意设计	978-7-301-17977-2	虞世鸣	38	2012.5
110	工业产品造型设计	978-7-301-18313-7	袁涛	39	2011.1
111	化工工艺学	978-7-301-15283-6	邓建强	42	2009.6
112	过程装备机械基础	978-7-301-15651-3	于新奇	38	2009.8
113	过程装备测试技术	978-7-301-17290-2	王毅	45	2010.6
114	过程控制装置及系统设计	978-7-301-17635-1	张早校	30	2010.8
115	质量管理与工程	978-7-301-15643-8	陈宝江	34	2009.8
116	质量管理统计技术	978-7-301-16465-5	周友苏，杨　飒	30	2010.1
117	人因工程	978-7-301-19291-7	马如宏	39	2011.8
118	工程系统概论——系统论在工程技术中的应用	978-7-301-17142-4	黄志坚	32	2010.6
119	测试技术基础(第 2 版)	978-7-301-16530-0	江征风	30	2010.1
120	测试技术实验教程	978-7-301-13489-4	封士彩	22	2008.8
121	测试技术学习指导与习题详解	978-7-301-14457-2	封士彩	34	2009.3
122	可编程控制器原理与应用(第 2 版)	978-7-301-16922-3	赵　燕，周新建	33	2010.3
123	工程光学	978-7-301-15629-2	王红敏	28	2012.5
124	精密机械设计	978-7-301-16947-6	田　明，冯进良等	38	2011.9
125	传感器原理及应用	978-7-301-16503-4	赵　燕	35	2010.2
126	测控技术与仪器专业导论	978-7-301-17200-1	陈毅静	29	2012.5
127	现代测试技术	978-7-301-19316-7	陈科山，王燕	43	2011.8
128	风力发电原理	978-7-301-19631-1	吴双群，赵丹平	33	2011.10
129	风力机空气动力学	978-7-301-19555-0	吴双群	32	2011.10
130	风力机设计理论及方法	978-7-301-20006-3	赵丹平	32	2012.1